普通高等教育
本科数学
基础课程教材

Probability Theory and Mathematical Statistics

概率论与数理统计

主　编◎刘文斌　石　莹

同济大学出版社
TONGJI UNIVERSITY PRESS
·上海·

内容提要

本书主要针对目前应用型本科院校人才培养目标编写而成,内容简洁明了,结构体系完整,涵盖了概率论的基本概念、一维和多维随机变量及其分布、随机变量的数字特征、数理统计的基础知识、参数估计、假设检验以及概率统计之 MATLAB. 在学习难度上注重循序渐进,在数学思想和方法的讲解过程中注重与实际应用背景相结合,强调应用能力的培养. 每节末皆配有适量的同步练习题,以满足读者之所需.

本书可作为普通本科院校、独立学院、成人教育学院、民办高校等本科院校以及具有较高要求的高职高专院校相关专业的数学基础课程教材.

图书在版编目(CIP)数据

概率论与数理统计 / 刘文斌,石莹主编. -- 上海 : 同济大学出版社, 2025. 7. -- ISBN 978-7-5765-1721-7

Ⅰ. O21

中国国家版本馆 CIP 数据核字第 2025KD9450 号

普通高等教育本科数学基础课程教材

概率论与数理统计

主编 刘文斌 石 莹

责任编辑 陈佳蔚 **责任校对** 徐逢乔 **封面设计** 渲彩轩

出版发行 同济大学出版社 www.tongjipress.com.cn

(地址:上海市四平路 1239 号 邮编:200092 电话:021-65985622)

经 销 全国各地新华书店

印 刷 常熟市大宏印刷有限公司

开 本 787 mm×1092 mm 1/16

印 张 16

字 数 389 000

版 次 2025 年 7 月第 1 版

印 次 2025 年 7 月第 1 次印刷

书 号 ISBN 978-7-5765-1721-7

定 价 49.00 元

前　言

本书是“互联网＋”视角下的创新型立体化教材，借助 App 平台提供微课、交互动画、释疑解难、数学实验等助学、助教数字资源，从而更有助于“概率论与数理统计”的教与学.

概率论与数理统计是从数量层面研究大量随机现象规律性的数学学科. 它不仅是学习后续课程及在各个学科领域中进行科学研究和工程实践的必要基础，还对学生综合能力的培养起着重要的作用. 概率论与数理统计与各门应用学科关系密切，已广泛应用于工农业生产和科学研究中.

目前针对应用型大学所用的教材大多直接选用研究型大学的教材，难以充分体现自身的人才培养特点，无法直接有效地满足实际教学需要的情况. 本书的编写突出应用型人才的培养目标，内容设计简明，结构体系完整，涵盖了概率论的基本概念、一维和多维随机变量及其分布、随机变量的数字特征、数理统计的基础知识、参数估计、假设检验以及概率统计之 MATLAB.

本着“打好基础，够用为度；服务专业，兼顾数学体系”的原则，本书不盲目攀比难度，而是力求做到难易适当，深入浅出，举一反三，融会贯通. 在数学思想和方法的讲解过程中，本书注重与实践应用背景相结合，强调应用能力的培养，同时适当拓宽知识面.

例题和习题是教材的窗口，集中展示了教学意图. 本书对例题和习题给予高度重视，例题和习题都经过精心设计与编选，它们与概念、理论和方法的讲述配套，每一道题都经过再三验算. 这些将对学生的课后复习、疑难解答、自学提高以及创新能力的培养起到积极作用.

为了加深对概念的理解，培养逻辑推理能力，对于比较简单的定理尽量给出证明，这有助于学生对这些定理的掌握和运用；对于某些证明过程复杂的定理和性质，省略了其证明过程. 书中加“*”号的内容不作要求，供读者深入学习时备选.

本书主要内容的教学课时以48学时为参考.

本书在编写的过程中,得到武汉工商学院、武昌工学院和同济大学出版社相关领导的热情鼓励与大力支持,并获得了多名相关专家、教授和同事的悉心指导与积极帮助,在此,编者一并表示最诚挚的谢意!

百密难免一疏,恳请各位专家、教师与广大读者提出宝贵意见.编者将会根据各位的建议,对教材不断改进与完善,坚持不懈地提高质量、突出特色,更好地为教学一线服务.

编　者

2025年6月

目　录

第 1 章

随机事件及其概率

概率论与数理统计是一门应用数学学科，它从定量的角度来研究与揭示现实世界中不确定现象(随机现象)的统计规律性. 20 世纪以来，该学科广泛应用于工业、农业、国防等国民经济各个领域. 本章重点介绍概率论中的两个内容：随机事件及其概率，它们是学习概率论与数理统计的基础.

1.1 随机事件

1.1.1 随机现象

自然界与人类社会中存在和发生的各种现象，其种类大致可以归结为两类：确定性现象与随机现象.

例如，在一个标准大气压下，纯净水加热到 100 ℃时必然沸腾，温度降到 0 ℃时又必然会结冰；向上抛掷重物必然自由落下；等等. 这种在一定条件下必然会发生的现象，称为**确定性现象**.

又如，在相同的条件下抛同一枚硬币，事先无法预知是正面朝上还是反面朝上；下一个星期的股市是涨还是跌；等等. 这种在一定条件下事先无法准确预知其结果的现象，称为**随机现象**.

但人们经过长期实践并深入研究后，发现随机现象在大量重复试验或观察下，它的结果却呈现出某种规律性. 例如，一枚均匀的硬币抛掷多次，正面和反面朝上的次数比例总是近似于 1 : 1，而且大体上抛掷次数愈多，愈接近这个比值. 表 1-1 是历史上一些科学家所做的抛硬币试验的相关数据.

表 1-1　　历史上一些著名的抛硬币试验

试验者	抛掷次数 n	正面次数 n_H	正面频率 $\frac{n_H}{n}$
德·摩根	2 048	1 061	0.518 1
蒲　丰	4 040	2 048	0.506 9
皮尔逊	12 000	6 019	0.501 6
皮尔逊	24 000	12 012	0.500 5
维　尼	30 000	14 994	0.499 8

从表中可以看到，随着试验次数的增加，正面朝上的次数所占的比例将逐渐稳定于

50%. 这种在大量试验中呈现的稳定性,称为统计规律性. 正是这种规律性的存在,使得我们利用数学工具研究随机现象成为可能. 概率论与数理统计就是研究和揭示随机现象统计规律性的数学分支.

1.1.2 随机试验

对随机现象的统计规律性进行研究时,需要对随机现象进行重复观察,我们把对随机现象的观察称为试验,记为 E.

例如,E_1:抛一枚硬币两次,观察正面 H、反面 T 出现的情况;E_2:记录电话交换台在单位时间内收到的呼叫次数;E_3:抛一颗骰子,观察出现的点数;E_4:在一批灯泡中任意抽取一只,测试它的寿命;E_5:记录某一天城市发生车祸的次数;等等. 概括起来,这些试验具有以下共同的特点.

(1) 可重复性:试验可以在相同的条件下重复进行.

(2) 可观察性:每次试验的可能结果不止一个,但事先知道所有可能的结果.

(3) 不确定性:每次试验出现的结果事先不能预知,但可以肯定会出现上述所有可能结果中的一个.

在概率论中,具有上述三个特点的试验称为随机试验,简称试验.

我们常常是通过随机试验来研究随机现象的.

1.1.3 样本空间与随机事件

1. 样本空间

由上述随机试验的第二个特点知道,尽管试验前不能准确预知出现哪个结果,但其所有可能结果是明确的. 我们把随机试验 E 的所有可能结果组成的集合称为随机试验 E 的样本空间,记为 Ω(或 S). 其中 Ω 中的元素,即 E 的每一个可能结果,称为样本点,一般用 ω 表示.

例 1 抛一枚硬币两次,观察其出现正面 H 或反面 T 的试验中,其样本空间为 $\Omega_1=\{HH, HT, TH, TT\}$.

例 2 记录电话交换台在单位时间内收到的呼叫次数,其样本空间为 $\Omega_2=\{0, 1, 2, \cdots\}$.

例 3 抛一枚骰子,观察出现的点数,其样本空间为 $\Omega_3=\{1, 2, 3, 4, 5, 6\}$.

例 4 在一批灯泡中任意抽取一只,测试它的寿命,其样本空间为 $\Omega_4=\{t \mid t\geqslant 0\}$.

例 5 记录某一天城市发生车祸的次数,其样本空间为 $\Omega_5=\{0, 1, 2, \cdots\}$.

例 6 将一枚硬币抛掷两次,观察正面出现的次数,其样本空间为 $\Omega_6=\{0, 1, 2\}$.

同样是试验将硬币抛掷两次,但是 Ω_1 和 Ω_6 截然不同. 这说明,试验的目的不同,样本空间也不同.

2. 随机事件

在随机试验中,人们通常不仅关心某个样本点出现,更关心满足某些条件的样本点出现. 例如,在上述 E_3 中,我们可能关心是否出现点数 2 或是否出现偶数点(即点数 2, 4, 6)等结果. 它们都为样本空间的子集,于是,把 E 中可能发生也可能不发生的事件称为随机事件，简称事件. 随机事件通常用大写英文字母 A，B，C 等表示. 此外，称仅含一个样本点的随机事件为基本事件；称含有两个或两个以上样本点的随机事件为复合事件；称在每次试验中都必然发生的事件为必然事件，用 Ω 或 S 表示；称在任何一次试验中都不可能发生的事件为不可能事件，用 $\varnothing$ 表示.

例如，事件 A 表示抛一枚骰子一次，出现了 2 点，即 $A=\{2\}$，A 为基本事件；事件 B 表示抛一枚骰子出现的点数小于 5，即 $B=\{1, 2, 3, 4\}$，B 为复合事件；事件 C 表示抛一枚骰子出现的点数小于 7，即 $C=\{1, 2, 3, 4, 5, 6\}=\Omega$，$C$ 为必然事件；事件 D 表示抛一枚骰子出现的点数大于 7，即 $D=\varnothing$，D 为不可能事件.

很明显，必然事件和不可能事件都是确定性的事件，但是为了讨论问题的方便，也把它们看作特殊的随机事件.

3. 事件的关系与运算

由上分析可知，事件可表示为集合，因此，随机事件之间的关系与运算在本质上与集合之间的关系与运算是一致的. 为此，随机事件的关系与运算可以以集合论的观点和表示方法给出.

设随机试验 E 的样本空间为 Ω，而 A，B，$A_k(k=1, 2, \cdots)$ 是 Ω 的子集，则事件的一些关系与运算如下.

(1) 事件的包含关系

若事件 A 发生必然导致事件 B 发生，则称事件 A 包含于事件 B 中，或称事件 B 包含事件 A，记为 $A\subset B$ 或 $B\supset A$，显然 $\varnothing\subset A\subset\Omega$.

(2) 事件的相等关系

若事件 A 发生必然导致事件 B 发生，且事件 B 发生必然导致事件 A 发生，即 $A\subset B$ 且 $B\subset A$，则称事件 A 与 B 相等，记为 $A=B$.

(3) 事件的和(并)运算

事件 $A\cup B=\{\omega \mid \omega\in A$ 或 $\omega\in B\}$ 称为事件 A 与事件 B 的和(或并). 其含义：当且仅当事件 A，B 中至少有一个发生时，事件 $A\cup B$ 发生，记为 $A+B$.

类似地，称 $\bigcup\limits_{i=1}^{n} A_i$ 为 n 个事件 A_1，A_2，$\cdots$，A_n 的和事件，记为 $\sum\limits_{i=1}^{n} A_i$.

称 $\bigcup\limits_{i=1}^{\infty} A_i$ 为可数个事件 A_1，A_2，$\cdots$，A_n，$\cdots$ 的和事件，记为 $\sum\limits_{i=1}^{\infty} A_i$.

(4) 事件的积(交)运算

事件 $A\cap B=\{\omega \mid \omega\in A$ 且 $\omega\in B\}$ 称为事件 A 与事件 B 的积(或交). 其含义：当且仅当事件 A，B 同时发生时，事件 $A\cap B$ 发生，记为 AB.

类似地，称 $\bigcap\limits_{i=1}^{n} A_n$ 为 n 个事件 A_1，A_2，$\cdots$，A_n 的积事件，记为 $\prod\limits_{i=1}^{n} A_n$.

称 $\bigcap\limits_{i=1}^{\infty} A_n$ 为可数个事件 A_1，A_2，$\cdots$，A_n，$\cdots$ 的积事件，记为 $\prod\limits_{i=1}^{\infty} A_n$.

(5) 事件的差运算

事件 $A-B=\{\omega \mid \omega\in A$ 且 $\omega\notin B\}$ 称为事件 A 与事件 B 的差. 其含义：当且仅当事件 A 发生，且事件 B 不发生时，事件 $A-B$ 发生.

例如，设 $A=\{2,\ 5\}$，$B=\{1,\ 2,\ 4\}$，则 $A-B=\{5\}$.

易见 $A-B=A\overline{B}$ 或 $A-B=A-AB$.

(6) 事件的互不相容(互斥) 关系

若事件 A 与事件 B 不能同时发生，即 $AB=\varnothing$，则称事件 A 与事件 B 互不相容，亦称事件 A 与事件 B 互斥.

例如，基本事件是两两互不相容的.

(7) 事件的对立(互逆) 关系

若每次试验，事件 A，B 中有且仅有一个发生，即 $A\cup B=\Omega$ 且 $A\cap B=\varnothing$，则称事件 A 与事件 B 互为对立事件，或称 A 为 B 的逆事件. 事件 A 的对立事件记为 $\overline{A}$，于是，$\overline{A}=\Omega-A$.

注　两个互为对立的事件一定是互斥事件；反之，互斥事件不一定是对立事件. 而且，互斥可用于多个事件，但是对立只适用于两个事件.

图 1-1— 图 1-7 可直观地表示以上事件之间的关系与运算.

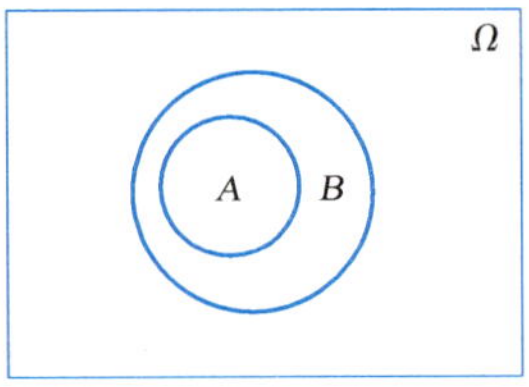

图 1-1　A 包含于 B

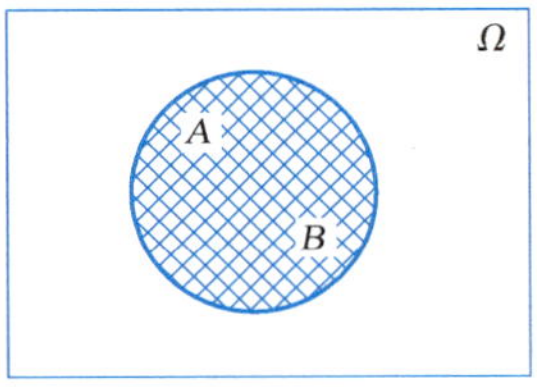

图 1-2　A 与 B 相等

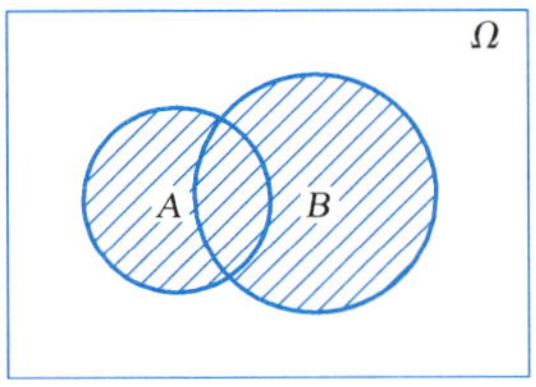

图 1-3　A 与 B 的和

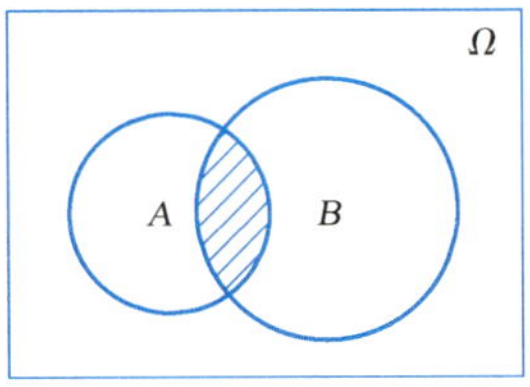

图 1-4　A 与 B 的积

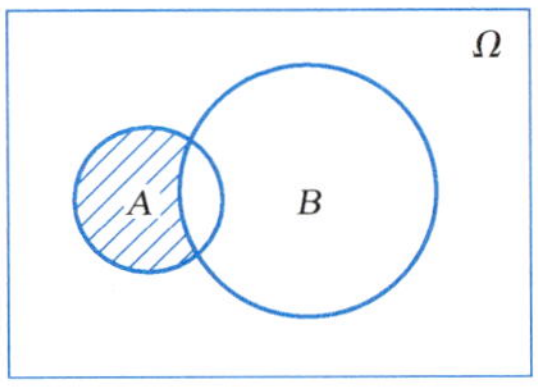

图 1-5　A 与 B 的差

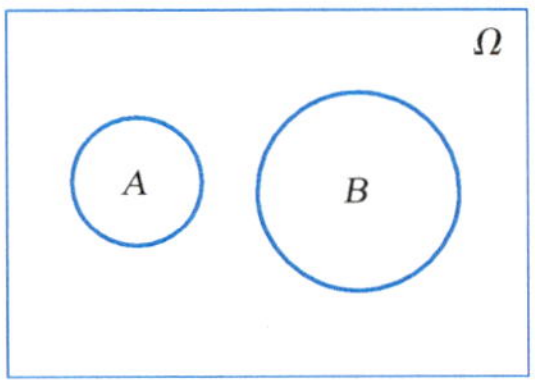

图 1-6　A 与 B 互不相容

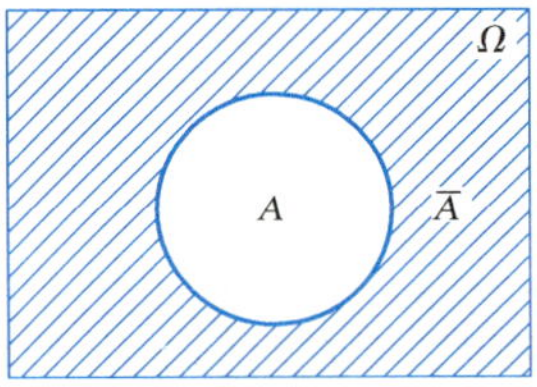

图 1-7　A 的对立事件 $\overline{A}$

4. 事件的运算规律

设 A，B，C 为同一随机试验 E 中的事件，则有如下运算律.

(1) 交换律　$A\cup B=B\cup A$，$A\cap B=B\cap A$.

(2) 结合律　$(A\cup B)\cup C=A\cup(B\cup C)$，$A\cap(B\cap C)=(A\cap B)\cap C$.

(3) 分配律　$A\cup(B\cap C)=(A\cup B)\cap(A\cup C)$，

$$A\cap(B\cup C)=(A\cap B)\cup(A\cap C).$$

(4) **自反律**　$\overline{\overline{A}}=A$.

(5) **德·摩根(对偶)律**　$\overline{A\cup B}=\overline{A}\cap\overline{B}$，$\overline{A\cap B}=\overline{A}\cup\overline{B}$.

注　上述各运算律都可推广到有限个或可数个事件的情形.

***例 7**　检验矩形钢板产品，只有当长、宽、厚三者的尺寸都合格时，钢板产品才是合格的. 试分析下列事件的关系与运算.

A_1："长合格"，B_1："长不合格"；A_2："宽合格"，B_2："宽不合格"；A_3："厚合格"，B_3："厚不合格"；C_1："长、宽、厚都合格"，C_2："长、宽合格，厚不合格"；D_1："产品合格"，D_2："产品不合格".

解　D_1 发生必然导致 A_1，A_2，A_3 发生，因此下面三个包含关系成立：

$$D_1\subset A_1,\quad D_1\subset A_2,\quad D_1\subset A_3.$$

B_1，B_2，B_3，C_2 发生必然导致 D_2 发生，因此下面四个包含关系成立：

$$B_1\subset D_2,\quad B_2\subset D_2,\quad B_3\subset D_2,\quad C_2\subset D_2.$$

显然，包含关系 $C_1\subset D_1$ 和 $D_1\subset C_1$ 同时成立，因此有 $C_1=D_1$.

根据和事件与积事件的定义，下面四个等式成立：

$$D_2=B_1\cup B_2\cup B_3\cup C_2,\quad C_1=A_1A_2A_3,$$

$$C_2=A_1A_2B_3,\quad D_1=A_1A_2A_3.$$

根据逆事件的定义，下面三个等式成立：

$$\overline{A}_1=B_1,\quad \overline{A}_2=B_2,\quad \overline{A}_3=B_3\quad(\text{即}\overline{A}_i=B_i,\ i=1,2,3).$$

根据互不相容事件的定义，有

$$B_1D_1=\varnothing,\quad B_2D_1=\varnothing,\quad B_3D_1=\varnothing.$$

例 8　设 A，B，C 为三个事件，用 A，B，C 的运算关系表示下列各事件：

(1) A 与 B 都发生，但 C 不发生；

(2) A 发生，且 B 与 C 至少有一个发生；

(3) A，B，C 至少有一个发生；

(4) A，B，C 恰好有一个发生；

(5) A，B，C 至多有两个发生；

(6) A，B，C 不全发生.

解　(1) $AB\overline{C}$；(2) $A(B\cup C)$；(3) $A\cup B\cup C$；(4) $A\overline{B}\,\overline{C}+\overline{A}B\overline{C}+\overline{A}\,\overline{B}C$；(5) $\overline{A}\,\overline{B}\,\overline{C}\cup A\overline{B}\,\overline{C}\cup\overline{A}B\overline{C}\cup\overline{A}\,\overline{B}C\cup AB\overline{C}\cup\overline{A}BC\cup A\overline{B}C$ 或 $\overline{ABC}$ 或 $\overline{A}\cup\overline{B}\cup\overline{C}$；(6) $\overline{A}\cup\overline{B}\cup\overline{C}$.

注　用其他事件的运算来表示一个事件，方法不唯一，如例 8 中的(5)和(6)实际上是同一事件，因此我们在解决具体问题时要选择一种恰当的表示方法.

习题 1-1

1. 写出下列随机试验的样本空间.

(1) 将一枚硬币抛掷 3 次，观察正面出现的次数；

(2) 同时抛掷两枚骰子，记录两枚骰子点数之和；

(3) 生产产品直到有 10 件正品为止，记录生产产品的总件数；

(4) 在单位圆内任取两点，观察两点间的距离；

(5) 观察某医院一天内前来就诊的人数.

2. 甲、乙、丙三门炮各向同一目标发射一发炮弹，设事件 A 表示甲炮击中目标，事件 B 表示乙炮击中目标，事件 C 表示丙炮击中目标，用上述三个事件的运算分别表示下列各事件.

(1) 甲炮未击中目标；

(2) 甲炮击中目标而乙炮未击中目标；

(3) 三门炮中只有丙炮未击中目标；

(4) 三门炮中恰好有一门炮击中目标；

(5) 三门炮中至少有一门炮击中目标；

(6) 三门炮中至少有一门炮未击中目标；

(7) 三门炮中恰好有两门炮击中目标；

(8) 三门炮中至少有两门炮击中目标；

(9) 三门炮均未击中目标；

(10) 三门炮中至多有一门炮击中目标；

(11) 三门炮中至多有两门炮击中目标.

*3. 指出下列各等式命题是否成立，并说明理由.

(1) $A \cup B = (A\bar{B}) \cup B$；

(2) $\bar{A}B = A \cup B$；

(3) $\overline{A \cup B} \cap C = \overline{AB}\,\bar{C}$；

(4) $(AB)(A\bar{B}) = \varnothing$.

4. 叙述下列事件的对立事件.

(1) A："掷两枚硬币，皆为反面"；

(2) B："生产三件产品，至少有一件是合格品"；

(3) C："投篮三次，皆为投中".

*5. 化简下列事件.

(1) $(\bar{A} \cup \bar{B})(\bar{A} \cup B)$；　(2) $A\bar{B} \cup \bar{A}B \cup \bar{A}\bar{B}$.

*6. 证明：$B - A = \overline{AB} - \overline{\bar{A}B}$.

1.2　随机事件的概率

研究随机现象，不仅需要知道可能出现哪些事件，更重要且更具实际意义的是需要研究、了解各事件发生可能性的大小，并加以度量. 例如，为了确定水坝的高度，就要知道河流在造水坝地段每年最大洪水达到某一高度这一事件发生的可能性大小. 我们希望找到一个合适的数来表示事件在一次试验中发生的可能性大小. 为此，首先引入频率的概念，它描述了事件发生的频繁程度，进而引出表征事件在一次试验中发生的可能性大小的数——概率.

1.2.1　频率及其性质

定义 1　在相同条件下进行了 n 次试验，其中事件 A 发生的次数为 $r_n(A)$，称为事件 A

的**频数**，比值$\frac{r_n(A)}{n}$称为事件 A 发生的**频率**，记为 $f_n(A)$，即

$$f_n(A)=\frac{r_n(A)}{n}.$$

易见，频率具有如下三条最基本的性质.

(1) **非负性**　$0\leqslant f_n(A)\leqslant 1$；　(1.2.1)

(2) **规范性**　$f_n(\Omega)=1$；　(1.2.2)

(3) **有限可加性**　设 $A_1, A_2, \cdots, A_m$ 是两两互不相容的事件，则

$$f_n(A_1\cup A_2\cup\cdots\cup A_m)=f_n(A_1)+f_n(A_2)+\cdots+f_n(A_m). \tag{1.2.3}$$

由于事件 A 发生的频率大小表示 A 发生的频繁程度. 若频率大，则事件 A 发生就频繁，这意味着 A 在一次试验中发生的可能性就大. 且当重复试验的次数 n 逐渐增大时，频率 $f_n(A)$ 呈现出稳定性，逐渐稳定于某个常数.

例如，抛掷一枚均匀硬币时，从表 1-1 可以看到，随着试验次数的增加，正面朝上的频率呈现稳定性. 即当 n 逐渐增大时，正面朝上的频率总是在 0.5 附近摆动，并逐渐稳定于 0.5.

又如，检查某制衣厂一批衣服的质量，从中分别抽取 10 件、20 件、50 件、100 件、150 件、200 件、300 件检查，检查结果及次品频率见表 1-2.

表 1-2

抽取产品总件数 n	10	20	50	100	150	200	300
次品数 μ	0	1	3	5	7	11	16
次品频率 $\frac{\mu}{n}$	0	0.050	0.060	0.050	0.047	0.055	0.053

由表 1-2 看出，在抽出的 n 件产品中，次品数 μ 随着 n 的不同而取不同值，但次品频率 $\frac{\mu}{n}$ 仅在 0.05 附近有微小变化. 可见 0.05 是次品频率的稳定值.

由此我们让试验重复多次，计算频率 $f_n(A)$，事件 A 发生的可能性大小就可以用频率 $f_n(A)$ 的稳定值来描述.

1.2.2　概率的统计定义

定义 2　在观察某一随机事件 A 的随机试验中，若事件 A 发生的频率 $f_n(A)=\frac{r_n(A)}{n}$ 随着试验次数 n 的增大而稳定地在某个常数 $p(0\leqslant p\leqslant 1)$ 附近摆动，则称 p 为事件 A 的**概率**，并称其为**统计概率**，即 $P(A)=p$.

频率的稳定值是概率的外在表现，并非概率的本质. 据此确定某事件的概率是困难的，但当进行大量重复试验时，频率会接近稳定值. 因此，在实际应用时，往往是用试验次数足够大时的频率来估计概率的大小，且随着试验次数的增加，估计的精度会越来越高.

1.2.3 概率的公理化定义

在实际中，我们不可能对每一个事件都做大量的试验，然后求得事件的频率，用以表征事件发生可能性的大小. 同时，为了理论研究的需要，必须给出概率的严格数学定义. 从概率论有关问题的研究算起，经过近三个世纪的漫长探索历程，人们才真正完整地解决了概率的严格数学定义. 1933 年，俄国数学家柯尔莫哥洛夫在他的《概率论的基础》一书中给出了现在已被广泛接受的概率公理化体系，第一次将概率论建立在严密的逻辑基础上.

定义 3 设 E 是随机试验，Ω 是它的样本空间，对于 E 的每一个事件 A 赋予一个实数，记为 $P(A)$，若 $P(A)$ 满足下列三个条件：

(1) **非负性** 对每一个事件 A，有 $P(A)\geqslant 0$； (1.2.4)

(2) **规范性** $P(\Omega)=1$； (1.2.5)

(3) **可列可加性** 设 $A_1, A_2, \cdots$ 是两两互不相容的事件，有

$$P\left(\bigcup_{i=1}^{\infty} A_i\right)=\sum_{i=1}^{\infty} P(A_i), \tag{1.2.6}$$

则称 $P(A)$ 为事件 A 的**概率**.

数学家
柯尔莫哥洛夫介绍

1.2.4 概率的性质

性质 1 $P(\varnothing)=0$. (1.2.7)

***证明** 令 $A_n=\varnothing(n=1, 2, \cdots)$，则 $\bigcup\limits_{i=1}^{\infty} A_i=\varnothing$，且 $A_iA_j=\varnothing(i\neq j;\ i, j=1, 2, \cdots)$. 由概率的可列可加性得

$$P(\varnothing)=P\left(\bigcup_{i=1}^{\infty} A_i\right)=\sum_{i=1}^{\infty} P(A_i)=\sum_{i=1}^{\infty} P(\varnothing).$$

而实数 $P(\varnothing)\geqslant 0$，故由上式知 $P(\varnothing)=0$.

注 不可能事件的概率为零，概率为零的事件不一定是不可能事件.

性质 2(有限可加性) 设 n 个事件 $A_1, A_2, \cdots, A_n$ 两两互不相容，即 $A_iA_j=\varnothing(i\neq j;\ i, j=1, 2, \cdots, n)$，则

$$P(A_1\cup A_2\cup\cdots\cup A_n)=P(A_1)+P(A_2)+\cdots+P(A_n). \tag{1.2.8}$$

***证明** 令 $A_{n+1}=A_{n+2}=\cdots=\varnothing$，则有 $A_iA_j=\varnothing(i\neq j;\ i, j=1, 2, \cdots)$. 由可列可加性及性质 1 得

$$\begin{aligned}P(A_1\cup A_2\cup\cdots\cup A_n)&=P\left(\bigcup_{k=1}^{\infty} A_k\right)=\sum_{k=1}^{\infty} P(A_k)=\sum_{k=1}^{n} P(A_k)+0\\&=P(A_1)+P(A_2)+\cdots+P(A_n).\end{aligned}$$

性质 3 $P(A-B)=P(A)-P(AB)$.

特别地，若 $B\subset A$，则有

$$P(A-B)=P(A)-P(B),\quad P(A)\geqslant P(B). \tag{1.2.9}$$

证明 因 $A=(A-B)\cup AB$，且 $(A-B)(AB)=\varnothing$，再由概率的有限可加性得

$$P(A)=P(A-B)+P(AB),$$

所以 $P(A-B)=P(A)-P(AB)$.

特别地，若 $B\subset A$，则

$$P(A)=P(A-B)+P(AB)=P(A-B)+P(B),$$

所以 $P(A-B)=P(A)-P(B)$.

又由概率的非负性，$P(A-B)\geqslant 0$，有 $P(A)\geqslant P(B)$.

性质 4 对于任一事件 A，$P(A)\leqslant 1$.

证明 由 $A\subset\Omega$，再由性质 3 得

$$P(A)\leqslant P(\Omega)=1.$$

性质 5 对于任一事件 A，$P(\overline{A})=1-P(A)$. (1.2.10)

证明 由于 $\overline{A}\cup A=\Omega$，$A\overline{A}=\varnothing$，再由概率的规范性和有限可加性，得

$$1=P(\Omega)=P(A\cup\overline{A})=P(A)+P(\overline{A}),$$

故 $P(\overline{A})=1-P(A)$.

性质 6 对于任意两个事件 A，B，有

$$P(A\cup B)=P(A)+P(B)-P(AB). \tag{1.2.11}$$

证明 因为 $A\cup B=A\cup(B-AB)$，$A(B-AB)=\varnothing$，再由性质 2、性质 3，有

$$P(A\cup B)=P(A)+P(B-AB)=P(A)+P(B)-P(AB).$$

注 该性质还可推广到任意 n 个事件的和的情形. 例如，设 A，B，C 为任意三个事件，则

$$\begin{aligned}P(A\cup B\cup C)=&P(A)+P(B)+P(C)-P(AB)-\\&P(AC)-P(BC)+P(ABC).\end{aligned} \tag{1.2.12}$$

例 1 产品分一等品、二等品及废品三种，若一等品率为 0.71，二等品率为 0.26，并规定一等品或二等品为合格品，求(1)产品的合格品率；(2)产品的废品率.

解 (1) 设事件 $A_1=\{$一等品$\}$，事件 $A_2=\{$二等品$\}$，事件 $A=\{$合格品$\}$，由题意得

$$P(A_1)=0.71,\quad P(A_2)=0.26,\quad A_1A_2=\varnothing.$$

$$P(A)=P(A_1\cup A_2)=P(A_1)+P(A_2)=0.71+0.26=0.97.$$

所以产品的合格品率为 0.97.

(2) $A\cup\overline{A}=\Omega$，$A\overline{A}=\varnothing$.

$$P(\overline{A})=1-P(A)=1-0.97=0.03.$$

所以产品的废品率为 0.03.

例 2 据天气预报，某市第一天下雨的概率为 0.6，第二天下雨的概率为 0.3，两天都下雨的概率为 0.1. 试求下列事件的概率.

(1) 第一天下雨但第二天不下雨；

(2) 第一天不下雨但第二天下雨；

(3) 两天至少有一天下雨；

(4) 两天至少有一天不下雨；

(5) 两天都不下雨.

解 设 $A_i=\{$第 i 天下雨$\}$，$i=1,\ 2$，由题意得

(1) 因 $A_1\overline{A_2}=A_1-A_2=A_1-A_1A_2$，$A_1A_2\subset A_1$，故

$$P(A_1\overline{A_2})=P(A_1)-P(A_1A_2)=0.6-0.1=0.5.$$

(2) $P(\overline{A_1}A_2)=P(A_2)-P(A_1A_2)=0.3-0.1=0.2.$

(3) $P(A_1\cup A_2)=P(A_1)+P(A_2)-P(A_1A_2)=0.6+0.3-0.1=0.8.$

(4) $P(\overline{A_1}\cup\overline{A_2})=P(\overline{A_1A_2})=1-P(A_1A_2)=0.9.$

(5) $P(\overline{A_1}\,\overline{A_2})=P(\overline{A_1\cup A_2})=1-P(A_1\cup A_2)=0.2.$

例 3 设 $P(A)=0.4$，$P(B)=0.3$，$P(A\cup B)=0.6$，求 $P(A-B)$ 及 $P(B-A)$.

解 因为 $P(A\cup B)=P(A)+P(B)-P(AB)$，

所以
$$P(AB)=P(A)+P(B)-P(A\cup B)=0.1,$$
$$P(A-B)=P(A\overline{B})=P(A)-P(AB)=0.3.$$

同理可得 $P(B-A)=P(B\overline{A})=P(B)-P(AB)=0.2.$

习题 1-2

1. 设 $AB=\varnothing$，$P(A)=0.6$，$P(A\cup B)=0.8$，求事件 B 的逆事件的概率.

2. 已知 $P(\overline{A})=0.5$，$P(\overline{A}B)=0.2$，$P(B)=0.4$，求

(1) $P(AB)$；(2) $P(A-B)$；(3) $P(A\cup B)$；(4) $P(\overline{A}\,\overline{B})$.

3. 设 A，B 都出现的概率与 A，B 都不出现的概率相等，且 $P(A)=p$，求 $P(B)$.

4. 设 $P(A)=P(B)=P(C)=\dfrac{1}{4}$，$P(AB)=P(BC)=0$，$P(AC)=\dfrac{1}{8}$，求 A，B，C 三个事件至少有一个发生的概率.

1.3 古典概型

古典概型

为了更深刻地揭示概率的本质，我们先行讨论等可能概型，即古典概型. 以抛掷质地均匀的硬币为例，人们自然想到由于硬币两面是对称的，所以出现“正面”和“反面”的可能性都一样，人们有理由认为出现“正面”和“反面”的可能性都是 $\dfrac{1}{2}$.

这样一类随机试验是最简单的概率模型，它曾经是概率论发展初期主要的研究对象.

1.3.1 古典概型

我们称具有下列两个特点的随机试验所对应的概率模型为古典概型.

(1) 随机试验的样本空间只包含有限个元素；

(2) 随机试验中每个基本事件发生的可能性相同.

因而古典概型又称为**等可能概型**. 等可能概型的一些概念具有直观、容易理解的特点，有着广泛的应用.

下面我们来讨论古典概型中事件概率的计算公式.

设试验的样本空间 $\Omega=\{\omega_1, \omega_2, \cdots, \omega_n\}$，由于在试验中每个基本事件发生的可能性相同，即有

$$P(\{\omega_1\})=P(\{\omega_2\})=\cdots=P(\{\omega_n\}). \tag{1.3.1}$$

又基本事件两两互不相容，于是

$$1=P(\Omega)=P(\{\bigcup_{i=1}^{n}\omega_i\})=\sum_{i=1}^{n}P(\{\omega_i\}). \tag{1.3.2}$$

由式(1.3.1)，式(1.3.2)可得

$$P(\{\omega_i\})=\frac{1}{n}, \quad i=1, 2, \cdots, n.$$

若事件 A 包含 k 个基本事件，即 $A=\{\omega_{i_1}, \omega_{i_2}, \cdots, \omega_{i_k}\}$，其中 $i_1, i_2, \cdots, i_k$ 是 1，2，…，n 中某 k 个不同的数，则有

$$P(A)=\sum_{j=1}^{k}P(\{\omega_{i_j}\})=\frac{k}{n}=\frac{A\text{ 包含的基本事件数}}{\Omega\text{ 中基本事件的总数}}. \tag{1.3.3}$$

式(1.3.3)就是古典概型中事件 A 的概率的计算公式.

因此，要计算古典概型中任一事件的概率，关键是要计算样本空间所含的基本事件数 n 和该事件所含的基本事件数 k.

1.3.2　计算古典概率的方法

1. 基本计数原理

(1) **加法原理**　设完成一件事可有 k 类方式，其中第一类方式有 m_1 种方法，第二类方式有 m_2 种方法，……，第 k 类方式有 m_k 种方法，则完成这件事共有 $m_1+m_2+\cdots+m_k$ 种方法.

(2) **乘法原理**　设完成一件事需要经过 k 个步骤，其中第一个步骤有 m_1 种方法，第二个步骤有 m_2 种方法，……，第 k 个步骤有 m_k 种方法，则完成这件事共有 $m_1 \cdot m_2 \cdot \cdots \cdot m_k$ 种方法.

注　在应用基本原理时，必须注意加法原理与乘法原理的根本区别. 若完成一件事情有多类方式，其中每一类方式的任一种方法都可以完成这件事情，则用加法原理；若完成一件事情必须依次经过多个步骤，缺少任一步骤都不能完成这件事情，则用乘法原理.

2. 排列组合方法

可重复排列：从 n 个不同元素中，有放回地逐一取出 $k(k \leqslant n)$ 个元素进行排列，其排列种数为 n^k.

排列：从 n 个不同元素中，无放回地取出 $k(k \leqslant n)$ 个元素进行排列，其排列种数为

$$\mathrm{P}_n^k=\frac{n!}{(n-k)!} \quad 或 \quad \mathrm{P}_n^k=n(n-1)\cdots(n-k+1). \tag{1.3.4}$$

全排列：当 $n=k$ 时的排列，其排列种数为

$$\mathrm{P}_n^n=n!. \tag{1.3.5}$$

组合：从 n 个不同元素中，取出 $k(k\leqslant n)$ 个元素的不同组合数为

$$\mathrm{C}_n^k=\frac{n!}{k!(n-k)!} \quad 或 \quad \mathrm{C}_n^k=\frac{n(n-1)\cdots(n-k+1)}{k!}. \tag{1.3.6}$$

常用公式：

$$\mathrm{C}_n^k=\mathrm{C}_n^{n-k}, \quad \mathrm{P}_n^k=\mathrm{C}_n^k\cdot k!. \tag{1.3.7}$$

例 1 一个袋子中装有 8 支形状相同的笔，其中 3 支黑笔、5 支红笔，求

(1) 从袋子中任取一支笔，这支笔是黑笔的概率；

(2) 从袋子中任取两支笔，刚好一支红笔、一支黑笔的概率以及两支全是黑笔的概率.

解 设事件 $A=\{$取到的笔为黑笔$\}$，事件 $B=\{$刚好取到一支红笔、一支黑笔$\}$，事件 $C=\{$取到的两支笔全是黑笔$\}$，则

(1) 8 支笔中任取一支，共有 $\mathrm{C}_8^1=8$ 种取法. 8 支笔中有 3 支黑笔，任取到一支黑笔的取法有 $\mathrm{C}_3^1=3$ 种，故 $P(A)=\dfrac{\mathrm{C}_3^1}{\mathrm{C}_8^1}=\dfrac{3}{8}$.

(2) 8 支笔中任取两支的取法有 C_8^2 种，其中刚好一支红笔、一支黑笔有 $\mathrm{C}_3^1\cdot\mathrm{C}_5^1$ 种取法，两支笔全是黑笔的取法有 C_3^2 种，故

$$P(B)=\frac{\mathrm{C}_3^1\cdot\mathrm{C}_5^1}{\mathrm{C}_8^2}=\frac{15}{28}, \quad P(C)=\frac{\mathrm{C}_3^2}{\mathrm{C}_8^2}=\frac{3}{28}.$$

例 2 将标号为 1，2，3，4 的 4 只球随意地排成一行，求下列各事件的概率.

(1) 各球自左至右或自右至左恰好排成 1，2，3，4 的顺序；

(2) 1 号球排在最右边或最左边；

(3) 1 号球与 2 号球相邻；

(4) 1 号球排在 2 号球的右边(不一定相邻).

解 将 4 只球随意地排成一行有 $4!=24$ 种排法，即基本事件总数为 24.

设事件 $A=\{$各球自左至右或自右至左恰好排成 1，2，3，4 的顺序$\}$，事件 $B=\{$1 号球排在最右边或最左边$\}$，事件 $C=\{$1 号球与 2 号球相邻$\}$，事件 $D=\{$1 号球排在 2 号球的右边(不一定相邻)$\}$.

(1) A 中有两种排法，故有 $P(A)=\dfrac{2}{24}=\dfrac{1}{12}$.

(2) B 中有 $2\times(3!)=12$ 种排法，故有 $P(B)=\dfrac{12}{24}=\dfrac{1}{2}$.

(3) 先将 1，2 号球排在任意相邻两个位置，共有 2×3 种排法，其余两个球可在其余两个位置任意排放，共有 $2!$ 种排法，因而 C 有 $2\times3\times2=12$ 种排法，故 $P(C)=\dfrac{12}{24}=\dfrac{1}{2}$.

(4) 1 号球排在 2 号球的右边的每一种排法，交换 1 号球和 2 号球的位置便对应于 1 号球排在 2 号球的左边的一种排法，反之亦然.

因而 1 号球排在 2 号球的右边与 1 号球排在 2 号球的左边的排法种数相同，各占总排法数的$\frac{1}{2}$，故有 $P(D)=\frac{1}{2}$.

例 3　将 3 封信随机地放入 4 个邮筒中，问邮筒中信的数量最多为 1，2，3 的概率分别是多少?

解　设事件 $A=\{$邮筒中信的数量最多为 1$\}$，事件 $B=\{$邮筒中信的数量最多为 2$\}$，事件 $C=\{$邮筒中信的数量最多为 3$\}$. 我们认为邮筒是可以区分的，于是，放信过程的所有可能结果数为 $n=4^3$.

(1) A 所含的基本事件数：即从 4 个邮筒中任选 3 个邮筒，每个邮筒放入一封信，邮筒的选法有 C_4^3 种，信的放法有 3! 种，故

$$P(A)=\frac{C_4^3\times 3!}{4^3}=\frac{3}{8}.$$

(2) C 所含的基本事件数：由于邮筒中的最多信的数量为 3，即 3 封信放在同一个邮筒中共有 4 种放法，故

$$P(C)=\frac{4}{4^3}=\frac{1}{16}.$$

(3) 由于 3 封信放在 4 个邮筒中的各种可能放法为事件 $A\cup B\cup C$，显然 $A\cup B\cup C=S$，且 A，B，C 互不相容，故

$$P(B)=1-P(A)-P(C)=\frac{9}{16}.$$

***例 4**　将 15 名新生(其中有 3 名优秀生)随机地分配到 3 个班级中，其中一班 4 名，二班 5 名，三班 6 名，求

(1) 每个班级分配到一名优秀生的概率；

(2) 3 名优秀生被分配到同一个班级的概率.

解　设 $A=\{$每个班级分配到 1 名优秀生$\}$，$B=\{$3 名优秀生被分配到同一个班级$\}$，则 15 名新生分别分配给一班 4 名，二班 5 名，三班 6 名的分法总数 n 为

$$n=C_{15}^4\cdot C_{11}^5\cdot C_6^6=\frac{15!}{4!5!6!}(\text{种}).$$

每一种分配法为一个基本事件，且由对称性易知每个基本事件发生的可能性相同.

(1) 将 3 名优秀生分配给 3 个班级各 1 名，共有 3! 种分法，再将剩余的 12 名新生分配给一班 3 名，二班 4 名，三班 5 名，共有 $C_{12}^3\cdot C_9^4\cdot C_5^5=\frac{12!}{3!4!5!}$(种)分法. 根据乘法原理，每个班级分配到一名优秀生的分法共有 $3!\,\frac{12!}{3!4!5!}=\frac{12!}{4!5!}$(种)，于是所求概率为

$$P(A)=\frac{\frac{12!}{4!5!}}{\frac{15!}{4!5!6!}}=\frac{12!6!}{15!}=\frac{24}{91}.$$

(2) 设 $A_i=\{3$ 名优秀生全部分配到 i 班$\}(i=1,2,3)$,则

A_1 中所含基本事件个数 $m_1=C_{12}^1\cdot C_{11}^5\cdot C_6^6=\dfrac{12!}{5!6!}$;

A_2 中所含基本事件个数 $m_2=C_{12}^2\cdot C_{10}^4\cdot C_6^6=\dfrac{12!}{2!4!6!}$;

A_3 中所含基本事件个数 $m_3=C_{12}^3\cdot C_9^4\cdot C_5^5=\dfrac{12!}{3!4!5!}$.

由(1)中分析知基本事件的总数 $n=\dfrac{15!}{4!5!6!}$,所以

$$P(A_1)=\frac{m_1}{n}=\frac{\dfrac{12!}{5!6!}}{\dfrac{15!}{4!5!6!}}=\frac{4!12!}{15!}=\frac{4}{455};$$

$$P(A_2)=\frac{m_2}{n}=\frac{\dfrac{12!}{2!4!6!}}{\dfrac{15!}{4!5!6!}}=\frac{12!5!}{2!15!}=\frac{2}{91};$$

$$P(A_3)=\frac{m_3}{n}=\frac{\dfrac{12!}{3!4!5!}}{\dfrac{15!}{4!5!6!}}=\frac{12!6!}{3!15!}=\frac{4}{91}.$$

因为 A_1, A_2, A_3 互不相容,所以 3 名优秀生被分配到同一班级的概率为

$$P(B)=P(A_1\cup A_2\cup A_3)=P(A_1)+P(A_2)+P(A_3)=\frac{34}{455}.$$

注 在用排列组合公式计算古典概率时,必须注意在计算样本空间 S 和事件 A 所包含的基本事件数时,基本事件数的多少与问题是排列还是组合有关,不要重复计数,也不要遗漏.

习题 1-3

1. 将 1 枚硬币抛掷 3 次,试求

(1) 恰好有一次出现正面的概率;

(2) 至少有一次出现正面的概率.

2. 一口袋装有 8 只球,其中 6 只白球、2 只红球,有放回地从袋中取球 2 次,每次随机取 1 只,求

(1) 取到的 2 只球都是白球的概率;

(2) 取到的 2 只球颜色相同的概率;

(3) 至多有 1 只白球的概率.

3. 10 男 4 女随机地站成一排,求任何 2 名女士都不相邻的概率.

4. 从 5 双不同尺码的鞋中随机抽取 4 只,试求

(1) 4 只鞋中任取 2 只不成双的概率;

(2) 有 2 只成双,另 2 只不成双;

(3) 4 只恰成 2 双.

5. 10 部手机中有 4 部手机有电,今任取 2 部,求能开机的概率.

6. 从一副扑克牌有 52 张,不放回抽样,每次一张,连续抽 4 张,求 4 张花色各异的概率.

7. 从 0, 1, 2, …, 9 中任意选出 3 个不同的数字,试求

(1) 3 个数字中不含 2 或 4 的概率;

(2) 3 个数字中不含 2 与 4 的概率.

8. 10 个人中有一对情侣,他们随意坐在一张圆桌周围,求该对情侣正好坐在一起的概率.

9. 在 1 500 个产品中有 400 个次品,1 100 个正品,任取 200 个,求

(1) 恰有 90 个次品的概率;

(2) 至少有 4 个次品的概率.

1.4 条件概率

1.4.1 条件概率的概念

在实际问题中,一般除了要考虑事件 A 的概率 $P(A)$,还须考虑在“已知事件 B 已发生”这一条件下,事件 A 发生的概率. 一般地,后者的概率与前者的概率未必相同. 下面来看一个例子.

例 1 两台车床加工同一机械零件,产品情况见表 1-3.

表 1-3

项 目	合格品数	次品数	总计
第一台车床加工零件数	35	5	40
第二台车床加工零件数	50	10	60
总 计	85	15	100

从这 100 个零件中任取一个零件,令 $A=\{取到合格品\}$,则

$$P(A)=\frac{85}{100}=0.85.$$

若从 100 个零件中任取一个零件,当已知取到的是第一台车床加工的零件时,问它是合格品的概率是多少? 令 $B=\{取到的零件是第一台车床加工的\}$,于是所求概率是事件 B 发生的条件下事件 A 发生的概率,所以称它为事件 B 发生的条件下事件 A 发生的条件概率,记为 $P(A\mid B)$.

$P(A\mid B)$ 也可以用古典概型来计算. 因为取到的是第一台车床加工的,又知道第一台车床共加工 40 个零件,其中 35 个是合格品,所以

$$P(A\mid B)=\frac{35}{40}=0.875.$$

注意到: $P(AB)=\frac{35}{100}$, $P(B)=\frac{40}{100}$,

故有 $$P(A\mid B)=\frac{35}{40}=\frac{\frac{35}{100}}{\frac{40}{100}}=\frac{P(AB)}{P(B)}.$$

事实上,可以直接验证,类似的关系式对于任何古典概型也是成立的.

设样本空间 Ω 所含的基本事件总数为 n,事件 A, B 与 AB 所包含的基本事件数分别为 n_A, n_B 与 n_{AB},则 $P(A\mid B)$ 可用 B 已经发生的条件下 A 发生的相对比例来表达,即

$$P(A\mid B)=\frac{n_{AB}}{n_B}=\frac{\frac{n_{AB}}{n}}{\frac{n_B}{n}}=\frac{P(AB)}{P(B)}.$$

由此出发,可以给出条件概率的一般定义.

定义 1 设 A, B 为同一个随机试验中的两个事件,且 $P(B)>0$,则称

$$P(A\mid B)=\frac{P(AB)}{P(B)} \tag{1.4.1}$$

为在事件 B 发生的条件下,事件 A 的**条件概率**. 相应地,把 $P(A)$ 称为**无条件概率**.

可以验证,条件概率仍然满足概率的三条公理:

(1) **非负性** 对于每一个事件 A,有 $P(A\mid B)\geqslant 0$;

(2) **规范性** $P(\Omega\mid B)=1$;

(3) **可列可加性** 设 A_1, A_2, … 是两两互不相容的事件,则有

$$P\left(\bigcup_{i=1}^{\infty}A_i\mid B\right)=\sum_{i=1}^{\infty}P(A_i\mid B).$$

因而概率所具有的性质和满足的关系式,条件概率仍然具有和满足. 例如,有

$$P(\bar{A}\mid B)=1-P(A\mid B).$$

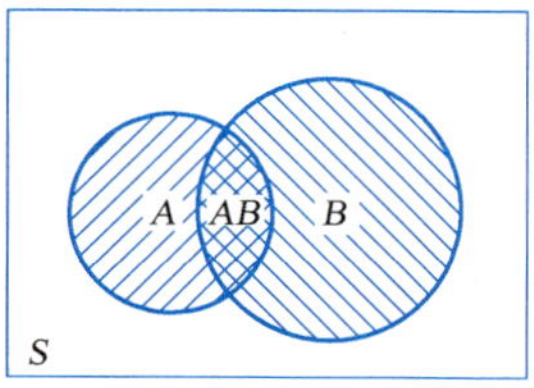

图 1-8 条件概率 $P(B|A)$

注 (1) 用韦恩图表达式(1.4.1). 若事件 A 已发生,则为使 B 也发生,试验结果必须是既在 A 中又在 B 中的样本点,即此点必属于 AB. 因已知 A 已发生,故 A 成为计算条件概率 $P(B\mid A)$ 新的样本空间,如图 1-8 所示.

(2) 条件概率可用下列两种方法来计算:①在缩减后的样本空间 Ω_B 中计算;②在原来的样本空间 Ω 中,直接按定义计算.

例 2 一个袋中装有 10 只球,其中 7 只红球、3 只白球,从中取球两次,每次取 1 只球,做不放回抽样,已知第一次取到的是红球,求第二次取到的仍是红球的概率.

解 设 $A=\{$第一次取到的是红球$\}$,$B=\{$第二次取到的是红球$\}$,则求 $P(B\mid A)$.

解法 1 在缩减后的样本空间 Ω_B 中计算.

由于事件 A 已发生,即第一次取到的是红球,所以第二次取球时,所有球只有 9 只,即 Ω_B 所含的基本事件数为 9,而其中红球只剩下 6 只,所以

$$P(B\mid A)=\frac{6}{9}=\frac{2}{3}.$$

解法 2　在原来的样本空间 Ω 中，直接按定义计算.

由于是不放回抽样，所以

$$P(A)=\frac{C_7^1}{C_{10}^1}=\frac{7}{10},\quad P(AB)=\frac{C_7^1\cdot C_6^1}{C_{10}^1\cdot C_9^1}=\frac{42}{90}.$$

由定义，$P(B\mid A)=\dfrac{P(AB)}{P(A)}=\dfrac{\frac{42}{90}}{\frac{7}{10}}=\dfrac{2}{3}$.

例 3　设某种动物由出生而活到 20 岁的概率为 0.8，活到 25 岁的概率为 0.4，求现龄为 20 岁的这种动物活到 25 岁的概率.

解　设 $B=\{$活到 20 岁$\}$，$A=\{$活到 25 岁$\}$，则 $P(B)=0.8$，$P(A)=0.4$. 由于 $A\subset B$，有 $AB=A$，因此 $P(AB)=P(A)=0.4$.

由定义，$P(A\mid B)=\dfrac{P(AB)}{P(B)}=\dfrac{0.4}{0.8}=0.5$.

1.4.2　乘法公式

由条件概率的公式立即得到

$$P(AB)=P(A)P(B\mid A),\quad P(A)>0. \tag{1.4.2}$$

注意到 $AB=BA$，及 A，B 的对称性可得到

$$P(AB)=P(B)P(A\mid B),\quad P(B)>0. \tag{1.4.3}$$

式(1.4.2) 和式(1.4.3) 都称为乘法公式，这两个公式可以推广到 n 个事件的情形：设 A_1，A_2，…，A_n 是 n 个事件，且 $P(A_1A_2\cdots A_{n-1})>0$，则

$$P(A_1A_2\cdots A_n)=P(A_1)P(A_2\mid A_1)P(A_3\mid A_1A_2)\cdots P(A_n\mid A_1A_2\cdots A_{n-1}). \tag{1.4.4}$$

例 4　一袋中装 8 只球，其中 3 只黑球、5 只白球，先后两次从中随意各取一球(不放回)，求两次取到的均为黑球的概率.

分析　这一概率，可用古典概型方法计算，这里使用乘法公式来计算. 在本例中，问题本身提供了两步完成一个试验的结构，这恰恰与乘法公式的形式相应，合理地利用问题本身的结构来使用乘法公式往往是使问题得到简化的关键.

解　设 $A_i=\{$第 i 次取到的是黑球$\}$$(i=1,2)$，则 $A_1\cap A_2=\{$两次取到的均为黑球$\}$. 由题设知 $P(A_1)=\dfrac{3}{8}$，$P(A_2\mid A_1)=\dfrac{2}{7}$.

于是，根据乘法公式，有

$$P(A_1A_2)=P(A_1)P(A_2\mid A_1)=\frac{3}{8}\times\frac{2}{7}=\frac{3}{28}.$$

例 5　某单位进行抽样调查：盲目炒股者首次炒股被套住的概率为 $\dfrac{1}{2}$，首次未被套住而

第二次被套住的概率为$\frac{3}{4}$，前两次未被套住而第三次被套住的概率为$\frac{7}{8}$. 试求连续三次盲目炒股而未被套住的概率.

解 设 $A_i=\{$盲目炒股第 i 次被套住$\}(i=1,2,3)$，$B=\{$连续三次盲目炒股而未被套住$\}$，则

$$P(A_1)=\frac{1}{2},\quad P(A_2\mid\overline{A}_1)=\frac{3}{4},\quad P(A_3\mid\overline{A}_1\overline{A}_2)=\frac{7}{8},$$

因为 $B=\overline{A}_1\overline{A}_2\overline{A}_3$，故有

$$\begin{aligned}P(B)&=P(\overline{A}_1\overline{A}_2\overline{A}_3)=P(\overline{A}_1)P(\overline{A}_2\mid\overline{A}_1)P(\overline{A}_3\mid\overline{A}_1\overline{A}_2)\\&=\left(1-\frac{1}{2}\right)\left(1-\frac{3}{4}\right)\left(1-\frac{7}{8}\right)=\frac{1}{64}.\end{aligned}$$

1.4.3 全概率公式

为了求得复杂事件的概率，通常可将所论事件分解成若干个互不相容的简单事件之和. 先分别计算这些简单事件的概率，再利用概率的可加性就可得到复杂事件的概率. 全概率公式就是将一个复杂事件的概率，化为在不同情况或不同原因或不同途径下发生的简单事件的概率的求和，而且是用基本概率公式.

定义 2 设随机试验 E 的样本空间为 Ω，$A_1, A_2, \cdots, A_n$ 为 Ω 中一组事件. 若 $A_1, A_2, \cdots, A_n$ 两两互不相容，且 $A_1\cup A_2\cup\cdots\cup A_n=\Omega$，则称 $A_1, A_2, \cdots, A_n$ 为样本空间 Ω 的一个划分，或是一个完备事件组.

定理 1 设 $A_1, A_2, \cdots, A_n$ 构成样本空间 Ω 的一个完备事件组，且 $P(A_i)>0(i=1, 2, \cdots, n)$，则对任一事件 B，有

$$P(B)=P(A_1)P(B\mid A_1)+\cdots+P(A_n)P(B\mid A_n)=\sum_{i=1}^{n}P(A_i)P(B\mid A_i).\tag{1.4.5}$$

式(1.4.5)称为**全概率公式**.

证明 由于 $A_1\cup A_2\cup\cdots\cup A_n=\Omega$，且当 $i\neq j$ 时，$A_iA_j=\varnothing$，故得

$$B=B\Omega=B(A_1\cup A_2\cup\cdots\cup A_n)=\bigcup_{i=1}^{n}A_iB,$$

且 $(A_iB)(A_jB)=\varnothing(i\neq j)$. 于是

$$P(B)=P\left(\bigcup_{i=1}^{n}A_iB\right)=\sum_{i=1}^{n}P(A_iB)=\sum_{i=1}^{n}P(A_i)P(B\mid A_i).$$

注 全概率公式指出，在复杂情况下直接计算 $P(B)$ 不易时，可根据具体情况构造一个完备事件组 $A_1, A_2, \cdots, A_n$，事件 B 发生的概率是各事件 $A_i(i=1, 2, \cdots, n)$ 发生条件下引起事件 B 发生概率的总和. 即我们把事件 B 看作某一过程的结果，把 $A_1, A_2, \cdots, A_n$ 看作该过程的若干原因，原因发生的概率已知，就只需运用全概率公式求结果发生的概率.

例 6　一袋中装有 8 只球，其中 3 只黑球、5 只白球，从中先后随意各取一球（不放回），求第二次取到黑球的概率.

解　设 $A=\{$第一次取到的是黑球$\}$，$B=\{$第二次取到的是黑球$\}$，则 A，$\overline{A}$ 构成一个完备事件组.

由题设易知

$$P(A)=\frac{3}{8},\quad P(\overline{A})=\frac{5}{8},\quad P(B\mid A)=\frac{2}{7},\quad P(B\mid \overline{A})=\frac{3}{7}.$$

由全概率公式有

$$\begin{aligned}P(B)&=P(AB)+P(\overline{A}B)=P(A)P(B\mid A)+P(\overline{A})P(B\mid \overline{A})\\&=\frac{3}{8}\times\frac{2}{7}+\frac{5}{8}\times\frac{3}{7}=\frac{21}{56}.\end{aligned}$$

例 7　某小组有 10 名射手，其中一、二、三级射手分别为 2 名，5 名，3 名，又若选一、二、三级射手参加比赛，则在比赛中射中目标的概率分别为 0.85，0.64，0.45，今随机选一人参加比赛，试求该小组在比赛中射中目标的概率.

解　设 $B=\{$该小组在比赛中射中目标$\}$，$A_i=\{$选 i 级射手参加比赛$\}$ $(i=1,2,3)$，则 A_1，A_2，A_3 构成一个完备事件组.

依题意知

$$P(A_1)=\frac{2}{10},\quad P(A_2)=\frac{5}{10},\quad P(A_3)=\frac{3}{10},$$

$$P(B\mid A_1)=0.85,\quad P(B\mid A_2)=0.64,\quad P(B\mid A_3)=0.45.$$

由全概率公式有

$$\begin{aligned}P(B)&=\sum_{i=1}^{3}P(A_i)P(B\mid A_i)\\&=P(A_1)P(B\mid A_1)+P(A_2)P(B\mid A_2)+P(A_3)P(B\mid A_3)\\&=\frac{2}{10}\times 0.85+\frac{5}{10}\times 0.64+\frac{3}{10}\times 0.45=0.625.\end{aligned}$$

例 8　播种用的一等小麦种子中混有 2% 的二等种子，1.5% 的三等种子，1% 的四等种子，用一等、二等、三等、四等种子长出的穗含 50 颗以上麦粒的概率分别为 0.5，0.15，0.1，0.05，求这批种子所结的穗含有 50 颗以上麦粒的概率.

解　设 $A_i=\{$从这批种子中任选一颗是 i 等种子$\}$ $(i=1,2,3,4)$，则 A_1，A_2，A_3，A_4 构成一个完备事件组，设 $B=\{$在这批种子中任选一颗，这颗种子所结的穗含有 50 颗以上麦粒$\}$.

依题意知

$$P(A_2)=2\%,\quad P(A_3)=1.5\%,\quad P(A_4)=1\%,$$

所以 $P(A_1)=95.5\%$. 且 $P(B|A_1)=0.5$，$P(B|A_2)=0.15$，$P(B|A_3)=0.1$，$P(B|A_4)=0.05$.

由全概率公式，有

$$
\begin{aligned}
P(B) &= \sum_{i=1}^{4} P(A_i)P(B \mid A_i) \\
&= P(A_1)P(B \mid A_1) + P(A_2)P(B \mid A_2) + P(A_3)P(B \mid A_3) + P(A_4)P(B \mid A_4) \\
&= 95.5\% \times 0.5 + 2\% \times 0.15 + 1.5\% \times 0.1 + 1\% \times 0.05 \\
&= 0.4825.
\end{aligned}
$$

数学家
贝叶斯介绍

1.4.4 贝叶斯公式

利用全概率公式，可通过综合分析一事件发生的不同原因、情况或途径及其可能性来求得该事件发生的概率. 下面给出的贝叶斯公式则考虑的是与之完全相反的问题，即一事件已经发生，要考察该事件发生的各种原因、情况或途径的可能性. 例如，有 3 个放有不同数量和颜色的笔的盒子，现从任一盒中任意摸出一支笔，发现是红笔，求该笔是取自 1 号盒子的概率. 或问：该笔取自哪号盒子的可能性最大？

定理 2 设 $A_1, A_2, \cdots, A_n$ 构成样本空间 Ω 的一个完备事件组，则对任一事件 $B(P(B)>0)$ 有

$$
P(A_j \mid B) = \frac{P(A_jB)}{P(B)} = \frac{P(A_j)P(B \mid A_j)}{\sum_{i=1}^{n} P(A_i)P(B \mid A_i)}, \quad j=1, 2, \cdots, n. \qquad (1.4.6)
$$

式(1.4.6) 称为**贝叶斯(Bayes) 公式**.

由条件概率的定义及全概率公式即可得证.

注 式(1.4.6) 中，$P(A_j)$ 和 $P(A_j \mid B)$ 分别称为原因的**先验概率**和**后验概率**.

$P(A_j)(j=1, 2, \cdots, n)$ 是在没有进一步信息(不知道事件 B 是否发生)的情况下诸事件发生的概率. 当获得新的信息(知道 B 发生)，人们对诸事件发生的概率 $P(A_j \mid B)$ 有了新的估计. 贝叶斯公式从数量上刻画了这种变化. 特别地，若取 $n=2$，并记 $A_1=A$，则 $A_2=\overline{A}$，于是公式成为

$$
P(A \mid B) = \frac{P(AB)}{P(B)} = \frac{P(A)P(B \mid A)}{P(A)P(B \mid A) + P(\overline{A})P(B \mid \overline{A})}.
$$

例 9 8 支步枪中有 5 支已校准过，3 支未校准. 一名射手用校准过的枪射击时，中靶的概率为 0.8；用未校准的枪射击时，中靶的概率为 0.3. 现从 8 支枪中任取 1 支用于射击，结果中靶，求所用的枪是校准过的概率.

解 设 $A_1=\{$使用的枪校准过$\}$，$A_2=\{$使用的枪未校准$\}$，$B=\{$射击时中靶$\}$，则 A_1，A_2 构成一个完备事件组，且 $P(A_1)=\frac{5}{8}$，$P(A_2)=\frac{3}{8}$，$P(B \mid A_1)=0.8$，$P(B \mid A_2)=0.3$.

由贝叶斯公式得

$$
P(A_1 \mid B) = \frac{P(B \mid A_1)P(A_1)}{P(B \mid A_1)P(A_1) + P(B \mid A_2)P(A_2)} = \frac{40}{49}.
$$

这样，所用的枪是校准过的概率为$\frac{40}{49}$.

例 10　一名学生接连参加同一课程的两次考试，第一次及格的概率为 0.7，若第一次及格，则第二次及格的概率也为 0.7；若第一次不及格，则第二次及格的概率为 0.35. 若已知第二次及格，求他第一次及格的概率.

解　设 $A=\{$该学生第一次考试及格$\}$，$B=\{$该学生第二次考试及格$\}$，则 A，$\overline{A}$ 构成一个完备事件组，且已知 $P(A)=0.7$，$P(B\mid A)=0.7$，$P(\overline{A})=1-0.7=0.3$，$P(B\mid\overline{A})=0.35$.

于是由全概率公式得

$$P(B)=P(A)P(B\mid A)+P(\overline{A})P(B\mid\overline{A})=0.7\times0.7+0.3\times0.35=0.595.$$

由贝叶斯公式得

$$P(A\mid B)=\frac{P(A)P(B\mid A)}{P(B)}=\frac{0.7\times0.7}{0.595}=0.8235.$$

例 11　设某批产品中，甲、乙、丙三厂生产的产品分别占 45%，35%，20%，各厂的产品的次品率分别为 4%，2%，5%，现从中任取一件.

(1) 求取到的是次品的概率；

(2) 经检验发现取到的产品为次品，求该产品是甲厂生产的概率.

解　记事件 $A_1=\{$该产品是甲厂生产的$\}$，事件 $A_2=\{$该产品为乙厂生产的$\}$，事件 $A_3=\{$该产品为丙厂生产的$\}$，事件 $B=\{$该产品是次品$\}$. 由题设知

$$P(A_1)=45\%,\quad P(A_2)=35\%,\quad P(A_3)=20\%,$$

$$P(B\mid A_1)=4\%,\quad P(B\mid A_2)=2\%,\quad P(B\mid A_3)=5\%.$$

(1) 由全概率公式得

$$P(B)=\sum_{i=1}^{3}P(A_i)P(B\mid A_i)=45\%\times4\%+35\%\times2\%+20\%\times5\%=3.5\%.$$

(2) 由贝叶斯公式(或条件概率定义) 得

$$P(A_1\mid B)=\frac{P(A_1B)}{P(B)}=\frac{P(A_1)P(B\mid A_1)}{P(B)}\approx51.4\%.$$

习题 1-4

1. 全年级 100 名学生中，有男生(以事件 A 表示)80 人，女生 20 人；来自北京的(以事件 B 表示)有 20 人，其中男生 12 人，女生 8 人；免修英语的(以事件 C 表示)有 40 人，其中男生 32 人，女生 8 人. 试写出 $P(A)$，$P(B)$，$P(B\mid A)$，$P(A\mid B)$，$P(AB)$，$P(C)$，$P(C\mid A)$，$P(\overline{A}\mid\overline{B})$，$P(AC)$.

2. 某地区气象资料表明，邻近的甲、乙两城市中的甲市，全年雨天比例为 12%；乙市全年雨天比例为 9%；两市中至少有一市为雨天的比例为 16.8%. 试求下列事件的概率.

(1) 在甲市为雨天的条件下，乙市也为雨天；

(2) 在乙市无雨的条件下，甲市也无雨.

3. 已知 $P(A)=\frac{1}{4}$，$P(B\mid A)=\frac{1}{3}$，$P(A\mid B)=\frac{1}{2}$，求 $P(A\cup B)$.

4. 今有一张足球票，n 个人都想得到，故采用抽签的办法分配这张票，试利用乘法公式说明每人得到足球票的概率都是 $\frac{1}{n}$.

5. 一批产品共 100 只，其中 10 只是次品，其余为正品. 作不放回抽取，每次取 1 只，求第三次才取到正品的概率.

6. 设袋中有 12 只乒乓球，其中 9 只新球、3 只旧球，第一次比赛取 3 只球，比赛后放回且第二次比赛再任取 3 只球，求第二次比赛取得 3 只新球的概率.

7. 用三台机床加工同一种零件，零件由各机床加工的概率分别为 0.5，0.3，0.2，各机床加工的零件为合格品的概率分别等于 0.94，0.9，0.95，求全部产品中的合格率.

8. 一袋中有 10 只球，其中 3 只黑球、7 只白球，从中先后随意各取 1 球（不放回），假设第二次取到的球为黑球，求“第一次取到的也是黑球”的概率.

9. 对以往数据分析结果表明，当机器调整得良好时，产品的合格率为 98%，而当机器发生某种故障时，其合格率为 55%. 每天早上机器开动时，机器调整良好的概率为 95%. 试求已知某日早上第一件产品是合格时，机器调整得良好的概率是多少？

10. 一袋中有 10 只黑球、5 只白球，现掷一枚均匀的骰子，掷出几点就从袋中取出几只球，若已知取出的球全是白球，求掷出 3 点的概率.

1.5 事件的独立性

对于两个（或两个以上）事件，有时要考虑它们发生的可能性是否相互影响，称这类问题为事件的独立性问题. 下面来看一个例子.

例 1 已知袋中有 5 只红球、3 只白球，从袋中有放回地取球两次，每次取 1 球，设事件 $A=\{$第 1 次取得白球$\}$，事件 $B=\{$第 2 次取得白球$\}$，求 $P(A)$，$P(B)$，$P(B\mid A)$，$P(B\mid\overline{A})$.

解 因为 $P(A)=\frac{C_3^1}{C_8^1}=\frac{3}{8}=P(B)$，$P(B\mid A)=\frac{C_3^1}{C_8^1}=\frac{3}{8}$，$P(B\mid\overline{A})=\frac{C_3^1}{C_8^1}=\frac{3}{8}$，

所以
$$P(B\mid A)=P(B)=P(B\mid\overline{A})=\frac{3}{8}.$$

事件 A 发生与否对事件 B 发生的概率没有影响，可视为 A 与 B 相互独立.

因此
$$P(AB)=P(A)P(B\mid A)=\left(\frac{3}{8}\right)^2=P(A)P(B).$$

由此可得到两个事件独立性的概念.

1.5.1 两个事件的独立性

定义 1 若 A，B 两事件满足等式
$$P(AB)=P(A)P(B), \tag{1.5.1}$$
则称事件 A 与 B **相互独立**.

注　(1) 概率为零的事件与任何事件相互独立.

(2) 当 $P(A)>0$，$P(B)>0$ 时，A，B 相互独立与 A，B 互不相容不能同时成立. 它们是完全不同的两个概念:A，B 相互独立是从概率的角度来考虑的;A，B 互不相容是从事件本身来考虑的.

定理 1　设 A，B 是两事件，且 $P(A)>0$,若 A，B 相互独立，则 $P(A \mid B)=P(A)$;反之亦然.

定理 2　若事件 A 与 B 相互独立,则 $\overline{A}$ 与 B，A 与 $\overline{B}$，$\overline{A}$ 与 $\overline{B}$ 也相互独立.

证明　这里只证明 $\overline{A}$ 与 B 相互独立,其余的留给读者自己证明.

由 $P(AB)=P(A)P(B)$，$B\supset AB$,得

$$P(\overline{A}B)=P(B-A)=P(B)-P(AB)=P(B)-P(A)P(B)$$
$$=(1-P(A))P(B)=P(\overline{A})P(B).$$

所以 $\overline{A}$ 与 B 相互独立.

1.5.2　有限个事件的独立性

定义 2　设 A，B，C 为三个事件,如果满足等式

$$\begin{cases} P(AB)=P(A)P(B), \\ P(AC)=P(A)P(C), \\ P(BC)=P(B)P(C), \\ P(ABC)=P(A)P(B)P(C), \end{cases} \tag{1.5.2}$$

则称事件 A，B，C **相互独立**.

对 n 个事件的独立性，可类似写出其定义.

定义 3　一般地,设 A_1，A_2，…，A_n 是 $n(n\geqslant 2)$ 个事件,如果对于其中任意2 个,任意3 个,…,任意 n 个事件的积事件的概率,都等于各事件概率之积,则称 A_1，A_2，…，A_n **相互独立**.

定义 4　设 A_1，A_2，…，A_n 是 n 个事件，若其中任意两个事件之间均相互独立,则称 A_1，A_2，…，A_n **两两独立**.

注　相互独立一定两两独立,两两独立不一定相互独立.

***例 2**　如果将一枚硬币抛掷两次,观察正面 H 和反面 T 的出现情况,则此时样本空间为 $\Omega=\{HH, HT, TH, TT\}$,令 $A=\{HH, HT\}$，$B=\{HH, TH\}$，$C=\{HH, TT\}$,则

$$AB=AC=BC=ACB=\{HH\}.$$

故有

$$P(A)=P(B)=P(C)=\frac{1}{2},$$

$$P(AB)=P(AC)=P(BC)=P(ACB)=\frac{1}{4}.$$

由定义 1 知,A，B，C 任意两个事件都是相互独立的,但是

$$P(ABC)=\frac{1}{4}\neq\frac{1}{8}=P(A)P(B)P(C),$$

也就是说 A, B, C 两两独立,并不相互独立.

1.5.3 相互独立性的性质

性质 1 若事件 A_1, A_2, $\cdots$, $A_n(n\geqslant 2)$ 相互独立,则其中任意 $k(1<k\leqslant n)$ 个事件也相互独立.

由独立性定义可直接推出性质 1.

性质 2 若 n 个事件 A_1, A_2, $\cdots$, $A_n(n\geqslant 2)$ 相互独立,则将 A_1, A_2, $\cdots$, A_n 中任意 $m(1\leqslant m\leqslant n)$ 个事件换成它们的对立事件,所得的 n 个事件仍相互独立.

从直观上看是显然的. 对 $n=2$,定理 2 已作证明,一般情况可利用数学归纳法证之,此处略.

例 3 有两门高射炮独立地射击一架敌机,设甲炮击中敌机的概率为 0.8,乙炮击中敌机的概率为 0.7,试求敌机被击中的概率.

解 设 $A=\{$甲炮击中敌机$\}$, $B=\{$乙炮击中敌机$\}$,则 $A\cup B=\{$敌机被击中$\}$. 由题意知 $P(A)=0.8$, $P(B)=0.7$,由于 A, B 相互独立,故

$$\begin{aligned}P(A\cup B)&=P(A)+P(B)-P(AB)=P(A)+P(B)-P(A)P(B)\\&=0.8+0.7-0.8\times 0.7=0.94.\end{aligned}$$

例 4 有甲、乙两批种子,发芽率分别为 0.8 和 0.7,假设每批种子发芽与否是相互独立的. 从两批种子中各随机地抽取一粒,求

(1) 两粒都能发芽的概率;

(2) 至少有一粒种子能发芽的概率;

(3) 恰好有一粒种子能发芽的概率.

解 设 $A=\{$取自甲批种子中的某粒种子能发芽$\}$, $B=\{$取自乙批种子中的某粒种子能发芽$\}$,则所求的概率分别为 $P(AB)$, $P(A\cup B)$, $P(A\bar{B}\cup\bar{A}B)$.

由于 $P(A)=0.8$, $P(B)=0.7$,且 A, B 相互独立,故有

(1) $P(AB)=P(A)P(B)=0.8\times 0.7=0.56$;

(2) $P(A\cup B)=P(A)+P(B)-P(AB)=0.8+0.7-0.56=0.94$;

(3) $P(A\bar{B}\cup\bar{A}B)=P(A\bar{B})+P(\bar{A}B)=0.8\times(1-0.7)+(1-0.8)\times 0.7=0.38$.

例 5 设一个工人看管三台机床,第一、二、三台机床在 1 h 内需要工人照管的概率分别是 0.9, 0.8, 0.7,假设每台机床需要工人照管与否是相互独立的. 试求在 1 h 内,(1) 没有一台机床需要看管的概率;(2) 至少有一台机床不需要看管的概率.

解 设 $A_i=\{$第 i 台机床在 1 h 内需要工人照管$\}(i=1, 2, 3)$,

$B=\{$没有一台机床需要看管$\}$, $C=\{$至少有一台机床不需要看管$\}$,

根据题意知 $P(A_1)=0.9$, $P(A_2)=0.8$, $P(A_3)=0.7$,且 A_1, A_2, A_3 相互独立,故

$$\begin{aligned}P(B)&=P(\bar{A}_1\bar{A}_2\bar{A}_3)=P(\bar{A}_1)P(\bar{A}_2)P(\bar{A}_3)\\&=[1-P(A_1)][1-P(A_2)][1-P(A_3)]\\&=(1-0.9)(1-0.8)(1-0.7)=0.1\times 0.2\times 0.3=0.006,\end{aligned}$$

$$P(C)=1-P(\bar{C})=1-P(A_1A_2A_3)=1-P(A_1)P(A_2)P(A_3)$$
$$=1-0.9\times0.8\times0.7=0.496.$$

例 6 甲、乙两人进行网球比赛，每局甲胜的概率为 p，且 $p\geqslant\frac{1}{2}$. 试问对甲而言，采用三局二胜制有利，还是采用五局三胜制有利. 设各局胜负相互独立.

解 采用三局二胜制，甲最终获胜，其胜局的情况是："甲甲"或"乙甲甲"或"甲乙甲". 而这三种结局互不相容，于是由独立性得甲最终获胜的概率为 $p_1=p^2+2p^2(1-p)$.

采用五局三胜制，甲最终获胜，至少需比赛 3 局(可能赛 3 局，也可能赛 4 局或 5 局)，且最后一局必须是甲胜，而前面甲需胜两局. 例如，共赛 4 局，则甲的胜局情况是："甲乙甲甲""乙甲甲甲""甲甲乙甲"，且这三种结局互不相容. 由独立性得甲最终获胜的概率为

$$p_2=p^3+C_3^2p^3(1-p)+C_4^2p^3(1-p)^2.$$

于是 $p_2-p_1=p^2(6p^3-15p^2+12p-3)=3p^2(p-1)^2(2p-1)$.

当 $p>\frac{1}{2}$ 时，$p_2>p_1$，即对甲来说采用五局三胜制较为有利；当 $p=\frac{1}{2}$ 时，$p_2=p_1=\frac{1}{2}$，即两种赛制甲、乙最终获胜的概率相同.

上面这个例子涉及的随机试验只有两种可能的结果：甲胜或甲输，且试验在相同条件下可独立重复地进行，在每次试验中甲胜的概率都是相同的. 具有这种特征的概型就是伯努利概型.

1.5.4 伯努利概型

设随机试验只有两种可能的结果：事件 A 发生(记为 A)或事件 A 不发生(记为 $\bar{A}$)，则称这样的试验为**伯努利(Bernoulli)试验**. 设

$$P(A)=p,\quad P(\bar{A})=1-p,\quad 0<p<1,$$

将伯努利试验独立地重复进行 n 次，称这一串重复的独立试验为 **n 重伯努利试验**，或简称为**伯努利概型**.

注 n 重伯努利试验是一种很重要的数学模型，在实际问题中得到广泛的应用. 其特点：事件 A 在每次试验中发生的概率均为 p，且不受其他各次试验中 A 是否发生影响.

定理 3(伯努利定理) 设在一次试验中，事件 A 发生的概率为 $p(0<p<1)$，则在 n 重伯努利试验中，事件 A 恰好发生 k 次的概率为

$$P\{X=k\}=C_n^kp^k(1-p)^{n-k},\quad k=0,1,\cdots,n.$$

该式称为**伯努利公式**.

推论 设在一次试验中，事件 A 发生的概率为 $p(0<p<1)$，则在 n 重伯努利试验中，事件 A 在第 k 次试验中才首次发生的概率为 $p(1-p)^{k-1}(k=1,2,\cdots,n)$.

注意到"事件 A 第 k 次试验才首次发生"等价于在前 k 次试验组成的 k 重伯努利试验中"事件 A 在前 $k-1$ 次试验中均不发生而在第 k 次试验中发生"，再由伯努利定理即推得.

例 7 某种小树移栽后的成活率为 90%，一个居民小区移栽了 20 棵，求能成活 18 棵

的概率.

解 观察一棵小树是否成活是随机试验 E，每棵小树只有“成活”(设为 A) 或“没成活”(设为 $\overline{A}$) 两种可能结果，且 $P(A)=0.9$. 可以认为，小树成活与否是彼此独立的，因此观察 20 棵小树是否成活可以看成是 $p=0.9$ 的 20 重伯努利试验.

设 $B=\{$能成活 18 棵$\}$,则由伯努利公式可得

$$P(B)=C_{20}^{18}\times 0.9^{18}\times 0.1^{2}=0.285.$$

例 8 一条自动生产线上的产品，次品率为 4%，求解以下两个问题.

(1) 从中任取 10 件，求至少有 2 件次品的概率；

(2) 一次取 1 件，无放回地抽取,求当取到第 2 件次品时，之前已取到 8 件正品的概率.

分析 由于一条自动生产线上的产品很多，当抽取的件数相对较少时，可将无放回抽取近似看成是有放回抽取，每抽 1 件产品看成是 1 次试验,抽 10 件产品相当于做 10 次重复独立试验，且每次试验只有“次品”或“正品”两种可能结果,所以可以看成 10 重伯努利试验.

解 (1) 设 $A=\{$任取 1 件是次品$\}$，则

$$p=P(A)=0.04,\quad q=P(\overline{A})=0.96.$$

设 $B=\{$10 件中至少有两件次品$\}$,由伯努利公式有

$$\begin{aligned}P(B)&=\sum_{k=2}^{10}C_{10}^{k}p^{k}(1-p)^{10-k}=1-C_{10}^{0}p^{0}(1-p)^{10}-C_{10}^{1}p^{1}(1-p)^{9}\\&=1-0.96^{10}-C_{10}^{1}\times 0.04\times 0.96^{9}\approx 0.0582.\end{aligned}$$

(2) 由题意知,至第 2 次抽到次品时，共抽取了 10 次,前 9 次中抽得 8 件正品 1 件次品. 设 $C=\{$前 9 次中抽到 8 件正品 1 件次品$\}$,$D=\{$第 10 次抽到次品$\}$，则由独立性和伯努利公式，所求概率为

$$P(CD)=P(C)P(D)=C_{9}^{1}\times 0.04\times 0.96^{8}\times 0.04\approx 0.0104.$$

习题 1-5

1. 设 $A\subset B$ 且 A 与 B 互相独立,则下列等式成立的是(　　).

A. $P(A)=0$　　B. $P(A)=0$ 或 $P(B)=1$

C. $P(A)=1$　　D. 以上都不对

2. 设每次试验成功的概率是 $p(0<p<1)$,则试验 3 次至少失败 1 次的概率是(　　).

A. p^{3}　　B. $1-p^{3}$

C. $p(1-p)^{2}+p^{2}(1-p)$　　D. $(1-p)^{3}$

*3. 随机抽取一个家庭,考察孩子的性别构成,假定生男生女是等可能的,令 $A=\{$一个家庭中既有男孩又有女孩$\}$,$B=\{$一个家庭中最多有一个女孩$\}$. 对下述两种情形,讨论 A, B 的独立性:(1) 家庭中有两个小孩；(2) 家庭中有三个小孩.

4. 甲、乙两人射击,甲击中的概率为 0.8,乙击中的概率为 0.7,两人同时射击,并假定中靶与否是独立

的.求(1) 两人都中靶的概率；(2) 甲中乙不中的概率；(3) 甲不中乙中的概率.

*5. 已知盒中有编号为 1，2，3，4 的 4 只球，随机地从盒中取 1 只球，设 $A=\{$取出的是 1 号或 2 号球$\}$，$B=\{$取出的是 1 号或 3 号球$\}$，$C=\{$取出的 1 号或 4 号球$\}$，试证 A，B，C 两两独立但不相互独立.

6. 一个自动报警器由雷达和计算机两部分组成，两部分有任何一部分失灵，这个报警器就失灵. 若使用 100 h 后，雷达部分失灵的概率为 0.1，计算机失灵的概率为 0.3，若两部分失灵与否为独立的，求这个报警器使用 100 h 而不失灵的概率.

7. 加工某一零件共需经过四道工序，设第一、二、三、四道工序的次品率分别是 2%，3%，5%，3%，假定各道工序是互不影响的，求加工出来的零件的次品率.

*8. 甲、乙、丙三人独立地向一飞机射击，设击中的概率分别为 0.4，0.5，0.7. 如果只有一人击中，则飞机被击落的概率为 0.2；如果有两人击中，则飞机被击落的概率为 0.6；如果三人都击中，则飞机一定被击落，试求飞机被击落的概率.

*9. 某种仪器由三个部件组装而成，假设各部件质量互不影响且它们的优质品率分别为 0.8，0.7 与 0.9. 已知：如果三个部件都是优质品，则组装后的仪器一定合格；如果有一个部件不是优质品，则组装后的仪器不合格率为 0.2；如果有两个部件不是优质品，则组装后的仪器不合格率为 0.6；如果有三个部件不是优质品，则组装后的仪器不合格率为 0.9. 求

(1) 仪器的不合格率；

(2) 如果已发现一台仪器不合格，问它有几个部件不是优质品的概率最大.

*10. 电灯泡使用寿命在 1 000 h 以上的概率为 0.2，试求 3 个灯泡在使用 1 000 h 后，至多有 1 个损坏的概率.

总习题 1

一、选择题(每小题 2 分)

1. 设 A 与 B 互为对立事件，且 $P(A)>0$，$P(B)>0$，则下列各式中错误的是(　　).

A. $P(A)=1-P(B)$　　B. $P(AB)=P(A)P(B)$

C. $P(\overline{AB})=1$　　D. $P(A\cup B)=1$

2. 设 A，B 为两个随机事件，且 $P(A)>0$，则 $P(A\cup B\mid A)=$(　　).

A. $P(AB)$　　B. $P(A)$　　C. $P(B)$　　D. 1

3. 从标号为 1，2，…，101 的 101 只灯泡中任取一只，则取得标号为偶数的灯泡的概率为(　　).

A. $\frac{50}{101}$　　B. $\frac{51}{101}$　　C. $\frac{50}{100}$　　D. $\frac{51}{100}$

4. 设事件 A，B 满足 $P(A\mid B)=0.2$，$P(B)=0.6$，则 $P(AB)=$(　　).

A. 0.12　　B. 0.4　　C. 0.6　　D. 0.8

5. 设每次试验成功的概率为 $P(0<P<1)$，则在 3 次独立重复试验中至少成功一次的概率为(　　).

A. $1-(1-P)^3$　　B. $P(1-P)^2$　　C. $C_3^1P(1-P)^2$　　D. $P+P^2+P^3$

6. 设 A，B 为两个随机事件，且 $P(AB)>0$，则 $P(A\mid AB)=$(　　).

A. $P(A)$　　B. $P(AB)$　　C. $P(A\mid B)$　　D. 1

7. 设事件 A 与 B 相互独立，且 $P(A)>0$，$P(B)>0$，则下列等式成立的是(　　).

A. $AB=\varnothing$　　B. $P(A\bar{B})=P(A)P(\bar{B})$

C. $P(B)=1-P(\bar{A})$　　D. $P(B\mid\bar{A})=0$

8. 设 A，B，C 为三事件，则事件 $\overline{A\cup BC}=$(　　).

A. $\bar{A}\bar{B}C$　　B. $AB\cup C$　　C. $A\cup BC$　　D. $A\cup B\cup C$

9. 一批产品共 10 件，其中有 2 件次品，从这批产品中任取 3 件，则取出的 3 件中恰有一件次品的概率为(　　).

A. $\frac{1}{60}$　　B. $\frac{7}{45}$　　C. $\frac{1}{5}$　　D. $\frac{7}{15}$

10. 设随机事件 A 与 B 互不相容，$P(A)=0.2$，$P(B)=0.4$，则 $P(B \mid A)=$(　　).

A. 0　　B. 0.2　　C. 0.4　　D. 1

11. 设事件 A，B 互不相容，已知 $P(A)=0.4$，$P(B)=0.5$，则 $P(A \cup B)=$(　　).

A. 0.1　　B. 0.4　　C. 0.9　　D. 1

12. 已知事件 A，B 相互独立，且 $P(A)>0$，$P(B)>0$，则下列等式成立的是(　　).

A. $P(A \cup B)=P(A)+P(B)$　　B. $P(A \cup B)=1-P(A)P(B)$

C. $P(AB)=P(A)P(B)$　　D. $P(A \cup B)=1$

13. 某人射击三次，其命中率为 0.8，则三次中至多命中一次的概率为(　　).

A. 0.002　　B. 0.04　　C. 0.08　　D. 0.104

14. 设 A 为随机事件，则下列命题中错误的是(　　).

A. A 与 $\bar{A}$ 互为对立事件　　B. A 与 $\bar{A}$ 互不相容

C. $A=\bar{A}$　　D. $A \cup \bar{A}=\Omega$

15. 设 A 与 B 相互独立，$P(A)=0.2$，$P(B)=0.4$，则 $P(\bar{A} \mid B)=$(　　).

A. 0.2　　B. 0.4　　C. 0.6　　D. 0.8

16. 同时抛掷三枚均匀的硬币，恰好三枚均为正面朝上的概率为(　　).

A. 0.125　　B. 0.25　　C. 0.375　　D. 0.5

17. 设 A，B 为任意两个事件，则有(　　).

A. $A \cup B-B=A$　　B. $(A-B) \cup B=A$

C. $A \cup B-B \subset A$　　D. $(A-B) \cup B \subset A$

18. 某人射击三次，其命中率为 0.7，则 3 次中至多击中一次的概率为(　　).

A. 0.027　　B. 0.081　　C. 0.189　　D. 0.216

19. 设 A，B 为两个互不相容事件，则下列各式错误的是(　　).

A. $P(AB)=0$　　B. $P(A \cup B)=P(A)+P(B)$

C. $P(AB)=P(A)P(B)$　　D. $P(B-A)=P(B)$

20. 设事件 A，B 相互独立，且 $P(A)=\frac{1}{3}$，$P(B)>0$，则 $P(A \mid B)=$(　　).

A. $\frac{1}{15}$　　B. $\frac{1}{5}$　　C. $\frac{4}{15}$　　D. $\frac{1}{3}$

二、填空题(每小题 2.5 分)

1. 设事件 A，B 相互独立，且 $P(A)=0.2$，$P(B)=0.4$，则 $P(A \cup B)=$________.

2. 从 0，1，2，3，4 五个数中任意取三个数，则这三个数中不含 0 的概率为________.

3. 设 $P(A)=\frac{1}{3}$，$P(A \cup B)=\frac{1}{2}$，且 A 与 B 互不相容，则 $P(B)=$________.

4. 一批产品，由甲厂生产的占$\frac{1}{3}$，次品率为 5%，由乙厂生产的占$\frac{2}{3}$，次品率为 10%，从这批产品中随机取一件，恰好取到次品的概率为________.

5. 设 $P(A)=0.4$，$P(B)=0.5$，且 $P(B \mid A)=0.3$，则 $P(AB)=$________.

6. 设事件 A 与 B 互不相容，且 $P(A)=0.4$，$P(A \cup B)=0.7$，则 $P(B)=$________.

7. 设 $P(A)=0.5$，$P(AB)=0.4$，则 $P(B \mid A)=$________.

8. 设 $P(A)=0.3$，$P(B)=P(C)=0.2$，且事件 A，B，C 两两互不相容，则 $P(A\cup B\cup C)=$ ________.

9. 设袋中装有 6 只红球、4 只白球，每次从袋中取一球观其颜色后放回，并再放入 1 只同颜色的球，若连取两次，则第一次取得红球且第二次取得白球的概率等于________.

10. 某用户从两厂家进了一批同类型的产品，其中甲厂生产的占 60%，若甲、乙两厂产品的次品率分别为 5%，10%，今从这批产品中任取一个，则其为次品的概率为________.

11. 设事件 A 与 B 互不相容，$P(A)=0.2$，$P(B)=0.3$，则 $P(\overline{A\cup B})=$ ________.

12. 一个盒子中有 6 颗黑棋子、9 颗白棋子，从中任取两颗，则这两颗棋子是不同颜色的概率为________.

13. 甲、乙两门高射炮彼此独立地向一架飞机各发一炮，甲、乙击中飞机的概率分别为 0.4，0.5，则飞机至少被击中一炮的概率为________.

14. 20 件产品中，有 2 件次品，不放回地从中接连取两次，每次取一件产品，则第二次取到的是正品的概率为 ________.

15. 连续抛一枚均匀硬币五次，则正面都不出现的概率为________.

16. 袋中有红、黄、蓝球各一只，从中任取三次，每次取一只，取后放回，则红球出现的概率为________.

17. 设 $P(A\mid B)=\dfrac{1}{6}P(B)=\dfrac{1}{2}$，$P(B\mid A)=\dfrac{1}{4}$，则 $P(A)=$ ________.

18. 设事件 A，B 相互独立，$P(A\cup B)=0.6$，$P(A)=0.4$，则 $P(B)=$ ________.

19. 设 A 与 B 是两个随机事件，已知 $P(A)=0.4$，$P(B)=0.6$，$P(A\cup B)=0.7$，则 $P(\bar{A}B)=$ ________.

20. 设事件 A 与 B 相互独立，且 $P(A)=0.3$，$P(B)=0.4$，则 $P(A\cup B)=$ ________.

三、计算题(每小题 10 分)

某商店有 100 台相同型号的冰箱待售，其中 60 台是甲厂生产的，25 台是乙厂生产的，15 台是丙厂生产的，已知这三个厂生产的冰箱质量不同，它们的不合格率依次为 0.1，0.4，0.2，现有一名顾客从这批冰箱中随机地买了一台，试求

(1) 该顾客买到一台合格冰箱的概率；

(2) 顾客开箱测试后发现冰箱不合格，试问这台冰箱来自甲厂的概率是多大？

第 2 章

随机变量及其分布

概率论的核心内容是随机变量的研究. 本章将着重介绍离散型随机变量和连续型随机变量及其分布,以及根据随机变量的概率分布求其函数的概率分布. 第 1 章概率论的基本概念随机事件及其概率,是随机变量研究的基础.

2.1 随机变量

2.1.1 随机变量概念的引入

随机变量的概念

为了更好地揭示随机现象的规律性,并利用数学工具描述其规律,有必要引入随机变量来描述随机试验的不同结果. 并将随机试验的结果数量化,即把随机试验的结果与实数对应起来.

(1) 在有些随机试验中,试验的结果本身就由数量来表示.

例如,袋中有 3 只黑球、2 只白球,从中任意取出 3 只球,观察取出的 3 只球中黑球的个数. 其可能结果就可分别用数字 1, 2, 3 来表示;观察灯泡的使用寿命(单位:h),其可能结果(使用寿命)为$[0, +\infty)$中的任一值.

(2) 在另一些随机试验中,试验结果看起来与数量无关,但可以指定一个数量来表示.

例如,考察抛硬币的这一试验,其试验有两个可能的结果:"出现正面"或"出现反面". 如果令"出现正面"对应于 1,"出现反面"对应于 0,则试验结果就可以进行数值描述了.

上述例子表明,对于每一个可能的试验结果,都有唯一的一个实数与之对应. 这种对应关系实际定义了样本空间 Ω 上的一个函数,即随机变量.

2.1.2 随机变量的定义

定义 设随机试验的样本空间为 Ω,称定义在样本空间 Ω 上的实值单值函数 $X=X(\omega)$ 为**随机变量**.

引入随机变量 X 后,就可以用随机变量 X 的取值来描述事件. 例如,在上述抛硬币试验中 X 取值 1,写成 $\{X=1\}$,它表示事件{出现正面}.

随机变量通常用大写字母 X, Y, Z 或希腊字母 ξ, η, τ 等表示,而随机变量的取值通常用小写字母 x, y, z 等表示.

随机变量与普通函数的比较:

(1) 它们都是实值函数,但前者在试验前只知道它可能取值的范围,而不能预先肯定它将取哪个值；

(2) 因试验结果的出现具有一定的概率，故前者取每个值或每个确定范围内的值也有一定的概率；

(3) 前者是定义在样本空间上的(样本空间的元素不一定是实数)，后者是定义在实数轴上的.

例 1　掷一颗骰子，若用 X 表示出现的点数，则 X 是定义在样本空间 $\Omega=\{1, 2, 3, 4, 5, 6\}=\{\omega\}$ 上的函数，即 $X=X(\omega)=\omega$ 是随机变量.

例 2　考虑随机试验：接连进行 3 次射击. 以 $\omega=(i, j, k)$ 表示基本事件，其中 $i, j, k=0$ 或 1，其中“0”表示脱靶，“1”表示命中. 那么，3 次射击命中目标的次数 X 是基本事件 ω 的函数，因此 X 是随机变量，它的可能值为 0, 1, 2, 3(表 2-1).

表 2-1

ω	(0, 0, 0)	(0, 0, 1)	(0, 1, 0)	(0, 1, 1)	(1, 0, 0)	(1, 0, 1)	(1, 1, 0)	(1, 1, 1)
$X=X(\omega)$	0	1	1	2	1	2	2	3

易见，使 X 取值为 $2(\{X=2\})$ 的样本点构成的子集为

$$A=\{(0, 1, 1), (1, 0, 1), (1, 1, 0)\}.$$

如果假设每次中靶和脱靶的可能性相等，则有 $P\{X=2\}=\dfrac{3}{8}$.

类似地，有

$$P\{X\leqslant 1\}=P\{(0, 0, 0), (0, 0, 1), (0, 1, 0), (1, 0, 0)\}=\frac{4}{8}=\frac{1}{2}.$$

例 3　在测试某种型号电子元件的寿命的试验中，若用 X 表示该电子元件的寿命(单位：h)，则 X 是定义在样本空间 $\Omega=\{t \mid t\geqslant 0\}$ 上的函数，即 $X=X(t)=t$ 是随机变量.

注　因为研究目的不同，可以在同一个样本空间上定义不同的随机变量. 在例 1 中，我们定义了随机变量 X 表示出现的点数，还可以定义其他的随机变量，例如可以定义：

$$Y=\begin{cases}1, & \omega=\text{出现偶数},\\ 0, & \omega=\text{出现奇数};\end{cases}\qquad Z=\begin{cases}1, & \omega=\text{点数为 }2,\\ 0, & \omega=\text{点数不为 }2;\end{cases}\qquad \text{等等.}$$

2.1.3　引入随机变量的意义

随机变量的引入，使我们能用随机变量来描述各种随机现象，使得随机试验中的各种事件可通过随机变量的关系式表达出来.

由此可见，随机事件这个概念实际上是包容在随机变量这个更广的概念内. 也可以说，随机事件是从静态的观点来研究随机现象，而随机变量则是一种动态的观点，如同数学分析中常量与变量的关系.

关于随机变量的研究是概率论的中心内容，引入随机变量后，对随机现象统计规律的研究，就由对事件及事件概率的研究转化为对随机变量及其取值规律的研究，使我们有可能利用数学分析的方法对随机试验的结果进行广泛而深入的研究.

随机变量因其取值情况不同，通常分为离散型和非离散型两类. 而非离散型随机变量中最重要的是连续型随机变量. 今后，我们主要讨论离散型随机变量和连续型随机变量.

习题 2-1

1. 在将一枚硬币抛掷三次，观察正面 H、反面 T 出现情况的试验中，其样本空间

$$S=\{HHH, HHT, HTH, THH, HTT, THT, TTH, TTT\},$$

若用 X 表示每次试验出现正面 H 的总次数，则 X 为样本空间 Ω 上的函数.

(1) 试将每次试验出现正面 H 的总次数这一事件用随机变量的表达式表示.

(2) 求 $P\{X=2\}$, $P\{X\leqslant 1\}$.

2. 掷一枚均匀的硬币三次，观察前后三次出现的正面次数之和“大于 2”“等于 2”“小于 2”的情况，定义一个随机变量，并写出该随机变量取每一个特定值的概率.

3. 一名报童卖报，每份 0.15 元，其成本为 0.10 元. 报馆每天给报童 1 000 份报纸，并规定他不得把卖不出的报纸退回. 设 X 为报童每天卖出的报纸份数，试将报童赔钱这一事件用随机变量的表达式表示.

2.2 离散型随机变量及其概率分布

2.2.1 离散型随机变量及其概率分布

定义 1 如果随机变量 X，其全部可能值只有有限个或可数无穷个，则称 X 为**离散型随机变量**. 设 x_1, x_2, …是其一切可能值，称

$$P\{X=x_i\}=p_i, \quad i=1, 2, \cdots$$

为 X 的**概率分布**(或**分布律**、**分布列**、**概率函数**).

X 的概率分布常用表 2-2 的形式来表示.

表 2-2

X	x_1	x_2	…	x_n	…
p_i	p_1	p_2	…	p_n	…

由概率的定义，随机变量 X 的概率分布满足下列条件：

(1) $p_i\geqslant 0$, $i=1, 2, \cdots$;

(2) $\sum\limits_{i=1}^{\infty} p_i=1$.

反之，满足上述条件的数列 $\{p_i\}$，一定可以作为某个离散型随机变量的概率分布. 也就是说，条件(1)及(2)是判断一列实数是否为某一随机变量的概率分布的依据.

例 1 已知随机变量 X 的概率分布为 $p_i=P\{X=i\}=ai$ $(i=1, 2, 3, 4, 5)$，求常数 a.

解　由概率分布的条件有 $\sum_{i=1}^{5} p_i = 1$，得 $15a = 1$，即 $a = \frac{1}{15}$.

例 2　在一个袋子中有 10 只球，其中 6 只白球、4 只红球. 从中任取 3 只，求抽到红球数的概率分布.

解　用 X 表示抽到的红球数，则 X 所有可能的取值为 0，1，2，3. 且取每一个值的概率分别为

$$P\{X=0\} = \frac{C_6^3}{C_{10}^3} = \frac{1}{6}, \qquad P\{X=1\} = \frac{C_4^1 \cdot C_6^2}{C_{10}^3} = \frac{1}{2},$$

$$P\{X=2\} = \frac{C_4^2 \cdot C_6^1}{C_{10}^3} = \frac{3}{10}, \qquad P\{X=3\} = \frac{C_4^3}{C_{10}^3} = \frac{1}{30}.$$

故 X 的概率分布见表 2-3.

表 2-3

X	0	1	2	3
p_i	$\frac{1}{6}$	$\frac{1}{2}$	$\frac{3}{10}$	$\frac{1}{30}$

注　若已知一个离散型随机变量的概率分布，则可以求得它所生成的任何事件的概率. 特别地，

$$P\{a \leqslant X \leqslant b\} = P\{\bigcup_{a \leqslant x_i \leqslant b} \{X = x_i\}\} = \sum_{a \leqslant x_i \leqslant b} p_i.$$

例如，设 X 的概率分布由例 2 给出，则

$$P\{X < 2\} = P\{X=0\} + P\{X=1\} = \frac{1}{6} + \frac{1}{2} = \frac{2}{3},$$

$$P\{-1 \leqslant X \leqslant 4\} = P\{X=0\} + P\{X=1\} + P\{X=2\} + P\{X=3\} = 1.$$

2.2.2　常用离散型分布

1. 两点分布

定义 2　如果一个随机变量的概率分布为

$$P\{X = x_{k+1}\} = p^k (1-p)^{1-k}, \quad k = 0, 1; \quad 0 < p < 1, \tag{2.2.1}$$

则称 X 服从 x_1，x_2 处参数为 p 的**两点分布**(或 **0—1 分布**). 特别地，若 $x_1 = 0$，$x_2 = 1$，即 X 的分布律为

$$P\{X = k\} = p^k (1-p)^{1-k}, \quad k = 0, 1; \quad 0 < p < 1, \tag{2.2.2}$$

则称 X 服从参数为 p 的 0—1 分布，亦称**伯努利分布**，记作 $X \sim B(1, p)$ 或 $X \sim b(1, p)$.

若记 $q = 1 - p$，易见：(1) $0 < p$，$q < 1$；(2) $p + q = 1$.

若 Ω 只有两个样本点，即 $\Omega = \{\omega_1, \omega_2\}$，则可以定义具有 0—1 分布的随机变量

$$X = X(\omega) = \begin{cases} 1, & \omega = \omega_1, \\ 0, & \omega = \omega_2. \end{cases}$$

例如，对新生儿的性别进行登记，抛掷硬币观察是否出现正面，检查产品的质量是否合格等都可以用 0—1 分布的随机变量来描述.

例 3 假设某篮球运动员在 100 次投篮中命中 80 次，他投篮一次，若规定

$$X=\begin{cases}1, & \text{投中篮圈,}\\0, & \text{未投中篮圈,}\end{cases}$$

则 $P\{X=1\}=\frac{80}{100}=0.8$，$P\{X=0\}=\frac{20}{100}=0.2$.

于是，X 服从参数为 0.8 的 0—1 分布，即 $X\sim B(1,\ 0.8)$.

2. 二项分布

定义 3 如果随机变量 X 的概率分布为

$$P\{X=k\}=C_n^k p^k q^{n-k},\ k=0,\ 1,\ 2,\ \cdots,\ n;\ 0<p<1;\ q=1-p, \tag{2.2.3}$$

则称 X 服从参数为 n，p 的**二项分布**，记作 $X\sim B(n,\ p)$或 $X\sim b(n,\ p)$.

设 X 为 n 重伯努利试验中事件 A 出现的次数（$p=P(A)$），由第 1 章讨论的结果知

$$P\{X=k\}=C_n^k p^k q^{n-k},\ k=0,\ 1,\ 2,\ \cdots,\ n;\ 0<p<1;\ q=1-p,$$

即 X 服从二项分布. 这正是产生二项分布的背景，因此，二项分布有着广泛的应用.

特别地，当 $n=1$ 时，二项分布为 $P\{X=k\}=p^k q^{1-k}\ (k=0,\ 1)$，即为 0—1 分布.

显然，$\sum_{k=0}^{n} C_n^k p^k q^{n-k}=(p+q)^n=1$.

图 2-1 给出了二项分布的纵条图.

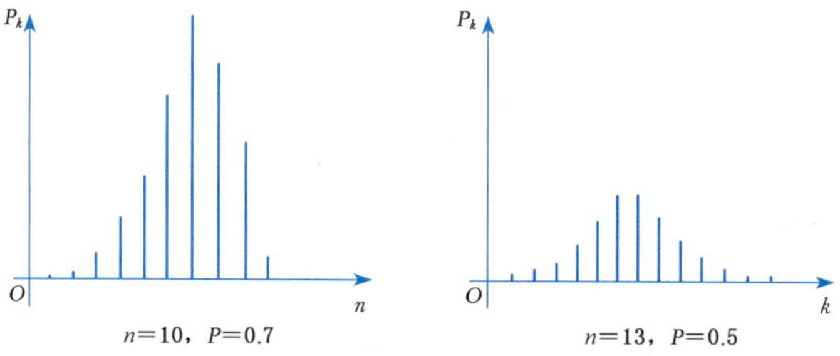

图 2-1 二项分布纵条图

从图中可看出，对固定的参数 n，p，概率 $P\{X=k\}$ 先随着 k 的增加而单调增加，直至达到最大值，然后单调减小. 可以证明，一般的二项分布的图形也具有这一性质. 我们称使概率 $P\{X=k\}$达到最大值的 k_0 为二项分布的最可能值. 且有

(1) 当$(n+1)p$ 为整数时，最可能值 k_0 有两个：$(n+1)p$ 和$(n+1)p-1$；

(2) 当$(n+1)p$ 不为整数时，最可能值 k_0 为 $(n+1)p$ 的整数部分，即 $k_0=[(n+1)p]$.

注 $[x]$为不超过 x 的最大整数.

例 4 已知 100 只球中有 5 只白球，现从中有放回地抽取 3 次，每次任意抽取 1 只，求在抽取的 3 次中恰有 2 只白球的概率.

解 因为这是有放回地抽取 3 次，因此这 3 次试验的条件完全相同且独立，它是伯努利

试验，依题意，每次试验中抽取到白球的概率为 0.05. 设 X 为抽取的 3 次中白球的个数，则 $X \sim B(3, 0.05)$，于是，所求概率为

$$P\{X=2\}=C_3^2(0.05)^2 \times 0.95=0.007\,125.$$

注　若将本例中的“有放回”改为“无放回”，那么各次试验条件就不同了，已不是伯努利概型，此时，只能用古典概型求解.

$$P\{X=2\}=\frac{C_{95}^1 \cdot C_5^2}{C_{100}^3} \approx 0.005\,88.$$

例 5　纺织厂女工照顾 400 个纺锭，每一纺锭在某一段时间 τ 内断头的概率为 0.02. 试求(1)在 τ 这段时间内断头次数至少 2 次的概率；(2)最可能断头几次.

解　将查看一个纺锭看成是一次试验. 设断头的次数为 X，则 $X \sim B(400, 0.02)$.

X 的分布律为 $P\{X=k\}=C_{400}^k(0.02)^k(0.98)^{400-k}$，$k=0, 1, \cdots, 400$.

(1) 所求概率为

$$\begin{aligned} P\{X \geqslant 2\} &= 1-P\{X=0\}-P\{X=1\} \\ &= 1-(0.98)^{400}-400 \times 0.02 \times (0.98)^{399} \\ &= 0.997\,2. \end{aligned}$$

(2) $(n+1)p=(400+1) \times 0.02=8.02$，故 $k_0=8$.

即最可能断头 8 次.

从上例可以看出，二项分布的计算比较复杂. 特别是当 n 很大时，计算公式中的组合数就更难对付了. 为了便于实际应用，当只需了解使得概率最大的 X 的取值 k_0 时，可以用最可能值公式计算. 当 n 值较大，p 很小时，依精度要求根据泊松定理作近似计算.

3. 泊松分布

定义 4　如果随机变量 X 的概率分布为

$$P\{X=k\}=\frac{\lambda^k e^{-\lambda}}{k!}, \quad k=0, 1, \cdots, \tag{2.2.4}$$

其中 $\lambda>0$ 为常数，则称 X 服从参数为 λ 的**泊松分布**，记为 $X \sim P(\lambda)$.

数学家
泊松介绍

泊松分布的图形特点如图 2-2 所示.

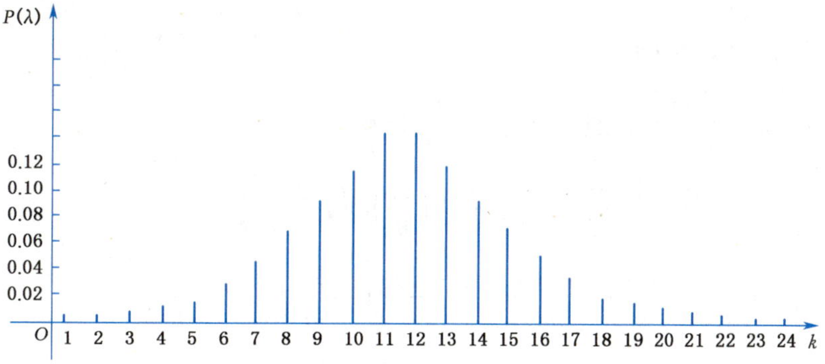

图 2-2　泊松分布的图形

注 在历史上,泊松分布是作为二项分布的近似,泊松分布是概率论中最重要的分布之一. 它常见于所谓的“稠密性”问题. 在实际生活中已发现许多取值为非负数的随机变量都服从泊松分布. 例如,在一定时间内,在某随机服务设施得到服务的服务对象的数目(如网站收到的点击数,车站候车的旅客人数,电话交换台收到的呼叫次数等);在一定时间或其他某度量范围内,发生错误、故障、事故等的次数(如某段时间内打字员打错的字数,书中每页的印刷错误,单位面积布面上的疵点数,某段时间内某工厂发生的事故数等). 泊松分布的概率值可查附表 2.

例 6 某一城市每天发生交通事故的次数 X 服从参数 $\lambda=0.8$ 的泊松分布,求该城市一天内至少发生 3 次交通事故的概率.

解 由 $X\sim P(0.8)$,得

$$P\{X=k\}=\frac{0.8^k\mathrm{e}^{-0.8}}{k!},\quad k=0,\ 1,\ \cdots,$$

所以

$$\begin{aligned}P\{X\geqslant 3\}&=1-P\{X<3\}=1-P\{X=0\}-P\{X=1\}-P\{X=2\}\\&=1-\mathrm{e}^{-0.8}\left(\frac{0.8^0}{0!}+\frac{0.8^1}{1!}+\frac{0.8^2}{2!}\right)\approx 0.047\,4.\end{aligned}$$

例 7 设随机变量 X 服从参数为 λ 的泊松分布,且已知 $P\{X=1\}=P\{X=2\}$. 试求 (1) 参数 λ; (2) $P\{X=3\}$.

解 (1) 由 $X\sim P(\lambda)$,得 $P\{X=k\}=\dfrac{\lambda^k\mathrm{e}^{-\lambda}}{k!}$ $(k=0,\ 1,\ \cdots)$.

由于 $P\{X=1\}=P\{X=2\}$, 所以 $\dfrac{\lambda\mathrm{e}^{-\lambda}}{1!}=\dfrac{\lambda^2\mathrm{e}^{-\lambda}}{2!}$,解之得 $\lambda=2$.

(2) $P\{X=3\}=\dfrac{2^3\mathrm{e}^{-2}}{3!}=\dfrac{4\mathrm{e}^{-2}}{3}\approx 0.180\,4$.

2.2.3 二项分布的泊松近似

定理(泊松定理) 在 n 重伯努利试验中,事件 A 在每次试验中发生的概率为 p_n(注意这与试验的次数 n 有关),如果 $n\to\infty$时, $np_n\to\lambda$($\lambda>0$ 为常数),则对任意给定的非负整数 k,有

$$\lim_{n\to\infty}\mathrm{C}_n^k p_n^k(1-p_n)^{n-k}=\frac{\lambda^k\mathrm{e}^{-\lambda}}{k!}.\tag{2.2.5}$$

* **证明** 记 $np_n=\lambda_n$,则

$$\begin{aligned}\mathrm{C}_n^k p_n^k(1-p_n)^{n-k}&=\frac{n!}{k!(n-k)!}\left(\frac{\lambda_n}{n}\right)^k\left(1-\frac{\lambda_n}{n}\right)^{n-k}\\&=\frac{n(n-1)\cdots(n-k+1)}{k!}\left(\frac{\lambda_n}{n}\right)^k\left(1-\frac{\lambda_n}{n}\right)^{n-k}\\&=\frac{\lambda_n^k}{k!}\,\frac{n(n-1)\cdots(n-k+1)}{n^k}\left(1-\frac{\lambda_n}{n}\right)^n\left(1-\frac{\lambda_n}{n}\right)^{-k}\\&=\frac{\lambda_n^k}{k!}\cdot 1\cdot\left(1-\frac{1}{n}\right)\left(1-\frac{2}{n}\right)\cdots\left(1-\frac{k-1}{n}\right)\left[\left(1-\frac{\lambda_n}{n}\right)^{-\frac{n}{\lambda_n}}\right]^{-\lambda_n}\left(1-\frac{\lambda_n}{n}\right)^{-k}.\end{aligned}$$

因为　$\lim\limits_{n\to\infty}\lambda_n=\lambda$，　$\lim\limits_{n\to\infty}\frac{\lambda_n}{n}=0$，　$\lim\limits_{n\to\infty}\left[\left(1-\frac{\lambda_n}{n}\right)^{-\frac{n}{\lambda_n}}\right]^{-\lambda_n}=e^{-\lambda}$，

所以　$\lim\limits_{n\to\infty}C_n^k p_n^k(1-p_n)^{n-k}=\frac{\lambda^k e^{-\lambda}}{k!}$.

注　(1) 由定理的条件 $np_n\to\lambda$ 可以看出，当 n 很大时，p_n 必定很小. 因此，在伯努利概型中，当 n 很大，而 p 很小时，视 $np=\lambda$，就有近似公式

$$C_n^k p^k(1-p)^{n-k}\approx\frac{\lambda^k e^{-\lambda}}{k!}. \tag{2.2.6}$$

(2) 在实际计算时，若 $X\sim B(n, p)$，当 $n\geqslant 10$，$p\leqslant 0.1$ 时，均可以用泊松分布近似计算其概率；当 $n\geqslant 100$，$np\leqslant 10$ 时，近似效果更好.

(3) 二项分布的泊松近似常常应用于稀有事件即小概率事件的概率计算，所谓小概率事件就是在一次试验中发生的概率很小的事件，但当独立重复试验的次数 n 很大时，小概率事件的发生几乎是可以肯定的. 此类事件如彩票中奖、地震、特大洪水、特大交通事故等.

例 8　某公司生产一种电脑配件 300 件. 根据历史生产记录知废品率为 0.01. 问现在这 300 件产品经检验废品数大于 5 的概率是多少？

分析　把每件产品的检验看作一次伯努利试验，它有两个结果：$A=\{$“正品”$\}$，$\overline{A}=\{$“废品”$\}$. 检验 300 件产品就是作 300 次独立的伯努利试验. 用 X 表示检验出的废品数，则 $X\sim B(300, 0.01)$，我们要计算 $P\{X>5\}$. 由于 $n>100$，$np=3<10$，故可用泊松分布近似计算其概率.

解　设检验出的废品数为 X，则 $X\sim B(300, 0.01)$，对于 $n=300$，$p=0.01$，有 $\lambda=np=3$，于是

$$\begin{aligned}P\{X>5\}&=\sum_{k=6}^{300}C_{300}^k(0.01)^k(1-0.01)^{300-k}\\&=1-\sum_{k=0}^{5}C_{300}^k(0.01)^k(1-0.01)^{300-k}\approx 1-\sum_{k=0}^{5}\frac{3^k e^{-3}}{k!}.\end{aligned}$$

查泊松分布表(附表 2)，得 $P\{X>5\}\approx 1-0.916\,082=0.083\,918$.

例 9　在参加人寿保险的某一年龄组中，每人每年死亡的概率为 0.005. 现有属于这一年龄组的 1 000 人参加了人寿保险. 试求在未来一年里，投保者中死亡人数最多为 8 人的概率.

解　设 X 表示未来一年里，1 000 名投保者中死亡的人数，则 $X\sim B(1\,000, 0.005)$，对于 $n=1\,000$，$p=0.005$，有 $\lambda=np=5$，于是

$$\begin{aligned}P\{X\leqslant 8\}&=\sum_{k=0}^{8}P\{X=k\}=\sum_{k=0}^{8}C_{1\,000}^k(0.005)^k(1-0.005)^{1\,000-k}\\&\approx\sum_{k=0}^{8}\frac{e^{-5}5^k}{k!}\approx 0.931\,906.\end{aligned}$$

习题 2-2

1. 同时掷两枚骰子观察它们出现的点数，求两枚骰子出现最大点数的概率分布.

2. 一辆汽车沿街道行驶，需要通过三个均设有红绿信号灯的路口，每个信号灯为红或绿与其他信号灯为红或绿相互独立，且红绿两种信号灯显示的时间相等. 以 X 表示该汽车首次遇到红灯前已通过的路口的个数，求 X 的概率分布.

3. 已知随机变量 X 的概率分布见表 2-4，且 $P\{X \geqslant 2\} = \frac{3}{4}$. 求 θ.

表 2-4

X	1	2	3
p_i	θ^2	$2\theta(1-\theta)$	$(1-\theta)^2$

4. 某篮球运动员投中篮圈的概率是 0.9，求他两次独立投篮投中次数 X 的概率分布.

5. 一批产品共 10 件，其中有 7 件正品，3 件次品，每次从这批产品中任取一件，取出的产品仍放回去，求直至取到正品为止所需次数 X 的概率分布.

6. 设随机变量 X 的概率分布为 $P\{X = k\} = \frac{k}{15}$，$k = 1, 2, 3, 4, 5$. 试求(1) $P\left\{\frac{1}{2} < X < \frac{5}{2}\right\}$；(2) $P\{1 \leqslant X \leqslant 3\}$；(3) $P\{X > 3\}$.

7. 若每次射击中靶的概率为 0.7，射击 10 炮. 求(1)命中 3 炮的概率；(2)至少命中 3 炮的概率；(3)最可能命中几炮.

*8. 设有 80 台同类型设备，各台工作是相互独立的，发生故障的概率都是 0.01，且一台设备的故障只能由一个人处理. 考虑两种配备维修工人的方法，其一是由 4 人维护，每人负责 20 台；其二是由 3 人共同维护 80 台. 试比较这两种方法在设备发生故障时不能及时维修的概率的大小.

9. 某一城市每天发生火灾的次数 X 服从参数 $\lambda=0.7$ 的泊松分布，求该城市一天内发生 3 次或 3 次以上火灾的概率.

10. 纺织厂女工看管 800 个纺锭，每一纺锭在某一段时间 τ 内断头的概率为 0.005. 求在 τ 这段时间内断头次数不大于 2 的概率.

2.3 随机变量的分布函数

前面用分布律描述了离散型随机变量的概率分布. 那么对于非离散型的随机变量，如何刻画其分布？由于讨论非离散型随机变量 X 取单个值的概率没有意义(将在后面论述)，故讨论其落入某一个区间的概率. 只有这样，才能真正完整地刻画一个随机变量，为此，我们引入随机变量的分布函数的概念.

2.3.1 随机变量的分布函数

定义 设 X 是一个随机变量，对于任意实数 x，称函数

$$F(x)=P\{X \leqslant x\}, \quad -\infty < x < +\infty \tag{2.3.1}$$

为随机变量 X 的**分布函数**，记作 $X \sim F(x)$或 $X \sim F_X(x)$.

注 (1) 分布函数以全体实数为定义域，以事件$\{X \leqslant x\}$的概率为函数值，从而分布函数是一个普通的函数.

(2) 由概率的性质及分布函数的定义易知，对任意实数 $x_1 < x_2$，有

$$P\{x_1 < X \leqslant x_2\} = P\{X \leqslant x_2\} - P\{X \leqslant x_1\} = F(x_2) - F(x_1).$$

因此，若已知分布函数，就可以知道 X 落在任一区间 $(x_1,\ x_2]$ 内的概率. 从这个意义上说，分布函数完整地描述了随机变量的统计规律性.

随机变量分布函数有如下性质：

(1) **单调非减**. 对任意实数 $x_1 < x_2$，有 $F(x_1) \leqslant F(x_2)$.

证明　因为 $\{X \leqslant x_1\} \subset \{X \leqslant x_2\}$，所以 $F(x_2) - F(x_1) = P\{x_1 < X \leqslant x_2\} \geqslant 0$，即 $F(x_1) \leqslant F(x_2)$.

(2) **右连续性**. 对任意实数 $x_0 \in (-\infty, +\infty)$，有 $\lim\limits_{x \to x_0^+} F(x) = F(x_0)$.

(3) $F(-\infty) = \lim\limits_{x \to -\infty} F(x) = 0$，$F(+\infty) = \lim\limits_{x \to +\infty} F(x) = 1$.

对此加以说明：当 $x \to -\infty$ 时，则“随机点 X 落在点 x 的左边”这一事件趋于不可能事件，从而其概率趋于零，即有 $F(-\infty) = 0$；当 $x \to +\infty$ 时，则“随机点 X 落在点 x 的左边”表明 X 必然落在 $(-\infty,\ +\infty)$ 内，故这一事件趋于必然事件，从而其概率趋于 1，即 $F(+\infty) = 1$.

注　(1) 上述三条性质是 $F(x)$ 成为某个随机变量的分布函数的充分必要条件.

(2) 由分布函数的定义和性质可知

$$0 \leqslant F(x) \leqslant 1,\quad P\{X > x\} = 1 - P\{X \leqslant x\} = 1 - F(x).$$

2.3.2　离散型随机变量的分布函数

设离散型随机变量 X 的概率分布（图 2-3）见表 2-5.

表 2-5

X	x_1	x_2	$\cdots$	x_n	$\cdots$
p_i	p_1	p_2	$\cdots$	p_n	$\cdots$

则 X 的分布函数为

$$F(x) = P\{X \leqslant x\} = \sum_{x_i \leqslant x} P\{X = x_i\} = \sum_{x_i \leqslant x} p_i. \tag{2.3.2}$$

其中和式是对满足 $x_i \leqslant x$ 的一切 i 求和，即

当 $x < x_1$ 时，$F(x) = 0$；

当 $x_1 \leqslant x < x_2$ 时，$F(x) = p_1$；

当 $x_2 \leqslant x < x_3$ 时，$F(x) = p_1 + p_2$；

……

当 $x_{n-1} \leqslant x < x_n$ 时，$F(x) = p_1 + p_2 + \cdots + p_{n-1}$，

……

如图 2-3 所示，离散型随机变量的分布函数 $F(x)$ 是一个阶梯形函数，它在 $x = x_i (i = 1, 2, \cdots)$ 处有向上跳跃，跳跃度恰为随机变量 X 在点 $X = x_i$ 处的概率 $p_i = P\{X = x_i\}$.

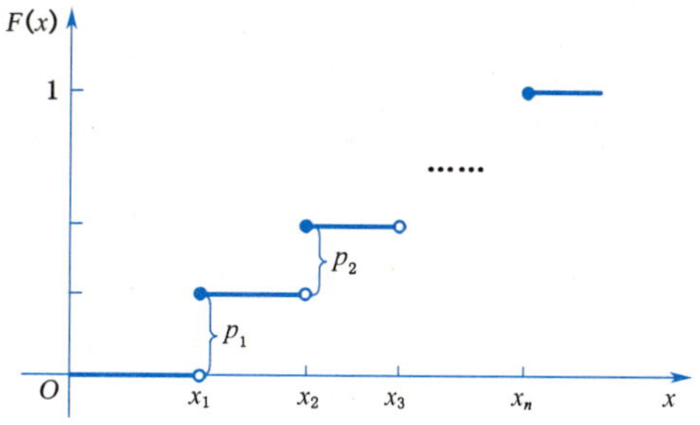

图 2-3　离散型随机变量的分布函数

反之,若一个随机变量 X 的分布函数为阶梯形的函数,则 X 一定是一个离散型随机变量,其概率分布亦由 $F(x)$唯一确定.

例 1 有一批产品共 40 件,其中有 3 件次品. 从中随机抽取 5 件,以 X 表示取到的次品件数,求 X 的概率分布及分布函数 $F(x)$.

解 随机变量 X 可能取到的值为 0, 1, 2, 3,按古典概率计算事件 $\{X=k\}(k=0,1,2,3)$ 的概率,得概率分布为

$$P\{X=k\}=\frac{C_3^k \cdot C_{37}^{5-k}}{C_{40}^5},\quad k=0,1,2,3.$$

或写为表 2-6 的形式.

表 2-6

X	0	1	2	3
p_k	0.662 4	0.301 1	0.035 4	0.001 1

当 $x<0$ 时,$F(x)=P\{X\leqslant x\}=0$;

当 $0\leqslant x<1$ 时,$F(x)=P\{X\leqslant x\}=\sum\limits_{k\leqslant x}P\{X=k\}=P\{X=0\}=0.662\,4$;

当 $1\leqslant x<2$ 时,$F(x)=P\{X\leqslant x\}=\sum\limits_{k\leqslant x}P\{X=k\}=P\{X=0\}+P\{X=1\}=0.963\,5$;

当 $2\leqslant x<3$ 时,$F(x)=\sum\limits_{k\leqslant x}P\{X=k\}=P\{X=0\}+P\{X=1\}+P\{X=2\}=0.998\,9$;

当 $x\geqslant 3$ 时,$F(x)=\sum\limits_{k\leqslant x}P\{X=k\}=P\{X=0\}+P\{X=1\}+P\{X=2\}+P\{X=3\}=1$.

故 $$F(x)=\begin{cases}0, & x<0,\\ 0.662\,4, & 0\leqslant x<1,\\ 0.963\,5, & 1\leqslant x<2,\\ 0.998\,9, & 2\leqslant x<3,\\ 1, & x\geqslant 3.\end{cases}$$

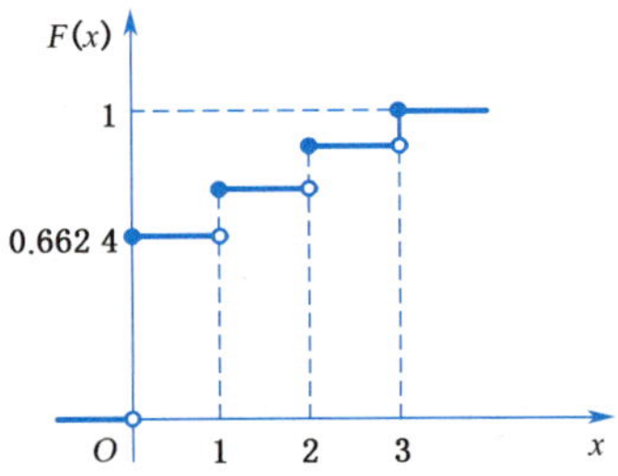

图 2-4 例 1 中 $F(x)$的图形

$F(x)$是阶梯形右连续函数,其图形如图 2-4 所示,在 0, 1, 2, 3 处有跳跃点. 其跳跃度分别为

$$P\{X=0\},\quad P\{X=1\},\quad P\{X=2\},\quad P\{X=3\}.$$

例 2 设随机变量 X 的分布函数为

$$F(x)=\begin{cases}0, & x<1,\\ \dfrac{9}{19}, & 1\leqslant x<2,\\ \dfrac{15}{19}, & 2\leqslant x<3,\\ 1, & x\geqslant 3.\end{cases}$$

试求 (1) X 的概率分布;(2) $P\{X<3\mid X\neq 2\}$.

解 (1)由于 $F(x)$ 是一个阶梯形函数,故知 X 是一个离散型随机变量,$F(x)$ 的跳跃点分别为 1, 2, 3, 对应的跳跃高度分别为 $\frac{9}{19}$, $\frac{6}{19}$, $\frac{4}{19}$,如图 2-5 所示.

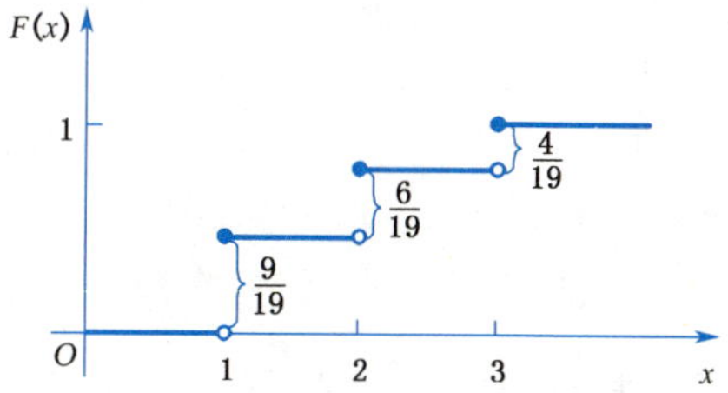

图 2-5 例 2 中 $F(x)$ 的图形

故 X 的概率分布见表 2-7.

表 2-7

X	1	2	3
p_i	$\frac{9}{19}$	$\frac{6}{19}$	$\frac{4}{19}$

(2) $P\{X<3 \mid X\neq 2\}=\dfrac{P\{\{X<3\}\cap\{X\neq 2\}\}}{P\{X\neq 2\}}=\dfrac{P\{X=1\}}{P\{X=1\}+P\{X=3\}}=\dfrac{9}{13}$.

习题 2-3

1. 判别下列函数是否为某随机变量的分布函数?

(1) $F(x)=\begin{cases}0, & x<-2,\\ \frac{1}{2}, & -2\leqslant x<0,\\ 1, & x\geqslant 0;\end{cases}$ (2) $F(x)=\begin{cases}0, & x<0,\\ \sin x, & 0\leqslant x<\pi,\\ 1, & x\geqslant \pi;\end{cases}$

(3) $F(x)=\begin{cases}0, & x<0,\\ x+\frac{1}{2}, & 0\leqslant x<\frac{1}{2},\\ 1, & x\geqslant \frac{1}{2}.\end{cases}$

2. 设随机变量 X 的分布函数为

$$F(x)=A+B\arctan x, \quad -\infty<x<+\infty.$$

试求 (1) 系数 A 与 B; (2) $P\{X\leqslant 0\}$; (3) $P\{-1<X\leqslant 1\}$.

3. 设随机变量 X 的概率分布见表 2-8.

表 2-8

X	-1	2	4
p_i	$\frac{1}{4}$	$\frac{1}{2}$	$\frac{1}{4}$

求 (1) X 的分布函数; (2) $P\left\{X\leqslant\frac{1}{2}\right\}$, $P\left\{\frac{3}{2}<X\leqslant\frac{5}{2}\right\}$, $P\{2\leqslant X\leqslant 3\}$.

4. 设 X 的分布函数为

$$F(x)=\begin{cases}0, & x<0,\\ \dfrac{x}{2}, & 0\leqslant x<1,\\ x-\dfrac{1}{2}, & 1\leqslant x<1.5,\\ 1, & x\geqslant 1.5.\end{cases}$$

求 (1) $P\{0.4<X\leqslant 1.3\}$；(2) $P\{X>0.5\}$；(3) $P\{1.7<X\leqslant 2\}$.

2.4 连续型随机变量及其概率密度

2.4.1 连续型随机变量及其概率密度

先由一个例子引入连续型随机变量及其概率密度的概念.

引例 一个靶子是半径为 2 m 的圆盘，设击中靶上任一同心圆盘上的点的概率与该圆盘的面积成正比，并设射击都能中靶，以 X 表示弹着点与圆心的距离，试求 X 的分布函数.

解 若 $0\leqslant x\leqslant 2$，依题意知$\{0\leqslant X\leqslant 2\}$是一个必然事件，即 $P\{0\leqslant X\leqslant 2\}=1$.

又由题意知 $P\{0\leqslant X\leqslant x\}=kx^2$（$k$ 为某一常数，$0\leqslant x\leqslant 2$），故取 $x=2$，就有 $1=k\times 2^2$，即 $k=\dfrac{1}{4}$.

当 $x<0$ 时，则$\{X\leqslant x\}$是一个不可能事件，于是 $F(x)=P\{X\leqslant x\}=0$；

当 $0\leqslant x<2$ 时，$F(x)=P\{X\leqslant x\}=\dfrac{1}{4}x^2$；

当 $x\geqslant 2$ 时，则$\{X\leqslant x\}$是一个必然事件，故 $F(x)=P\{X\leqslant x\}=1$.

综上所述，X 的分布函数为

$$F(x)=\begin{cases}0, & x<0,\\ \dfrac{1}{4}x^2, & 0\leqslant x<2,\\ 1, & x\geqslant 2.\end{cases}$$

易证 $F(x)$是一个连续函数，可表示为 $F(x)=\int_{-\infty}^{x}f(t)\mathrm{d}t$，其中

$$f(x)=\begin{cases}\dfrac{x}{2}, & 0\leqslant x<2,\\ 0, & \text{其他}.\end{cases}$$

该引例中随机变量 X 具有下列特点：① X 可在某个区间内连续取值；② X 的分布函数可用非负函数的积分来表示. 具有这些特点的随机变量，即为本节要介绍的连续型随机变量.

定义 1 对随机变量 X 的分布函数 $F(x)$，如果存在一个非负可积函数 $f(x)$（$-\infty<x<+\infty$），使得

$$F(x)=P\{X\leqslant x\}=\int_{-\infty}^{x}f(t)\mathrm{d}t, \tag{2.4.1}$$

则称 X 为**连续型随机变量**，称 $f(x)$为 X 的**概率密度函数**，简称**概率密度**或**密度函数**.

由定义知概率密度 $f(x)$具有以下性质.

性质 1 $f(x)\geqslant 0$.

性质 2 $\int_{-\infty}^{+\infty} f(x)\mathrm{d}x=1$.

这两条性质刻画了概率密度函数的基本特征. 也就是说，定义在$(-\infty,\ \infty)$上的可积函数 $f(x)$若满足上述两条性质，则一定是某一连续型随机变量的概率密度.

性质 3 $P\{a<X\leqslant b\}=F(b)-F(a)=\int_a^b f(x)\mathrm{d}x$.

证明 由概率密度的定义，有

$$P\{a<X\leqslant b\}=F(b)-F(a)=\int_{-\infty}^b f(x)\mathrm{d}x-\int_{-\infty}^a f(x)\mathrm{d}x=\int_a^b f(x)\mathrm{d}x.$$

性质 4 若 $f(x)$在点 x 处连续，则有 $F'(x)=f(x)$.

证明 对任意的 $\Delta x>0$，有$\dfrac{P\{x<X\leqslant x+\Delta x\}}{\Delta x}=\dfrac{1}{\Delta x}\int_x^{x+\Delta x} f(t)\mathrm{d}t$. 从而，由导数的定义可得

$$\begin{aligned}F'(x)&=\lim_{\Delta x\to 0}\frac{F(x+\Delta x)-F(x)}{\Delta x}=\lim_{\Delta x\to 0}\frac{P\{x<X\leqslant x+\Delta x\}}{\Delta x}\\&=\lim_{\Delta x\to 0}\frac{1}{\Delta x}\int_x^{x+\Delta x} f(t)\mathrm{d}t=f(x).\end{aligned}$$

由以上推证过程中所得关系式

$$f(x)=\lim_{\Delta x\to 0}\frac{P\{x<X\leqslant x+\Delta x\}}{\Delta x}$$

表明，$f(x)$不是随机变量 X 取值 x 的概率，而是 X 在点 x 处概率分布的密集程度，但是 $f(x)$的大小能反映 X 在点 x 附近取值的概率大小，因而对连续型随机变量，用密度函数描述 X 的分布比其分布函数更直观. 又根据极限的知识，若不计高阶无穷小，则

$$P\{x<X\leqslant x+\Delta x\}\approx f(x)\Delta x.$$

这表明 X 落在小区间$(x,\ x+\Delta x]$内的概率近似地等于 $f(x)\Delta x$.

由性质 4 还可以得知，对任意实数 x，有以下性质.

性质 5 $P\{X=x\}=\lim\limits_{\varepsilon\to 0^+}\int_{x-\varepsilon}^{x} f(t)\mathrm{d}t=0$.

即连续型随机变量取单个值的概率为零. 这说明了概率为零的事件未必是不可能的事件. 故

$$P\{a<X\leqslant b\}=P\{a\leqslant X<b\}=P\{a\leqslant X\leqslant b\}=P\{a<X<b\}. \quad (2.4.2)$$

例 1 设 X 是连续型随机变量，其密度函数为

$$f(x)=\begin{cases}c(4x-2x^2), & 0<x<2,\\ 0, & \text{其他}.\end{cases}$$

求(1) 常数 c；(2) $P\{X>1\}$.

解 (1) 由密度函数的性质 2 得

$$1=\int_{-\infty}^{+\infty}f(x)\mathrm{d}x=\int_{-\infty}^{0}f(x)\mathrm{d}x+\int_{0}^{2}f(x)\mathrm{d}x+\int_{2}^{+\infty}f(x)\mathrm{d}x$$
$$=\int_{0}^{2}c(4x-2x^2)\mathrm{d}x=c\left(2x^2-\frac{2}{3}x^3\right)\Big|_0^2=\frac{8}{3}c.$$

所以，$c=\frac{3}{8}$.

(2) $$P\{X>1\}=\int_{1}^{+\infty}f(x)\mathrm{d}x=\int_{1}^{2}f(x)\mathrm{d}x+\int_{2}^{+\infty}f(x)\mathrm{d}x$$
$$=\int_{1}^{2}\frac{3}{8}(4x-2x^2)\mathrm{d}x=\frac{1}{2}.$$

例 2 设随机变量 X 的分布函数为

$$F(x)=\begin{cases}0, & x<1,\\ \ln x, & 1\leqslant x<\mathrm{e},\\ 1, & x\geqslant \mathrm{e}.\end{cases}$$

求(1) $P\{X<2\}$，$P\{0<X\leqslant 3\}$，$P\left\{2<X<\frac{5}{2}\right\}$；

(2) 随机变量 X 的概率密度 $f(x)$.

解 (1) 由概率密度的性质，有

$$P\{X<2\}=F(2)=\ln 2,\quad P\{0<X\leqslant 3\}=F(3)-F(0)=1,$$
$$P\left\{2<X<\frac{5}{2}\right\}=F\left(\frac{5}{2}\right)-F(2)=\ln 2.5-\ln 2=\ln 1.25.$$

(2) $$f(x)=F'(x)=\begin{cases}\frac{1}{x}, & 1\leqslant x<\mathrm{e},\\ 0, & \text{其他}.\end{cases}$$

例 3 设随机变量 X 的密度函数为

$$f(x)=\begin{cases}\frac{2}{\pi}\sqrt{1-x^2}, & -1\leqslant x\leqslant 1,\\ 0, & \text{其他}.\end{cases}$$

求其分布函数 $F(x)$.

解 $F(x)=P\{X\leqslant x\}=\int_{-\infty}^{x}f(t)\mathrm{d}t.$

当 $x<-1$ 时，$F(x)=\int_{-\infty}^{x}0\cdot\mathrm{d}t=0$；

当 $-1\leqslant x<1$ 时，

$$F(x)=\int_{-\infty}^{-1}0\cdot\mathrm{d}t+\int_{-1}^{x}\frac{2}{\pi}\sqrt{1-t^2}\,\mathrm{d}t=\frac{x}{\pi}\sqrt{1-x^2}+\frac{1}{\pi}\arcsin x+\frac{1}{2};$$

当 $x \geqslant 1$ 时，$F(x)=\int_{-\infty}^{-1} 0 \cdot \mathrm{d}t+\int_{-1}^{1} \frac{2}{\pi}\sqrt{1-t^2}\,\mathrm{d}t+\int_{1}^{x} 0 \cdot \mathrm{d}t=1$.

故 $F(x)=\begin{cases} 0, & x<-1, \\ \frac{x}{\pi}\sqrt{1-x^2}+\frac{1}{\pi}\arcsin x+\frac{1}{2}, & -1 \leqslant x \leqslant 1, \\ 1, & x>1. \end{cases}$

2.4.2 常用连续型分布

1. 均匀分布

定义 2 如果连续型随机变量 X 的概率密度为

$$f(x)=\begin{cases} \frac{1}{b-a}, & a \leqslant x \leqslant b, \\ 0, & \text{其他}, \end{cases} \tag{2.4.3}$$

则称 X 在区间 $[a, b]$ 上服从**均匀分布**，记为 $X \sim U[a, b]$.

易见：① $f(x) \geqslant 0$；② $\int_{-\infty}^{+\infty} f(x)\,\mathrm{d}x=1$.

对于在区间 $[a, b]$ 上服从均匀分布的随机变量 X 落在 $[a, b]$ 中任意等长度的子区间内的概率是相同的，且与子区间的长度成正比，而与子区间的起点无关. 如 X 落在任一长度为 l 的子区间 (c, d) $(a \leqslant c<d \leqslant b)$ 上的概率为

$$\int_c^d f(x)\,\mathrm{d}x=\int_c^d \frac{1}{b-a}\,\mathrm{d}x=\frac{d-c}{b-a}=\frac{l}{b-a}.$$

注 均匀分布是连续型分布中最简单的一种分布，用来描述一个随机变量在一个区间上取每一个值的可能性均等的分布规律. 例如，某一事件等可能地在某一时间段发生；进行数值计算时由于“四舍五入”引起的随机误差；在刻度盘读数引起的取整误差等，均可认为是服从均匀分布.

例 4 等可能地在数轴上的有界区间 $[a, b]$ 上投点，记 X 为落点的位置（数轴上的坐标），求随机变量 X 的分布函数.

解 由于 $X \sim U[a, b]$，所以 $f(x)=\begin{cases} \frac{1}{b-a}, & a \leqslant x \leqslant b, \\ 0, & \text{其他}. \end{cases}$

当 $x<a$ 时，$F(x)=P\{X \leqslant x\}=\int_{-\infty}^{x} 0 \cdot \mathrm{d}t=0$；

当 $a \leqslant x<b$ 时，$F(x)=P\{X \leqslant x\}=P\{a \leqslant X \leqslant x\}=\int_a^x \frac{1}{b-a}\,\mathrm{d}t=\frac{x-a}{b-a}$；

当 $x \geqslant b$ 时，$F(x)=P\{X \leqslant x\}=P\{a \leqslant X \leqslant b\}=\int_a^b \frac{1}{b-a}\,\mathrm{d}t=1$.

综上可得，X 的分布函数为

$$F(x)=\begin{cases}0, & x<a,\\ \dfrac{x-a}{b-a}, & a\leqslant x<b,\\ 1, & x\geqslant b.\end{cases} \tag{2.4.4}$$

式(2.4.4)即为在区间$[a, b]$上服从均匀分布的随机变量 X 的分布函数.

例 5 设 $K\sim U[0, 10]$,试求方程 $x^2+Kx+1=0$ 有实根的概率.

解 因为 $K\sim U[0, 10]$,所以

$$f_K(k)=\begin{cases}\dfrac{1}{10}, & 0\leqslant k\leqslant 10,\\ 0, & \text{其他}.\end{cases}$$

方程 $x^2+Kx+1=0$ 有实根的充分必要条件为

$$K^2-4\times 1\times 1\geqslant 0,$$

即 $K\geqslant 2$ 或 $K\leqslant -2$(舍去).

所以 $P\{x^2+Kx+1=0\ \text{有实根}\}=P\{K\geqslant 2\}=\int_2^{10}\dfrac{1}{10}\mathrm{d}k=\dfrac{4}{5}$.

2. 指数分布

定义 3 如果连续型随机变量 X 的概率密度为

$$f(x)=\begin{cases}\lambda \mathrm{e}^{-\lambda x}, & x>0,\\ 0, & x\leqslant 0.\end{cases} \tag{2.4.5}$$

其中,$\lambda>0$ 为常数,则称 X 服从参数为λ 的**指数分布**,记为 $X\sim \mathrm{e}(\lambda)$或 $X\sim E(\lambda)$.

易见:① $f(x)\geqslant 0$;② $\int_{-\infty}^{+\infty}f(x)\mathrm{d}x=1$.

若 $X\sim E(\lambda)$,其分布函数

$$F(x)=\begin{cases}1-\mathrm{e}^{-\lambda x}, & x>0,\\ 0, & x\leqslant 0.\end{cases} \tag{2.4.6}$$

注 指数分布在可靠性理论和排队论等领域有着广泛的应用,常常作为各种“寿命”分布的近似描述.例如,人或动物的寿命,某些产品的使用寿命等.在一些随机服务系统中,“等待服务时间”也常服从指数分布.例如,电话的通话时间,某网站等待一次点击的时间,顾客在柜台前、银行窗口前等待服务的时间等.

例 6 设某电话交换台等待第一个呼叫来到的时间 X(min)服从参数为$\dfrac{1}{\theta}$的指数分布,已知第一个呼叫在 5~10 min 之间来到的概率为$\dfrac{1}{4}$,试求第一个呼叫在 20 min 以后来到的概率.

解 由 $X\sim \mathrm{e}\left(\dfrac{1}{\theta}\right)$,得

$$f(x)=\begin{cases}\dfrac{\mathrm{e}^{-\frac{x}{\theta}}}{\theta}, & x>0,\\ 0, & x\leqslant 0.\end{cases}$$

故 $P\{5<X<10\}=\int_5^{10}\frac{\mathrm{e}^{-\frac{x}{\theta}}}{\theta}\mathrm{d}x=-\mathrm{e}^{-\frac{x}{\theta}}\Big|_5^{10}=\mathrm{e}^{-\frac{5}{\theta}}(1-\mathrm{e}^{-\frac{5}{\theta}})=\frac{1}{4}$,

解得 $\mathrm{e}^{-\frac{5}{\theta}}=\frac{1}{2}$.

所以 $P\{X>20\}=\int_{20}^{+\infty}\frac{1}{\theta}\mathrm{e}^{-\frac{x}{\theta}}\mathrm{d}x=\mathrm{e}^{-\frac{20}{\theta}}=(\mathrm{e}^{-\frac{5}{\theta}})^4=\frac{1}{16}$.

例 7 设顾客排队等待服务的时间 X(min)服从参数为 $\frac{1}{5}$ 的指数分布,某顾客等待服务,若超过 10 min,他就离开,他一个月要去等待服务 5 次,求一个月内他未等到服务而离开的次数的概率分布以及这个月内他未等到服务而至少离开一次的概率.

解 由 $X\sim \mathrm{e}\left(\frac{1}{5}\right)$ 知, X 的分布函数为

$$F(x)=\begin{cases}1-\mathrm{e}^{-\frac{x}{5}}, & x>0,\\ 0, & x\leqslant 0.\end{cases}$$

由此得到, $P\{X\geqslant 10\}=1-P\{X<10\}=1-(1-\mathrm{e}^{-\frac{1}{5}\times 10})=\mathrm{e}^{-2}$.

设 Y 表示一个月内他未等到服务而离开的次数,则 $Y\sim B(5,\ \mathrm{e}^{-2})$.

$$P\{Y=k\}=\mathrm{C}_5^k(\mathrm{e}^{-2})^k(1-\mathrm{e}^{-2})^{5-k},\quad k=0,\ 1,\ 2,\ 3,\ 4,\ 5.$$

$$P\{Y\geqslant 1\}=1-P\{Y=0\}=1-(1-\mathrm{e}^{-2})^5\approx 0.5167.$$

3. 正态分布

定义 4 如果连续型随机变量 X 的概率密度为

$$f(x)=\frac{1}{\sqrt{2\pi}\sigma}\mathrm{e}^{-\frac{(x-\mu)^2}{2\sigma^2}},\quad -\infty<x<+\infty. \tag{2.4.7}$$

其中, μ 和 $\sigma(\sigma>0)$ 都是常数,则称 X 服从参数为 μ 和 σ^2 的**正态分布**,记为 $X\sim N(\mu,\ \sigma^2)$.

易验证:

(1) $f(x)\geqslant 0$;

(2) $\int_{-\infty}^{+\infty}f(x)\mathrm{d}x=1$(利用泊松积分 $\int_{-\infty}^{+\infty}\mathrm{e}^{-x^2}\mathrm{d}x=\sqrt{\pi}$).

正态分布的分布函数为

$$F(x)=\int_{-\infty}^{x}\frac{1}{\sqrt{2\pi}\sigma}\mathrm{e}^{-\frac{(t-\mu)^2}{2\sigma^2}}\mathrm{d}t. \tag{2.4.8}$$

数学家
高斯介绍

注 正态分布是概率论中最重要的一个连续型分布,高斯在研究误差理论时曾用它来刻画误差,故又称**高斯分布**.

一般来说,一个随机变量如果受到许多随机因素的影响,这些因素是相互独立的,每一个因素都不起主导作用(作用微小),则这个随机变量服从正态分布. 正态分布的应用极为广泛. 例如,产品的质量指标,元件的尺寸,某地区成年男子的身高、

体重，测量误差，射击目标的水平或垂直偏差，信号噪声，农作物的产量，学生的成绩等，都服从或近似服从正态分布.

正态分布的密度函数 $f(x)$ 的图形（图 2-6）具有以下性质：

(1) 曲线关于 $x=\mu$ 对称，即 $f(\mu-x)=f(\mu+x)$.

(2) 当 $x=\mu$ 时，函数 $f(x)$ 达到最大值，最大值为 $f(u)=\dfrac{1}{\sqrt{2\pi}\sigma}$.

显然，x 离 μ 越远，$f(x)$ 的值越小. 即对于同样长度的区间，X 落在离 μ 越远的区间，概率越小.

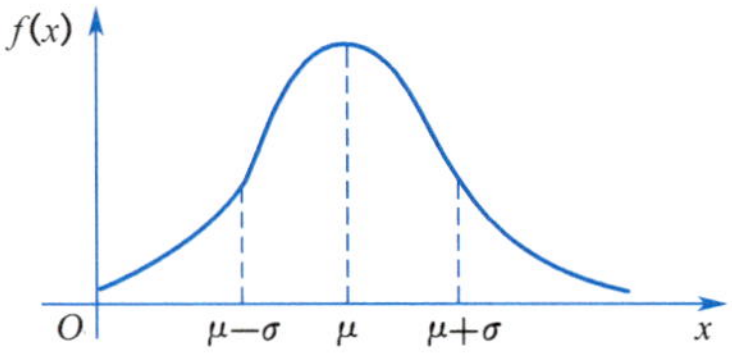

图 2-6　正态分布的密度函数 $f(x)$ 的图形

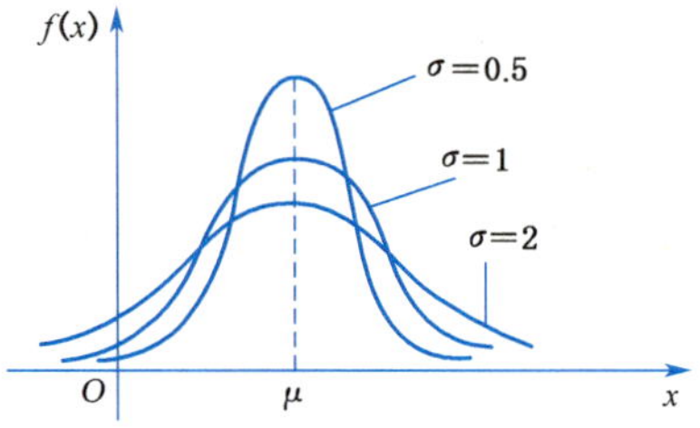

图 2-7　正态分布的密度函数的图形（σ 不同）

(3) 曲线的拐点为 $(\mu\pm\sigma,\ f(\mu\pm\sigma))$；当 $x\to\pm\infty$ 时，曲线以 x 轴为渐近线.

(4) 固定 σ，改变 μ 值，曲线 $f(x)$ 形状不变，仅沿 x 轴平移. 可见 μ 确定曲线 $f(x)$ 的位置.

(5) 固定 μ，改变 σ 值，则 σ 越小时，$f(x)$ 图形的形状越陡峭，X 落在 μ 附近的概率越大，如图 2-7 所示.

设 $X\sim N(\mu,\sigma^2)$. 由于其密度曲线关于 $x=\mu$ 对称，从而其分布函数 $F(x)$ 在 $x=\mu$ 处的值 $F(\mu)=\dfrac{1}{2}$. 这是因为

$$F(\mu)=P\{X\leqslant\mu\}=P\{X\geqslant\mu\}=1-F(\mu),$$

故 $F(\mu)=\dfrac{1}{2}$.

且知当 $x>0$ 时，还有

$$F(\mu-x)=P\{X\leqslant\mu-x\}=P\{X\geqslant\mu+x\}=1-F(\mu+x).$$

例 8　设 $X\sim N(2,\sigma^2)$，且 $P\{2<X<4\}=0.3$，求 $P\{X\leqslant 0\}$.

解　因为 X 的密度曲线关于 $x=\mu$ 对称，故 $P\{0<X<2\}=P\{2<X<4\}=0.3$，$F(2)=0.5$. 从而 $P\{X\leqslant 0\}=P\{X<2\}-P\{0<X<2\}=F(2)-0.3=0.5-0.3=0.2$.

我们称 $\mu=0$，$\sigma=1$ 时的正态分布为标准正态分布，记为 $X\sim N(0,1)$，其密度函数和分布函数分别用 $\varphi(x)$（图 2-8）和 $\Phi(x)$ 表示：

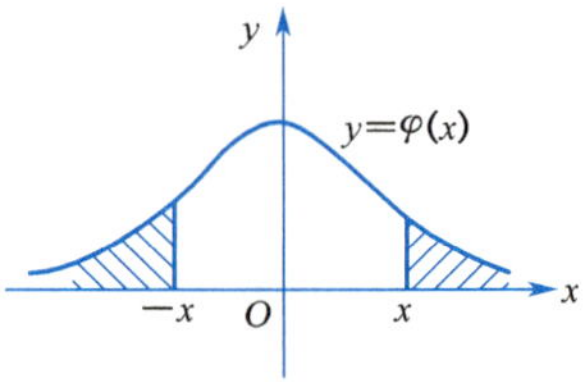

图 2-8　标准正态分布的图形

$$\varphi(x)=\frac{1}{\sqrt{2\pi}}\mathrm{e}^{-\frac{x^2}{2}},\quad -\infty<x<+\infty, \tag{2.4.9}$$

$$\Phi(x)=\frac{1}{\sqrt{2\pi}}\int_{-\infty}^{x}e^{-\frac{t^2}{2}}dt,\quad -\infty<x<+\infty. \tag{2.4.10}$$

标准正态分布的重要性在于，任何一个一般的正态分布都可以通过线性变换转化为标准正态分布.

引理 设 $X\sim N(\mu,\sigma^2)$，则 $Y=\dfrac{X-\mu}{\sigma}\sim N(0,1)$.

证明 由 $X\sim N(\mu,\sigma^2)$，得 $f(x)=\dfrac{1}{\sqrt{2\pi}\sigma}e^{-\frac{(x-\mu)^2}{2\sigma^2}}$，$-\infty<x<+\infty$，

则 $Y=\dfrac{X-\mu}{\sigma}$ 的分布函数为

$$P\{Y\leqslant x\}=P\left\{\frac{X-\mu}{\sigma}\leqslant x\right\}=P\{X\leqslant\mu+\sigma x\}=\int_{-\infty}^{\mu+\sigma x}\frac{1}{\sqrt{2\pi}\sigma}e^{-\frac{(t-\mu)^2}{2\sigma^2}}dt.$$

令 $\dfrac{t-\mu}{\sigma}=s$，得

$$P\{Y\leqslant x\}=\frac{1}{\sqrt{2\pi}}\int_{-\infty}^{x}e^{-\frac{s^2}{2}}ds=\Phi(x).$$

所以 $Y=\dfrac{X-\mu}{\sigma}\sim N(0,1)$.

对标准正态分布的分布函数 $\Phi(x)$，人们利用近似计算方法求出其近似值，并编制了标准正态分布表(附表 3)供使用时查找.

(1) 表中给出了 $x>0$ 时 $\Phi(x)$ 的数值，当 $x<0$ 时，利用正态分布的对称性，有

$$\Phi(-x)=1-\Phi(x). \tag{2.4.11}$$

(2) 若 $X\sim N(0,1)$，则

$$P\{a<X\leqslant b\}=\Phi(b)-\Phi(a), \tag{2.4.12}$$

$$P\{|X|\leqslant x\}=2\Phi(x)-1, \tag{2.4.13}$$

$$P\{|X|>x\}=2[1-\Phi(x)]. \tag{2.4.14}$$

(3) 若 $X\sim N(\mu,\sigma^2)$，则 $Y=\dfrac{X-\mu}{\sigma}\sim N(0,1)$，故 X 的分布函数

$$F(x)=P\{X\leqslant x\}=P\left\{\frac{X-\mu}{\sigma}\leqslant\frac{x-\mu}{\sigma}\right\}=\Phi\left(\frac{x-\mu}{\sigma}\right), \tag{2.4.15}$$

$$P\{a<X\leqslant b\}=P\left\{\frac{a-\mu}{\sigma}<Y\leqslant\frac{b-\mu}{\sigma}\right\}=\Phi\left(\frac{b-\mu}{\sigma}\right)-\Phi\left(\frac{a-\mu}{\sigma}\right). \tag{2.4.16}$$

注 设 $X\sim N(\mu,\sigma^2)$，可以计算出

$$P\{-\sigma \leqslant X-\mu \leqslant \sigma\}=P\left\{-1 \leqslant \frac{X-\mu}{\sigma} \leqslant 1\right\}=2\Phi(1)-1=0.6826,$$

$$P\{-2\sigma \leqslant X-\mu \leqslant 2\sigma\}=P\left\{-2 \leqslant \frac{X-\mu}{\sigma} \leqslant 2\right\}=2\Phi(2)-1=0.9544,$$

$$P\{-3\sigma \leqslant X-\mu \leqslant 3\sigma\}=P\left\{-3 \leqslant \frac{X-\mu}{\sigma} \leqslant 3\right\}=2\Phi(3)-1=0.9973.$$

故 $P\{|X-\mu|>3\sigma\}=1-P\{|X-\mu| \leqslant 3\sigma\}=1-0.9973=0.0027<0.003.$

由此可见，随机变量 X 落在区间 $(\mu-3\sigma,\ \mu+3\sigma)$ 外的概率小于 0.3%，通常认为这一概率是很小的. 因此，我们把区间 $(\mu-3\sigma,\ \mu+3\sigma)$ 看作是随机变量 X 实际可能的取值区间. 这一原则称为 **3σ 准则**.

例 9 已知 $X \sim N(8,\ 0.5^2)$，求

(1) $F(9)$, $F(7)$; (2) $P\{7.5 \leqslant X \leqslant 10\}$; (3) $P\{|X-8| \leqslant 1\}$; (4) $P\{|X-9|<0.5\}$.

解 (1) 这里 $\mu=8$, $\sigma=0.5$，故

$$F(9)=P\{X \leqslant 9\}=P\left\{\frac{X-8}{0.5} \leqslant \frac{9-8}{0.5}\right\}=\Phi(2) \overset{\text{查表}}{=\!=} 0.9772,$$

$$F(7)=P\{X \leqslant 7\}=P\left\{\frac{X-8}{0.5} \leqslant \frac{7-8}{0.5}\right\}=\Phi(-2)=1-\Phi(2) \overset{\text{查表}}{=\!=} 0.0228.$$

$$\begin{aligned}(2)\ P\{7.5 \leqslant X \leqslant 10\}&=P\left\{\frac{7.5-8}{0.5} \leqslant \frac{X-8}{0.5} \leqslant \frac{10-8}{0.5}\right\}=\Phi(4)-\Phi(-1)\\&=\Phi(4)-[1-\Phi(1)] \overset{\text{查表}}{=\!=} 1-(1-0.8413)=0.8413.\end{aligned}$$

$$\begin{aligned}(3)\ P\{|X-8| \leqslant 1\}&=P\{-1 \leqslant X-8 \leqslant 1\}=P\left\{\frac{-1}{0.5} \leqslant \frac{X-8}{0.5} \leqslant \frac{1}{0.5}\right\}\\&=\Phi(2)-\Phi(-2)=2\Phi(2)-1 \overset{\text{查表}}{=\!=} 2 \times 0.9772-1=0.9544.\end{aligned}$$

$$\begin{aligned}(4)\ P\{|X-9|<0.5\}&=P\{8.5<X<9.5\}=P\left\{\frac{8.5-8}{0.5} \leqslant \frac{X-8}{0.5} \leqslant \frac{9.5-8}{0.5}\right\}\\&=\Phi(3)-\Phi(1) \overset{\text{查表}}{=\!=} 0.9987-0.8413=0.1574.\end{aligned}$$

例 10 设某项竞赛成绩 $X \sim N(65,\ 100)$，若按参赛人数的 10%发奖，问获奖分数线应定为多少？

解 设获奖分数线为 x_0，则求使 $P\{X \geqslant x_0\}=0.1$ 成立的 x_0 即可. 由题意知 $\mu=65$, $\sigma=10$，则

$$\begin{aligned}P\{X \geqslant x_0\}&=1-P\{X<x_0\}=1-P\left\{\frac{X-65}{10}<\frac{x_0-65}{10}\right\}\\&=1-\Phi\left(\frac{x_0-65}{10}\right)=0.1.\end{aligned}$$

即 $\Phi\left(\frac{x_0-65}{10}\right)=0.9$，查表得 $\frac{x_0-65}{10}=1.29$，解得 $x_0=77.9$，故分数线可定为 78 分.

例 11　某工厂生产的电子管的寿命(单位:h)服从正态分布 $N(1\,600, \sigma^2)$. 如果要求该厂生产的电子管的寿命在 1 200 h 以上的概率不小于 0.96,求 σ 的值.

解　设 X 表示某工厂生产的电子管的寿命,则 $X \sim N(1\,600, \sigma^2)$.

由题意,需 $P\{X > 1\,200\} \geqslant 0.96$,而

$$P\{X > 1\,200\} = 1 - P\{X \leqslant 1\,200\} = 1 - P\left\{\frac{X - 1\,600}{\sigma} \leqslant \frac{1\,200 - 1\,600}{\sigma}\right\}$$

$$= 1 - \Phi\left(-\frac{400}{\sigma}\right) = 1 - \left[1 - \Phi\left(\frac{400}{\sigma}\right)\right] = \Phi\left(\frac{400}{\sigma}\right).$$

故 $\Phi\left(\frac{400}{\sigma}\right) \geqslant 0.96$,查表得 $\frac{400}{\sigma} \geqslant 1.76$,所以 $\sigma \leqslant 227.27$.

习题 2-4

1. 设随机变量 X 具有概率密度

$$f(x) = \begin{cases} kx, & 0 \leqslant x < 3, \\ 2 - \frac{x}{2}, & 3 \leqslant x \leqslant 4, \\ 0, & \text{其他}. \end{cases}$$

(1) 确定常数 k;(2) 求 X 的分布函数 $F(x)$;(3) 求 $P\left\{1 < X \leqslant \frac{7}{2}\right\}$.

2. 设随机变量 X 的分布函数为

$$F(x) = \begin{cases} 0, & x \leqslant 0, \\ x^2, & 0 < x \leqslant 1, \\ 1, & 1 < x. \end{cases}$$

求(1)概率 $P\{0.3 < X < 0.7\}$;(2)X 的密度函数.

3. 某城市饮用水的日消费量 X(百万 L)是随机变量,其密度函数为

$$f(x) = \begin{cases} \frac{x\mathrm{e}^{-\frac{x}{3}}}{9}, & x > 0, \\ 0, & \text{其他}. \end{cases}$$

试求 (1) 该城市饮用水日消费量不低于 600 万 L 的概率;(2) 饮用水的日消费量介于 600 万 L 到 900 万 L 的概率.

4. 某公共汽车站从上午 7 时起,每 15 min 来一班车,即 7:00, 7:15, 7:30, 7:45 等时刻有汽车到达此站,如果乘客到达此站时间 X 是 7:00 到 7:30 之间的均匀随机变量,试求他候车时间少于 5 min 的概率.

5. 某元件的寿命 X 服从参数为 $\frac{1}{1\,000}$ 指数分布,求 3 个这样的元件使用 1 000 h,至少已有一个损坏的概率.

6. 相关统计资料表明,某种型号洗衣机的寿命服从参数为$\frac{1}{15}$的指数分布. 现在从市场上购买 10 台这种型号的洗衣机,试求(1) 其中任意一台洗衣机的寿命超过 15 年的概率;(2) 这批洗衣机中至少有一台寿命超过 15 年的概率.

7. 设 $X \sim N(1, 4)$,求 $F(5)$, $P\{0 < X \leqslant 1.6\}$, $P\{|X - 1| \leqslant 2\}$.

8. 假设某地区成年男性的身高 $X \sim N(170, 7.69^2)$(单位:cm),求该地区成年男性的身高超过175 cm的概率.

9. 已知某台机器生产的螺栓长度 X(cm)服从参数 $\mu = 10.05$, $\sigma = 0.06$ 的正态分布. 规定螺栓长度在(10.05 ± 0.12) cm 内为合格品,试求螺栓为合格品的概率.

*10. 某单位招聘 155 人,按考试成绩录用,共有 526 人报名,假设报名者考试成绩 $X \sim N(\mu, \sigma^2)$,已知 90 分以上 12 人,60 分以下 83 人,若从高分到低分依次录取,某人成绩为 78 分,问此人能否被录取?

*11. 在电源电压不超过 200 V,在 200~240 V 和超过 240 V 三种情形下,某种电子元件损坏的概率分别为 0.1, 0.001 和 0.2. 假设电源电压 X 服从正态分布 $N(220, 25^2)$,试求

(1) 该电子元件损坏的概率;(2) 该电子元件损坏时,电源电压在 200~240 V 的概率.

2.5 随机变量函数的分布

2.5.1 随机变量的函数

在实际问题中,往往会遇到求一个随机变量的函数(在通常情况下该函数也是一个随机变量)的分布问题. 例如在 2.4 节中,若已知 $X \sim N(\mu, \sigma^2)$,则 $Y = \dfrac{X-\mu}{\sigma} \sim N(0, 1)$,随机变量 Y 是 X 的函数;又如,若已知气体分子的速度 v 的分布,要求分子的动能 $\dfrac{1}{2}mv^2$ 的分布;等等.

定义 1 如果存在一个函数 $g(x)$,使得随机变量 X, Y 满足

$$Y = g(X),$$

则称**随机变量 Y 是随机变量 X 的函数.**

注 在微积分中,讨论变量间的函数关系时,主要研究函数关系的确定性特征,例如导数、积分等. 而在概率论中,主要研究的是随机变量函数的随机性特征,即由自变量 X 的统计规律性出发研究因变量 Y 的统计性规律.

随机变量 Y 与 X 的函数关系确定为从 X 的分布出发导出 Y 的分布提供了可能.

2.5.2 离散型随机变量函数的分布

设离散型随机变量 X 的概率分布为

$$P\{X = x_i\} = p_i, \quad i = 1, 2, \cdots.$$

易见,X 的函数 $Y = g(X)$ 显然还是离散型随机变量.

如何由 X 的概率分布出发导出 Y 的概率分布? 其一般方法是:将 X 的取值代入函数关系,求出随机变量 Y 相应的取值 $y_i = g(x_i)(i = 1, 2, \cdots)$.

(1) 如果 $y_i(i = 1, 2, \cdots)$ 的值各不相等,则 Y 的概率分布为 $P\{Y = y_i\} = p_i$, $i = 1, 2, \cdots$;

(2) 如果 $y_i = g(x_i)(i = 1, 2, \cdots)$ 中出现 $m(m \geqslant 2)$ 个相同的函数值,即存在 $1 \leqslant k_1 < k_2 < \cdots < k_m$,使

$$g(x_{k_1})=g(x_{k_2})=\cdots=g(x_{k_m})=\tilde{y},$$

则在 Y 的概率分布中,取 $\tilde{y}$ 的概率为

$$P\{Y=\tilde{y}\}=P\{X=x_{k_1}\}+P\{X=x_{k_2}\}+\cdots+P\{X=x_{k_m}\}=\sum_{i=1}^{m}p_{k_i}. \quad (2.5.1)$$

例 1　设随机变量 X 的概率分布见表 2-9.

表 2-9

X	-1	0	1	2
p_i	0.1	0.2	0.3	0.4

试求下列随机变量的概率分布:(1) $Y_1=3X+1$;(2) $Y_2=X^2-1$.

解　(1) Y_1 所有可能取值为-2, 1, 4, 7,由

$$P\{Y_1=-2\}=P\{X=-1\}=0.1,$$

$$P\{Y_1=1\}=P\{X=0\}=0.2,$$

$$P\{Y_1=4\}=P\{X=1\}=0.3,$$

$$P\{Y_1=7\}=P\{X=2\}=0.4,$$

即得 Y_1 的概率分布见表 2-10.

表 2-10

Y_1	-2	1	4	7
p_i	0.1	0.2	0.3	0.4

(2) Y_2 所有可能取值为-1, 0, 3,由

$$P\{Y_2=-1\}=P\{X=0\}=0.2,$$

$$P\{Y_2=0\}=P\{X=-1\}+P\{X=1\}=0.1+0.3=0.4,$$

$$P\{Y_2=3\}=P\{X=2\}=0.4,$$

得 Y_2 的概率分布见表 2-11.

表 2-11

Y_2	-1	0	3
p_i	0.2	0.4	0.4

2.5.3　连续型随机变量函数的分布

一般地,连续型随机变量的函数不一定是连续型随机变量,这一点与离散型是不同的,

下面仅讨论连续型随机变量的函数还是连续型随机变量的情形，此时不仅希望求出随机变量函数的分布函数，而且还希望求出其概率密度函数.

设已知 X 的概率密度 $f_X(x)$，求随机变量函数 $Y=g(X)$ 的概率密度 $f_Y(y)$，今后分别以 $F_X(x)$ 与 $F_Y(y)$ 表示随机变量 X 与 Y 的分布函数. 则可用下述的分布函数法：

(1) 确定 Y 的值域 $R(Y)$.

(2) 对任意 $y\in R(Y)$，求出 Y 的分布函数

$$F_Y(y)=P\{g(X)\leqslant y\}=P\{X\in G(y)\}=\int_{G(y)} f_X(x)\mathrm{d}x. \tag{2.5.2}$$

其中，$G(y)$ 由 $g(X)\leqslant y$ 解出.

(3) 关于 y 求导，$f_Y(y)=F'_Y(y)$. $\quad$ (2.5.3)

(4) 归纳合并，最后得到所求的概率密度函数 $f_Y(y)$.

例 2 设随机变量 $X\sim U[1,3]$，求 $Y=4X-1$ 的分布函数 $F_Y(y)$ 及概率密度 $f_Y(y)$.

解 由 $X\sim U[1,3]$，得

$$f_X(x)=\begin{cases}\dfrac{1}{2}, & 1\leqslant x\leqslant 3,\\ 0, & \text{其他};\end{cases}\qquad F_X(x)=\begin{cases}0 & x<1,\\ \dfrac{x-1}{2}, & 1\leqslant x\leqslant 3,\\ 1, & x>3.\end{cases}$$

因为 $\quad F_Y(y)=P\{Y\leqslant y\}=P\{4X-1\leqslant y\}=P\left\{X\leqslant \dfrac{y+1}{4}\right\}=F_X\left(\dfrac{y+1}{4}\right)$,

$$f_Y(y)=F'_Y(y)=\frac{1}{4}f_X\left(\frac{y+1}{4}\right),$$

所以 $\quad F_Y(y)=\begin{cases}0, & \dfrac{y+1}{4}<1,\\ \dfrac{\dfrac{y+1}{4}-1}{2}, & 1\leqslant\dfrac{y+1}{4}\leqslant 3,\\ 1, & \dfrac{y+1}{4}>3;\end{cases}$

$$F_Y(y)=\begin{cases}0, & y<3,\\ \dfrac{y-3}{8}, & 3\leqslant y\leqslant 11,\\ 1, & y>11;\end{cases}$$

$$f_Y(y)=\frac{1}{4}f_X\left(\frac{y+1}{4}\right)=\begin{cases}\dfrac{1}{8}, & 1\leqslant\dfrac{y+1}{4}\leqslant 3,\\ 0, & \text{其他};\end{cases}$$

$$f_Y(y)=\begin{cases}\dfrac{1}{8}, & 3\leqslant y\leqslant 11,\\ 0, & \text{其他}.\end{cases}$$

例 3　设 $X \sim N(0, 1)$，求 $Y=X^2$ 的密度函数.

解　设 Y 的分布函数和概率密度函数分别为 $F_Y(y)$ 与 $f_Y(y)$，则

$$F_Y(y)=P\{Y \leqslant y\}=P\{X^2 \leqslant y\}.$$

显然，当 $y<0$ 时，$F_Y(y)=P\{X^2 \leqslant y\}=0$；

当 $y \geqslant 0$ 时，$F_Y(y)=P\{X^2 \leqslant y\}=P\{-\sqrt{y} \leqslant X \leqslant \sqrt{y}\}=2\Phi_X(\sqrt{y})-1$.

从而 $Y=X^2$ 的分布函数为

$$F_Y(y)=\begin{cases}2\Phi_X(\sqrt{y})-1, & y \geqslant 0, \\ 0, & y<0.\end{cases}$$

于是其密度函数为

$$f_Y(y)=F_Y'(y)=\begin{cases}\dfrac{1}{\sqrt{y}}\varphi_X(\sqrt{y}), & y>0, \\ 0, & y \leqslant 0;\end{cases} \qquad f_Y(y)=\begin{cases}\dfrac{1}{\sqrt{2\pi y}}\mathrm{e}^{-\frac{y}{2}}, & y>0, \\ 0, & y \leqslant 0.\end{cases}$$

对所有的单调函数 $g(x)$，下面的定理提供了计算 $Y=g(X)$ 的概率密度的一种简单方法.

定理 1　设随机变量 X 具有概率密度 $f_X(x)$，$x \in(-\infty,+\infty)$，又设 $y=g(x)$ 处处可导，且恒有 $g'(x)>0$ 或 $g'(x)<0$，则 $Y=g(X)$ 是一个连续型随机变量，其概率密度为

$$f_Y(y)=\begin{cases}f_X[h(y)]\,|h'(y)|, & \alpha<y<\beta, \\ 0, & \text{其他}.\end{cases} \tag{2.5.4}$$

其中，$x=h(y)$ 是 $y=g(x)$ 的反函数，$\alpha=\min\{g(-\infty), g(+\infty)\}$，$\beta=\max\{g(-\infty), g(+\infty)\}$.

注　若 $f(x)$ 在有限区间 $[a, b]$ 以外等于零，则只需假设在 $[a, b]$ 上恒有 $g'(x)>0$ 或恒有 $g'(x)<0$，此时 $\alpha=\min\{g(a), g(b)\}$，$\beta=\max\{g(a), g(b)\}$.

例 4　设随机变量 $X \sim N(\mu, \sigma^2)$，试证明：X 的线性函数 $Y=aX+b\ (a \neq 0)$ 也服从正态分布.

证明　设 Y 的概率密度为 $f_Y(y)$，由 $X \sim N(\mu, \sigma^2)$，得

$$f_X(x)=\frac{1}{\sqrt{2\pi}\sigma}\mathrm{e}^{-\frac{(x-\mu)^2}{2\sigma^2}}, \quad -\infty<x<+\infty.$$

由 $y=g(x)=ax+b$，解得 $x=h(y)=\dfrac{y-b}{a}$，且有 $h'(y)=\dfrac{1}{a}$.

从而 $f_Y(y)=\dfrac{1}{|a|}f_X\left(\dfrac{y-b}{a}\right)$，$-\infty<y<+\infty$，

即 $f_Y(y)=\dfrac{1}{|a|}\dfrac{1}{\sqrt{2\pi}\sigma}\mathrm{e}^{-\frac{\left(\frac{y-b}{a}-\mu\right)^2}{2\sigma^2}}=\dfrac{1}{|a|\sigma\sqrt{2\pi}}\mathrm{e}^{-\frac{[y-(b+a\mu)]^2}{2(a\sigma)^2}}$，　$-\infty<y<+\infty$.

即有 $Y=aX+b \sim N(a\mu+b, (a\sigma)^2)$.

特别地，若在本例中取 $a=\frac{1}{\sigma}$, $b=-\frac{\mu}{\sigma}$，则得 $Y=\frac{X-\mu}{\sigma}\sim N(0,\ 1)$.

例 5 设随机变量 X 在 $(0,\ 1)$ 上服从均匀分布，求 $Y=-2\ln X$ 的概率密度.

解 在区间 $(0,\ 1)$ 上，函数 $\ln x<0$，故 $y=-2\ln x>0$, $y'=-\frac{2}{x}<0$.

于是 y 在区间 $(0,\ +\infty)$ 上单调下降，有反函数 $x=h(y)=\mathrm{e}^{-\frac{y}{2}}$.

从而 $f_Y(y)=\begin{cases} f_X(\mathrm{e}^{-\frac{y}{2}})\left|\dfrac{\mathrm{d}(\mathrm{e}^{-\frac{y}{2}})}{\mathrm{d}y}\right|, & 0<\mathrm{e}^{-\frac{y}{2}}<1, \\ 0, & \text{其他}. \end{cases}$

又由 $X\sim U(0,\ 1)$，得

$$f_X(x)=\begin{cases} 1, & 0<x<1, \\ 0, & \text{其他}. \end{cases}$$

代入 $f_Y(y)$ 的表达式中，得

$$f_Y(y)=\begin{cases} \dfrac{1}{2}\mathrm{e}^{-\frac{y}{2}}, & y>0, \\ 0. & \text{其他}, \end{cases}$$

即 $Y\sim \mathrm{e}\left(\frac{1}{2}\right)$.

习题 2-5

1. 设随机变量 X 的概率分布见表 2-12，求 $Y=X^2$ 的概率分布.

表 2-12

X	-2	-1	0	1	3
p_i	$\frac{1}{5}$	$\frac{1}{6}$	$\frac{1}{5}$	$\frac{1}{15}$	$\frac{11}{30}$

2. 设随机变量 X 的概率分布见表 2-13，试求 $Y=(X-1)^2$ 的概率分布.

表 2-13

X	-1	0	1	2
p_i	0.2	0.3	0.1	0.4

3. 设 X 在区间 $(0,\ 1)$ 上服从均匀分布，求 $Y=\frac{1}{1+X}$ 的概率密度.

4. 设随机变量 $X\sim N(0,\ 1)$, $Y=\mathrm{e}^X$，求 Y 的概率密度.

5. 设 $X\sim N(0,\ 1)$，求 $Y=2X^2+1$ 的概率密度.

6. 设随机变量 X 的概率密度为

$$f_X(x)=\begin{cases} 2x^3\mathrm{e}^{-x^2}, & x\geqslant 0, \\ 0, & x<0, \end{cases}$$

求 $Y=2X+3$ 的概率密度.

7. 随机变量 X 称为服从参数为 μ, σ^2 的对数正态分布,如果 $Y=\ln X$ 服从正态分布 $N(\mu, \sigma^2)$. 试求对数正态分布的密度函数.

8. 设随机变量 X 的概率密度为

$$f_X(x)=\begin{cases}1-|x|, & -1<x<1,\\ 0, & \text{其他},\end{cases}$$

求随机变量 $Y=X^2+1$ 的分布函数与密度函数.

总习题 2

一、选择题(每小题 2 分)

1. 设随机变量 $X\sim N(1, 4)$, $Y=2X+1$,则 Y 所服从的分布为(　　).

A. $N(3, 4)$　　B. $N(3, 8)$　　C. $N(3, 16)$　　D. $N(3, 17)$

2. 下列函数可作为随机变量的分布函数的是(　　).

A. $F(x)=\begin{cases}2x, & 0<x<1,\\ 0, & \text{其他}\end{cases}$

B. $F(x)=\begin{cases}0, & x<0,\\ x, & 0\leqslant x<1,\\ 1, & x\geqslant 1\end{cases}$

C. $F(x)=\begin{cases}1, & x<0,\\ x, & 0\leqslant x<1,\\ 1, & x\geqslant 1\end{cases}$

D. $F(x)=\begin{cases}0, & x<0,\\ 2x, & 0\leqslant x<1,\\ 2, & x\geqslant 1\end{cases}$

3. 设随机变量的概率密度为

$$f(x)=\begin{cases}\dfrac{|x|}{4}, & -2<x<2,\\ 0, & \text{其他},\end{cases}$$

则 $P\{-1<X<1\}=$(　　).

A. $\dfrac{1}{4}$　　B. $\dfrac{1}{2}$　　C. $\dfrac{3}{4}$　　D. 1

4. 设随机变量 X 在区间$[2, 4]$上服从均匀分布,则 $P\{2<X<3\}=$(　　).

A. $P\{3.5<X<4.5\}$　　B. $P\{1.5<X<2.5\}$

C. $P\{2.5<X<3.5\}$　　D. $P\{4.5<X<5.5\}$

5. 设随机变量的概率密度为

$$f(x)=\begin{cases}\dfrac{c}{x^2}, & x>1,\\ 0, & x\leqslant 1,\end{cases}$$

则常数 c 等于(　　).

A. -1　　B. $-\dfrac{1}{2}$　　C. $\dfrac{1}{2}$　　D. 1

6. 设随机变量 X 的取值范围是$(-1, 1)$,以下函数可作为 X 的概率密度的是(　　).

A. $f(x)=\begin{cases}x, & -1<x<2,\\ 0, & \text{其他}\end{cases}$

B. $f(x)=\begin{cases}x^2, & -1<x<1,\\ 0, & \text{其他}\end{cases}$

C. $f(x)=\begin{cases}\frac{1}{2}, & -1<x<1,\\ 0, & 其他\end{cases}$　　D. $f(x)=\begin{cases}2, & -1<x<1,\\ 0, & 其他\end{cases}$

7. 设随机变量 $X\sim N(1,4)$，$\Phi(1)=0.8413$，$\Phi(0)=0.5$，则事件 $P\{1<X<3\}$ 的概率为(　　).

A. 0.138 5　　B. 0.241 3　　C. 0.293 4　　D. 0.341 3

8. 下列函数可作为随机变量的概率密度的是(　　).

A. $f(x)=\begin{cases}2x, & 0<x<1,\\ 0, & 其他\end{cases}$　　B. $f(x)=\begin{cases}\frac{1}{2}, & 0<x<1,\\ 0, & 其他\end{cases}$

C. $f(x)=\begin{cases}3x^2, & -1<x<1,\\ 0, & 其他\end{cases}$　　D. $f(x)=\begin{cases}4x^3, & -1\leqslant x<1,\\ 0, & 其他\end{cases}$

9. 某种电子元件的使用寿命 X (h)的概率密度为

$$f(x)=\begin{cases}\frac{100}{x^2}, & x\geqslant 100,\\ 0, & x<100.\end{cases}$$

任取一只电子元件，则它的使用寿命在 150 h 以内的概率为(　　).

A. $\frac{1}{4}$　　B. $\frac{1}{3}$　　C. $\frac{1}{2}$　　D. $\frac{2}{3}$

10. 下列各表中可作为某随机变量分布律的是(　　).

A.

X	0	1	2
p_i	0.5	0.2	−0.1

B.

X	0	1	2
p_i	0.3	0.5	0.1

C.

X	0	1	2
p_i	$\frac{1}{3}$	$\frac{2}{5}$	$\frac{4}{15}$

D.

X	0	1	2
p_i	$\frac{1}{2}$	$\frac{1}{3}$	$\frac{1}{4}$

11. 设随机变量 X 的概率密度为

$$f(x)=\begin{cases}ce^{-\frac{x}{5}}, & x\geqslant 0,\\ 0, & x<0,\end{cases}$$

则常数 c 等于(　　).

A. $-\frac{1}{5}$　　B. $\frac{1}{5}$　　C. 1　　D. 5

12. 已知随机变量 X 的分布函数为

$$F(x)=\begin{cases}0, & x<0,\\ \frac{1}{2}, & 0\leqslant x<1,\\ \frac{2}{3}, & 1\leqslant x<3,\\ 1, & x\geqslant 3,\end{cases}$$

则 $P\{X=1\}=$(　　).

A. $\frac{1}{6}$　　B. $\frac{1}{2}$　　C. $\frac{2}{3}$　　D. 1

13. 设随机变量 X 服从参数为 3 的指数分布，其分布函数记为 $F(X)$，则 $E\left(\frac{1}{3}\right)=(\quad)$.

A. $\frac{1}{3e}$　　B. $\frac{e}{3}$　　C. $1-e^{-1}$　　D. $1-\frac{1}{3}e^{-1}$

14. 设随机变量 X 的概率密度为

$$f(x)=\begin{cases}ax^3, & 0\leqslant x\leqslant 1,\\ 0, & \text{其他},\end{cases}$$

则常数 $a=(\quad)$.

A. $\frac{1}{4}$　　B. $\frac{1}{3}$　　C. 3　　D. 4

15. 设随机变量 X 的概率密度为

$$f(x)=\begin{cases}x, & 0<x\leqslant 1,\\ 2-x, & 1<x\leqslant 2,\\ 0, & \text{其他},\end{cases}$$

则 $P\{0.2<X<1.2\}=(\quad)$.

A. 0.5　　B. 0.6　　C. 0.66　　D. 0.7

16. 设随机变量 X 在区间 $[-1, 2]$ 上服从均匀分布，则随机变量 X 的概率密度 $f(x)$ 为(　　).

A. $f(x)=\begin{cases}\frac{1}{3}, & -1\leqslant x\leqslant 2,\\ 0, & \text{其他}\end{cases}$　　B. $f(x)=\begin{cases}3, & -1\leqslant x\leqslant 2,\\ 0, & \text{其他}\end{cases}$

C. $f(x)=\begin{cases}1, & -1\leqslant x\leqslant 2,\\ 0, & \text{其他}\end{cases}$　　D. $f(x)=\begin{cases}-\frac{1}{3}, & -1\leqslant x\leqslant 2,\\ 0, & \text{其他}\end{cases}$

17. 设随机变量 $X\sim B\left(3, \frac{1}{3}\right)$，则 $P\{X\geqslant 1\}=(\quad)$.

A. $\frac{1}{27}$　　B. $\frac{8}{27}$　　C. $\frac{19}{27}$　　D. $\frac{26}{27}$

18. 设函数 $f(x)$ 在区间 $[a, b]$ 上等于 $\sin x$，在此区间外等于零，若 $f(x)$ 可以作为某连续型随机变量的概率密度，则区间 $[a, b]$ 应为(　　).

A. $\left[-\frac{\pi}{2}, 0\right]$　　B. $\left[0, -\frac{\pi}{2}\right]$　　C. $[0, \pi]$　　D. $\left[0, \frac{3\pi}{2}\right]$

19. 设随机变量 X 的分布律为

X	0	1	2
p_i	0.3	0.2	0.5

则 $P\{X<1\}=(\quad)$.

A. 0　　B. 0.2　　C. 0.3　　D. 0.5

20. 下列函数中可作为某随机变量的概率密度的是(　　).

A. $f(x)=\begin{cases}\frac{10}{x^2}, & x>10,\\ 0, & x<10\end{cases}$　　B. $f(x)=\begin{cases}\frac{10}{x}, & x>0,\\ 0, & x<0\end{cases}$

C. $f(x)=\begin{cases}-1, & 0\leqslant x\leqslant 2,\\ 0, & \text{其他}\end{cases}$　　D. $f(x)=\begin{cases}\frac{1}{2}, & \frac{1}{2}\leqslant x\leqslant \frac{3}{2},\\ 0, & \text{其他}\end{cases}$

21. 设随机变量 X 的分布律为

X	0	1	2	3
p_i	0.2	0.3	k	0.1

则 $k=$（　　）.

A. 0.1　　B. 0.2　　C. 0.3　　D. 0.4

22. 下列函数中可作为随机变量分布函数的是（　　）.

A. $F(x)=\begin{cases}1, & 0\leqslant x\leqslant 1,\\ 0, & \text{其他}\end{cases}$

B. $F(x)=\begin{cases}-1, & x<0,\\ x, & 0\leqslant x<1,\\ 1, & x\geqslant 1\end{cases}$

C. $F(x)=\begin{cases}0, & x<0,\\ x, & 0\leqslant x<1,\\ 1, & x\geqslant 1\end{cases}$

D. $F(x)=\begin{cases}0, & x<0,\\ x, & 0\leqslant x<1,\\ 2, & x\geqslant 1\end{cases}$

23. 设随机变量 X 的分布律为

X	-1	0	1	2
p_i	0.1	0.2	0.4	0.3

则 $P\{-1\leqslant X\leqslant 1\}=$（　　）.

A. 0.3　　B. 0.4　　C. 0.6　　D. 0.7

24. 设随机变量 X 的分布律为

X	-1	0	1	2	4
p_i	0.1	0.2	0.1	0.2	0.4

则下列概率计算结果正确的是（　　）.

A. $P\{X=3\}=0$　　B. $P\{X=0\}=0$

C. $P\{X>-1\}=1$　　D. $P\{X<4\}=1$

25. 设随机变量 X 在 $[a,b]$ 上服从均匀分布，则 $P\left\{X<\dfrac{2a+b}{3}\right\}=$（　　）.

A. 0　　B. $\dfrac{1}{3}$　　C. $\dfrac{2}{3}$　　D. 1

二、填空题（每小题 2 分）

1. 设随机变量 $X\sim N(2,2^2)$，则 $P\{X\leqslant 0\}=$ ________ $(\Phi(1)=0.8413)$.

2. 设连续型随机变量 X 的分布函数为

$$F(x)=\begin{cases}1-e^{3x}, & x>0,\\ 0, & x\leqslant 0,\end{cases}$$

则当 $x>0$ 时，X 的概率密度 $f(x)=$ ________.

3. 设随机变量 $X\sim b\left(n,\dfrac{1}{2}\right)$，且 $P\{X=5\}=\dfrac{1}{32}$，则 $n=$ ________.

4. 设随机变量 X 的分布函数为

$$F(x)=\begin{cases}1-a\mathrm{e}^{-2x}, & x>0,\\ 0, & x\leqslant 0,\end{cases}$$

则常数 $a=$ ________.

5. 设随机变量 $X\sim N(1,\ 4)$，已知标准正态分布函数值 $\Phi(1)=0.841\,3$，为使 $P\{X<a\}<0.841\,3$，则常数 $a<$ ________.

6. 抛一枚均匀硬币 5 次，记正面向上的次数为 X，则 $P\{X\geqslant 1\}=$ ________.

7. 设随机变量 X 服从区间$[0,\ 5]$上的均匀分布，则 $P\{X\leqslant 3\}=$ ________.

8. 设随机变量 X 服从参数为 λ 的泊松分布，且 $P\{X=0\}=\mathrm{e}^{-1}$，则 $\lambda=$ ________.

9. 在相同条件下独立地进行 4 次射击，设每次射击命中目标的概率为 0.7，则在 4 次射击中命中目标的次数 X 的分布律为 $P\{X=i\}=$ ________ $(i=1,\ 2,\ 3,\ 4)$.

10. 设随机变量 $X\sim N(1,\ 4)$，已知标准正态分布函数值 $\Phi(1)=0.841\,3$，$\Phi(2)=0.977\,2$，则 $P\{|X|<3\}=$ ________.

11. 设随机变量 $X\sim b\left(4,\ \dfrac{2}{3}\right)$，则 $P\{X<1\}=$ ________.

12. 设随机变量 X 的分布函数为

$$F(x)=\begin{cases}0, & x\leqslant 6,\\ \dfrac{x+6}{12}, & -6\leqslant x<6,\\ 1, & x\geqslant 6,\end{cases}$$

则随机变量 X 的概率密度 $f(x)=$ ________.

13. 设随机变量 X 的分布律为

X	-1	0	1	2
p_i	$\frac{1}{8}$	$\frac{3}{8}$	$\frac{1}{16}$	$\frac{7}{16}$

且 $Y=X^2$，记随机变量 Y 的分布函数为 $F_Y(y)$，则 $F_Y(3)=$ ________.

14. 设随机变量 X 服从区间$[0,\ 10]$上的均匀分布，则 $P\{X>4\}=$ ________.

15. 在$[0,\ T]$内通过某交通路口的汽车数 X 服从泊松分布，且已知 $P\{X=4\}=3P\{X=3\}$，则在$[0,\ T]$内至少有一辆汽车通过的概率为________.

16. 设随机变量 $X\sim U(-1,\ 1)$，则 $P\left\{|X|\leqslant\dfrac{1}{2}\right\}=$ ________.

17. 设随机变量 $X\sim B\left(4,\ \dfrac{1}{3}\right\}$，则 $P\{X>0\}=$ ________.

18. 设随机变量 $X\sim N(0,\ 4)$，则 $P\{X\geqslant 0\}=$ ________.

19. 已知随机变量 X 的分布函数为

$$F(x)=\begin{cases}0, & x<0,\\ \dfrac{1}{2}, & 0\leqslant x<1,\\ \dfrac{2}{3}, & 1\leqslant x<3,\\ 1, & x\geqslant 3,\end{cases}$$

则 $P\{2 \leqslant X < 4\} =$ ________.

20. 已知随机变量 X 的概率密度为 $f(x) = c\mathrm{e}^{-|x|}$，$-\infty < x < +\infty$，则 $c =$ ________.

三、计算题（每小题 10 分）

设顾客在某银行窗口等待服务的时间 X(min) 具有概率密度

$$f(x)=\begin{cases}\dfrac{1}{3}\mathrm{e}^{-\frac{1}{3}x}, & x>0,\\ 0, & x\leqslant 0,\end{cases}$$

某顾客在窗口等待服务，若超过 9 min，他就离开.

(1) 求该顾客未等到服务而离开窗口的概率 $P\{X>9\}$；

(2) 若该顾客一个月内要去银行 5 次，以 Y 表示他未等到服务而离开窗口的次数，即事件 $\{X>9\}$ 在 5 次中发生的次数，写出 Y 的分布律，并求 $P\{Y=0\}$.

第 3 章

多维随机变量及其分布

我们把两个或两个以上随机变量 X, Y 或 X_1, X_2, $\cdots$, X_n 称为多元随机变量或多维随机变量；常把多元随机变量写成向量的形式：(X, Y), $(X_1, X_2, \cdots, X_n)$，并称之为二元和 n 元随机向量. n 元随机向量的概率分布，又称为 n 个随机变量 X_1, X_2, $\cdots$, X_n 的联合概率分布.

二维随机变量的定义

两个随机变量之间的关系多种多样，大致可以分为三种：①一个变量的取值完全决定另一变量的取值，则这两个变量的关系称为函数关系；②一个变量的取值不影响另一个变量的取值，即一个变量的取值不影响另一个变量的概率分布，则称这两个变量相互独立；③有的变量之间虽然有明显的关系，但是并非函数关系，如人的身高和体重、居民的收入水平和消费水平、空气湿度和降雨量……称类似的关系为统计相依关系或相关关系.

联合概率分布是描绘随机变量间统计相依关系的重要工具. 它不但能描绘随机变量间"联合"的行为、性质和特征，而且可以决定其中每个随机变量的概率分布.

本章重点讨论二维随机变量及其分布.

3.1 多维随机变量的分布

3.1.1 二维随机变量的定义

定义 1 设 E 是一个随机试验，它的样本空间为 $S=\{e\}$, $e \in S$ 为样本点，而 $X=X(e)$, $Y=Y(e)$ 是定义在 S 上的两个随机变量，由它们构成的一个向量 (X, Y)，称为在 S 上的**二维随机变量**或**二维随机向量**.

注 一般地，称 n 个随机变量的整体 $X=(X_1, X_2, \cdots, X_n)$ 为 **n 维随机变量**或 **n 维随机向量**. 第 2 章讨论的随机变量也称为**一维随机变量**.

3.1.2 二维随机变量的分布函数

定义 2 设 (X, Y) 是二维随机变量，对任意实数 x, y，二元函数

$$F(x, y)=P\{(X \leqslant x) \cap (Y \leqslant y)\} \xlongequal{\text{记为}} P\{X \leqslant x, Y \leqslant y\} \tag{3.1.1}$$

称为二维随机变量 (X, Y) 的**分布函数**或随机变量 X 和 Y 的**联合分布函数**.

几何上，若将二维随机变量 (X, Y) 视为平面上随机点的坐标，则联合分布函数

$$F(x, y)=P\{X \leqslant x, Y \leqslant y\}.$$

其意义为随机点 (X, Y) 落在以 (x, y) 为顶点的左下方的无穷平面区域的概率，即落入区域 $\{(t, s) \mid t \leqslant x, s \leqslant y\}$ 的概率（图 3-1）.

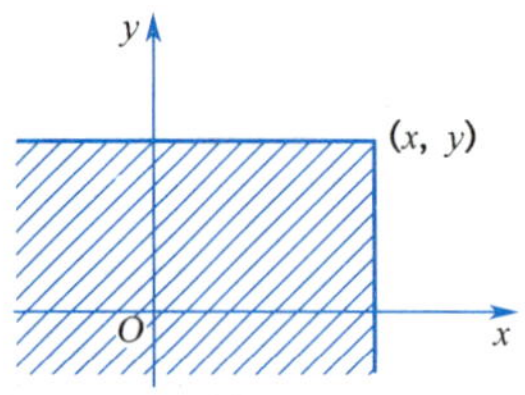

图 3-1　二维随机变量(X, Y)

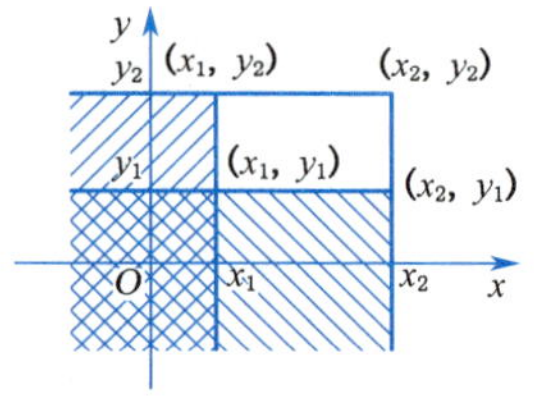

图 3-2　随机点落在矩形域内

利用分布函数及其几何意义不难看出，随机点 (X, Y) 落在矩形域 $\{x_1 < X \leqslant x_2, y_1 < Y \leqslant y_2\}$ 内(图 3-2)的概率为

$$\begin{aligned} & P\{x_1 < X \leqslant x_2, y_1 < Y \leqslant y_2\} \\ = & F(x_2, y_2) - F(x_2, y_1) - F(x_1, y_2) + F(x_1, y_1). \end{aligned} \tag{3.1.2}$$

二维随机变量 (X, Y) 作为一个整体，具有联合分布函数 $F(x, y)$. 而 X 和 Y 都是随机变量，各自也有分布函数，将它们分别记为 $F_X(x)$，$F_Y(y)$，依次称为二维随机变量 (X, Y) 关于 X 和关于 Y 的**边缘分布函数**. 边缘分布函数可以由 (X, Y) 的联合分布函数 $F(x, y)$ 所确定. 事实上，

$$F_X(x) = P\{X \leqslant x\} = P\{X \leqslant x, Y < +\infty\} = F(x, +\infty),$$

即

$$F_X(x) = F(x, +\infty). \tag{3.1.3}$$

就是说，只要在函数 $F(x, y)$ 中令 $y \to +\infty$ 就能得到 $F_X(x)$. 同理

$$F_Y(y) = P\{Y \leqslant y\} = P\{X < +\infty, Y \leqslant y\} = F(+\infty, y). \tag{3.1.4}$$

联合分布函数有以下性质：

(1) $0 \leqslant F(x, y) \leqslant 1$，且

对任意固定的 y，有 $F(-\infty, y) = 0$；

对任意固定的 x，有 $F(x, -\infty) = 0$，$F(-\infty, -\infty) = 0$，$F(+\infty, +\infty) = 1$.

(2) $F(x, y)$ 关于 x 和 y 均为单调非减函数，即

对任意固定的 y，当 $x_2 > x_1$ 时，有 $F(x_2, y) \geqslant F(x_1, y)$；

对任意固定的 x，当 $y_2 > y_1$ 时，有 $F(x, y_2) \geqslant F(x, y_1)$.

(3) $F(x, y)$ 关于 x 和 y 均为右连续，即 $F(x, y) = F(x+0, y)$，$F(x, y) = F(x, y+0)$.

(4) 对任意固定的 $x_1 < x_2$，$y_1 < y_2$，有

$$F(x_2, y_2) - F(x_2, y_1) - F(x_1, y_2) + F(x_1, y_1) \geqslant 0.$$

注　根据这些性质，可以确定 $F(x, y)$ 中的未知常数，也可以验证某二元函数是否为某二维随机变量的分布函数.

例 1 设二维随机变量(X, Y)的分布函数为

$$F(x, y)=A\left(B+\arctan\frac{x}{2}\right)\left(C+\arctan\frac{y}{3}\right),$$

$$-\infty<x<+\infty, -\infty<y<+\infty.$$

(1) 试确定常数 A，B，C.

(2) 求事件 $\{2<X<+\infty, 0<Y\leqslant 3\}$ 的概率.

解 (1) 由二维随机变量的分布函数的性质，对任意固定的 x，y 有

$$F(+\infty, +\infty)=A\left(B+\frac{\pi}{2}\right)\left(C+\frac{\pi}{2}\right)=1, \quad ①$$

$$F(-\infty, y)=A\left(B-\frac{\pi}{2}\right)\left(C+\arctan\frac{y}{3}\right)=0, \quad ②$$

$$F(x, -\infty)=A\left(B+\arctan\frac{x}{2}\right)\left(C-\frac{\pi}{2}\right)=0. \quad ③$$

由这三个等式中的等式①知 $A\neq 0$，由等式②③知 $B-\frac{\pi}{2}=0$，$C-\frac{\pi}{2}=0$，于是得 $B=C=\frac{\pi}{2}$，代入等式①，得 $A=\frac{1}{\pi^2}$.

故 (X, Y) 的分布函数为 $F(x, y)=\frac{1}{\pi^2}\left(\frac{\pi}{2}+\arctan\frac{x}{2}\right)\left(\frac{\pi}{2}+\arctan\frac{y}{3}\right)$.

(2) 由(1)可得

$$\begin{aligned}
&P\{2<X<+\infty, 0<Y\leqslant 3\}\\
=&F(+\infty, 3)-F(+\infty, 0)-F(2, 3)+F(2, 0)\\
=&\frac{1}{\pi^2}\times\pi\times\frac{3}{4}\pi-\frac{1}{\pi^2}\times\pi\times\frac{\pi}{2}-\frac{1}{\pi^2}\times\frac{3}{4}\pi\times\frac{3}{4}\pi+\frac{1}{\pi^2}\times\frac{3}{4}\pi\times\frac{\pi}{2}\\
=&\frac{3}{4}-\frac{1}{2}-\frac{9}{16}+\frac{3}{8}=\frac{1}{16}.
\end{aligned}$$

3.1.3 二维离散型随机变量及其概率分布

1. 二维离散型随机变量及其概率分布的定义

定义 3 若二维随机变量 (X, Y) 只取有限多对或可列无穷多对取值为(x_i, y_j) $(i, j=1, 2, \cdots)$，则称(X, Y) 为**二维离散型随机变量**.

结论：(X, Y) 为二维离散型随机变量，当且仅当 X，Y 均为离散型随机变量.

若二维离散型随机变量(X, Y) 所有可能的取值为(x_i, y_j) $(i, j=1, 2, \cdots)$，则称 $P\{X=x_i, Y=y_j\}=p_{ij}(i, j=1, 2, \cdots)$ 为二维离散型随机变量(X, Y) 的概率分布(分布律)，或 X 与 Y 的联合概率分布(分布律).

与一维情形类似，将联合概率分布用表格形式来表示，则称为**联合概率分布表**(表 3-1).

表 3-1　联合概率分布表

$X\backslash Y$	y_1	y_2	$\cdots$	y_j	$\cdots$	$P\{X=x_i\}$
x_1	p_{11}	p_{12}	$\cdots$	p_{1j}	$\cdots$	$\sum_j p_{1j}$
x_2	p_{21}	p_{22}	$\cdots$	p_{2j}	$\cdots$	$\sum_j p_{2j}$
$\vdots$	$\vdots$	$\vdots$		$\vdots$		$\vdots$
x_i	p_{i1}	p_{i2}	$\cdots$	p_{ij}	$\cdots$	$\sum_j p_{ij}$
$\vdots$	$\vdots$	$\vdots$		$\vdots$		$\vdots$
$P\{Y=y_j\}$	$\sum_i p_{i1}$	$\sum_i p_{i2}$	$\cdots$	$\sum_i p_{ij}$	$\cdots$	

二维离散型随机变量(X, Y)的分布律具有下列性质：

(1) $p_{ij} \geqslant 0\ (i, j=1, 2, \cdots)$；

(2) $\sum_i \sum_j p_{ij}=1$.

反之，若数集$\{p_{ij}\}\ (i, j=1, 2, \cdots)$具有以上两条性质，则它必可作为某二维离散型随机变量的分布律.

注　对离散型随机变量而言，联合概率分布不仅比联合分布函数更加直观，而且能够更加方便地确定(X, Y)取值于任何区域D上的概率，即

$$P\{(X, Y) \in D\}=\sum_{(x_i, y_j) \in D} p_{ij}. \tag{3.1.5}$$

特别地，由联合概率分布可以确定联合分布函数：

$$F(x, y)=P\{X \leqslant x, Y \leqslant y\}=\sum_{x_i \leqslant x,\, y_j \leqslant y} p_{ij}. \tag{3.1.6}$$

2. 离散型随机变量的边缘分布律的定义

定义 4　对于离散型随机变量(X, Y)，分量X(或Y)的分布律称为(X, Y)关于X(或Y)的**边缘分布律**，记为$p_{i\cdot}\ (i=1, 2, \cdots)$或$p_{\cdot j}\ (j=1, 2, \cdots)$，它可由$(X, Y)$的联合分布律求出. 事实上，

$$\begin{aligned}
p_{i\cdot} &=P\{X=x_i\}=P\{X=x_i, Y<+\infty\} \\
&=P\{X=x_i, Y=y_1\}+P\{X=x_i, Y=y_2\}+\cdots+P\{X=x_i, Y=y_j\}+\cdots \\
&=\sum_j P\{X=x_i, Y=y_j\}=\sum_j p_{ij},
\end{aligned}$$

即离散型随机变量(X, Y)关于X的边缘分布律为

$$p_{i\cdot}=P\{X=x_i\}=\sum_j p_{ij}, \quad i=1, 2, \cdots. \tag{3.1.7}$$

同样，可得到离散型随机变量(X, Y)关于Y的边缘分布律为

$$p_{\cdot j}=P\{Y=y_j\}=\sum_i p_{ij}, \quad j=1, 2, \cdots. \tag{3.1.8}$$

二维离散型随机变量(X, Y)的边缘分布律具有下列性质：

(1) $p_{i\cdot} \geqslant 0$，$p_{\cdot j} \geqslant 0$ $(i, j=1, 2, \cdots)$；

(2) $\sum_i p_{i\cdot}=1$，$\sum_j p_{\cdot j}=1$.

例 2　一整数 N 等可能地在 1，2，…，10 十个值中取一个值. 设 $D=D(N)$ 是能整除 N 的正整数的个数，$F=F(N)$ 是能整除 N 的素数的个数(注意 1 不是素数). 试写出 D 和 F 的联合分布律. 并求 D 和 F 的边缘分布律.

解　试验的样本空间及 D，F 取值的情况见表 3-2.

表 3-2

N	1	2	3	4	5	6	7	8	9	10
D	1	2	2	3	2	4	2	4	3	4
F	0	1	1	1	1	2	1	1	1	2

D 所有可能取值为 1，2，3，4；F 所有可能取值为 0，1，2. 容易得到 (D, F) 取 (i, j) $(i=1, 2, 3, 4; j=0, 1, 2)$ 的概率，即

$$P\{D=1, F=0\}=\frac{1}{10}, \quad P\{D=2, F=1\}=\frac{4}{10}, \quad P\{D=3, F=1\}=\frac{2}{10},$$

$$P\{D=4, F=1\}=\frac{1}{10}, \quad P\{D=4, F=2\}=\frac{2}{10}, \quad \text{其余点为不可能事件.}$$

可得 D 和 F 的联合分布律，见表 3-3.

表 3-3

$F \backslash D$	1	2	3	4	$P\{F=j\}$
0	$\frac{1}{10}$	0	0	0	$\frac{1}{10}$
1	0	$\frac{4}{10}$	$\frac{2}{10}$	$\frac{1}{10}$	$\frac{7}{10}$
2	0	0	0	$\frac{2}{10}$	$\frac{2}{10}$
$P\{D=i\}$	$\frac{1}{10}$	$\frac{4}{10}$	$\frac{2}{10}$	$\frac{3}{10}$	1

即有边缘分布律，见表 3-4 和表 3-5.

表 3-4

D	1	2	3	4
p_k	$\frac{1}{10}$	$\frac{4}{10}$	$\frac{2}{10}$	$\frac{3}{10}$

表 3-5

F	0	1	2
p_k	$\frac{1}{10}$	$\frac{7}{10}$	$\frac{2}{10}$

例 3　设随机变量 X 和 Y 的联合概率分布见表 3-6. 试求 X 和 Y 的联合分布函数 $F(x, y)$.

表 3-6

$X \backslash Y$	-1	1
-1	0.20	0.15
1	0.30	0.35

解 对于 $x<-1$ 或 $y<-1$,显然 $F(x,y)=0$;
对于 $-1\leqslant x<1$ 且 $-1\leqslant y<1$,有 $F(x,y)=P\{X=-1,Y=-1\}=0.2$;
对于 $-1\leqslant x<1$ 且 $y\geqslant 1$,有

$$F(x,y)=P\{X=-1,Y=-1\}+P\{X=-1,Y=1\}=0.35;$$

对于 $x\geqslant 1$ 且 $-1\leqslant y<1$,有

$$F(x,y)=P\{X=-1,Y=-1\}+P\{X=1,Y=-1\}=0.50;$$

对于 $x\geqslant 1$ 且 $y\geqslant 1$,显然 $F(x,y)=1$.
于是

$$F(x,y)=\begin{cases}0, & x<-1 \text{ 或 } y<-1,\\ 0.2, & -1\leqslant x<1,\ -1\leqslant y<1,\\ 0.35, & -1\leqslant x<1,\ y\geqslant 1,\\ 0.5, & x\geqslant 1,\ -1\leqslant y<1,\\ 1, & x\geqslant 1,\ y\geqslant 1.\end{cases}$$

例 4 假设随机变量 U 服从参数 $\lambda=1$ 的指数分布,随机变量

$$X=\begin{cases}0, & U\leqslant 1,\\ 1, & U>1;\end{cases}\quad Y=\begin{cases}0, & U\leqslant 2,\\ 1, & U>2.\end{cases}$$

求 X 和 Y 的联合概率分布及 X 和 Y 的边缘概率分布.
解 随机变量 U 的分布函数为

$$F(u)=\begin{cases}1-\mathrm{e}^{-u}, & u>0,\\ 0, & u\leqslant 0.\end{cases}$$

随机变量 (X,Y) 有四个可能值:$(0,0)$,$(0,1)$,$(1,0)$,$(1,1)$.易见:

$$P\{X=0,Y=0\}=P\{U\leqslant 1,U\leqslant 2\}=P\{U\leqslant 1\}=1-\mathrm{e}^{-1},$$

$$P\{X=0,Y=1\}=P\{U\leqslant 1,U>2\}=P\{\varnothing\}=0,$$

$$P\{X=1,Y=0\}=P\{U>1,U\leqslant 2\}=P\{1<U\leqslant 2\}=\mathrm{e}^{-1}-\mathrm{e}^{-2},$$

$$P\{X=1,Y=1\}=P\{U>1,U>2\}=P\{U>2\}=\mathrm{e}^{-2}.$$

于是,得 X 和 Y 的联合概率分布见表 3-7.

表 3-7

$X\backslash Y$	0	1	$P\{X=x_i\}$
0	$1-\mathrm{e}^{-1}$	0	$1-\mathrm{e}^{-1}$
1	$\mathrm{e}^{-1}-\mathrm{e}^{-2}$	e^{-2}	e^{-1}
$P\{Y=y_j\}$	$1-\mathrm{e}^{-2}$	e^{-2}	1

X 的边缘概率分布见表 3-8.Y 的边缘概率分布见表 3-9.

表 3-8

X	0	1
p_i	$1-e^{-1}$	e^{-1}

表 3-9

Y	0	1
p_i	$1-e^{-2}$	e^{-2}

3.1.4　二维连续型随机变量及其概率密度

1. 二维连续型随机变量及其概率密度的定义

定义 5　设(X, Y)为二维随机变量，$F(x, y)$为其分布函数，若存在一个非负可积的二元函数 $f(x, y)$，使对任意实数(x, y)，有

$$F(x, y)=\int_{-\infty}^{x}\int_{-\infty}^{y} f(s, t)\mathrm{d}s\mathrm{d}t,$$

则称(X, Y)为二维连续型随机变量，并称 $f(x, y)$ 为(X, Y)的概率密度(密度函数)，或 X, Y 的联合概率密度(联合密度函数).

2. 概率密度函数 $f(x, y)$ 的性质

概率密度函数具有以下性质：

(1) $f(x, y)\geqslant 0$.

(2) $\int_{-\infty}^{+\infty}\int_{-\infty}^{+\infty} f(x, y)\mathrm{d}x\mathrm{d}y=F(+\infty, +\infty)=1$.

(3) 若 $f(x, y)$ 在点(x, y)处连续，则有 $\dfrac{\partial^2 F(x, y)}{\partial x\partial y}=f(x, y)$.

进一步，根据偏导数的定义，可推得：当 Δx，Δy 很小时，有

$$P\{x<X\leqslant x+\Delta x, y<Y\leqslant y+\Delta y\}\approx f(x, y)\Delta x\Delta y,$$

即(X, Y)落在区间$(x, x+\Delta x]\times(y, y+\Delta y]$上的概率近似等于 $f(x, y)\Delta x\Delta y$.

(4) 设 D 是 xOy 平面上的区域，则(X, Y)在平面区域 D 内取值的概率为

$$P\{(x, y)\in D\}=\iint_D f(x, y)\mathrm{d}x\mathrm{d}y. \tag{3.1.9}$$

3. 二维连续型随机变量的边缘分布函数和边缘密度函数的定义

定义 6　设(X, Y)为二维连续型随机变量，$f(x, y)$为(X, Y)的概率密度，则 X 是连续型随机变量，其边缘分布函数为

$$\begin{aligned}F_X(x)&=P\{X\leqslant x\}=P\{X\leqslant x, Y<+\infty\}\\&=\int_{-\infty}^{x}\int_{-\infty}^{+\infty} f(s, t)\mathrm{d}s\mathrm{d}t=\int_{-\infty}^{x}\left[\int_{-\infty}^{+\infty} f(s, t)\mathrm{d}t\right]\mathrm{d}s.\end{aligned}$$

对 x 求导，得

$$f_X(x)=\int_{-\infty}^{+\infty} f(x, y)\mathrm{d}y. \tag{3.1.10}$$

称 $f_X(x)$为(X, Y)关于 X 的边缘密度函数.

同理，Y 也是连续型随机变量，其边缘分布函数为

$$F_Y(y)=P\{Y\leqslant y\}=P\{X<+\infty,\ Y\leqslant y\}$$
$$=\int_{-\infty}^{y}\int_{-\infty}^{+\infty}f(s,\ t)\mathrm{d}s\mathrm{d}t=\int_{-\infty}^{y}\left[\int_{-\infty}^{+\infty}f(s,\ t)\mathrm{d}s\right]\mathrm{d}t.$$

对 y 求导,得
$$f_Y(y)=\int_{-\infty}^{+\infty}f(x,\ y)\mathrm{d}x. \tag{3.1.11}$$

称 $f_Y(y)$ 为 $(X,\ Y)$ 关于 Y 的**边缘密度函数**.

例 5 设二维随机变量 $(X,\ Y)$ 具有概率密度

$$f(x,\ y)=\begin{cases}c\mathrm{e}^{-(3x+4y)}, & x>0,\ y>0,\\ 0, & \text{其他}.\end{cases}$$

求(1) c 值;(2) 分布函数 $F(x,\ y)$;(3) $P\{0<X<1,\ 0<Y<2\}$.

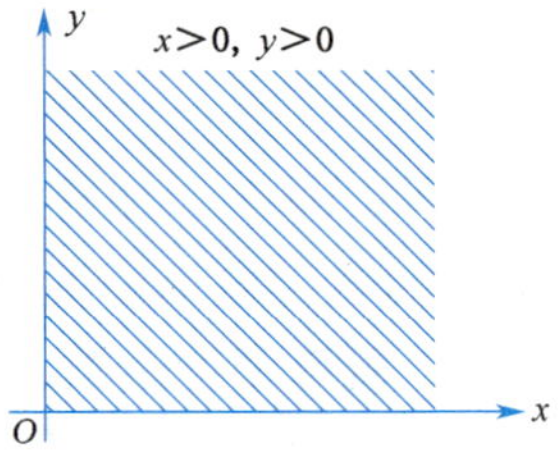

图 3-3 二维随机变量的非零密度函数区域

解 (1) 如图 3-3 所示,由密度函数的性质,得

$$1=\int_{-\infty}^{+\infty}\int_{-\infty}^{+\infty}f(x,\ y)\,\mathrm{d}x\mathrm{d}y$$
$$=c\int_{0}^{+\infty}\int_{0}^{+\infty}\mathrm{e}^{-(3x+4y)}\,\mathrm{d}x\mathrm{d}y$$
$$=c\int_{0}^{+\infty}\mathrm{e}^{-3x}\,\mathrm{d}x\cdot\int_{0}^{+\infty}\mathrm{e}^{-4y}\,\mathrm{d}y=\frac{c}{12}.$$

所以,$c=12$.

(2) $F(x,\ y)=P\{X\leqslant x,\ Y\leqslant y\}$,

当 $x\leqslant 0$ 或 $y\leqslant 0$ 时,有 $F(x,\ y)=0$;

当 $x>0$ 且 $y>0$ 时,有

$$F(x,\ y)=P\{X\leqslant x,\ Y\leqslant y\}=\int_{-\infty}^{x}\int_{-\infty}^{y}f(u,\ v)\,\mathrm{d}u\mathrm{d}v$$
$$=12\int_{0}^{x}\int_{0}^{y}\mathrm{e}^{-(3u+4v)}\,\mathrm{d}u\mathrm{d}v=12\int_{0}^{x}\mathrm{e}^{-3u}\,\mathrm{d}u\cdot\int_{0}^{y}\mathrm{e}^{-4v}\,\mathrm{d}v$$
$$=(1-\mathrm{e}^{-3x})(1-\mathrm{e}^{-4y}).$$

所以,$F(x,\ y)=\begin{cases}(1-\mathrm{e}^{-3x})(1-\mathrm{e}^{-4y}), & x>0,\ y>0,\\ 0, & \text{其他}.\end{cases}$

(3) $P\{0<X<1,\ 0<Y<2\}=\displaystyle\iint_{0<x<1,\ 0<y<2}f(x,\ y)\,\mathrm{d}x\mathrm{d}y=12\int_{0}^{1}\int_{0}^{2}\mathrm{e}^{-(3x+4y)}\,\mathrm{d}x\mathrm{d}y$

$$=12\int_{0}^{1}\mathrm{e}^{-3x}\,\mathrm{d}x\cdot\int_{0}^{2}\mathrm{e}^{-4y}\,\mathrm{d}y=(1-\mathrm{e}^{-3})(1-\mathrm{e}^{-8}).$$

例 6 已知二维随机变量 $(X,\ Y)$ 的联合概率密度为

$$f(x,\ y)=\begin{cases}a(3x^2+xy), & 0\leqslant x\leqslant 1,\ 0\leqslant y\leqslant 2,\\ 0, & \text{其他}.\end{cases}$$

求(1) a;(2) 边缘概率密度 $f_X(x)$,$f_Y(y)$;(3) $P\{X+Y>1\}$.

解　(1) 由 $\int_{-\infty}^{+\infty}\int_{-\infty}^{+\infty}f(x,y)\,\mathrm{d}x\mathrm{d}y=1$，得

$$\int_0^1\left[\int_0^2 a(3x^2+xy)\,\mathrm{d}y\right]\mathrm{d}x=\int_0^1(6ax^2+2ax)\,\mathrm{d}x=3a=1,$$

所以 $a=\dfrac{1}{3}$.

(2) $$f_X(x)=\int_{-\infty}^{+\infty}f(x,y)\mathrm{d}y=\begin{cases}0, & x<0,\\ \int_0^2\left(x^2+\dfrac{1}{3}xy\right)\mathrm{d}y, & 0\leqslant x\leqslant 1,\\ 0, & x>1;\end{cases}$$

$$f_X(x)=\begin{cases}0, & x<0,\\ 2x^2+\dfrac{2}{3}x, & 0\leqslant x\leqslant 1,\\ 0, & x>1;\end{cases}$$

$$f_Y(y)=\int_{-\infty}^{+\infty}f(x,y)\,\mathrm{d}x=\begin{cases}0, & y<0,\\ \int_0^1\left(x^2+\dfrac{1}{3}xy\right)\mathrm{d}x, & 0\leqslant y\leqslant 2,\\ 0, & y>2;\end{cases}$$

$$f_Y(y)=\begin{cases}0, & y<0,\\ \dfrac{1}{3}+\dfrac{1}{6}y, & 0\leqslant y\leqslant 2,\\ 0, & y>2.\end{cases}$$

(3) $$P\{X+Y>1\}=\iint\limits_{x+y>1}f(x,y)\mathrm{d}x\mathrm{d}y=\int_0^1\left[\int_{1-x}^2 f(x,y)\mathrm{d}y\right]\mathrm{d}x$$
$$=\int_0^1\left(\frac{1}{2}x+\frac{4}{3}x^2+\frac{5}{6}x^3\right)\mathrm{d}x=\frac{65}{72}.$$

积分区域如图 3-4 所示.

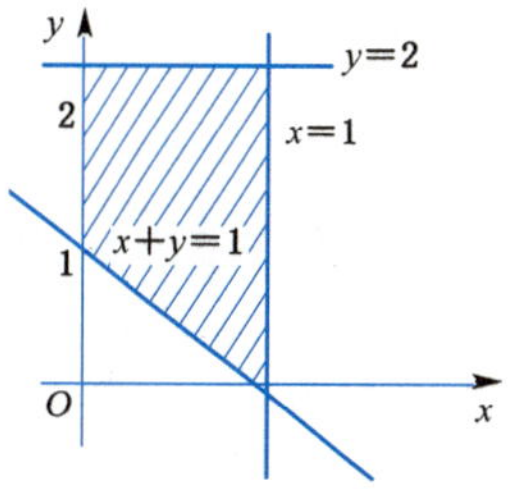

图 3-4　积分区域

3.1.5　二维均匀分布

定义 7　设 G 是平面上的有界区域,其面积为 A. 若二维随机变量 (X,Y) 具有概率密度函数

$$f(x,y)=\begin{cases}\dfrac{1}{A}, & (x,y)\in G,\\ 0, & \text{其他},\end{cases}\tag{3.1.12}$$

则称 (X,Y) 在 G 上服从均匀分布.

两种特殊情形:

(1) G 为矩形区域 $a\leqslant x\leqslant b$, $c\leqslant y\leqslant d$,则 (X,Y) 的概率密度函数为

$$f(x,y)=\begin{cases}\dfrac{1}{(b-a)(d-c)}, & a\leqslant x\leqslant b,\ c\leqslant y\leqslant d,\\ 0, & \text{其他}.\end{cases}$$

此时，(X, Y)的两个边缘密度函数仍为均匀分布，且分别为

$$f_X(x)=\begin{cases}\dfrac{1}{b-a}, & a\leqslant x\leqslant b,\\ 0, & \text{其他};\end{cases}\qquad f_Y(y)=\begin{cases}\dfrac{1}{d-c}, & c\leqslant y\leqslant d,\\ 0, & \text{其他}.\end{cases}$$

但对其他形状的区域G，(X, Y)的两个边缘密度函数不一定仍服从均匀分布.

(2) G为圆形区域，如(X, Y)在以原点为圆心、R为半径的圆域上服从均匀分布，则(X, Y)的概率密度函数为

$$f(x, y)=\begin{cases}\dfrac{1}{\pi R^2}, & x^2+y^2\leqslant R^2,\\ 0, & \text{其他}.\end{cases}$$

例 7 设(X, Y)在$x^2\leqslant y\leqslant x$上服从均匀分布，求边缘概率密度$f_X(x)$，$f_Y(y)$.

解 随机变量(X, Y)的概率密度非零的取值区域如图 3-5 所示，则

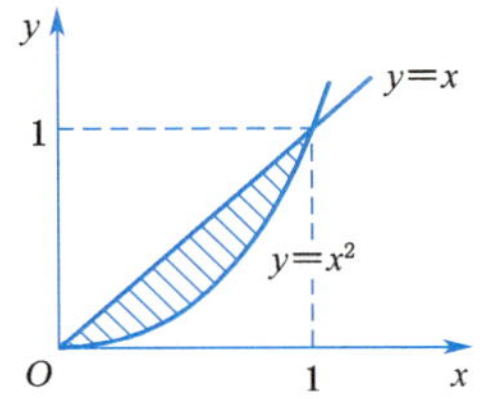

图 3-5 二维随机变量的非零密度函数区域

$$S=\int_0^1(x-x^2)\mathrm{d}x=\frac{1}{6}.$$

所以随机变量(X, Y)的概率密度为

$$f(x, y)=\begin{cases}6, & x^2\leqslant y\leqslant x,\\ 0, & \text{其他};\end{cases}$$

$$f_X(x)=\int_{-\infty}^{+\infty}f(x, y)\mathrm{d}y=\begin{cases}\displaystyle\int_{x^2}^{x}6\mathrm{d}y=6(x-x^2), & 0\leqslant x\leqslant 1,\\ 0, & \text{其他};\end{cases}$$

$$f_Y(y)=\int_{-\infty}^{+\infty}f(x, y)\mathrm{d}x=\begin{cases}\displaystyle\int_{y}^{\sqrt{y}}6\mathrm{d}x=6(\sqrt{y}-y), & 0\leqslant y\leqslant 1,\\ 0, & \text{其他}.\end{cases}$$

*3.1.6 二维正态分布

若二维随机变量(X, Y)具有概率密度函数

$$f(x, y)=\frac{1}{2\pi\sigma_1\sigma_2\sqrt{1-\rho^2}}\mathrm{e}^{-\frac{1}{2(1-\rho^2)}\left[\left(\frac{x-\mu_1}{\sigma_1}\right)^2-2\rho\left(\frac{x-\mu_1}{\sigma_1}\right)\left(\frac{y-\mu_2}{\sigma_2}\right)+\left(\frac{y-\mu_2}{\sigma_2}\right)^2\right]}. \tag{3.1.13}$$

其中，μ_1，μ_2，σ_1，σ_2，ρ均为常数，且$\sigma_1>0$，$\sigma_2>0$，$|\rho|<1$，则称(X, Y)服从参数为μ_1，μ_2，σ_1，σ_2，ρ的二维正态分布.

二维正态分布密度函数的图形为钟形曲面，如图 3-6 所示.

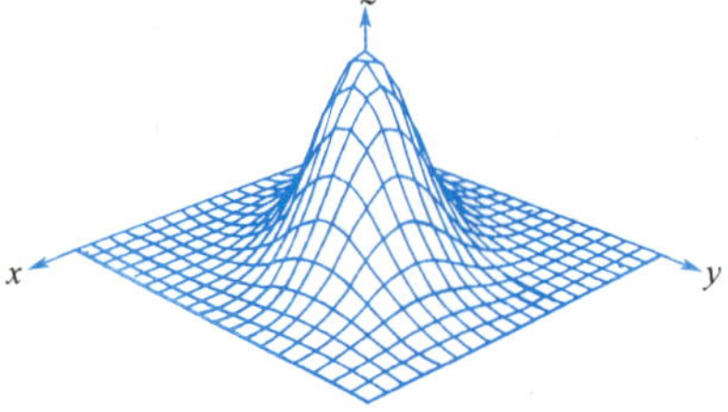

图 3-6 二维正态分布密度函数

例 8 证明二维正态分布的两个边缘概率密度仍是正态的，即

$$f_X(x)=\frac{1}{\sqrt{2\pi}\sigma_1}e^{-\frac{(x-\mu_1)^2}{2\sigma_1^2}},\quad -\infty<x<+\infty,$$

$$f_Y(y)=\frac{1}{\sqrt{2\pi}\sigma_2}e^{-\frac{(y-\mu_2)^2}{2\sigma_2^2}},\quad -\infty<y<+\infty.$$

证明　因为 $f_X(x)=\int_{-\infty}^{+\infty}f(x,y)\mathrm{d}y$，且

$$\frac{(y-\mu_2)^2}{\sigma_2^2}-2\rho\frac{(x-\mu_1)(y-\mu_2)}{\sigma_1\sigma_2}=\left(\frac{y-\mu_2}{\sigma_2}-\rho\frac{x-\mu_1}{\sigma_1}\right)^2-\rho^2\frac{(x-\mu_1)^2}{\sigma_1^2},$$

所以，
$$f_X(x)=\frac{1}{2\pi\sigma_1\sigma_2\sqrt{1-\rho^2}}e^{-\frac{(x-\mu_1)^2}{2\sigma_1^2}}\int_{-\infty}^{+\infty}e^{-\frac{1}{2(1-\rho^2)}\left(\frac{y-\mu_2}{\sigma_2}-\rho\frac{x-\mu_1}{\sigma_1}\right)^2}\mathrm{d}y.$$

若令 $t=\frac{1}{\sqrt{1-\rho^2}}\left(\frac{y-\mu_2}{\sigma_2}-\rho\frac{x-\mu_1}{\sigma_1}\right)$，则有

$$f_X(x)=\frac{1}{2\pi\sigma_1}e^{-\frac{(x-\mu_1)^2}{2\sigma_1^2}}\int_{-\infty}^{+\infty}e^{-\frac{t^2}{2}}\mathrm{d}t=\frac{1}{\sqrt{2\pi}\sigma_1}e^{-\frac{(x-\mu_1)^2}{2\sigma_1^2}},\quad -\infty<x<+\infty.$$

同理可得
$$f_Y(y)=\frac{1}{\sqrt{2\pi}\sigma_2}e^{-\frac{(y-\mu_2)^2}{2\sigma_2^2}},\quad -\infty<y<+\infty.$$

(其中广义积分 $\int_{-\infty}^{+\infty}e^{-\frac{t^2}{2}}\mathrm{d}t=\sqrt{2\pi}$.)

注　上述结果表明，二维正态随机变量的两个边缘分布都是一维正态分布，且都不依赖于参数 ρ，亦即对给定的 $\mu_1,\mu_2,\sigma_1,\sigma_2$，不同的 ρ 对应不同的二维正态分布，但它们的边缘分布都是相同的，因此仅由关于 X 和关于 Y 的边缘分布，一般来说是不能确定二维随机变量 (X,Y) 的联合分布的.

例 9　设二维随机变量 (X,Y) 的概率密度函数

$$f(x,y)=\frac{1}{2\pi}e^{-\frac{1}{2}(x^2+y^2)}(1+\sin x\sin y).$$

试求关于 X,Y 的边缘概率密度函数.

解　利用 Γ 函数及奇偶函数的积分性质，得

$$f_X(x)=\int_{-\infty}^{+\infty}f(x,y)\mathrm{d}y=\frac{1}{2\pi}e^{-\frac{x^2}{2}}\int_{-\infty}^{+\infty}e^{-\frac{y^2}{2}}\mathrm{d}y+\frac{\sin x}{2\pi}e^{-\frac{x^2}{2}}\int_{-\infty}^{+\infty}\sin y\,e^{-\frac{y^2}{2}}\mathrm{d}y=\frac{1}{\sqrt{2\pi}}e^{-\frac{x^2}{2}},$$

$$f_Y(y)=\int_{-\infty}^{+\infty}f(x,y)\mathrm{d}x=\frac{1}{2\pi}e^{-\frac{y^2}{2}}\int_{-\infty}^{+\infty}e^{-\frac{x^2}{2}}\mathrm{d}x+\frac{\sin y}{2\pi}e^{-\frac{y^2}{2}}\int_{-\infty}^{+\infty}\sin x\,e^{-\frac{x^2}{2}}\mathrm{d}x=\frac{1}{\sqrt{2\pi}}e^{-\frac{y^2}{2}}.$$

注　此例说明，边缘分布均为正态分布的二维随机变量，其联合分布不一定是二维正

态分布.

习题 3-1

*1. 判断二元函数 $F(x, y)=\begin{cases}0, & x+y<0, \\ 1, & x+y \geqslant 0\end{cases}$ 是否为某二维随机变量的分布函数.

2. 设(X, Y)的联合分布律见表 3-10. 求

(1) a; (2) X, Y 的边缘分布; (3) $P\left\{\frac{1}{2}<X<\frac{3}{2}, 0<Y<3\right\}$.

表 3-10

$X \backslash Y$	1	2	3
1	$\frac{1}{6}$	$\frac{1}{9}$	$\frac{1}{18}$
2	$\frac{1}{3}$	a	$\frac{1}{9}$

3. 设二维随机变量(X, Y)的联合分布律见表 3-11. 试求

(1) $P\left\{\frac{3}{2}<X<\frac{5}{2}, 0<Y<3\right\}$; (2) $P\{2 \leqslant X<3, 1<Y \leqslant 3\}$; (3) $F(2, 3)$.

表 3-11

$X \backslash Y$	1	2	3	4
1	$\frac{1}{4}$	0	0	$\frac{1}{16}$
2	$\frac{1}{16}$	$\frac{1}{4}$	0	$\frac{1}{4}$
3	0	$\frac{1}{16}$	$\frac{1}{16}$	0

4. 设二维随机变量的联合概率分布见表 3-12. 求

(1) a; (2) $P\{X \leqslant 1, Y \geqslant 0\}$; (3) $F(0, 0)$.

表 3-12

$X \backslash Y$	-2	0	1
-1	$6a$	0.1	0.1
1	0.05	0.2	0
2	0.2	0	a

5. 设随机变量 X 在 1, 2, 3 三个整数中等可能地取一个值,另一个随机变量 Y 在 $1 \sim X$ 中等可能地取一整数值,试求(X, Y)的分布律,并求(X, Y)的边缘分布律.

6. 设(X, Y)的概率分布见表 3-13. 求 $P\{X \neq 0, Y=0\}$, $P\{X \leqslant 0, Y \leqslant 0\}$, $P\{XY=0\}$, $P\{X=Y\}$, $P\{|X|=|Y|\}$.

表 3-13

$X \backslash Y$	-1	0	2
0	0.1	0.2	0.1
1	0.2	0.05	0.1
2	0.15	0	0.1

7. 把一枚均匀硬币抛掷三次，设 X 为三次抛掷中正面出现的次数，而 Y 为正面出现次数与反面出现次数之差的绝对值，求(X, Y)的概率分布及(X, Y)关于 X，Y 的边缘分布.

8. 将两只球等可能地放入编号为 1，2，3 的三个盒子中，令 X 为放入 1 号盒中的球数，Y 为放入 2 号盒中的球数. 试写出(X, Y)的联合分布律.

9. 已知随机变量 X 和 Y 的概率分布分别见表 3-14 和表 3-15. 且 $P\{XY=0\}=1$. 求 X 和 Y 的联合概率分布.

表 3-14

X	0	1
p_i	$\frac{1}{2}$	$\frac{1}{2}$

表 3-15

Y	-1	0	1
p_i	$\frac{1}{4}$	$\frac{1}{2}$	$\frac{1}{4}$

10. 已知二维随机变量(X, Y)的联合概率密度为

$$f(x, y)=\begin{cases}4xy, & 0\leqslant x\leqslant 1, 0\leqslant y\leqslant 1,\\ 0, & \text{其他}.\end{cases}$$

试写出(X, Y)的联合分布函数，并求 X 和 Y 的分布函数 $F_X(x)$ 和 $F_Y(y)$.

11. 设二维随机变量(X, Y)具有概率密度

$$f(x, y)=\begin{cases}2\mathrm{e}^{-(2x+y)}, & x>0, y>0,\\ 0, & \text{其他}.\end{cases}$$

求(1) 分布函数 $F(x, y)$；(2) $P\{Y\leqslant X\}$.

12. 已知二维随机变量(X, Y)的联合概率密度为

$$f(x, y)=\begin{cases}\dfrac{1}{2x^2y}, & 1\leqslant x<+\infty, \dfrac{1}{x}\leqslant y\leqslant x,\\ 0, & \text{其他}.\end{cases}$$

求关于 X 和 Y 的边缘概率密度 $f_X(x)$，$f_Y(y)$.

13. 设(X, Y)的概率密度为

$$f(x, y)=\begin{cases}cy(2-x), & 0\leqslant x\leqslant 1, 0\leqslant y\leqslant x,\\ 0, & \text{其他}.\end{cases}$$

求(1) c 的值；(2) 两个边缘密度 $f_X(x)$，$f_Y(y)$.

14. 已知二维随机变量(X, Y)的联合概率密度为

$$f(x, y)=\begin{cases}4.8y(2-x), & 0\leqslant x\leqslant 1, x\leqslant y\leqslant 1,\\ 0, & \text{其他}.\end{cases}$$

求边缘概率密度 $f_X(x)$，$f_Y(y)$.

15. 已知二维随机变量(X, Y)的联合概率密度为

$$f(x, y)=\begin{cases}1, & 0\leqslant x\leqslant 2, \max\{0, x-1\}\leqslant y\leqslant \min\{1, x\},\\ 0, & \text{其他}.\end{cases}$$

求边缘概率密度 $f_X(x)$，$f_Y(y)$.

16. 设(X, Y)服从单位圆域 $x^2+y^2\leqslant 1$ 上的均匀分布，求 X 和 Y 的边缘概率密度.

3.2 条件分布与随机变量的独立性

3.2.1 条件分布的概念

定义 1 设 X 是一个随机变量，其分布函数为

$$F_X(x)=P\{X\leqslant x\},\quad -\infty<x<+\infty.$$

若有另一事件 A 已经发生,并且 A 的发生可能会对事件$\{X\leqslant x\}$的发生有影响,则对任一给定的实数 x，记

$$F(x\mid A)=P\{X\leqslant x\mid A\},\quad -\infty<x<+\infty. \tag{3.2.1}$$

则称 $F(x\mid A)$ 为在 A 发生的条件下 X 的**条件分布函数**.

例 1 设 X 服从$[0,2]$上的均匀分布，求在 $X>1$ 的条件下 X 的条件分布函数.

解 因为 X 服从$[0,2]$上的均匀分布,所以

$$f(x)=\begin{cases}\dfrac{1}{2}, & 0\leqslant x\leqslant 2,\\ 0, & \text{其他};\end{cases}\qquad F(x)=\begin{cases}0, & x<0,\\ \dfrac{1}{2}x, & 0\leqslant x\leqslant 2,\\ 1, & x>2.\end{cases}$$

由条件分布函数的定义,有 $F(x\mid X>1)=\dfrac{P\{X\leqslant x,X>1\}}{P\{X>1\}}$.

由于 X 服从$[0,2]$上的均匀分布，故

$$P\{X>1\}=P\{1<X<+\infty\}=P\{1<X\leqslant 2\}=F(2)-F(1)=\frac{1}{2}.$$

而当 $x\leqslant 1$ 时，$P\{X\leqslant x,X>1\}=P\{\varnothing\}=0$.

当 $x>1$ 时，$P\{X\leqslant x,X>1\}=P\{1<X\leqslant x\}=F(x)-F(1)=F(x)-\dfrac{1}{2}$.

于是,当 $x>1$ 时，$P\{X\leqslant x,X>1\}=\begin{cases}\dfrac{1}{2}x-\dfrac{1}{2}, & 1<x\leqslant 2,\\ \dfrac{1}{2}, & x>2.\end{cases}$

从而可得 $F(x\mid X>1)=\begin{cases}0, & x\leqslant 1,\\ x-1, & 1<x\leqslant 2,\\ 1, & x>2.\end{cases}$

3.2.2 随机变量的独立性

设 A 是随机变量 Y 所生成的事件 $A=\{Y\leqslant y\}$，且 $P\{Y\leqslant y\}>0$，则有

$$F(x\mid Y\leqslant y)=\frac{P\{X\leqslant x,Y\leqslant y\}}{P\{Y\leqslant y\}}=\frac{F(x,y)}{F_Y(y)}.$$

同理 $F(y \mid X \leqslant x)=\dfrac{P\{X \leqslant x, Y \leqslant y\}}{P\{X \leqslant x\}}=\dfrac{F(x, y)}{F_X(x)}$.

一般地，由于随机变量 X，Y 之间可能存在一定联系，一个随机变量的取值可能会影响另一个随机变量的取值. 在某些情况下，随机变量 X，Y 之间没有上述影响，则具有所谓的“独立性”，我们引入下面的定义.

定义 2 设随机变量 (X, Y) 的联合分布函数为 $F(x, y)$，边缘分布函数分别为 $F_X(x)$，$F_Y(y)$，若对任意实数 x，y，有

$$P\{X \leqslant x, Y \leqslant y\}=P\{X \leqslant x\} P\{Y \leqslant y\},$$

即

$$F(x, y)=F_X(x) F_Y(y), \tag{3.2.2}$$

则称随机变量 X 和 Y **相互独立**.

关于随机变量的独立性，有下列两个定理.

定理 1 随机变量 X 与 Y 相互独立的充要条件是 X 所生成的任何事件与 Y 生成的任何事件独立，即对任意实数集 A，B，有

$$P\{X \in A, Y \in B\}=P\{X \in A\} P\{Y \in B\}.$$

证略.

定理 2 如果随机变量 X 与 Y 相互独立，则对任意函数 $g_1(x)$，$g_2(y)$ 均有 $g_1(X)$，$g_2(Y)$ 相互独立.

***证明** 令 $\zeta=g_1(X)$，$\eta=g_2(Y)$，对任意 x，y，记

$$D_x^1=\{t \mid g_1(t) \leqslant x\}, \quad D_y^2=\{t \mid g_2(t) \leqslant y\},$$

则由定理 1，有

$$\begin{aligned} P\{\zeta \leqslant x, \eta \leqslant y\} &=P\{g_1(X) \leqslant x, g_2(Y) \leqslant y\}=P\{X \in D_x^1, Y \in D_y^2\} \\ &=P\{X \in D_x^1\} P\{Y \in D_y^2\}=P\{\zeta \leqslant x\} P\{\eta \leqslant y\}. \end{aligned}$$

从而，由定义知 ζ 与 η 相互独立.

注 关于随机变量的独立性的概念和讨论可以推广到 n 个随机变量的情形.

3.2.3 离散型随机变量的条件分布与独立性

定义 3 设 (X, Y) 是二维离散型随机变量，其概率分布为

$$P\{X=x_i, Y=y_j\}=p_{ij}, \quad i, j=1, 2, \cdots.$$

则由条件概率公式，当 $P\{Y=y_j\}>0$ 时，有

$$P\{X=x_i \mid Y=y_j\}=\frac{P\{X=x_i, Y=y_j\}}{P\{Y=y_j\}}=\frac{p_{ij}}{p_{\cdot j}}, \quad i=1, 2, \cdots, \tag{3.2.3}$$

称其为在 $Y=y_j$ 条件下随机变量 X 的**条件概率分布**.

类似可定义在 $X=x_i$ 条件下随机变量 Y 的条件概率分布为

$$P\{Y=y_j \mid X=x_i\}=\frac{P\{X=x_i, Y=y_j\}}{P\{X=x_i\}}=\frac{p_{ij}}{p_{i\cdot}}, \quad j=1, 2, \cdots. \tag{3.2.4}$$

对离散型随机变量 (X, Y)，其独立性的定义等价于定义 4.

定义 4 若对 (X, Y) 的所有可能取值(x_i, y_j)，有

$$P\{X=x_i, Y=y_j\}=P\{X=x_i\}P\{Y=y_j\},$$

即
$$p_{ij}=p_{i\cdot}\,p_{\cdot j},\quad i, j=1, 2, \cdots, \tag{3.2.5}$$

则称 X 和 Y **相互独立**.

例 2 设 (X, Y) 的分布律见表 3-16.

表 3-16

$X\backslash Y$	0	1	2
0	$\frac{1}{4}$	$\frac{1}{8}$	0
1	0	$\frac{1}{3}$	0
2	$\frac{1}{6}$	0	$\frac{1}{8}$

求(1) X，Y 的边缘分布律，并判断 X 与 Y 是否相互独立；

(2) 在 $Y=1$ 的条件下，X 的条件分布律；

(3) 在 $X=0$ 的条件下，Y 的条件分布律.

解 (1) 二维随机变量(X, Y)联合分布律见表 3-17.

表 3-17

$X\backslash Y$	0	1	2	$P\{X=x_i\}$
0	$\frac{1}{4}$	$\frac{1}{8}$	0	$\frac{3}{8}$
1	0	$\frac{1}{3}$	0	$\frac{1}{3}$
2	$\frac{1}{6}$	0	$\frac{1}{8}$	$\frac{7}{24}$
$P\{Y=y_j\}$	$\frac{5}{12}$	$\frac{11}{24}$	$\frac{1}{8}$	1

X 的边缘分布律见表 3-18. Y 的边缘分布律见表 3-19.

表 3-18

X	0	1	2
p_i	$\frac{3}{8}$	$\frac{1}{3}$	$\frac{7}{24}$

表 3-19

Y	0	1	2
p_j	$\frac{5}{12}$	$\frac{11}{24}$	$\frac{1}{8}$

由于 $P\{X=0, Y=0\}\neq P\{X=0\}P\{Y=0\}$，所以 X 与 Y 不相互独立.

(2) $$P\{X=0\mid Y=1\}=\frac{P\{X=0, Y=1\}}{P\{Y=1\}}=\frac{\frac{1}{8}}{\frac{11}{24}}=\frac{3}{11},$$

$$P\{X=1 \mid Y=1\}=\frac{P\{X=1, Y=1\}}{P\{Y=1\}}=\frac{\frac{1}{3}}{\frac{11}{24}}=\frac{8}{11},$$

$$P\{X=2 \mid Y=1\}=\frac{P\{X=2, Y=1\}}{P\{Y=1\}}=\frac{0}{\frac{11}{24}}=0.$$

(3) $$P\{Y=0 \mid X=0\}=\frac{P\{X=0, Y=0\}}{P\{X=0\}}=\frac{\frac{1}{4}}{\frac{3}{8}}=\frac{2}{3},$$

$$P\{Y=1 \mid X=0\}=\frac{P\{X=0, Y=1\}}{P\{X=0\}}=\frac{\frac{1}{8}}{\frac{3}{8}}=\frac{1}{3},$$

$$P\{Y=2 \mid X=0\}=\frac{P\{X=0, Y=2\}}{P\{X=0\}}=\frac{0}{\frac{3}{8}}=0.$$

例 3　已知随机变量 X 与 Y 相互独立，其概率分布见表 3-20 和表 3-21.

表 3-20

X	-2	-1	0	1
p_i	$\frac{1}{3}$	$\frac{1}{12}$	$\frac{1}{3}$	$\frac{1}{4}$

表 3-21

Y	-1	1	3
p_i	$\frac{1}{4}$	$\frac{1}{2}$	$\frac{1}{4}$

求(1) (X, Y) 的联合分布律；(2) $P\{X+Y=1\}$，$P\{X+Y\neq 0\}$.

解　由 X 与 Y 相互独立知 $P\{X=i, Y=j\}=P\{X=i\}P\{Y=j\}$.

于是 (X, Y) 的联合分布律见表 3-22.

表 3-22

$X\backslash Y$	-1	1	3	$P\{X=x_i\}$
-2	$\frac{1}{12}$	$\frac{1}{6}$	$\frac{1}{12}$	$\frac{1}{3}$
-1	$\frac{1}{48}$	$\frac{1}{24}$	$\frac{1}{48}$	$\frac{1}{12}$
0	$\frac{1}{12}$	$\frac{1}{6}$	$\frac{1}{12}$	$\frac{1}{3}$
1	$\frac{1}{16}$	$\frac{1}{8}$	$\frac{1}{16}$	$\frac{1}{4}$
$P\{Y=y_j\}$	$\frac{1}{4}$	$\frac{1}{2}$	$\frac{1}{4}$	1

$$P\{X+Y=1\}=P\{X=-2,Y=3\}+P\{X=0,Y=1\}=\frac{1}{12}+\frac{1}{6}=\frac{1}{4},$$

$$P\{X+Y\neq 0\}=1-P\{X+Y=0\}=1-P\{X=-1,Y=1\}-P\{X=1,Y=-1\}$$
$$=1-\frac{1}{24}-\frac{1}{16}=\frac{43}{48}.$$

3.2.4 连续型随机变量的条件密度与独立性

定义 5 设二维连续型随机变量 (X,Y) 的概率密度为 $f(x,y)$，边缘概率密度为 $f_X(x)$，$f_Y(y)$，则对一切使 $f_X(x)>0$ 的 x，定义在 $X=x$ 的条件下 Y 的**条件密度函数**为

$$f_{Y|X}(y\mid x)=\frac{f(x,y)}{f_X(x)}. \tag{3.2.6}$$

类似地，对一切使 $f_Y(y)>0$ 的 y，定义在 $Y=y$ 的条件下 X 的条件密度函数为

$$f_{X|Y}(x\mid y)=\frac{f(x,y)}{f_Y(y)}. \tag{3.2.7}$$

定义 6 对二维连续型随机变量(X,Y)，若对任意的 x，y，有

$$f(x,y)=f_X(x)\cdot f_Y(y) \tag{3.2.8}$$

几乎处处成立，则称 X，Y **相互独立**.

注 这里“几乎处处成立”的含义是在平面上除去面积为零的集合外，处处成立.

例 4 设随机变量 X 在区间$(1,3)$上均匀分布，当观察到 $X=x(1<x<3)$时，变量 Y 在区间$(x,3)$上等可能地随机取值. 试求

(1) 随机变量 X 和 Y 的联合密度 $f(x,y)$；

(2) 随机变量 Y 的概率密度 $f_Y(y)$.

解 随机变量 X 的概率密度为 $f_X(x)=\frac{1}{2}$ $(1<x<3)$；对于 $1<x<3$，随机变量 Y 在 $X=x$ 的条件下的条件概率密度为

$$f_{Y|X}(y\mid x)=\begin{cases}\dfrac{1}{3-x}, & 1<x<y<3,\\ 0, & \text{其他}.\end{cases}$$

(1) 由 $f_{Y|X}(y\mid x)=\dfrac{f(x,y)}{f_X(x)}$，得 X 和 Y 的联合密度为

$$f(x,y)=f_X(x)f_{Y|X}(y\mid x)=\begin{cases}\dfrac{1}{2(3-x)}, & 1<x<y<3,\\ 0, & \text{其他}.\end{cases}$$

(2) 随机变量 Y 的概率密度 $f_Y(y)$ 是联合密度 $f(x,y)$ 的边缘密度. 当 $y\leqslant 1$ 和 $y\geqslant 3$ 时，显然 $f_Y(y)=0$；对于 $1<y<3$，有

$$f_Y(y)=\int_{-\infty}^{+\infty}f(x,y)\mathrm{d}x=\frac{1}{2}\int_1^y\frac{\mathrm{d}x}{3-x}=-\frac{1}{2}\ln|3-x|\Big|_1^y=\frac{1}{2}[\ln 2-\ln(3-y)].$$

于是，随机变量 Y 的概率密度为

$$f_Y(y)=\begin{cases}\frac{1}{2}[\ln 2-\ln(3-y)], & 1<y<3, \\ 0, & \text{其他}.\end{cases}$$

例 5　设店主在每日开门营业时，放在柜台上的货物量为 Y，当日销售量为 X. 假定一天中不再向柜台上补充货物，于是 $X \leqslant Y$. 根据历史资料，随机变量(X, Y)的概率密度函数为

$$f(x, y)=\begin{cases}\frac{1}{200}, & 0 \leqslant x \leqslant y,\ 0 \leqslant y \leqslant 20, \\ 0, & \text{其他}.\end{cases}$$

即(X, Y)服从直角三角形区域 OAB 上的均匀分布，如图 3-7所示. 求

(1) 给定 $Y=y$ 的条件下，X 的条件分布.

(2) 假定某日开门时，$Y=10$ 件，求这天顾客买走 $X \leqslant 5$ 件的概率. 如果 $Y=20$ 件呢?

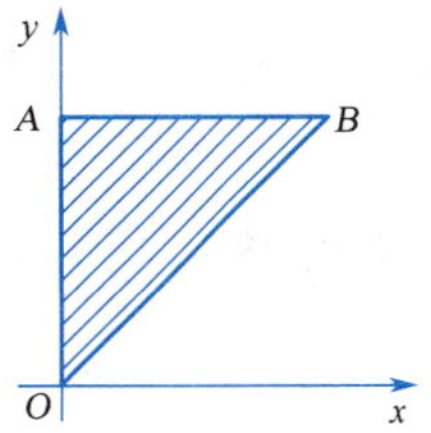

图 3-7　例 5 中(X, Y)的非零密度函数区域

解　(1) Y 的边缘概率密度为

$$f_Y(y)=\begin{cases}\int_0^y \frac{1}{200} \mathrm{d} x=\frac{y}{200}, & 0 \leqslant y \leqslant 20, \\ 0, & \text{其他}.\end{cases}$$

于是，当 $0<y \leqslant 20$ 时，有

$$f_{X \mid Y}(x \mid y)=\frac{f(x, y)}{f_Y(y)}=\begin{cases}\frac{1}{y}, & 0 \leqslant x \leqslant y, \\ 0, & \text{其他}.\end{cases}$$

该结果表明：对给定的 $0<y \leqslant 20$，x 的条件分布是区间$[0, y]$上的均匀分布.

(2) 因为 $f_{X \mid Y}(x \mid 10)=\frac{1}{10}$，$0 \leqslant x \leqslant 10$，

所求概率 $P\{X \leqslant 5 \mid Y=10\}=\int_{-\infty}^5 f_{X \mid Y}(x \mid 10) \mathrm{d} x=\int_0^5 \frac{1}{10} \mathrm{d} x=\frac{1}{2}$，

即开门营业时有 10 件货物，当日卖出不超过 5 件的概率为$\frac{1}{2}$.

又因为 $f_{X \mid Y}(x \mid 20)=\frac{1}{20}$，$0 \leqslant x \leqslant 20$，

于是 $P\{X \leqslant 5 \mid Y=20\}=F_{X \mid Y}(5 \mid 20)=\int_{-\infty}^5 f_{X \mid Y}(x \mid 20) \mathrm{d} x=\int_0^5 \frac{1}{20} \mathrm{d} x=\frac{1}{4}$，

即开门营业时有 20 件货物，当日卖出不超过 5 件的概率仅为$\frac{1}{4}$. 这表明货物销售量的概率与现有货物数量的关系很密切.

例 6　设随机变量(X, Y)的概率密度为

$$f(x, y)=\begin{cases}\mathrm{e}^{-y}, & 0<x<y, \\ 0, & \text{其他}.\end{cases}$$

(1) 求 X 与 Y 的边缘概率密度，并判断 X 与 Y 是否相互独立；

(2) 在 $X=x$ 的条件下 Y 的条件概率密度 $f_{Y|X}(y|x)$和在 $Y=y$ 的条件下，X 的条件概率密度 $f_{X|Y}(x|y)$；

(3) 求 $P\{X+2Y\leqslant 1\}$，$P\left\{0\leqslant X\leqslant \frac{1}{2} \mid Y\leqslant 1\right\}$，$P\{X\geqslant 2\mid Y=4\}$.

解 (1) $f_X(x)=\int_{-\infty}^{+\infty}f(x,y)\mathrm{d}y$，$-\infty<x<+\infty$. 如图 3-8所示，可知

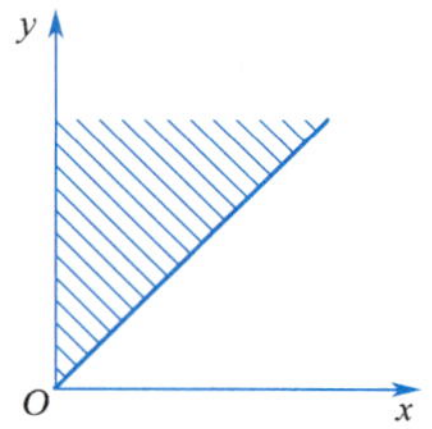

图 3-8 例 6(1)的非零密度函数区域

当 $x\leqslant 0$ 时，$f_X(x)=0$；

当 $x>0$ 时，$f_X(x)=\int_x^{+\infty}\mathrm{e}^{-y}\mathrm{d}y=\mathrm{e}^{-x}$，

所以 $f_X(x)=\begin{cases}\mathrm{e}^{-x}, & x>0,\\ 0, & x\leqslant 0.\end{cases}$

类似可得 $f_Y(y)=\begin{cases}y\mathrm{e}^{-y}, & y>0,\\ 0, & y\leqslant 0.\end{cases}$

由于当 $0<x<y$ 时，$f_X(x)\cdot f_Y(y)\neq f(x,y)$，故 X 与 Y 不相互独立.

(2) 由(1)知，当 $x>0$ 时，$f_X(x)>0$，所以，在 $X=x$ 的条件下 Y 的条件概率密度为

$$f_{Y|X}(y\mid x)=\frac{f(x,y)}{f_X(x)}=\begin{cases}\mathrm{e}^{x-y}, & 0<x<y,\\ 0, & \text{其他}.\end{cases}$$

当 $y>0$ 时，$f_Y(y)>0$，所以，在 $Y=y$ 的条件下，X 的条件概率密度为

$$f_{X|Y}(x\mid y)=\frac{f(x,y)}{f_Y(y)}=\begin{cases}\dfrac{1}{y}, & 0<x<y,\\ 0, & \text{其他}.\end{cases}$$

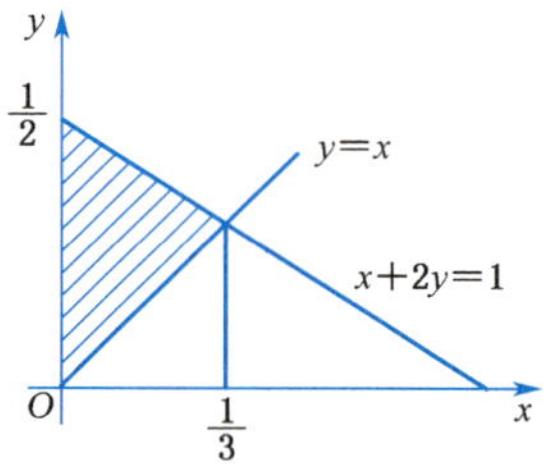

图 3-9 例 6(3)的非零密度函数区域

(3) 如图 3-9 所示，可知

$$P\{X+2Y\leqslant 1\}=\iint\limits_{x+2y\leqslant 1}f(x,y)\mathrm{d}x\mathrm{d}y$$

$$=\int_0^{\frac{1}{3}}\mathrm{d}x\int_x^{\frac{1-x}{2}}\mathrm{e}^{-y}\mathrm{d}y$$

$$=1+2\mathrm{e}^{-\frac{1}{2}}-3\mathrm{e}^{-\frac{1}{3}}.$$

$$P\left\{0\leqslant X\leqslant \frac{1}{2}\mid Y\leqslant 1\right\}=\frac{P\left\{0\leqslant X\leqslant \frac{1}{2},Y\leqslant 1\right\}}{P\{Y\leqslant 1\}}=\frac{\int_0^{\frac{1}{2}}\mathrm{d}x\int_x^1\mathrm{e}^{-y}\mathrm{d}y}{\int_0^1 y\mathrm{e}^{-y}\mathrm{d}y}$$

$$=\frac{1-\frac{1}{2}\mathrm{e}^{-1}-\mathrm{e}^{-\frac{1}{2}}}{1-2\mathrm{e}^{-1}}.$$

由于 $P\{Y=4\}=0$，所以不能用前面的方法来求 $P\{X\geqslant 2|Y=4\}$，但由(2)知，在 $Y=4$ 的条件下，X 的条件概率密度为

$$f_{X|Y}(x \mid 4)=\begin{cases}\dfrac{1}{4}, & 0<x<4, \\ 0, & \text{其他}.\end{cases}$$

故有 $P\{X \geqslant 2 \mid Y=4\}=\int_2^{+\infty} f_{X|Y}(x \mid 4)\mathrm{d}x=\int_2^4 \frac{1}{4}\mathrm{d}x=\frac{1}{2}$.

*例 7　设 $(X, Y) \sim N(\mu_1, \mu_2; \sigma_1^2, \sigma_2^2; \rho)$,

(1) 求 $f_{X|Y}(x|y)$ 和 $f_{Y|X}(y|x)$.

(2) 证明：X 与 Y 相互独立的充分必要条件是 $\rho=0$.

解　(1)
$$f_{X|Y}(x \mid y)=\frac{f(x, y)}{f_Y(y)}=\frac{\dfrac{1}{2\pi\sigma_1\sigma_2\sqrt{1-\rho^2}}\mathrm{e}^{-\frac{1}{2(1-\rho^2)}\left[\frac{(x-\mu_1)^2}{\sigma_1^2}-2\rho\frac{(x-\mu_1)(y-\mu_2)}{\sigma_1\sigma_2}+\frac{(y-\mu_2)^2}{\sigma_2^2}\right]}}{\dfrac{1}{\sqrt{2\pi}\sigma_2}\mathrm{e}^{-\frac{(y-\mu_2)^2}{2\sigma_2^2}}}$$

$$=\frac{1}{\sqrt{2\pi}\sigma_1\sqrt{1-\rho^2}}\mathrm{e}^{-\frac{1}{2(1-\rho^2)}\left(\frac{x-\mu_1}{\sigma_1}-\rho\frac{y-\mu_2}{\sigma_2}\right)^2}$$

$$=\frac{1}{\sqrt{2\pi}\sigma_1\sqrt{1-\rho^2}}\mathrm{e}^{-\frac{1}{2\sigma_1^2(1-\rho^2)}\left[x-\mu_1-\frac{\sigma_1}{\sigma_2}\rho(y-\mu_2)\right]^2},$$

故在 $Y=y$ 的条件下，X 服从正态分布 $N\left(\mu_1+\dfrac{\sigma_1}{\sigma_2}\rho(y-\mu_2), \sigma_1^2(1-\rho^2)\right)$.

对称地，在 $X=x$ 的条件下，Y 服从正态分布 $N\left(\mu_2+\dfrac{\sigma_2}{\sigma_1}\rho(x-\mu_1), \sigma_2^2(1-\rho^2)\right)$.

(2) 比较 $N(\mu_1, \mu_2; \sigma_1^2, \sigma_2^2; \rho)$ 与 $N_1(\mu_1, \sigma_1^2)$，$N_2(\mu_2, \sigma_2^2)$ 的密度函数 $f(x, y)$ 与 $f_X(x)$，$f_Y(y)$，易知 $\rho=0 \Leftrightarrow f(x, y)=f_X(x)f_Y(y)$.

即当且仅当 $\rho=0$ 时，X 与 Y 相互独立.

习题 3-2

1. 设 (X, Y) 的分布律见表 3-23.

表 3-23

$X \backslash Y$	1	2	3
1	$\frac{1}{6}$	$\frac{1}{9}$	$\frac{1}{18}$
2	$\frac{1}{3}$	α	β

(1) 问 α，β 为何值时，X 与 Y 相互独立；

(2) 求 X，Y 的边缘分布律；

(3) 求 $P\{X=1 \mid Y=1\}$，$P\{Y=3 \mid X=1\}$.

2. 设 X 与 Y 的联合概率分布见表 3-24.

表 3-24

$X\backslash Y$	-1	0	2
0	0.1	0.2	0
1	0.3	0.05	0.1
2	0.15	0	0.1

求(1) 当 $Y=2$ 时，X 的条件概率分布；

(2) 当 $X=2$ 时，Y 的条件概率分布；

(3) X 和 Y 的边缘分布律，并判断 X 与 Y 是否相互独立.

3. 设随机变量 X 与 Y 相互独立，表 3-25 列出了二维随机变量 (X, Y) 联合分布律及关于 X 和关于 Y 的边缘分布律中的部分数值，试将其余数值填入表中空白处.

表 3-25

$X\backslash Y$	y_1	y_2	y_3	$P\{X=x_i\}$
x_1	$\frac{1}{24}$			
x_2				
$P\{Y=y_j\}$	$\frac{1}{6}$	$\frac{1}{2}$		1

*4. 一射手进行射击，击中目标的概率为 $p(0<p<1)$，射击进行到击中目标两次为止. 以 X 表示首次击中目标所进行的射击次数，以 Y 表示总共进行的射击次数. 试求 X 和 Y 的联合分布及条件分布.

5. 设 (X, Y) 的概率密度为

(1) $f(x, y)=\begin{cases} x\mathrm{e}^{-(x+y)}, & x>0,\ y>0, \\ 0, & \text{其他}; \end{cases}$

(2) $f(x, y)=\begin{cases} 2, & 0<x<y,\ 0<y<1, \\ 0, & \text{其他}. \end{cases}$

问 X 和 Y 是否独立?

6. 设 (X, Y) 为相互独立的随机变量，X 在 $[-1, 1]$ 上服从均匀分布，Y 服从参数 $\lambda=2$ 的指数分布，求 (X, Y) 的概率密度.

7. 假设 $G=\{(x, y): x^2+y^2\leqslant r^2\}$ 是以原点为圆心、半径为 r 的圆. 已知 X 和 Y 的联合密度为 $f(x, y)$，在圆 G 上为常数，在圆 G 外 $f(x, y)=0$. 试求

(1) 联合密度 $f(x, y)$；

(2) $f(x, y)$ 的边缘密度，即 X 和 Y 的密度 $f_X(x)$ 和 $f_Y(y)$；

(3) Y 关于 $X=x$ 的条件密度 $f_{Y|X}(y \mid x)$.

8. 已知 $f(x, y)=\begin{cases} 8xy, & 0\leqslant y\leqslant x\leqslant 1, \\ 0, & \text{其他}. \end{cases}$

求 X 与 Y 的边缘概率密度 $f_X(x)$，$f_Y(y)$，并判断 X，Y 是否相互独立.

9. 设随机变量 X，Y 相互独立，$X\sim U(0, a)$，$Y\sim U\left(0, \frac{\pi}{2}\right)$，且 $0<b<a$. 试求 $P\{X<b\cos Y\}$.

10. 设(X, Y)的概率密度是 $f(x, y)=\begin{cases} c\mathrm{e}^{-(3x+4y)}, & x>0, y>0, \\ 0, & \text{其他}. \end{cases}$

(1) 确定常数 c；

(2) 求 X 与 Y 的边缘概率密度 $f_X(x)$，$f_Y(y)$；

(3) 求条件概率密度 $f_{Y|X}(y \mid x)$ 和 $f_{X|Y}(x \mid y)$.

11. 甲乙二人约定中午12:30在某地会面. 如果甲到达的时间在12:15—12:45之间是均匀分布. 乙独立地到达，而且到达时间在 12:00—13:00 之间是均匀分布. 试求先到的人等待另一人到达的时间不超过 5 min 的概率. 又甲先到的概率是多少?

12. 设数 X 在区间$(0, 1)$均匀分布，当观察到 $X=x$ $(0<x<1)$ 时，数 Y 在区间$(x, 1)$上等可能随机地取值. 求随机变量 X 和 Y 的联合密度 $f(x, y)$ 和 Y 的概率密度.

3.3　二维随机变量函数的分布

在第 2 章，介绍了由随机变量的分布求其函数的概率分布的方法，当时仅介绍了一维随机变量的情形. 现在介绍有两个或两个以上随机变量的概率分布，求其函数的概率分布或联合概率分布的方法. 不过，我们只介绍一些较简单且常用的情形. 例如，多个随机变量之最大值、最小值的分布及其联合分布，两个随机变量之和的分布等.

3.3.1　离散型随机变量的函数的分布

设(X, Y)是二维离散型随机变量，$g(x, y)$是一个二元函数，则 $g(X, Y)$作为(X, Y)的函数是一个随机变量，如果(X, Y)的概率分布为

$$P\{X=x_i, Y=y_j\}=p_{ij}, \quad i, j=1, 2, \cdots,$$

设 $Z=g(X, Y)$ 的所有可能取值为 $z_k(k=1, 2, \cdots)$，则 Z 的概率分布为

$$P\{Z=z_k\}=P\{g(X, Y)=z_k\}=\sum_{g(x_i, y_j)=z_k} P\{X=x_i, Y=y_j\}, \quad k=1, 2, \cdots. \tag{3.3.1}$$

例 1　随机变量(X, Y)的概率分布见表 3-26.

表 3-26

$X\backslash Y$	0	1	2
0	0.10	0.25	0.15
1	0.15	0.20	0.15

求二维随机变量的函数 Z 的分布律：(1) $Z=X+Y$；(2) $Z=\max\{X, Y\}$；(3) $Z=\min\{X, Y\}$.

解　由(X, Y)的概率分布可得表 3-27.

表 3-27

p_{ij}	0.10	0.25	0.15	0.15	0.20	0.15
(X,Y)	(0, 0)	(0, 1)	(0, 2)	(1, 0)	(1, 1)	(1, 2)
$Z=X+Y$	0	1	2	1	2	3
$Z=\max\{X,Y\}$	0	1	2	1	1	2
$Z=\min\{X,Y\}$	0	0	0	0	1	1

与一维离散型随机变量函数的分布的求法相同，把 Z 值相同项对应的概率值合并可得：

(1) $Z=X+Y$ 的分布律见表 3-28.

表 3-28

$Z=X+Y$	0	1	2	3
p_i	0.10	0.40	0.35	0.15

(2) $Z=\max\{X,Y\}$ 的分布律见表 3-29.

表 3-29

$Z=\max\{X,Y\}$	0	1	2
p_i	0.10	0.60	0.30

(3) $Z=\min\{X,Y\}$ 的分布律见表 3-30.

表 3-30

$Z=\min\{X,Y\}$	0	1
p_i	0.65	0.35

*例 2　已知随机变量 X_1, X_2, X_3, X_4 独立同分布，其分布律为

$$P\{X_i=0\}=0.6,\quad P\{X_i=1\}=0.4,\quad i=1,2,3,4,$$

且 $X=\begin{vmatrix} X_1 & X_2 \\ X_3 & X_4 \end{vmatrix}$，试求行列式 X 的概率分布.

解　记 $Y_1=X_1X_4$，$Y_2=X_2X_3$，则 $X=Y_1-Y_2$. 易见，Y_1 和 Y_2 独立同分布：

$$P\{Y_1=1\}=P\{Y_2=1\}=P\{X_2=1,X_3=1\}=0.4^2=0.16,$$

$$P\{Y_1=0\}=P\{Y_2=0\}=1-0.16=0.84.$$

随机变量 $X=Y_1-Y_2$ 有 -1，0 和 1 三个可能值：

$$P\{X=-1\}=P\{Y_1=0,Y_2=1\}=0.84\times0.16=0.1344,$$

$$P\{X=1\}=P\{Y_1=1,Y_2=0\}=0.16\times0.84=0.1344,$$

$$P\{X=0\}=1-2\times0.1344=0.7312.$$

从而，得行列式 X 的概率分布见表 3-31.

表 3-31

X	-1	0	1
p_i	0.134 4	0.731 2	0.134 4

3.3.2　连续型随机变量的函数的分布

1. 连续型随机变量和的分布

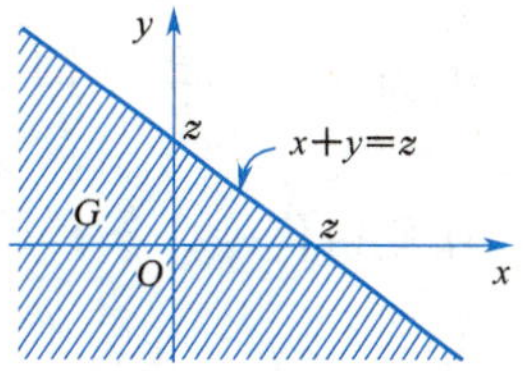

图 3-10　$Z=X+Y$ 的非零密度函数区域

设 (X, Y) 是二维连续型随机变量，其概率密度为 $f(x, y)$. 求 $Z=X+Y$ 的概率密度函数 $f_z(z)$.

解　对任意实数 z，记 $G=\{(x, y) \mid x+y \leqslant z\}$ 为平面区域（图 3-10）.

先求 $Z=X+Y$ 的分布函数：

$$F_Z(z)=P\{Z \leqslant z\}=\iint\limits_{x+y \leqslant z} f(x, y)\mathrm{d}x\mathrm{d}y=\int_{-\infty}^{+\infty}\left[\int_{-\infty}^{z-y} f(x, y)\,\mathrm{d}x\right]\mathrm{d}y.$$

作积分变量变换，令 $x=u-y$，则

$$F_Z(z)=\int_{-\infty}^{+\infty}\int_{-\infty}^{z} f(u-y, y)\,\mathrm{d}u\mathrm{d}y=\int_{-\infty}^{z}\left[\int_{-\infty}^{+\infty} f(u-y, y)\,\mathrm{d}y\right]\mathrm{d}u.$$

由概率密度与分布函数的关系，得 $Z=X+Y$ 的概率密度为

$$f_Z(z)=F'_Z(z)=\int_{-\infty}^{+\infty} f(z-y, y)\,\mathrm{d}y.$$

由 X, Y 的对称性，$f_Z(z)$ 又可写成 $f_Z(z)=\int_{-\infty}^{+\infty} f(x, z-x)\,\mathrm{d}x$.

类似可得两个连续型随机变量之差、积、商的概率密度公式.

若随机变量 X, Y 相互独立，则上述两公式可化为

$$f_Z(z)=\int_{-\infty}^{+\infty} f_X(z-y)f_Y(y)\mathrm{d}y, \tag{3.3.2}$$

$$f_Z(z)=\int_{-\infty}^{+\infty} f_X(x)f_Y(z-x)\mathrm{d}x. \tag{3.3.3}$$

式(3.3.2)和式(3.3.3)称为 $f_X(x)$ 和 $f_Y(y)$ 的卷积公式.

例 3　设随机变量 $X \sim N(a, \sigma_1^2)$ 和 $Y \sim N(b, \sigma_2^2)$ 独立，证明：$Z=X+Y \sim N(a+b, \sigma_1^2+\sigma_2^2)$.

证明　可证明 $a=b=0$，$\sigma_1^2=\sigma_2^2=1$ 的情形，一般情形的证明完全类似. 假设 $X \sim N(0, 1)$，$Y \sim N(0, 1)$，其概率密度为

$$f_X(x)=\frac{1}{\sqrt{2\pi}}\mathrm{e}^{-\frac{x^2}{2}}, \quad -\infty < x < \infty,$$

$$f_Y(y)=\frac{1}{\sqrt{2\pi}}\mathrm{e}^{-\frac{y^2}{2}}, \quad -\infty<y<\infty.$$

由卷积公式，对 $-\infty<z<+\infty$，有

$$f_Z(z)=\int_{-\infty}^{+\infty}\frac{1}{\sqrt{2\pi}}\mathrm{e}^{-\frac{x^2}{2}}\frac{1}{\sqrt{2\pi}}\mathrm{e}^{-\frac{(z-x)^2}{2}}\mathrm{d}x=\frac{1}{2\pi}\int_{-\infty}^{+\infty}\mathrm{e}^{-\frac{x^2+(z-x)^2}{2}}\mathrm{d}x.$$

因为 $\frac{x^2+(z-x)^2}{2}=\left(x-\frac{z}{2}\right)^2+\frac{z^2}{4}$，所以 $f_Z(z)=\frac{1}{2\pi}\mathrm{e}^{-\frac{z^2}{4}}\int_{-\infty}^{+\infty}\mathrm{e}^{-\left(x-\frac{z}{2}\right)^2}\mathrm{d}x.$

作变量代换，令 $t=\sqrt{2}\left(x-\frac{z}{2}\right)$，则 $f_Z(z)=\frac{1}{2\pi}\mathrm{e}^{-\frac{z^2}{4}}\int_{-\infty}^{+\infty}\frac{1}{\sqrt{2}}\mathrm{e}^{-\frac{t^2}{2}}\mathrm{d}t=\frac{1}{2\sqrt{\pi}}\mathrm{e}^{-\frac{z^2}{4}}$，它表明 $Z\sim N(0,\ 2)$.

于是，我们证明了一个重要的结论：两个相互独立的正态随机变量 X 与 Y 之和，仍然服从正态分布，其参数分别等于 X 与 Y 的相应的参数之和. 若 $X\sim N(\mu_1,\sigma_1^2)$，$Y\sim N(\mu_2,\sigma_2^2)$，并且相互独立，则 $X+Y\sim N(\mu_1+\mu_2,\ \sigma_1^2+\sigma_2^2)$. 注意，若 X 与 Y 不独立，则 $X+Y$ 未必服从正态分布. 例如，假设 $X\sim N(0,\ 1)$，$Y=-X\sim N(0,1)$，则 $X+Y\equiv 0$ 不服从正态分布.

例 4 假设随机向量 $(X,\ Y)$ 在以点 $(0,\ 1)$，$(1,\ 0)$，$(1,\ 1)$ 为顶点的三角形区域上服从均匀分布，如图 3-11 所示. 试求随机变量 $Z=X+Y$ 的概率密度 $f(z)$.

解 $D=\{(x,\ y): 0\leqslant x\leqslant 1,\ 0\leqslant y\leqslant 1;\ x+y\geqslant 1\}$ 是以点 $(0,\ 1)$，$(1,\ 0)$，$(1,\ 1)$ 为顶点的三角形区域，其面积等于 $\frac{1}{2}$. 随机向量 $(X,\ Y)$ 的概率密度为

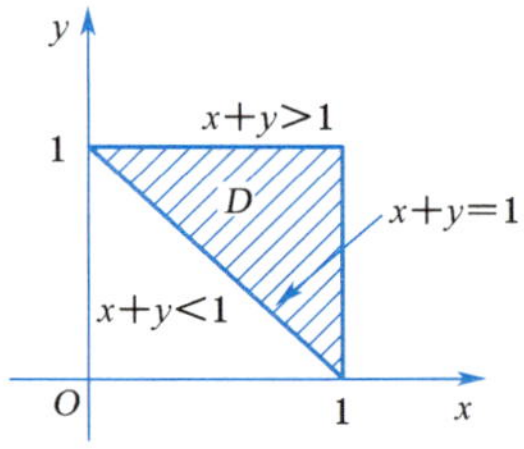

图 3-11 例 4 的非零密度函数区域

$$f(x,\ y)=\begin{cases}2, & (x,\ y)\in D,\\ 0, & (x,\ y)\notin D.\end{cases}$$

由卷积公式，可知 $f(z)=\int_{-\infty}^{+\infty}f(x,\ z-x)\mathrm{d}x$，而由 $f(x,\ z-x)$ 的定义知，仅当满足

$$\begin{cases}1\leqslant x+y\leqslant 2,\\ 0\leqslant x\leqslant 1,\\ 0\leqslant y\leqslant 1\end{cases}\Rightarrow\begin{cases}1\leqslant x+z-x\leqslant 2,\\ 0\leqslant x\leqslant 1,\\ 0\leqslant z-x\leqslant 1\end{cases}\Rightarrow\begin{cases}1\leqslant z\leqslant 2,\\ 0\leqslant x\leqslant 1,\\ z-1\leqslant x\leqslant z\end{cases}\Rightarrow\begin{cases}1\leqslant z\leqslant 2,\\ z-1\leqslant x\leqslant 1\end{cases}$$

时，上面的被积函数才不等于 0，为此，可得

$$f(z)=\int_{-\infty}^{+\infty}f(x,\ z-x)\mathrm{d}x=1\leqslant z\leqslant 2=\int_{z-1}^{1}2\mathrm{d}x=2(2-z).$$

于是，随机变量 $Z=X+Y$ 的概率密度为

$$f(z)=\begin{cases}2(2-z), & 1\leqslant z\leqslant 2,\\ 0, & \text{其他}.\end{cases}$$

***2. $M=\max\{X,\ Y\}$ 及 $N=\min\{X,\ Y\}$ 的分布**

设随机变量 X，Y 相互独立，其分布函数分别为 $F_X(x)$ 和 $F_Y(y)$，由于 $M=\max\{X,\ Y\}$ 不大于 z，等价于 X 和 Y 都不大于 z，故有

$$F_M(z)=P\{M\leqslant z\}=P\{X\leqslant z,Y\leqslant z\}$$
$$=P\{X\leqslant z\}P\{Y\leqslant z\}=F_X(z)F_Y(z).$$

类似地，可得 $N=\min\{X,Y\}$ 的分布函数为

$$F_N(z)=P\{N\leqslant z\}=1-P\{N>z\}=1-P\{X>z,Y>z\}$$
$$=1-P\{X>z\}P\{Y>z\}=1-[1-F_X(z)][1-F_Y(z)].$$

注　上述结果易推广到 n 维情形. 设 $X_1, X_2, \cdots, X_n$ 是 n 个相互独立的随机变量，其分布函数分别为 $F_{X_i}(x)(i=1,2,\cdots,n)$，则 $M=\max\{X_1,X_2,\cdots,X_n\}$ 的分布函数为

$$F_M(z)=F_{X_1}(z)F_{X_2}(z)\cdots F_{X_n}(z).$$

$N=\min\{X_1,X_2,\cdots,X_n\}$ 的分布函数为

$$F_N(z)=1-[1-F_{X_1}(z)][1-F_{X_2}(z)]\cdots[1-F_{X_n}(z)].$$

例 5　设系统 L 由两个相互独立的子系统 L_1，L_2 联接而成，联接方式分别为串联、并联、备用(当系统 L_1 损坏时，系统 L_2 开始工作). 设 L_1，L_2 的寿命分别为 X，Y，已知它们的概率密度分别为

$$f_X(x)=\begin{cases}\alpha e^{-\alpha x}, & x>0,\\ 0, & x\leqslant 0;\end{cases}\quad f_Y(y)=\begin{cases}\beta e^{-\beta y}, & y>0,\\ 0, & y\leqslant 0.\end{cases}$$

其中，$\alpha>0$，$\beta>0$ 且 $\alpha\neq\beta$. 试分别就以上三种联接方式写出 L 的寿命 Z 的概率密度.

解　(1) 串联的情况(图 3-12).

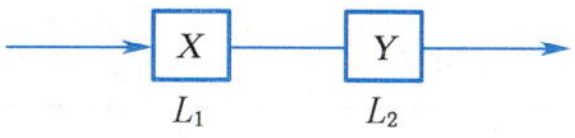

图 3-12　例 5(1)串联情况

由于当 L_1，L_2 中有一个损坏时，系统 L 就停止工作，所以这时 L 的寿命为 $Z=\min\{X,Y\}$.

由题设知 X，Y 的分布函数分别为

$$F_X(x)=\begin{cases}1-e^{-\alpha x}, & x>0,\\ 0, & x\leqslant 0;\end{cases}\quad F_Y(y)=\begin{cases}1-e^{-\beta y}, & y>0,\\ 0, & y\leqslant 0.\end{cases}$$

于是 $Z=\min\{X,Y\}$ 的分布函数为

$$F_{\min}(z)=1-[1-F_X(z)][1-F_Y(z)]=\begin{cases}1-e^{-(\alpha+\beta)z}, & z>0,\\ 0, & z\leqslant 0.\end{cases}$$

$Z=\min\{X,Y\}$ 的概率密度为 $f_{\min}(z)=\begin{cases}(\alpha+\beta)e^{-(\alpha+\beta)z}, & z>0,\\ 0, & z\leqslant 0.\end{cases}$

(2) 并联的情况(图 3-13).

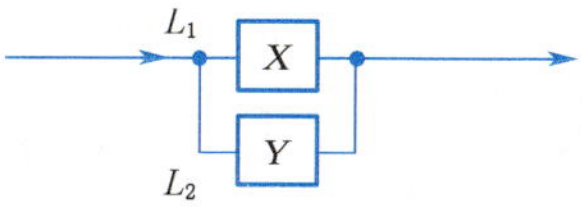

图 3-13　例 5(2)并联情况

当且仅当 L_1，L_2 都损坏时，系统 L 才停止工作，所以这时 L 的寿命 $Z=\max\{X,Y\}$.

于是 $Z=\max\{X,Y\}$ 的分布函数为

$$F_{\max}(z)=F_X(z)F_Y(z)=\begin{cases}(1-e^{-\alpha z})(1-e^{-\beta z}), & z>0,\\ 0, & z\leqslant 0.\end{cases}$$

于是 $Z=\max\{X,Y\}$ 的概率密度为

$$f_{\max}(z)=\begin{cases}\alpha e^{-\alpha z}+\beta e^{-\beta z}-(\alpha+\beta)e^{-(\alpha+\beta)z}, & z>0,\\ 0, & z\leqslant 0.\end{cases}$$

(3) 备用的情况(图 3-14).

由于系统 L_1 损坏时系统 L_2 才开始工作，所以整个系统 L 的寿命 Z 是 L_1，L_2 二者寿命之和，即 $Z=X+Y$，故当 $z>0$ 时，$Z=X+Y$ 的概率密度为

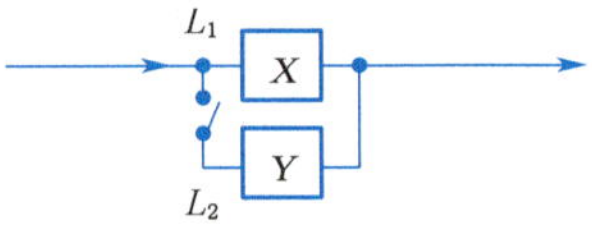

图 3-14　例 5(3)备用情况

$$f_Z(z)=\int_{-\infty}^{+\infty}f_X(z-y)f_Y(y)\mathrm{d}y=\int_0^z\alpha e^{-\alpha(z-y)}\beta e^{-\beta y}\mathrm{d}y$$
$$=\alpha\beta e^{-\alpha z}\int_0^z e^{-(\beta-\alpha)y}\mathrm{d}y=\frac{\alpha\beta}{\beta-\alpha}(e^{-\alpha z}-e^{-\beta z}).$$

而当 $z\leqslant 0$ 时，$f_Z(z)=0$，于是 $Z=X+Y$ 的概率密度为

$$f_Z(z)=\begin{cases}\dfrac{\alpha\beta}{\beta-\alpha}(e^{-\alpha z}-e^{-\beta z}), & z>0,\\ 0, & z\leqslant 0.\end{cases}$$

习题 3-3

1. 设随机变量(X, Y)的概率分布见表 3-32.

表 3-32

X\Y	−1	0	1	2
−1	0.2	0.15	0.1	0.3
2	0.1	0	0.1	0.05

求二维随机变量的函数 Z 的分布律：(1) $Z=X+Y$；(2) $Z=\max\{X, Y\}$；(3) $Z=\min\{X, Y\}$.

*2. 设 X 和 Y 分别服从参数为λ_1 和λ_2 的泊松分布，并且相互独立，证明：$X+Y$ 服从参数为$\lambda_1+\lambda_2$ 的泊松分布.

*3. 设随机变量 X_1，X_2，X_3 相互独立有相同的概率分布：

$$P\{X_i=0\}=q,\quad P\{X_i=1\}=p,\quad i=1, 2, 3;\ p+q=1.$$

求随机变量 U 和 V 的联合分布，其中，

$$U=\begin{cases}1, & X_1+X_2\text{ 为奇数},\\ 0, & X_1+X_2\text{ 为偶数};\end{cases}\quad V=\begin{cases}1, & X_2+X_3\text{ 为奇数},\\ 0, & X_2+X_3\text{ 为偶数}.\end{cases}$$

4. 设某种商品一周的需求量是一个随机变量，其概率密度函数为

$$f(x)=\begin{cases}xe^{-x}, & x>0,\\ 0, & \text{其他}.\end{cases}$$

如果各周的需求量相互独立，求两周需要量的概率密度函数.

5. 已知二维随机变量(X, Y)的联合概率密度为

$$f(x, y)=\begin{cases}2(x+y), & 0 \leqslant x \leqslant y \leqslant 1, \\ 0, & \text{其他}.\end{cases}$$

求 $Z=X+Y$ 的概率密度.

*6. 在一个简单电路中，两电阻 R_1 和 R_2 串联连接，设 R_1，R_2 相互独立，它们的概率密度均为

$$f(x)=\begin{cases}\dfrac{10-x}{50}, & 0 \leqslant x \leqslant 10, \\ 0, & \text{其他}.\end{cases}$$

求总电阻 $R=R_1+R_2$ 的概率密度.

7. 设随机变量 X 和 Y 相互独立，若 X 服从$(0, 1)$上的均匀分布，Y 服从参数为 1 的指数分布，求随机变量 $Z=X+Y$ 的概率密度.

8. 设随机变量(X, Y)的概率密度为

$$f(x, y)=\begin{cases}\dfrac{1}{2}(x+y)\mathrm{e}^{-(x+y)}, & x>0, y>0, \\ 0, & \text{其他}.\end{cases}$$

(1) 问 X 和 Y 是否相互独立？ (2) 求 $Z=X+Y$ 的概率密度.

*9. 设随机变量 X_1，X_2 相互独立，并且有相同的几何分布：

$$P\{X_i=k\}=pq^{k-1}, \quad k=1, 2, \cdots; i=1, 2; q=1-p.$$

求 $Y=\max\{X_1, X_2\}$ 的分布.

总习题 3

一、选择题(每小题 2 分)

1. 设二维随机变量(X, Y)的分布律为

X\Y	−1	0	1
0	0.1	0.3	0.2
1	0.2	0.1	0.1

则 $P\{X+Y=0\}=($　　$)$.

A. 0.2　　B. 0.3　　C. 0.5　　D. 0.7

2. 设二维随机变量(X, Y)的概率密度为

$$f(x, y)=\begin{cases}c, & -1<x<1, -1<y<1, \\ 0, & \text{其他},\end{cases}$$

则常数 $c=($　　$)$.

A. $\dfrac{1}{4}$　　B. $\dfrac{1}{2}$　　C. 2　　D. 4

3. 设二维随机变量(X, Y)的分布律为

$X\backslash Y$	0	1
0	0.1	0.2
1	0.3	0.4

设 $p_{ij} = P\{X = i, Y = j\}$，$i, j = 0, 1$，则下列各式中错误的是(　　).

A. $p_{00} < p_{01}$　　B. $p_{10} < p_{11}$　　C. $p_{00} < p_{11}$　　D. $p_{10} < p_{01}$

4. 设二维随机变量 (X, Y) 的分布律为

$X\backslash Y$	0	1	2
0	0.1	0.2	0
1	0.3	0.1	0.1
2	0.1	0	0.1

则 $P\{X = Y\} = $(　　).

A. 0.3　　B. 0.5　　C. 0.7　　D. 0.8

5. 设二维随机变量 (X, Y) 的概率密度为

$$f(x, y) = \begin{cases} A\mathrm{e}^{-x}\mathrm{e}^{-2y}, & x > 0, y > 0, \\ 0, & \text{其他}, \end{cases}$$

则常数 $A = $(　　).

A. $\frac{1}{2}$　　B. 1　　C. $\frac{3}{2}$　　D. 2

6. 设二维随机变量 (X, Y) 的分布律为

$X\backslash Y$	0	5
0	$\frac{1}{4}$	$\frac{1}{6}$
2	$\frac{1}{3}$	$\frac{1}{4}$

则 $P\{XY = 0\} = $(　　).

A. $\frac{1}{4}$　　B. $\frac{5}{12}$　　C. $\frac{3}{4}$　　D. 1

7. 设二维随机变量 (X, Y) 的分布律为

$X\backslash Y$	-1	0	2
0	0	$\frac{1}{6}$	$\frac{5}{12}$
$\frac{1}{3}$	$\frac{1}{12}$	0	0
1	$\frac{1}{3}$	0	0

$F(x, y)$ 为其联合分布函数,则 $F\left(\frac{2}{3}, \frac{1}{3}\right)=($　　$)$.

A. 0　　B. $\frac{1}{12}$　　C. $\frac{1}{6}$　　D. $\frac{1}{4}$

8. 设二维随机变量 (X, Y) 的概率密度为

$$f(x, y)=\begin{cases} e^{-x}e^{-y}, & x>0, y>0, \\ 0, & 其他, \end{cases}$$

则 $P\{X \geqslant Y\}=($　　$)$.

A. $\frac{1}{4}$　　B. $\frac{1}{2}$　　C. $\frac{2}{3}$　　D. $\frac{3}{4}$

9. 设随机变量 X 与 Y 独立同分布,它们取 -1,1 的概率分别 $\frac{1}{4}$, $\frac{3}{4}$,则 $P\{XY=-1\}=($　　$)$.

A. $\frac{1}{16}$　　B. $\frac{3}{16}$　　C. $\frac{1}{4}$　　D. $\frac{3}{8}$

10. 设二维随机变量 (X, Y) 的分布函数为 $F(x, y)$,则 $F(x, +\infty)=($　　$)$.

A. 0　　B. $F_X(x)$　　C. $F_Y(y)$　　D. 1

11. 设随机变量 X 和 Y 相互独立,且 $X \sim N(3, 4)$, $Y \sim N(2, 9)$,则 $Z=3X+Y \sim ($　　$)$.

A. $N(7, 21)$　　B. $N(7, 27)$　　C. $N(7, 45)$　　D. $N(11, 45)$

12. 设二维随机变量 (X, Y) 的联合分布函数为 $F(x, y)$,其联合概率分布为

$X \backslash Y$	0	1	2
-1	0.2	0.1	0.1
0	0	0.3	0
2	0.1	0	0.2

则 $F(0, 1)=($　　$)$.

A. 0.2　　B. 0.6　　C. 0.7　　D. 0.8

13. 设二维随机变量 (X, Y) 的联合概率分布为

$$f(x, y)=\begin{cases} k(x+y), & 0 \leqslant x \leqslant 2, 0 \leqslant y \leqslant 1, \\ 0, & 其他, \end{cases}$$

则 $k=($　　$)$.

A. $\frac{1}{4}$　　B. $\frac{1}{3}$　　C. $\frac{1}{2}$　　D. $\frac{2}{3}$

14. 设二维随机变量 (X, Y) 的分布律为

$X \backslash Y$	1	2	3
1	0.1	0.2	0.2
2	0.3	0.1	0.1

则 $P\{XY=2\}=($　　$)$.

A. 0.2　　B. 0.3　　C. 0.5　　D. 0.6

15. 设二维随机变量(X,Y)的概率密度为

$$f(x,y)=\begin{cases}4xy, & 0\leqslant x\leqslant 1,0\leqslant y\leqslant 1,\\ 0, & 其他,\end{cases}$$

则当$0\leqslant y\leqslant 1$时,(X,Y)关于Y的边缘概率密度为$f_Y(y)=($　　$)$.

A. $\frac{1}{2x}$　　B. $2x$　　C. $\frac{1}{2y}$　　D. $2y$

16. 设随机变量X,Y相互独立,其联合分布为

$X\backslash Y$	1	2	3
1	$\frac{1}{6}$	$\frac{1}{9}$	$\frac{1}{18}$
2	$\frac{1}{3}$	α	β

则有(　　).

A. $\alpha=\frac{1}{9},\beta=\frac{2}{9}$　　B. $\alpha=\frac{2}{9},\beta=\frac{1}{9}$

C. $\alpha=\frac{1}{3},\beta=\frac{2}{3}$　　D. $\alpha=\frac{2}{3},\beta=\frac{1}{3}$

17. 设二维随机变量(X,Y)的分布律为

$X\backslash Y$	0	1	2
0	$\frac{1}{12}$	$\frac{1}{6}$	$\frac{1}{6}$
1	$\frac{1}{12}$	$\frac{1}{12}$	0
2	$\frac{1}{6}$	$\frac{1}{12}$	$\frac{1}{6}$

则$P\{YX=0\}=($　　$)$.

A. $\frac{1}{12}$　　B. $\frac{1}{6}$　　C. $\frac{1}{3}$　　D. $\frac{2}{3}$

18. 设二维随机变量(X,Y)的分布律为

$X\backslash Y$	0	1
0	0.1	0.1
1	a	b

且X与Y相互独立,则下列结论正确的是(　　).

A. $a=0,2,b=0.6$　　B. $a=0,1,b=0.9$

C. $a=0,4,b=0.4$　　D. $a=0,6,b=0.2$

19. 设二维随机变量(X,Y)的概率密度为

$$f(x,y)=\begin{cases}\frac{1}{4}, & 0<x<2,0<y<2,\\ 0, & 其他,\end{cases}$$

则$P\{0<X<1,0<Y<1\}=($　　$)$.

A. $\frac{1}{4}$　　B. $\frac{1}{2}$　　C. $\frac{3}{4}$　　D. 1

20. 设 (X, Y) 的概率分布为

$X\backslash Y$	-1	1
0	$\frac{1}{15}$	p
1	q	$\frac{1}{5}$
2	$\frac{1}{5}$	$\frac{3}{10}$

当 X 与 Y 相互独立时，$(p, q)=($　　$)$.

A. $\left(\frac{1}{5}, \frac{1}{15}\right)$　　B. $\left(\frac{1}{15}, \frac{1}{5}\right)$　　C. $\left(\frac{1}{10}, \frac{2}{15}\right)$　　D. $\left(\frac{2}{15}, \frac{1}{10}\right)$

21. 设二维随机变量 (X, Y) 的概率密度为

$$f(x, y)=\begin{cases} k(x+y), & 0 \leqslant x \leqslant 2, 0 \leqslant y \leqslant 1, \\ 0, & \text{其他}, \end{cases}$$

则 $k=($　　$)$.

A. $\frac{1}{3}$　　B. $\frac{1}{2}$　　C. 1　　D. 3

22. 设随机变量 X 和 Y 相互独立，其概率分布为

m	-1	1
$P\{X=m\}$	$\frac{1}{2}$	$\frac{1}{2}$

m	-1	1
$P\{Y=m\}$	$\frac{1}{2}$	$\frac{1}{2}$

则下列式子正确的是(　　).

A. $X=Y$　　B. $P\{X=Y\}=0$

C. $P\{X=Y\}=\frac{1}{2}$　　D. $P\{X=Y\}=1$

23. 设随机变量

X_1	-1	0	1
p_i	0.25	0.5	0.25

X_2	-1	0	1
p_i	0.25	0.5	0.25

且满足 $P\{X_1X_2=0\}=1$，则 $P\{X_1=X_2\}=($　　$)$.

A. 0　　B. $\frac{1}{4}$　　C. $\frac{1}{2}$　　D. 1

24. 设两个相互独立随机变量 X 和 Y 分别服从正态分布 $N(0, 1)$ 和 $N(1, 1)$，则(　　).

A. $P\{X+Y \leqslant 0\}=\frac{1}{2}$　　B. $P\{X+Y \leqslant 1\}=\frac{1}{2}$

C. $P\{X-Y \leqslant 0\}=\frac{1}{2}$　　D. $P\{X-Y \leqslant 1\}=\frac{1}{2}$

25. 设两个随机变量 X 和 Y 相互独立且同分布：$P\{X=-1\}=P\{Y=-1\}=\frac{1}{2}$，$P\{X=1\}=$

$P\{Y=1\}=\frac{1}{2}$，则下列各式中成立的是(　　).

A. $P\{X=Y\}=\frac{1}{2}$　　B. $P\{X=Y\}=1$

C. $P\{X+Y=0\}=\frac{1}{4}$　　D. $P\{XY=1\}=\frac{1}{4}$

二、填空题(每小题 2 分)

1. 设 $(X, Y)\sim N(0, 0; 1, 1; 0)$，则 (X, Y) 关于 X 的边缘概率密度 $f_X(x)=$ ________.

2. 设二维随机变量 (X, Y) 的概率密度为

$$f(x, y)=\begin{cases}kxy, & 0\leqslant x\leqslant 1, 0\leqslant y\leqslant 1,\\ 0, & \text{其他},\end{cases}$$

则常数 $k=$ ________.

3. 设二维随机变量 (X, Y) 的联合分布列为

$X\backslash Y$	-1	0	1
-1	0.2	0.1	0
0	0	0.2	0.2
1	0.1	0.2	0

则 $P\{X+Y=0\}=$ ________.

4. 设二维随机变量 (X, Y) 的概率密度为

$$f(x, y)=\begin{cases}1, & 0\leqslant x\leqslant 1, 0\leqslant y\leqslant 1,\\ 0, & \text{其他},\end{cases}$$

则 $P\left\{X\leqslant\frac{1}{2}\right\}=$ ________.

5. 设二维随机变量 (X, Y) 的概率密度为

$$f(x, y)=\begin{cases}e^{-(x+y)}, & x>0, y>0,\\ 0, & \text{其他},\end{cases}$$

则 (X, Y) 关于 Y 的边缘概率密度 $f_Y(y)=$ ________.

6. 设随机变量 X, Y 分布律为

$X\backslash Y$	-1	1	2
0	$\frac{1}{15}$	a	$\frac{1}{15}$
1	$\frac{3}{10}$	$\frac{1}{5}$	$\frac{4}{15}$

则 $a=$ ________.

7. 设 $X\sim N(-1, 4)$，$Y\sim N(1, 9)$ 且 X 与 Y 相互独立，则 $X+Y\sim$ ________.

8. 设二维随机变量 (X, Y) 的分布律为

$X\backslash Y$	1	2
1	$\frac{1}{6}$	$\frac{1}{9}$
2	$\frac{1}{2}$	a

则 $a=$ ________.

9. 设二维随机变量 (X, Y) 的概率密度为

$$f(x, y)=\begin{cases}xy, & 0\leqslant x\leqslant 1, 0\leqslant y\leqslant 2, \\ 0, & \text{其他},\end{cases}$$

则 (X, Y) 关于 X 的边缘概率密度 $f_X(x)=$ ________.

10. 设随机变量 (X, Y) 服从区域 D 上的均匀分布，其中区域 D 是直线 $y=x$，$x=1$ 和 x 轴所围成的三角形区域，则 (X, Y) 的概率密度 $f(x, y)=$ ________.

11. 已知当 $0<x<1$，$0<y<1$ 时，二维随机变量 (X, Y) 的分布函数 $F(x, y)=x^2y^2$，记 (X, Y) 的概率密度为 $f(x, y)$，则 $f\left(\frac{1}{4}, \frac{1}{4}\right)=$ ________.

12. 设二维随机变量 (X, Y) 的概率密度为

$$f(x, y)=\begin{cases}1, & 0\leqslant x\leqslant 1, 0\leqslant y\leqslant 1, \\ 0, & \text{其他},\end{cases}$$

则 $P\left\{X\leqslant\frac{1}{2}, Y>\frac{1}{2}\right\}=$ ________.

13. 设二维随机变量 (X, Y) 的分布律为

$X\backslash Y$	0	5
0	$\frac{1}{4}$	$\frac{1}{6}$
2	$\frac{1}{3}$	$\frac{1}{4}$

则 $P\{XY=0\}=$ ________.

14. 设二维随机变量 (X, Y) 的概率密度为

$$f(x, y)=\begin{cases}\mathrm{e}^{-(x+y)}, & x>0, y>0, \\ 0, & \text{其他},\end{cases}$$

则 (X, Y) 关于 X 的边缘概率密度 $f_X(x)=$ ________.

15. 设 X 与 Y 为相互独立的随机变量，其中 X 在区间 $(0, 1)$ 上服从均匀分布，Y 在区间 $(0, 2)$ 上服从均匀分布，则 (X, Y) 的概率密度 $f(x, y)=$ ________.

16. 设随机变量 X，Y 分布律为

$X\backslash Y$	1	2	3
1	$\frac{1}{6}$	$\frac{1}{8}$	$\frac{1}{4}$
2	$\frac{1}{12}$	$\frac{1}{8}$	$\frac{1}{4}$

则 $P\{Y=2\}=$ ________.

17. 设连续型随机变量 $X \sim N(1,4)$，则 $\frac{X-1}{2} \sim$ ________.

18. 设随机变量 $X \sim b(2,p)$，$Y \sim b(3,p)$，若 $P\{X \geqslant 1\}=\frac{5}{9}$，则 $P\{Y \geqslant 1\}=$ ________.

19. 设二维随机变量 (X,Y) 的分布函数为

$$F(x,y)=\begin{cases}(1-\mathrm{e}^{-0.5x})(1-\mathrm{e}^{-0.5y}), & x \geqslant 0, y \geqslant 0, \\ 0, & \text{其他},\end{cases}$$

则 X 的边缘分布函数 $F_X(x)=$ ________.

20. 设二维随机变量 (X,Y) 的联合密度为

$$f(x,y)=\begin{cases}A(x+y), & 0<x<2, 0<y<1, \\ 0, & \text{其他},\end{cases}$$

则常数 $A=$ ________.

21. 设随机变量 $X \sim U(0,5)$，且 $Y=2X$，则当 $0<y<10$ 时，Y 的概率密度 $f_Y(y)=$ ________.

三、计算题（8 分）

设二维随机变量 (X,Y) 的联合密度为

$$f(x,y)=\begin{cases}2\mathrm{e}^{-(2x+y)}, & x>0, y>0, \\ 0, & \text{其他},\end{cases}$$

求(1) 关于 X 和 Y 的边缘密度函数和边缘分布函数；

(2) $P\{X+Y\}<2$；

(3) $P\{X<2 \mid Y<1\}$.

第 4 章

随机变量的数字特征

本书第 2 章和第 3 章介绍了随机变量和随机向量的概率分布.虽然概率分布可以描绘随机变量的一切行为、性质和特征,但是在许多实际问题中并不需要全面掌握随机变量的一切行为、性质和特征,而只需了解或掌握其某些性质和特征,其中最重要的是数字特征.数字特征可以从一定的角度或侧面更具体、准确和突出地刻画随机变量的性质和特点.例如,评价一个年级学生某门课程的考试成绩,不但需要知道考试成绩的分布情况,还需要了解全年级的平均成绩、及格率和成绩差异的大小,以及各门成绩之间的关联程度;检验批量生产的一批产品的质量时,往往并不需要知道某项特征 X(例如,每件产品的尺寸、质量、是否合格品)的具体数值的分布,只需知道该特征的平均水平(例如,尺寸或质量的平均水平,以及尺寸或质量对平均水平偏离的平均值,或整批产品的合格品率).除概率分布之外,数字特征是实际应用中随机变量最重要的一类特征.在有些情况下不需要知道概率分布,况且有时并不掌握随机变量的概率分布,而只需知道随机变量的某些数字特征.

本章主要研究随机变量的数学期望、方差、协方差、相关系数、矩等数字特征.

4.1 数学期望

4.1.1 离散型随机变量的数学期望

数学期望

平均值是日常生活中最常用的一个数字特征,它对评判事物、作出决策等具有重要作用.

引例 1 设某班 40 名学生的概率统计成绩及得分人数见表 4-1.

表 4-1

分数	40	60	70	80	90	100
人数	1	6	9	15	7	2

则学生的平均成绩是总分÷总人数.即

$$\begin{aligned}\text{平均成绩}&=\frac{40\times1+60\times6+70\times9+80\times15+90\times7+100\times2}{1+6+9+15+7+2}\\&=40\times\frac{1}{40}+60\times\frac{6}{40}+70\times\frac{9}{40}+80\times\frac{15}{40}+90\times\frac{7}{40}+100\times\frac{2}{40}\\&=76.5(\text{分}).\end{aligned}$$

引例 2 有甲、乙两射手,他们的射击技术见表 4-2 和表 4-3.问甲和乙谁的射击水平较高？

表 4-2

击中环数 $X_{甲}$	8	9	10
p_i	0.3	0.1	0.6

表 4-3

击中环数 $X_{乙}$	8	9	10
p_i	0.2	0.5	0.3

解 “射击水平”一般用平均击中环数来反映. 所以，只要对他们的平均击中环数进行比较即可.

问题：已知随机变量的概率分布，如何计算其平均值？

分析：若甲射击 N 次，设击中 8 环，9 环和 10 环的次数分别为 N_1，N_2 和 N_3 次，则甲在 N 次射击中，平均每次击中的环数为

$$\frac{8N_1+9N_2+10N_3}{N}=8\frac{N_1}{N}+9\frac{N_2}{N}+10\frac{N_3}{N}=8f_1+9f_2+10f_3.$$

由于概率是频率的稳定中心，以 $E(X_{甲})$ 表示甲的平均击中环数，$E(X_{乙})$ 表示乙的平均击中环数，则

$$E(X_{甲})=8\times0.3+9\times0.1+10\times0.6=9.3,$$

$$E(X_{乙})=8\times0.2+9\times0.5+10\times0.3=9.1.$$

由于 $E(X_{甲})>E(X_{乙})$，故认为甲射手的水平较高.

可以看出，平均值是以分布概率为权重的加权平均.

定义 1 设离散型随机变量 X 的概率分布为

$$P\{X=x_i\}=p_i,\quad i=1,2,\cdots.$$

如果 $\sum\limits_i x_i p_i$ 绝对收敛（即级数 $\sum\limits_i |x_i| p_i$ 收敛），则定义 X 的**数学期望**（又称**均值**或**期望**）为

$$E(X)=\sum_i x_i p_i. \tag{4.1.1}$$

注 (1) 当 X 的可能取值为有限多个 x_1，x_2，…，x_n 时，有

$$E(X)=x_1p_1+x_2p_2+\cdots+x_np_n=\sum_{i=1}^{n}x_ip_i.$$

(2) 当 X 的可能取值为可列多个 x_1，x_2，…，x_n，…时，有

$$E(X)=x_1p_1+x_2p_2+\cdots+x_np_n+\cdots=\sum_{i=1}^{\infty}x_ip_i.$$

例 1 某工厂生产一批商品，其中一等品占$\frac{1}{2}$，每件一等品获利 3 元；二等品占$\frac{1}{3}$，每件二等品获利 1 元；次品占$\frac{1}{6}$，每件次品亏损 2 元. 求任取一件商品获利 X 的数学期望$E(X)$.

解 离散型随机变量 X 的可能取值为 -2，1，3，取这些值的概率依次为$\frac{1}{6}$，$\frac{1}{3}$及$\frac{1}{2}$，因

而任取一件商品获利 X 的概率分布可用列表法表示(表 4-4).

表 4-4

商品类型	次品	二等品	一等品
获利 X	-2	1	3
p_i	$\frac{1}{6}$	$\frac{1}{3}$	$\frac{1}{2}$

所以 X 的数学期望为

$$E(X)=-2\times\frac{1}{6}+1\times\frac{1}{3}+3\times\frac{1}{2}=\frac{3}{2}=1.5,$$

说明每件商品平均获利 1.5 元.

例 2 某商店对某种家用电器的销售采用先使用后付款的方式. 记使用寿命为 X(年),规定: $X\leqslant 1$,一台付款 1 500 元; $1<X\leqslant 2$,一台付款 2 000 元; $2<X\leqslant 3$,一台付款 2 500 元; $X>3$,一台付款 3 000 元.

设寿命 X 服从指数分布,其概率密度为

$$f(x)=\begin{cases}\frac{1}{10}e^{-\frac{x}{10}}, & x>0,\\ 0, & x\leqslant 0.\end{cases}$$

试求该商店一台电器收费 Y 的数学期望.

解 先求出寿命 X 落在各个时间区间的概率,即有

$$P\{X\leqslant 1\}=\int_0^1\frac{1}{10}e^{-\frac{x}{10}}dx=1-e^{-0.1}=0.0952,$$

$$P\{1<X\leqslant 2\}=\int_1^2\frac{1}{10}e^{-\frac{x}{10}}dx=e^{-0.1}-e^{-0.2}=0.0861,$$

$$P\{2<X\leqslant 3\}=\int_2^3\frac{1}{10}e^{-\frac{x}{10}}dx=e^{-0.2}-e^{-0.3}=0.0779,$$

$$P\{X>3\}=\int_3^{\infty}\frac{1}{10}e^{-\frac{x}{10}}dx=e^{-0.3}=0.7408.$$

则 Y 的分布律见表 4-5.

表 4-5

寿命 X	$x\leqslant 1$	$1<x\leqslant 2$	$2<x\leqslant 3$	$x>3$
付款 Y	1 500	2 000	2 500	3 000
p_k	0.095 2	0.086 1	0.077 9	0.740 8

$$\begin{aligned}E(Y)&=1500\times 0.0952+2000\times 0.0861+2500\times 0.0779+3000\times 0.7408\\&=2732.15,\end{aligned}$$

即平均一台收费 2 732.15 元.

例 3 按规定,某车站每天 8:00—9:00 和 9:00—10:00 之间都恰有一辆客车到站，但到站的时刻是随机的，且二者到站的时间相互独立. 其规律见表 4-6.

表 4-6

8:00—9:00 到站时间	8:10	8:30	8:50
9:00—10:00 到站时间	9:10	9:30	9:50
概率	0.2	0.5	0.3

一名旅客 8:20 到车站，求他候车时间的数学期望.

解 设旅客的候车时间为 X(分),则 X 的分布律见表 4-7.

表 4-7

客车到站时间	第一辆 8:30	第一辆 8:50	第一辆 8:10 第二辆 9:10	第一辆 8:10 第二辆 9:30	第一辆 8:10 第二辆 9:50
候车时间 X	10	30	50	70	90
p_i	0.5	0.3	0.2×0.2	0.2×0.5	0.2×0.3

在表 4-7 中，例如 $P\{X=70\}=P(AB)=P(A)P(B)=0.2\times0.5$，其中 A 为事件“第一班车在 8:10 到站”，B 为“第二班车在 9:30 到站”. 候车时间的数学期望为

$$
\begin{aligned}
E(X) &= 10\times0.5+30\times0.3+50\times0.04+70\times0.10+90\times0.06 \\
&= 28.4(\text{分}).
\end{aligned}
$$

4.1.2 连续型随机变量的数学期望

定义 2 设 X 是连续型随机变量，其密度函数为 $f(x)$,如果 $\int_{-\infty}^{+\infty} xf(x)\mathrm{d}x$ 绝对收敛，则称该积分为随机变量 X 的**数学期望**(简称**期望**或**均值**),记为 $E(X)$,即

$$
E(X)=\int_{-\infty}^{+\infty} xf(x)\mathrm{d}x. \tag{4.1.2}
$$

注 并非所有随机变量都有数学期望.

例 4 设在某一规定的时间内,某电气设备用于最大负荷的时间 X(min)是一个随机变量,概率密度函数为

$$
f(x)=\begin{cases}
\dfrac{x}{1\,500^2}, & 0\leqslant x\leqslant 1\,500, \\
\dfrac{3\,000-x}{1\,500^2}, & 1\,500<x<3\,000, \\
0, & \text{其他}.
\end{cases}
$$

求 X 的数学期望.

解　$E(X)=\int_{-\infty}^{+\infty}xf(x)\mathrm{d}x=\int_0^{1\,500}x\dfrac{x}{1\,500^2}\mathrm{d}x+\int_{1\,500}^{3\,000}x\dfrac{3\,000-x}{1\,500^2}\mathrm{d}x$

$$=\frac{x^3}{3\times1\,500^2}\Bigg|_0^{1\,500}+\frac{1\,500x^2-\dfrac{x^3}{3}}{1\,500^2}\Bigg|_{1\,500}^{3\,000}$$

$$=500+2\,000-1\,000=1\,500.$$

例 5　设随机变量 X 的概率密度为 $f(x)$，$E(X)=\dfrac{7}{12}$，且

$$f(x)=\begin{cases}ax+b, & 0\leqslant x\leqslant 1,\\ 0, & \text{其他}.\end{cases}$$

求 a 与 b 的值，并求分布函数 $F(x)$.

解　由题意知

$$\int_{-\infty}^{+\infty}f(x)\mathrm{d}x=\int_0^1(ax+b)\mathrm{d}x=\frac{a}{2}+b=1,$$

$$E(X)=\int_{-\infty}^{+\infty}xf(x)\mathrm{d}x=\int_0^1x(ax+b)\mathrm{d}x=\frac{a}{3}+\frac{b}{2}=\frac{7}{12},$$

解方程组，得 $a=1$，$b=\dfrac{1}{2}$.

当 $0\leqslant x<1$ 时，有 $F(x)=\int_{-\infty}^{x}f(t)\mathrm{d}t=\int_0^x\left(t+\dfrac{1}{2}\right)\mathrm{d}t=\dfrac{x^2}{2}+\dfrac{x}{2}$，

所以，

$$F(x)=\begin{cases}0, & x<0,\\ \dfrac{1}{2}(x^2+x), & 0\leqslant x<1,\\ 1, & x\geqslant 1.\end{cases}$$

4.1.3　随机变量函数的数学期望

设 X 是一随机变量，$g(x)$ 为一实函数，则 $Y=g(X)$ 也是一随机变量. 理论上，虽然可通过 X 的分布求出 $g(X)$ 的分布，再按定义求出 $g(X)$ 的数学期望 $E[g(X)]$. 但这种求法一般比较复杂. 下面不加证明地引入有关计算随机变量函数的数学期望的定理.

定理 1　设 X 是一个随机变量，$Y=g(X)$，且 $E(Y)$ 存在，则

(1) 若 X 为离散型随机变量，其概率分布为

$$P\{X=x_i\}=p_i,\quad i=1,2,\cdots,$$

则 Y 的数学期望为

$$E(Y)=E[g(X)]=\sum_{i=1}^{\infty}g(x_i)p_i. \tag{4.1.3}$$

(2) 若 X 为连续型随机变量，其概率密度为 $f(x)$，则 Y 的数学期望为

$$E(Y)=E[g(X)]=\int_{-\infty}^{+\infty}g(x)f(x)\mathrm{d}x. \tag{4.1.4}$$

注 (1) 定理的重要性在于：求 $E[g(X)]$时，不必知道 $g(X)$的分布，只需知道 X 的分布即可. 这给求随机变量函数的数学期望带来很大方便.

(2) 上述定理可推广到二维以上的情形，即有定理 2.

定理 2 设(X, Y)是二维随机向量，$Z=g(X, Y)$，且 $E(Z)$存在，则

(1) 若(X, Y)为离散型随机向量，其概率分布为

$$P\{X=x_i, Y=y_j\}=p_{ij}, \quad i, j=1, 2, \cdots.$$

则 Z 的数学期望为

$$E(Z)=E[g(X, Y)]=\sum_{j=1}^{\infty}\sum_{i=1}^{\infty}g(x_i, y_j)p_{ij}. \tag{4.1.5}$$

(2) 若(X, Y)为连续型随机向量，其概率密度为 $f(x, y)$，则 Z 的数学期望为

$$E(Z)=E[g(X, Y)]=\int_{-\infty}^{+\infty}\int_{-\infty}^{+\infty}g(x, y)f(x, y)\mathrm{d}x\mathrm{d}y. \tag{4.1.6}$$

例 6 设(X, Y)的联合概率分布见表 4-8. 求 $E(X)$, $E(Y)$, $E(XY)$.

表 4-8

$X\backslash Y$	0	1	2	3
1	0	$\frac{3}{8}$	$\frac{3}{8}$	0
3	$\frac{1}{8}$	0	0	$\frac{1}{8}$

解 要求 $E(X)$和 $E(Y)$，需先求出 X 和 Y 的边缘分布. 关于 X 和 Y 的边缘分布见表 4-9 和表 4-10.

表 4-9

X	1	3
p_i	$\frac{3}{4}$	$\frac{1}{4}$

表 4-10

Y	0	1	2	3
p_j	$\frac{1}{8}$	$\frac{3}{8}$	$\frac{3}{8}$	$\frac{1}{8}$

则

$$E(X)=1\times\frac{3}{4}+3\times\frac{1}{4}=\frac{3}{2},$$

$$E(Y)=0\times\frac{1}{8}+1\times\frac{3}{8}+2\times\frac{3}{8}+3\times\frac{1}{8}=\frac{3}{2},$$

$$\begin{aligned}E(XY)&=\sum_i\sum_j x_iy_jp_{ij}\\&=(1\times0)\times0+(1\times1)\times\frac{3}{8}+(1\times2)\times\frac{3}{8}+(1\times3)\times0+\\&\quad(3\times0)\times\frac{1}{8}+(3\times1)\times0+(3\times2)\times0+(3\times3)\times\frac{1}{8}\\&=\frac{9}{4}.\end{aligned}$$

例 7　设随机变量 X 在$[0, \pi]$上服从均匀分布，求 $E(X)$，$E(\sin X)$，$E(X^2)$及 $E[X-E(X)]^2$.

解　根据随机变量函数数学期望的计算公式，有

$$E(X)=\int_{-\infty}^{+\infty} x f(x)\mathrm{d}x=\int_0^{\pi} x\,\frac{1}{\pi}\mathrm{d}x=\frac{\pi}{2},$$

$$E(\sin X)=\int_{-\infty}^{+\infty} \sin x f(x)\mathrm{d}x=\int_0^{\pi}\sin x\cdot\frac{1}{\pi}\mathrm{d}x=\frac{1}{\pi}(-\cos x)\Big|_0^{\pi}=\frac{2}{\pi},$$

$$E(X^2)=\int_{-\infty}^{+\infty} x^2 f(x)\mathrm{d}x=\int_0^{\pi}x^2\,\frac{1}{\pi}\mathrm{d}x=\frac{\pi^2}{3},$$

$$E[X-E(X)]^2=E\left(X-\frac{\pi}{2}\right)^2=\int_0^{\pi}\left(x-\frac{\pi}{2}\right)^2\frac{1}{\pi}\mathrm{d}x=\frac{\pi^2}{12}.$$

例 8　设随机变量(X, Y)的概率密度为(图 4-1)

$$f(x, y)=\begin{cases}\dfrac{3}{2x^3y^2}, & \dfrac{1}{x}<y<x,\ x>1,\\ 0, & \text{其他}.\end{cases}$$

求数学期望 $E(Y)$，$E\left(\dfrac{1}{XY}\right)$.

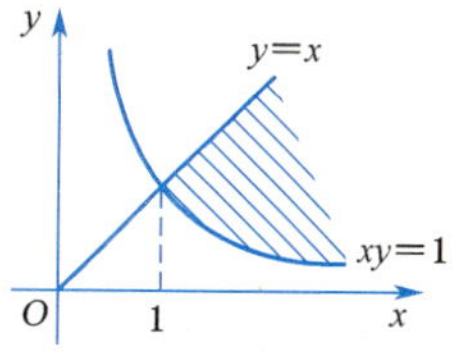

图 4-1　例 8 的非零密度函数区域

解　$$E(Y)=\int_{-\infty}^{+\infty}\int_{-\infty}^{+\infty} y f(x, y)\mathrm{d}y\mathrm{d}x=\int_1^{+\infty}\mathrm{d}x\int_{\frac{1}{x}}^{x}\frac{3}{2x^3y}\mathrm{d}y$$

$$=\frac{3}{2}\int_1^{+\infty}\frac{1}{x^3}[\ln y]\Big|_{\frac{1}{x}}^{x}\mathrm{d}x=3\int_1^{+\infty}\frac{\ln x}{x^3}\mathrm{d}x$$

$$=\left(-\frac{3}{2}\frac{\ln x}{x^2}\right)\Big|_1^{+\infty}+\frac{3}{2}\int_1^{+\infty}\frac{1}{x^3}\mathrm{d}x=\frac{3}{4}.$$

$$E\left(\frac{1}{XY}\right)=\int_{-\infty}^{+\infty}\int_{-\infty}^{+\infty}\frac{1}{xy}f(x, y)\mathrm{d}y\mathrm{d}x=\int_1^{+\infty}\mathrm{d}x\int_{\frac{1}{x}}^{x}\frac{3}{2x^4y^3}\mathrm{d}y=\frac{3}{5}.$$

4.1.4　数学期望的性质

性质 1　设 C 是常数，则 $E(C)=C$.

性质 2　若 k 是常数，则 $E(kX)=kE(X)$.

证明　只对离散型情形进行证明，连续型情形留给读者.

设 X 的概率分布为 $P\{X=x_i\}=p_i$，$i=1, 2, \cdots$，则

$$E(kX)=\sum_i (kx_i)p_i=k\sum_i x_ip_i=kE(X).$$

性质 3　$E(X+Y)=E(X)+E(Y)$.

证明　只对连续型情形进行证明，离散型情形留给读者. 设二维随机变量的联合密度函数为 $f(x, y)$，则

$$
\begin{aligned}
E(X+Y) &= \int_{-\infty}^{+\infty}\int_{-\infty}^{+\infty}(x+y)f(x,\ y)\mathrm{d}x\,\mathrm{d}y \\
&= \int_{-\infty}^{+\infty}\int_{-\infty}^{+\infty}xf(x,\ y)\mathrm{d}x\,\mathrm{d}y + \int_{-\infty}^{+\infty}\int_{-\infty}^{+\infty}yf(x,\ y)\mathrm{d}x\,\mathrm{d}y \\
&= E(X)+E(Y).
\end{aligned}
$$

性质 4 设 X，Y 独立，则 $E(XY)=E(X)E(Y)$.

证明 只对连续型情形进行证明，离散型情形留给读者.

设 $(X,\ Y)$ 的联合密度函数为 $f(x,\ y)$，其边缘概率密度分别为 $f_X(x)$ 和 $f_Y(y)$，则

$$
E(XY)=\int_{-\infty}^{+\infty}\int_{-\infty}^{+\infty}xyf(x,\ y)\mathrm{d}x\,\mathrm{d}y.
$$

因为 X，Y 独立，$f(x,\ y)=f_X(x)f_Y(y)$，所以有

$$
\begin{aligned}
E(XY) &= \int_{-\infty}^{+\infty}\int_{-\infty}^{+\infty}xyf_X(x)f_Y(y)\mathrm{d}x\,\mathrm{d}y \\
&= \int_{-\infty}^{+\infty}xf_X(x)\mathrm{d}x\cdot\int_{-\infty}^{+\infty}yf_Y(y)\mathrm{d}y=E(X)E(Y).
\end{aligned}
$$

注 由 $E(XY)=E(X)E(Y)$ 不一定能推出 X，Y 独立，例如，在例 6 中，已计算得

$$
E(XY)=E(X)E(Y)=\frac{9}{4},
$$

但 $P\{X=1,\ Y=0\}=0$，$P\{X=1\}=\dfrac{3}{4}$，$P\{Y=0\}=\dfrac{1}{8}$，显然

$$
P\{X=1,\ Y=0\}\neq P\{X=1\}P\{Y=0\}.
$$

故 X 与 Y 不独立.

* **例 9** 一民航送客车载有 20 名旅客自机场开出，旅客有 10 个车站可以下车. 如到达一个车站没有旅客下车就不停车. 以 X 表示停车的次数，求 $E(X)$（设每名旅客在各个车站下车是等可能的，并设各旅客是否下车相互独立）.

解 引入随机变量 $X_i=\begin{cases}0, & \text{在第 } i \text{ 站没有人下车,}\\ 1, & \text{在第 } i \text{ 站有人下车,}\end{cases}\quad i=1,\ 2,\ \cdots,\ 10.$

易知 $X=X_1+X_2+\cdots+X_{10}$.

现在来求 $E(X)$. 按题意，任一名旅客不在第 i 站下车的概率为 $\dfrac{9}{10}$，因此，20 名旅客都不在第 i 站下车的概率为 $\left(\dfrac{9}{10}\right)^{20}$，在第 i 站有人下车的概率为 $1-\left(\dfrac{9}{10}\right)^{20}$，即

$$
P\{X_i=0\}=\left(\frac{9}{10}\right)^{20},\quad P\{X_i=1\}=1-\left(\frac{9}{10}\right)^{20},\quad i=1,\ 2,\ \cdots,\ 10.
$$

由此 $E(X_i)=1-\left(\dfrac{9}{10}\right)^{20}$，$i=1,\ 2,\ \cdots,\ 10$.

进而
$$\begin{aligned} E(X) &= E(X_1 + X_2 + \cdots + X_{10}) \\ &= E(X_1) + E(X_2) + \cdots + E(X_{10}) \\ &= 10\left[1 - \left(\frac{9}{10}\right)^{20}\right] \approx 8.784\ (\text{次}). \end{aligned}$$

注　本题是将 X 分解成数个随机变量之和，然后利用随机变量和的数学期望等于随机变量数学期望之和来求数学期望的，这种处理方法具有一定的普遍意义.

习题 4-1

1. 甲、乙两队“比赛”，甲队赢的概率为 0.6，输的概率为 0.4，并且甲队每赢一次得 3 分，每输一次扣 1 分，求甲队平均每次可得多少分？

2. 某一彩票中心发行彩票 10 万张，每张 2 元. 设一等奖 1 个，奖金 1 万元；二等奖 2 个，奖金各 5 千元；三等奖 10 个，奖金各 1 千元；四等奖 100 个，奖金各 100 元；五等奖 1 000 个，奖金各 10 元. 每张彩票的成本费为 0.3 元，请计算彩票发行单位的创收利润.

3. 设随机变量 X 的分布律见表 4-11. 求 $E(X)$，$E(X^2)$，$E(2X^2+5)$.

表 4-11

X	-2	0	1	3
p_i	$\frac{1}{3}$	$\frac{1}{2}$	$\frac{1}{12}$	$\frac{1}{12}$

4. 某种产品的每件表面上的疵点数服从参数 $\lambda=0.8$ 的泊松分布，若规定疵点数不超过 1 个为一等品，价值 10 元；疵点数大于 1 个不多于 4 个为二等品，价值 8 元；疵点数超过 4 个为废品. 求(1) 产品的废品率；(2) 产品价值的平均值.

5. 已知随机变量 X 的分布函数

$$F(x)=\begin{cases} 0, & x \leqslant 0, \\ \dfrac{x}{4}, & 0 < x \leqslant 4, \\ 1, & x > 4. \end{cases}$$

求 $E(X)$.

6. 设风速 v 在 $(0, a)$ 上服从均匀分布，即具有概率密度

$$f(v)=\begin{cases} \dfrac{1}{a}, & 0 < v < a, \\ 0, & \text{其他}. \end{cases}$$

又设飞机机翼受到的正压力 W 是 v 的函数：$W=kv^2\ (k>0)$，求 W 的数学期望.

7. 有 2 个相互独立工作的电子装置，它们的寿命 $X_k\ (k=1, 2)$ 服从统一指数分布，其概率密度为

$$f(x)=\begin{cases} \dfrac{1}{\theta}\mathrm{e}^{-\frac{x}{\theta}}, & x > 0, \theta > 0, \\ 0, & x \leqslant 0, \theta > 0. \end{cases}$$

若将这 2 个电子装置串联联接组成整机，求整机寿命(单位：h) N 的数学期望.

8. 设(X,Y)的分布律见表4-12.(1) 求$E(X)$,$E(Y)$;(2) 设$Z=\frac{Y}{X}$,求$E(Z)$;(3) 设$Z=(X-Y)^2$,求$E(Z)$.

表 4-12

$Y\backslash X$	1	2	3
-1	0.2	0.1	0
0	0.1	0	0.3
1	0.1	0.1	0.1

9. 设二维随机变量(X,Y)的密度函数为

$$f(x,y)=\begin{cases}x+y, & 0\leqslant x\leqslant 1,0\leqslant y\leqslant 1,\\ 0, & \text{其他}.\end{cases}$$

求$E(XY)$,$E(X-Y^2)$.

*10. 设国际市场上对我国某种出口商品的每年需求量是随机变量$X(\mathrm{t})$,它服从区间$[2\,000,\ 4\,000]$上的均匀分布,每销售出1 t该种商品,可为国家赚取外汇3万元;若销售不出,则每吨商品需贮存费1万元,问应组织多少货源,才能使国家收益最大.

11. 设二维随机变量(X,Y)的密度函数为

$$f(x,y)=\begin{cases}\frac{1}{4}x(1+3y^2), & 0<x<2,0<y<1,\\ 0, & \text{其他}.\end{cases}$$

求$E(X)$,$E(Y)$,$E(XY)$,$E(X^2+Y^2)$.

12. 设二维随机变量(X,Y)的密度函数为

$$f(x,y)=\begin{cases}\frac{1}{4}(1-x^3y+xy^3), & |x|<1,|y|<1,\\ 0, & \text{其他}.\end{cases}$$

求$f_X(x)$,$f_Y(y)$,$E(X)$,$E(Y)$,$E(XY)$,试验证$E(XY)=E(X)E(Y)$,但X和Y是不独立的.

4.2 方 差

前面讨论了随机变量X的数学期望$E(X)$这一重要的数字特征,它刻画了随机变量的取值总是在$E(X)$周围波动.但是仅靠这一数字特征无法反映随机变量的更多信息.例如,$(-2,-1,1,2)$和$(-0.02,-0.01,0.01,0.02)$两组数据,尽管它们的数学期望都是零,但是显然后者比前者偏离均值的程度小得多.那么,如何来度量这个偏离程度呢?可以看到$E|X-E(X)|$能度量随机变量与其均值$E(X)$的偏离程度.由于该式带有绝对值,计算不方便,为了计算方便,通常用$E\{[X-E(X)]^2\}$来度量随机变量X与$E(X)$的偏离程度.

随机变量的数学期望是对随机变量取值水平的综合评价,而随机变量取值的稳定性是判断随机现象性质的另一个十分重要的指标.

4.2.1 方差的定义

定义1 设X是一个随机变量,若$E[X-E(X)]^2$存在,则称它为X的**方差**

(Variance)，记为 $D(X)$ 或 $\mathrm{Var}(X)$，即

$$D(X)=\mathrm{Var}(X)=E\{[X-E(X)]^2\}.$$

方差的算术平方根 $\sqrt{D(X)}$ 称为**标准差**或**均方差**，记为 $\sigma(X)$，它与 X 具有相同的度量单位，在实际应用中经常使用.

方差刻画了随机变量 X 的取值与数学期望的偏离程度，它的大小可以衡量随机变量取值的稳定性.

从方差的定义易见：

(1) 若 X 的取值比较集中，则方差较小；

(2) 若 X 的取值比较分散，则方差较大；

(3) 若方差 $D(X)=0$，则随机变量 X 以概率 1 取常数值，此时 X 也就不是随机变量了.

4.2.2 方差的计算

若 X 是离散型随机变量，且其概率分布为

$$P\{X=x_i\}=p_i,\quad i=1,2,\cdots,$$

则

$$D(X)=\sum_i [x_i-E(X)]^2 p_i; \tag{4.2.1}$$

若 X 是连续型随机变量，且其概率密度为 $f(x)$，则

$$D(X)=\int_{-\infty}^{+\infty}[x-E(X)]^2 f(x)\mathrm{d}x. \tag{4.2.2}$$

例 1 甲、乙二人射击，他们的射击水平分别见表 4-13 和表 4-14.

表 4-13

X	8	9	10
p_i	0.3	0.2	0.5

表 4-14

Y	8	9	10
p_i	0.2	0.4	0.4

其中，X 表示甲击中的环数，Y 表示乙击中的环数. 试问哪个人的射击水平较高？

解 比较两个人的平均环数，

$$E(X)=8\times0.3+9\times0.2+10\times0.5=9.2,$$

$$E(Y)=8\times0.2+9\times0.4+10\times0.4=9.2.$$

因此，从平均环数上看，甲、乙二人的射击水平是一样的，但二人射击环数的方差分别为

$$D(X)=(8-9.2)^2\times0.3+(9-9.2)^2\times0.2+(10-9.2)^2\times0.5=0.76,$$

$$D(Y)=(8-9.2)^2\times0.2+(9-9.2)^2\times0.4+(10-9.2)^2\times0.4=0.56.$$

由于 $D(Y)<D(X)$，这表明乙的射击水平比甲稳定.

4.2.3 方差的简化计算公式

显然,将方差看作是随机变量的函数的计算公式比较烦琐,下面给出另一种方差计算公式:

$$D(X)=E(X^2)-[E(X)]^2. \tag{4.2.3}$$

证明 由数学期望的性质,有

$$\begin{aligned}D(X)&=E\{[X-E(X)]^2\}=E\{X^2-2XE(X)+[E(X)]^2\}\\&=E(X^2)-2E(X)E(X)+[E(X)]^2\\&=E(X^2)-[E(X)]^2.\end{aligned}$$

例 2 设随机变量 X 的概率密度为

$$f(x)=\begin{cases}1+x, & -1<x<0,\\1-x, & 0\leqslant x<1,\\0, & \text{其他}.\end{cases}$$

求(1) $D(X)$;(2) $D(X^2)$.

解 由方差的简化计算公式,有

(1) $$E(X)=\int_{-1}^{0}x(1+x)\mathrm{d}x+\int_{0}^{1}x(1-x)\mathrm{d}x=0,$$

$$E(X^2)=\int_{-1}^{0}x^2(1+x)\mathrm{d}x+\int_{0}^{1}x^2(1-x)\mathrm{d}x=\frac{1}{6},$$

所以 $$D(X)=E(X^2)-[E(X)]^2=\frac{1}{6}.$$

(2) $$E(X^4)=\int_{-1}^{0}x^4(1+x)\mathrm{d}x+\int_{0}^{1}x^4(1-x)\mathrm{d}x=\frac{1}{15},$$

所以 $$D(X^2)=E(X^4)-[E(X^2)]^2=\frac{1}{15}-\left(\frac{1}{6}\right)^2=\frac{7}{180}.$$

例 3 设随机变量(X,Y)的联合点分布在以点$(0,1)$,点$(1,0)$,点$(1,1)$为顶点的三角形区域上服从均匀分布,试求随机变量 $Z=X+Y$ 的期望与方差.

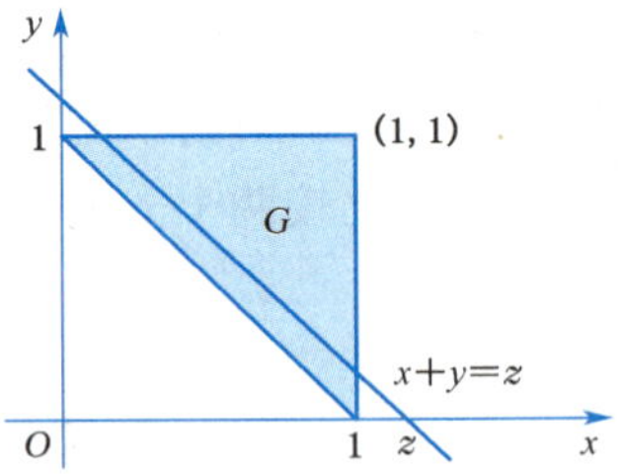

图 4-2 例 3 的非零密度函数区域

解 三角形区域 G 如图 4-2 所示,G 的面积为$\frac{1}{2}$,所以(X,Y)的联合概率密度为

$$f(x,y)=\begin{cases}2, & (x,y)\in G,\\0, & (x,y)\notin G.\end{cases}$$

解法 1 $$E(X+Y)=\int_{-\infty}^{+\infty}\int_{-\infty}^{+\infty}(x+y)f(x,y)\mathrm{d}x\mathrm{d}y=\int_{0}^{1}\mathrm{d}x\int_{1-x}^{1}2(x+y)\mathrm{d}y$$

$$=\int_{0}^{1}(x^2+2x)\mathrm{d}x=\left(\frac{x^3}{3}+x^2\right)\Big|_{0}^{1}=\frac{4}{3}.$$

$$E[(X+Y)^2]=\int_{-\infty}^{+\infty}\int_{-\infty}^{+\infty}(x+y)^2 f(x,y)\mathrm{d}x\mathrm{d}y$$

$$=\int_0^1\mathrm{d}x\int_{1-x}^{1}2(x+y)^2\mathrm{d}y$$

$$=\frac{2}{3}\int_0^1(x^3+3x^2+3x)\mathrm{d}x=\frac{11}{6}.$$

所以　$D(X+Y)=E[(X+Y)^2]-[E(X+Y)]^2=\frac{1}{18}.$

解法 2　分两步进行，第一步先求出函数 Z 的概率密度，第二步计算 Z 的期望与方差. 设 Z 的概率密度为 $f(z)$，则由卷积公式，可知

$$f(z)=\int_{-\infty}^{+\infty}f(x,z-x)\mathrm{d}x.$$

而由 $f(x,z-x)$ 的定义知，仅当满足

$$\begin{cases}1\leqslant x+y\leqslant 2,\\0\leqslant x\leqslant 1,\\0\leqslant y\leqslant 1\end{cases}\Rightarrow\begin{cases}1\leqslant x+z-x\leqslant 2,\\0\leqslant x\leqslant 1,\\0\leqslant z-x\leqslant 1\end{cases}\Rightarrow\begin{cases}1\leqslant z\leqslant 2,\\0\leqslant x\leqslant 1,\\z-1\leqslant x\leqslant z\end{cases}\Rightarrow\begin{cases}1\leqslant z\leqslant 2,\\z-1\leqslant x\leqslant 1\end{cases}$$

时，上面的被积函数才不等于 0，由此可得

$$f(z)=\int_{-\infty}^{+\infty}f(x,z-x)\mathrm{d}x\xlongequal{1\leqslant z\leqslant 2}\int_{z-1}^{1}2\mathrm{d}x=2(2-z),$$

从而

$$f_z(z)=\begin{cases}2(2-z), & 1\leqslant z\leqslant 2,\\0, & \text{其他}.\end{cases}$$

$$E(X+Y)=E(Z)=\int_{-\infty}^{+\infty}zf_Z(z)\mathrm{d}z=\int_1^2 z\cdot 2(2-z)\mathrm{d}z=\frac{4}{3},$$

$$E[(X+Y)^2]=E(Z^2)=\int_{-\infty}^{+\infty}z^2 f_Z(z)\mathrm{d}z=\int_1^2 z^2\cdot 2(2-z)\mathrm{d}z=\frac{11}{6},$$

$$D(X+Y)=D(Z)=E(Z^2)-[E(Z)]^2=\frac{1}{18}.$$

4.2.4　方差的性质

性质 1　设 C 为常数，则 $D(C)=0$，$D(X+C)=D(X)$.

性质 2　若 X 是随机变量，若 k 是常数，则

$$D(kX)=k^2D(X).\tag{4.2.4}$$

性质 3　设 X，Y 是两个随机变量，则

$$D(X\pm Y)=D(X)+D(Y)\pm 2E\{[X-E(X)][Y-E(Y)]\}.\tag{4.2.5}$$

特别地，若 X，Y 相互独立，则

$$D(X \pm Y)=D(X)+D(Y). \tag{4.2.6}$$

证明 $D(X \pm Y)=E\{[X \pm Y-E(X \pm Y)]^2\}=E\{[(X-E(X)) \pm (Y-E(Y))]^2\}$

$$=E\{[X-E(X)]^2\}+E\{[Y-E(Y)]^2\} \pm 2E\{[X-E(X)][Y-E(Y)]\}.$$

当 X, Y 相互独立时，$X-E(X)$ 与 $Y-E(Y)$ 也相互独立，由数学期望的性质有

$$2E\{[X-E(X)][Y-E(Y)]\}=2E\{X-E(X)E[Y-E(Y)]\}=0,$$

因此有 $D(X \pm Y)=D(X)+D(Y)$.

注 对 n 维情形，若 $X_1, X_2, \cdots, X_n$ 相互独立，则

$$D\left[\sum_{i=1}^{n} X_i\right]=\sum_{i=1}^{n} D(X_i).$$

性质 4 对于任意常数 C，有 $D(X)=E[X-E(X)]^2 \leqslant E(X-C)^2$.

证明 对于任意常数 C，有

$$\begin{aligned} E(X-C)^2 &=E\{[X-E(X)]+[E(X)-C]\}^2 \\ &=E\{[X-E(X)]^2+[(E(X)-C]^2+2[X-E(X)][E(X)-C]\} \\ &=D(X)+E[E(X)-C]^2=D(X)+[E(X)-C]^2 \geqslant D(X). \end{aligned}$$

4.2.5 常见分布的数学期望和方差

1. 0—1 分布的期望和方差

例 4 设随机变量 X 具有 0—1 分布，其分布律为

$$P\{X=0\}=1-p, \quad P\{X=1\}=p.$$

求 $E(X)$，$D(X)$.

解 $E(X)=0 \cdot (1-p)+1 \cdot p=p$,

$E(X^2)=0^2 \cdot (1-p)+1^2 \cdot p=p$,

故 $D(X)=E(X^2)-[E(X)]^2=p-p^2=p(1-p)$.

2. 二项分布的期望和方差

例 5 设 $X \sim b(n, p)$，求 $E(X)$，$D(X)$.

解 X 表示 n 重伯努利试验中“成功”的次数. 若设

$$X_i=\begin{cases}1, & \text{第 } i \text{ 次试验成功}, \\ 0, & \text{第 } i \text{ 次试验失败},\end{cases} \quad i=1, 2, \cdots, n.$$

则 $X=\sum_{i=1}^{n} X_i$ 是 n 次试验中“成功”的次数，且 X_i 服从 0—1 分布.

$$E(X_i)=P\{X_i=1\}=p, \quad E(X_i^2)=p, \quad E(X)=E\left(\sum_{i=1}^{n} X_i\right)=np.$$

故　$D(X_i)=E(X_i^2)-[E(X_i)]^2=p-p^2=p(1-p)$，$i=1, 2, \cdots, n$.

由于 X_1，X_2，…，X_n 相互独立，于是 $D(X)=\sum_{i=1}^{n}D(X_i)=np(1-p)$.

3. 泊松分布的期望和方差

例 6　设 $X\sim P(\lambda)$，求 $E(X)$，$D(X)$.

解　X 的分布律为 $P\{X=k\}=\dfrac{\lambda^k e^{-\lambda}}{k!}$，$k=0, 1, 2, \cdots$；$\lambda>0$，

则 $E(X)=\sum_{k=0}^{\infty}k\cdot\dfrac{\lambda^k e^{-\lambda}}{k!}=\lambda e^{-\lambda}\sum_{k=1}^{\infty}\dfrac{\lambda^{k-1}}{(k-1)!}=\lambda e^{-\lambda}\cdot e^{\lambda}=\lambda$.

而

$$\begin{aligned}E(X^2)&=E[X(X-1)+X]=E[X(X-1)]+E(X)\\&=\sum_{k=0}^{\infty}k(k-1)\frac{\lambda^k e^{-\lambda}}{k!}+\lambda=\lambda^2 e^{-\lambda}\sum_{k=2}^{\infty}\frac{\lambda^{k-2}}{(k-2)!}+\lambda\\&=\lambda^2 e^{-\lambda}e^{\lambda}+\lambda=\lambda^2+\lambda.\end{aligned}$$

故方差 $D(X)=E(X^2)-[E(X)]^2=\lambda$.

由此可知，泊松分布的数学期望与方差相等，都等于参数 λ. 因为泊松分布只含有一个参数 λ，只要知道它的数学期望或方差就能完全确定它的分布了.

4. 均匀分布的期望和方差

例 7　设 $X\sim U(a, b)$，求 $E(X)$，$D(X)$.

解　X 的概率密度为

$$f(x)=\begin{cases}\dfrac{1}{b-a}, & a<x<b,\\ 0, & 其他.\end{cases}$$

而

$$E(X)=\int_{-\infty}^{+\infty}xf(x)dx=\int_a^b\frac{x}{b-a}dx=\frac{a+b}{2},$$

故所求方差为

$$D(X)=E(X^2)-[E(X)]^2=\int_a^b x^2\frac{1}{b-a}dx-\left(\frac{a+b}{2}\right)^2=\frac{(b-a)^2}{12}.$$

5. 指数分布的期望和方差

例 8　设随机变量 X 服从指数分布，其概率密度为

$$f(x)=\begin{cases}\dfrac{1}{\theta}e^{-\frac{x}{\theta}}, & x>0,\\ 0, & x\leqslant 0,\end{cases}$$

其中，$\theta>0$，求 $E(X)$，$D(X)$.

解　$E(X)=\int_{-\infty}^{+\infty}xf(x)dx=\int_0^{+\infty}x\dfrac{1}{\theta}e^{-\frac{x}{\theta}}dx=-xe^{-\frac{x}{\theta}}\Big|_0^{+\infty}+\int_0^{+\infty}e^{-\frac{x}{\theta}}dx=\theta$，

$$E(X^2)=\int_{-\infty}^{+\infty}x^2f(x)\mathrm{d}x=\int_0^{+\infty}x^2\frac{1}{\theta}\mathrm{e}^{-\frac{x}{\theta}}\mathrm{d}x=-x^2\mathrm{e}^{-\frac{x}{\theta}}\Big|_0^{+\infty}+\int_0^{+\infty}2x\mathrm{e}^{-\frac{x}{\theta}}\mathrm{d}x$$
$$=2\theta^2,$$

于是 $D(X)=E(X^2)-[E(X)]^2=2\theta^2-\theta^2=\theta^2.$

即有 $E(X)=\theta$，$D(X)=\theta^2$.

6. 正态分布的期望和方差

例 9 设 $X\sim N(\mu,\sigma^2)$，求 $E(X)$，$D(X)$.

解 先求标准正态变量 $Z=\dfrac{X-\mu}{\sigma}$的数学期望和方差. 因为 Z 的概率密度为

$$\varphi(t)=\frac{1}{\sqrt{2\pi}}\mathrm{e}^{-\frac{t^2}{2}},\quad -\infty<t<+\infty.$$

于是 $$E(Z)=\frac{1}{\sqrt{2\pi}}\int_{-\infty}^{+\infty}t\mathrm{e}^{-\frac{t^2}{2}}\mathrm{d}t=\frac{-1}{\sqrt{2\pi}}\mathrm{e}^{-\frac{t^2}{2}}\Big|_{-\infty}^{+\infty}=0,$$

$$D(Z)=E(Z^2)-[E(Z)]^2=\frac{1}{\sqrt{2\pi}}\int_{-\infty}^{+\infty}t^2\mathrm{e}^{-\frac{t^2}{2}}\mathrm{d}t=-\frac{1}{\sqrt{2\pi}}\int_{-\infty}^{+\infty}t\mathrm{d}(\mathrm{e}^{-\frac{t^2}{2}})$$
$$=-\frac{t}{\sqrt{2\pi}}\mathrm{e}^{-\frac{t^2}{2}}\Big|_{-\infty}^{+\infty}+\frac{1}{\sqrt{2\pi}}\int_{-\infty}^{+\infty}\mathrm{e}^{-\frac{t^2}{2}}\mathrm{d}t=\frac{1}{\sqrt{\pi}}\int_{-\infty}^{+\infty}\mathrm{e}^{-\left(\frac{t}{\sqrt{2}}\right)^2}\mathrm{d}\left(\frac{t}{\sqrt{2}}\right)=1,$$

其中，利用泊松积分$\int_{-\infty}^{+\infty}\mathrm{e}^{-x^2}\mathrm{d}x=\sqrt{\pi}$.

由 $Z=\dfrac{X-\mu}{\sigma}$ 知，$X=\mu+\sigma Z$，得

$$E(X)=E(\mu+\sigma Z)=\mu,$$
$$D(X)=D(\mu+\sigma Z)=D(\sigma Z)=\sigma^2D(Z)=\sigma^2.$$

这就是说，正态分布的概率密度中的两个参数 μ 和 σ 分别是该分布的数学期望和均方差，因而正态分布完全可由它的数学期望和方差所确定.

习题 4-2

1. 设随机变量 X 的分布律见表 4-15. (1) 求 $E(X)$，$D(X)$；(2) $Y=X^2+1$，求 $E(Y)$，$D(Y)$.

表 4-15

X	-1	0	1
p_i	$\frac{1}{2}$	$\frac{1}{3}$	$\frac{1}{6}$

2. 设随机变量 X 具有密度函数

$$f(x)=\begin{cases}x, & 0\leqslant x<1,\\ 2-x, & 1\leqslant x\leqslant 2,\\ 0, & \text{其他}.\end{cases}$$

求 $E(X)$, $D(X)$.

*3. 设一次试验成功的概率为 p,进行 100 次独立重复试验,当 p 为多少时,成功次数的标准差的值最大,其值为多少?

*4. 设随机变量 X 服从几何分布, 概率函数

$$P\{X=k\}=p(1-p)^{k-1},\quad k=1,2,\cdots,n.$$

其中, $0<p<1$, 求 $E(X)$, $D(X)$.

*5. 若外观相像的 N 把钥匙,只有一把能打开门锁,随机地试用这些钥匙开门, X 为打开门锁所试用的次数,在下列两种情况下求 $E(X)$和 $D(X)$.

(1) 把每次试用过的钥匙分开; (2) 把每次试用过的钥匙混进去.

6. 设随机变量 X 服从泊松分布,且

$$3P\{X=1\}+2P\{X=2\}=4P\{X=0\}.$$

求(1) 参数 λ 的值; (2) X 的期望与方差.

7. 设随机变量 X_1, X_2, X_3, X_4 相互独立,且有 $E(X_i)=i$, $D(X_i)=5-i$, $i=1,2,3,4$. 设 $Y=2X_1-X_2+3X_3-\frac{1}{2}X_4$,求 $E(Y)$, $D(Y)$.

8. 设 X, $Y\sim N(0,1)$且 X, Y 相互独立,求 $E(X^2+Y^2)$, $D(X^2+Y^2)$.

*9. 设 $f(x)=E(X-x)^2$, $x\in\mathbf{R}$, 证明:当 $x=E(X)$时, $f(x)$达到最小值.

10. 设随机变量 X 和 Y 相互独立, 试证:

$$D(XY)=D(X)D(Y)+[E(X)]^2D(Y)+[E(Y)]^2D(X).$$

4.3　协方差、相关系数和矩

对于两个随机变量 X 和 Y,除了它们各自的数学期望和方差之外,还有 X 和 Y 的联合数字特征,其中最常用和最重要的是协方差和相关系数. 对于多个随机变量,最重要的数字特征也是各个变量的期望、方差,以及它们两两的协方差和相关系数;其他联合数字特征一般都可以由上述四种数字特征表示. 我们已经介绍了期望和方差,现在介绍协方差和相关系数.

4.3.1　协方差和相关系数的概念及其性质

1. 协方差的定义

定义 1　设(X, Y)为二维随机向量,若 $E\{[X-E(X)][Y-E(Y)]\}$存在, 则称其为随机变量 X 和 Y 的协方差, 记为 $\mathrm{Cov}(X, Y)$,即

$$\mathrm{Cov}(X,Y)=E\{[X-E(X)][Y-E(Y)]\}. \tag{4.3.1}$$

按定义,若(X, Y)为离散型随机向量,其概率分布为

$$P\{X=x_i, Y=y_j\}=p_{ij},\quad i,j=1,2,\cdots,$$

则

$$\mathrm{Cov}(X,Y)=\sum_{i,j}\{[x_i-E(X)][y_j-E(Y)]\}\cdot p_{ij}. \tag{4.3.2}$$

若(X, Y)为连续型随机向量，其概率密度为$f(x, y)$，则

$$\mathrm{Cov}(X, Y)=\int_{-\infty}^{+\infty}\int_{-\infty}^{+\infty}[x-E(X)][y-E(Y)]f(x, y)\mathrm{d}x\mathrm{d}y. \tag{4.3.3}$$

2. 协方差的简化计算公式

此外，利用数学期望的性质，易将协方差的计算化简.

$$\begin{aligned}\mathrm{Cov}(X, Y)&=E\{[X-E(X)][Y-E(Y)]\}\\&=E(XY)-E(X)E(Y)-E(Y)E(X)+E(X)E(Y)\\&=E(XY)-E(X)E(Y).\end{aligned} \tag{4.3.4}$$

特别地，当X与Y独立时，有$\mathrm{Cov}(X, Y)=0$.

3. 协方差的性质

协方差有如下基本性质：

(1) $\mathrm{Cov}(X, X)=D(X)$;

(2) $\mathrm{Cov}(X, Y)=\mathrm{Cov}(Y, X)$;

(3) $\mathrm{Cov}(aX, bY)=ab\mathrm{Cov}(X, Y)$，其中$a$，$b$是常数；

(4) $\mathrm{Cov}(C, X)=0$，C为任意常数；

(5) $\mathrm{Cov}(X_1+X_2, Y)=\mathrm{Cov}(X_1, Y)+\mathrm{Cov}(X_2, Y)$;

(6) 若X与Y相互独立时，则$\mathrm{Cov}(X, Y)=0$.

随机变量和的方差与协方差有如下关系：

$$D(X\pm Y)=D(X)+D(Y)\pm 2\mathrm{Cov}(X, Y). \tag{4.3.5}$$

特别地，若X与Y相互独立，则

$$D(X\pm Y)=D(X)+D(Y).$$

4. 相关系数的定义

定义 2 设(X, Y)为二维随机变量，$D(X)>0$，$D(Y)>0$，称

$$\rho_{XY}=\frac{\mathrm{Cov}(X, Y)}{\sqrt{D(X)D(Y)}} \tag{4.3.6}$$

为随机变量X和Y的**相关系数**. 有时也记ρ_{XY}为ρ. 特别地，当$\rho_{XY}=0$时，称X与Y不相关.

5. 相关系数的性质

性质 1 $|\rho_{XY}|\leqslant 1$.

性质 2 若X和Y相互独立，则$\rho_{XY}=0$，即X与Y不相关.

性质 3 若$D(X)>0$，$D(Y)>0$，则$|\rho_{XY}|=1$，当且仅当存在常数a，$b(a\neq 0)$，使$P\{Y=aX+b\}=1$，且当$a>0$时，$\rho_{XY}=1$；当$a<0$时，$\rho_{XY}=-1$.

注 (1) 相关系数ρ_{XY}刻画了随机变量Y与X之间的“线性相关”程度.

$|\rho_{XY}|$的值越接近1，Y与X的线性相关程度越高；

$|\rho_{XY}|$的值越近于0，Y与X的线性相关程度越弱.

当$|\rho_{XY}|=1$时，Y的变化可完全由X的线性函数给出.

当 $\rho_{XY}=0$ 时，Y 与 X 之间不是线性关系.

(2) 当 $\rho_{XY}=0$ 时，只说明 Y 与 X 没有线性关系，并不能说明 Y 与 X 之间没有其他函数关系，从而不能推出 Y 与 X 独立.

性质 4 设 $e=E[Y-(aX+b)]^2$，称为用 $aX+b$ 来近似 Y 的均方误差，则有下列结论.

设 $D(X)>0$, $D(Y)>0$，则 $a_0=\dfrac{\operatorname{Cov}(X,Y)}{D(X)}$，$b_0=E(Y)-a_0E(X)$ 使均方误差达到最小.

***证明** $e=E[Y-(aX+b)]^2$

$$=E(Y^2)+a^2E(X^2)+b^2-2aE(XY)+2abE(X)-2bE(Y).$$

由 $$\begin{cases}\dfrac{\partial e}{\partial a}=2aE(X^2)-2E(XY)+2bE(X)=0,\\[2mm] \dfrac{\partial e}{\partial b}=2b+2aE(X)-2E(Y)=0,\end{cases}$$

解得方程的唯一解：$a_0=\dfrac{\operatorname{Cov}(X,Y)}{D(X)}$，$b_0=E(Y)-a_0E(X)$.

6. 协方差和相关系数的计算

例 1 已知离散型随机变量 (X,Y) 的概率分布见表 4-16. 求(1) $\operatorname{Cov}(X,Y)$；(2) ρ_{XY}.

表 4-16

$X\backslash Y$	1	2	3
1	0	$\frac{1}{6}$	$\frac{1}{12}$
2	$\frac{1}{6}$	$\frac{1}{6}$	$\frac{1}{6}$
3	$\frac{1}{12}$	$\frac{1}{6}$	0

解 容易求得 X 的概率分布为 $P\{X=1\}=\dfrac{1}{4}$，$P\{X=2\}=\dfrac{1}{2}$，$P\{X=3\}=\dfrac{1}{4}$，即

X	1	2	3
p_i	$\frac{1}{4}$	$\frac{1}{2}$	$\frac{1}{4}$

Y 的概率分布为 $P\{Y=1\}=\dfrac{1}{4}$，$P\{Y=2\}=\dfrac{1}{2}$，$P\{Y=3\}=\dfrac{1}{4}$，即

Y	1	2	3
p_i	$\frac{1}{4}$	$\frac{1}{2}$	$\frac{1}{4}$

$$E(X)=1\times\frac{1}{4}+2\times\frac{1}{2}+3\times\frac{1}{4}=2,$$

$$E(Y)=1\times\frac{1}{4}+2\times\frac{1}{2}+3\times\frac{1}{4}=2,$$

$$\begin{aligned}E(XY)&=\sum_i\sum_j x_iy_jp_{ij}\\&=2\times\frac{1}{6}+3\times\frac{1}{12}+2\times\frac{1}{6}+4\times\frac{1}{6}+6\times\frac{1}{6}+3\times\frac{1}{12}+6\times\frac{1}{6}=\frac{23}{6},\end{aligned}$$

$$E(X^2)=1^2\times\frac{1}{4}+2^2\times\frac{1}{2}+3^2\times\frac{1}{4}=\frac{9}{2},$$

$$E(Y^2)=1^2\times\frac{1}{4}+2^2\times\frac{1}{2}+3^2\times\frac{1}{4}=\frac{9}{2},$$

$$D(X)=E(X^2)-[E(X)]^2=\frac{9}{2}-2^2=\frac{1}{2},$$

$$D(Y)=E(Y^2)-[E(Y)]^2=\frac{9}{2}-2^2=\frac{1}{2},$$

$$\mathrm{Cov}(X,Y)=E(XY)-E(X)E(Y)=\frac{23}{6}-2\times2=-\frac{1}{6},$$

$$\rho_{XY}=\frac{\mathrm{Cov}(X,Y)}{\sqrt{D(X)}\sqrt{D(Y)}}=\frac{-\frac{1}{6}}{\sqrt{\frac{1}{2}}\sqrt{\frac{1}{2}}}=-\frac{1}{3}.$$

例 2 已知随机变量(X,Y)具有概率密度

$$f(x,y)=\begin{cases}\frac{1}{8}(x+y), & 0\leqslant x\leqslant 2,\ 0\leqslant y\leqslant 2,\\ 0, & \text{其他}.\end{cases}$$

求$E(X)$，$E(Y)$，$\mathrm{Cov}(X,Y)$，ρ_{XY}，$D(X+Y)$.

解 $E(X)=\int_{-\infty}^{+\infty}\int_{-\infty}^{+\infty}xf(x,y)\mathrm{d}y\mathrm{d}x=\int_0^2\int_0^2 x\cdot\frac{1}{8}(x+y)\mathrm{d}y\mathrm{d}x=\frac{7}{6}$,

$$E(Y)=\int_{-\infty}^{+\infty}\int_{-\infty}^{+\infty}yf(x,y)\mathrm{d}x\mathrm{d}y=\int_0^2\int_0^2 y\cdot\frac{1}{8}(x+y)\mathrm{d}x\mathrm{d}y=\frac{7}{6},$$

$$\begin{aligned}E(XY)&=\int_{-\infty}^{+\infty}\int_{-\infty}^{+\infty}xyf(x,y)\mathrm{d}y\mathrm{d}x=\int_0^2\int_0^2 xy\cdot\frac{1}{8}(x+y)\mathrm{d}x\mathrm{d}y\\&=\int_0^2\frac{1}{8}\left(\frac{8}{3}y+2y^2\right)\mathrm{d}y=\frac{4}{3},\end{aligned}$$

$$\mathrm{Cov}(X,Y)=E(XY)-E(X)E(Y)=\frac{4}{3}-\frac{7}{6}\times\frac{7}{6}=-\frac{1}{36},$$

$$E(X^2)=\int_{-\infty}^{+\infty}\int_{-\infty}^{+\infty}x^2f(x,y)\mathrm{d}y\mathrm{d}x=\int_0^2\int_0^2x^2\cdot\frac{1}{8}(x+y)\mathrm{d}y\mathrm{d}x$$
$$=\frac{1}{4}\int_0^2(x^3+x^2)\mathrm{d}x=\frac{5}{3},$$

$$E(Y^2)=\int_{-\infty}^{+\infty}\int_{-\infty}^{+\infty}y^2f(x,y)\mathrm{d}x\mathrm{d}y=\int_0^2\int_0^2y^2\cdot\frac{1}{8}(x+y)\mathrm{d}x\mathrm{d}y$$
$$=\frac{1}{4}\int_0^2(y^3+y^2)\mathrm{d}y=\frac{5}{3}.$$

所以，$D(X)=E(X^2)-[E(X)]^2=\frac{5}{3}-\left(\frac{7}{6}\right)^2=\frac{11}{36}$,

$$D(Y)=E(Y^2)-[E(Y)]^2=\frac{5}{3}-\left(\frac{7}{6}\right)^2=\frac{11}{36},$$

$$\rho_{XY}=\frac{\mathrm{Cov}(X,Y)}{\sqrt{D(X)D(Y)}}=\frac{-\frac{1}{36}}{\frac{11}{36}}=-\frac{1}{11},$$

$$D(X+Y)=D(X)+D(Y)+2\mathrm{Cov}(X,Y)=\frac{11}{36}+\frac{11}{36}-2\times\frac{1}{36}=\frac{5}{9}.$$

***例 3**　假设随机变量 X 和 Y 的数学期望都等于 1，方差皆为 2，其相关系数为 0.25，求随机变量 $U=X+2Y$ 和 $V=X-2Y$ 的相关系数 ρ.

解　首先求 U 和 V 的数学期望和方差.

$$E(U)=E(X+2Y)=3,\quad E(V)=E(X-2Y)=-1.$$

由条件知

$$\mathrm{Cov}(X,Y)=0.25\times2=0.5,\quad \mathrm{Cov}(X,-2Y)=-2\mathrm{Cov}(X,Y)=-1,$$

因此

$$D(U)=D(X+2Y)=D(X)+4D(Y)+2\mathrm{Cov}(X,2Y)=12,$$
$$D(V)=D(X-2Y)=D(X)+4D(Y)+2\mathrm{Cov}(X,-2Y)=8.$$

注意到

$$UV=X^2-4Y^2,\quad E(X^2)=E(Y^2)=D(Y)+(E(Y))^2=3,$$

有

$$\mathrm{Cov}(U,V)=E(UV)-E(U)E(V)=E(X^2-4Y^2)-E(U)E(V)$$
$$=E(X^2)-4E(Y^2)-E(U)E(V)$$
$$=3-12+3=-6.$$

从而，随机变量 $U=X+2Y$ 和 $V=X-2Y$ 的相关系数为

$$\rho=\frac{\mathrm{Cov}(U,V)}{\sqrt{D(U)D(V)}}=\frac{-6}{4\sqrt{6}}=-\frac{\sqrt{6}}{4}\approx-0.6124.$$

例 4 设随机变量(X,Y)的分布律见表 4-17.

表 4-17

$Y\backslash X$	-1	0	1
-1	$\frac{1}{8}$	$\frac{1}{8}$	$\frac{1}{8}$
0	$\frac{1}{8}$	0	$\frac{1}{8}$
1	$\frac{1}{8}$	$\frac{1}{8}$	$\frac{1}{8}$

试验证 X 和 Y 是不相关的，且 X 和 Y 不相互独立.

证明 先求 X 和 Y 的边缘分布律(表 4-18).

表 4-18

$Y\backslash X$	-1	0	1	$P\{Y=y_j\}$
-1	$\frac{1}{8}$	$\frac{1}{8}$	$\frac{1}{8}$	$\frac{3}{8}$
0	$\frac{1}{8}$	0	$\frac{1}{8}$	$\frac{2}{8}$
1	$\frac{1}{8}$	$\frac{1}{8}$	$\frac{1}{8}$	$\frac{3}{8}$
$P\{X=x_i\}$	$\frac{3}{8}$	$\frac{2}{8}$	$\frac{3}{8}$	1

因为 $P\{X=0,Y=0\}\neq P\{X=0\}P\{Y=0\}$，所以 X 和 Y 不相互独立.

又 $$E(X)=-1\times\frac{3}{8}+1\times\frac{3}{8}=0,\quad E(Y)=-1\times\frac{3}{8}+1\times\frac{3}{8}=0,$$

$$\begin{aligned}E(XY)&=\sum_i\sum_j x_iy_jp_{ij}\\&=(-1)\times(-1)\times\frac{1}{8}+(-1)\times1\times\frac{1}{8}+1\times(-1)\times\frac{1}{8}+1\times1\times\frac{1}{8}=0.\end{aligned}$$

于是，$\mathrm{Cov}(X,Y)=E(XY)-E(X)E(Y)=0$，所以 $\rho_{XY}=0$.

因此，X 和 Y 是不相关的.

例 5 设(X,Y)服从单位圆域 $x^2+y^2\leqslant1$ 上的均匀分布(图 4-3)，试验证 X 和 Y 是不相关的，且 X 和 Y 不相互独立.

证明 因为(X,Y)服从单位圆域 $x^2+y^2\leqslant1$ 上的均匀分布，则随机变量(X,Y)的概率密度为

$$f(x,y)=\begin{cases}\frac{1}{\pi}, & x^2+y^2\leqslant1,\\0, & \text{其他}.\end{cases}$$

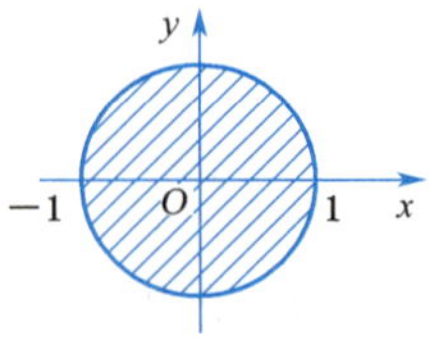

图 4-3 例 5 的非零密度函数区域

关于 X 的边缘概率密度为

$$f_X(x)=\int_{-\infty}^{+\infty}f(x,y)\mathrm{d}y=\begin{cases}\int_{-\sqrt{1-x^2}}^{\sqrt{1-x^2}}\dfrac{1}{\pi}\mathrm{d}y=\dfrac{2}{\pi}\sqrt{1-x^2}, & -1\leqslant x\leqslant 1,\\ 0, & \text{其他}.\end{cases}$$

同理,关于 Y 的边缘概率密度为

$$f_Y(y)=\int_{-\infty}^{+\infty}f(x,y)\mathrm{d}x=\begin{cases}\int_{-\sqrt{1-y^2}}^{\sqrt{1-y^2}}\dfrac{1}{\pi}\mathrm{d}x=\dfrac{2}{\pi}\sqrt{1-y^2}, & -1\leqslant y\leqslant 1,\\ 0, & \text{其他}.\end{cases}$$

显然,当 $x^2+y^2\leqslant 1$ 时,$f(x,y)\neq f_X(x)f_Y(y)$,从而 X,Y 不独立.

因为 $E(X)=\int_{-\infty}^{+\infty}\int_{-\infty}^{+\infty}xf(x,y)\mathrm{d}x\mathrm{d}y=\dfrac{1}{\pi}\iint\limits_{x^2+y^2\leqslant 1}x\mathrm{d}x\mathrm{d}y=0$,

同理,$E(Y)=\int_{-\infty}^{+\infty}\int_{-\infty}^{+\infty}yf(x,y)\mathrm{d}x\mathrm{d}y=0$,

于是有 $$E(XY)=\int_{-\infty}^{+\infty}\int_{-\infty}^{+\infty}xyf(x,y)\mathrm{d}x\mathrm{d}y=\frac{1}{\pi}\iint\limits_{x^2+y^2\leqslant 1}xy\mathrm{d}x\mathrm{d}y=0,$$

因而,$\mathrm{Cov}(X,Y)=E(XY)-E(X)E(Y)=0$,即 $\rho_{XY}=0$,因此,X 和 Y 是不相关的.

***例 6**　设二维随机变量 $(X,Y)\sim N(\mu_1,\mu_2,\sigma_1,\sigma_2,\rho)$,求相关系数 ρ_{XY}.

解　根据二维正态分布的边缘概率密度知

$$E(X)=\mu_1,\quad E(Y)=\mu_2,\quad D(X)=\sigma_1^2,\quad D(Y)=\sigma_2^2,$$

而

$$\begin{aligned}\mathrm{Cov}(X,Y)&=\int_{-\infty}^{+\infty}\int_{-\infty}^{+\infty}(x-\mu_1)(y-\mu_2)f(x,y)\mathrm{d}x\mathrm{d}y\\&=\frac{1}{2\pi\sigma_1\sigma_2\sqrt{1-\rho^2}}\int_{-\infty}^{+\infty}\int_{-\infty}^{+\infty}(x-\mu_1)(y-\mu_2)\cdot\\&\quad\exp\left\{\frac{-1}{2(1-\rho^2)}\left(\frac{y-\mu_2}{\sigma_2}-\rho\frac{x-\mu_1}{\sigma_1}\right)^2-\frac{(x-\mu_1)^2}{2\sigma_1^2}\right\}\mathrm{d}x\mathrm{d}y.\end{aligned}$$

令 $t=\dfrac{1}{\sqrt{1-\rho^2}}\left(\dfrac{y-\mu_2}{\sigma_2}-\rho\dfrac{x-\mu_1}{\sigma_1}\right)$,$u=\dfrac{x-\mu_1}{\sigma_1}$,则

$$\begin{aligned}\mathrm{Cov}(X,Y)&=\frac{1}{2\pi}\int_{-\infty}^{+\infty}\int_{-\infty}^{+\infty}(\sigma_1\sigma_2\sqrt{1-\rho^2}\,tu+\rho\sigma_1\sigma_2u^2)\mathrm{e}^{-\frac{u^2+t^2}{2}}\mathrm{d}t\mathrm{d}u\\&=\frac{\rho\sigma_1\sigma_2}{2\pi}\left(\int_{-\infty}^{+\infty}u^2\mathrm{e}^{-\frac{u^2}{2}}\mathrm{d}u\right)\left(\int_{-\infty}^{+\infty}\mathrm{e}^{-\frac{t^2}{2}}\mathrm{d}t\right)+\frac{\sigma_1\sigma_2\sqrt{1-\rho^2}}{2\pi}\left(\int_{-\infty}^{+\infty}u\mathrm{e}^{-\frac{u^2}{2}}\mathrm{d}u\right)\left(\int_{-\infty}^{+\infty}t\mathrm{e}^{-\frac{t^2}{2}}\mathrm{d}t\right)\\&=\frac{\rho\sigma_1\sigma_2}{2\pi}\sqrt{2\pi}\sqrt{2\pi}=\rho\sigma_1\sigma_2.\end{aligned}$$

即有 $\mathrm{Cov}(X,Y)=\rho\sigma_1\sigma_2$,于是 $\rho_{XY}=\dfrac{\mathrm{Cov}(X,Y)}{\sqrt{D(X)}\sqrt{D(Y)}}=\rho$.

注 从本例的结果可见，二维正态随机变量(X,Y)的分布完全由X和Y各自的数学期望、方差以及它们的相关系数所确定. 此外，易有结论：若(X,Y)服从二维正态分布，则X与Y相互独立，当且仅当X与Y不相关.

4.3.2 矩的概念

设X和Y为随机变量，k，l为正整数，称$E(X^k)$为k阶**原点矩**(简称k阶矩)；$E\{[X-E(X)]^k\}$为k阶**中心矩**；$E(|X|^k)$为k阶**绝对原点矩**；$E(|X-E(X)|^k)$为k阶**绝对中心矩**；$E(X^kY^l)$为X和Y的$k+l$阶**混合矩**；$E\{[X-E(X)]^k[Y-E(Y)]^l\}$为$X$和$Y$的$k+l$阶**混合中心矩**.

注 由定义可见：① X的数学期望$E(X)$是X的一阶原点矩；② X的方差$D(X)$是X的二阶中心矩；③ 协方差$\mathrm{Cov}(X,Y)$是X和Y的二阶混合中心矩.

4.3.3 协方差矩阵

将二维随机变量(X_1,X_2)的四个二阶中心矩

$$c_{11}=E\{[X_1-E(X_1)]^2\},\quad c_{22}=E\{[X_2-E(X_2)]^2\},$$

$$c_{12}=E\{[X_1-E(X_1)][X_2-E(X_2)]\},\quad c_{21}=E\{[X_2-E(X_2)][X_1-E(X_1)]\}$$

排成矩阵的形式：$\begin{pmatrix} c_{11} & c_{12} \\ c_{21} & c_{22} \end{pmatrix}$(对称矩阵)，称此矩阵为$(X_1,X_2)$的**协方差矩阵**.

类似定义n维随机变量$(X_1,X_2,\cdots,X_n)$的协方差矩阵.

若$c_{ij}=\mathrm{Cov}(X_i,X_j)=E\{[X_i-E(X_i)][X_j-E(X_j)]\}$，$i,j=1,2,\cdots,n$都存在，则称

$$\boldsymbol{C}=\begin{pmatrix} c_{11} & c_{12} & \cdots & c_{1n} \\ c_{21} & c_{22} & \cdots & c_{2n} \\ \vdots & \vdots & & \vdots \\ c_{n1} & c_{n2} & \cdots & c_{nn} \end{pmatrix}$$

为$(X_1,X_2,\cdots,X_n)$的协方差矩阵.

*4.3.4 n维正态分布的概率密度和性质

1. n维正态分布的概率密度

先考虑二维正态分布的概率密度，再将其推广到n维情形. 二维正态随机向量(X_1,X_2)的概率密度为

$$f(x_1,x_2)=\frac{1}{2\pi\sigma_1\sigma_2\sqrt{1-\rho^2}}\mathrm{e}^{-\frac{1}{2(1-\rho^2)}\left[\left(\frac{x_1-\mu_1}{\sigma_1}\right)^2-2\rho\left(\frac{x_1-\mu_1}{\sigma_1}\right)\left(\frac{x_2-\mu_2}{\sigma_2}\right)+\left(\frac{x_2-\mu_2}{\sigma_2}\right)^2\right]}.$$

记$\boldsymbol{X}=\begin{pmatrix} x_1 \\ x_2 \end{pmatrix}$，$\boldsymbol{\mu}=\begin{pmatrix} \mu_1 \\ \mu_2 \end{pmatrix}$，协方差矩阵$\boldsymbol{C}=\begin{pmatrix} c_{11} & c_{12} \\ c_{21} & c_{22} \end{pmatrix}$，易验算

$$(\boldsymbol{X}-\boldsymbol{\mu})^{\mathrm{T}}\boldsymbol{C}^{-1}(\boldsymbol{X}-\boldsymbol{\mu})=\frac{1}{(1-\rho^2)}\left[\left(\frac{x_1-\mu_1}{\sigma_1}\right)^2-2\rho\left(\frac{x_1-\mu_1}{\sigma_1}\right)\left(\frac{x_2-\mu_2}{\sigma_2}\right)+\left(\frac{x_2-\mu_2}{\sigma_2}\right)^2\right].$$

故二维正态随机变量(X_1, X_2)的概率密度可用矩阵表示为

$$f(x_1, x_2)=\frac{1}{(2\pi)^{\frac{2}{2}}\,|\boldsymbol{C}|^{\frac{1}{2}}}\exp\left\{-\frac{1}{2}(\boldsymbol{X}-\boldsymbol{\mu})^{\mathrm{T}}\boldsymbol{C}^{-1}(\boldsymbol{X}-\boldsymbol{\mu})\right\},$$

其中$(\boldsymbol{X}-\boldsymbol{\mu})^{\mathrm{T}}$是$(\boldsymbol{X}-\boldsymbol{\mu})$的转置.

进一步,记$\boldsymbol{X}^{\mathrm{T}}=(X_1, X_2, \cdots, X_n)$是一个$n$维随机向量,若它的概率密度为

$$f(x_1, x_2, \cdots, x_n)=\frac{1}{(2\pi)^{\frac{n}{2}}\,|\boldsymbol{C}|^{\frac{1}{2}}}\exp\left\{-\frac{1}{2}(\boldsymbol{X}-\boldsymbol{\mu})^{\mathrm{T}}\boldsymbol{C}^{-1}(\boldsymbol{X}-\boldsymbol{\mu})\right\},$$

则称$\boldsymbol{X}$服从n维正态分布,其中,$\boldsymbol{C}$是$(X_1, X_2, \cdots, X_n)$的协方差矩阵,$|\boldsymbol{C}|$是它的行列式,$\boldsymbol{C}^{-1}$表示$\boldsymbol{C}$的逆矩阵,$\boldsymbol{X}$和$\boldsymbol{\mu}$是n维列向量,$(\boldsymbol{X}-\boldsymbol{\mu})^{\mathrm{T}}$是$(\boldsymbol{X}-\boldsymbol{\mu})$的转置.

2. n 维正态分布的几个重要性质

(1) n维正态变量$(X_1, X_2, \cdots, X_n)$的每一个分量$X_i(i=1, 2, \cdots, n)$都是正态变量;反之,若$(X_1, X_2, \cdots, X_n)$都是正态变量,且相互独立,则$(X_1, X_2, \cdots, X_n)$是n维正态变量.

注　性质中若不具有相互独立性,则反之不一定成立.

(2) n维随机向量$(X_1, X_2, \cdots, X_n)$服从n维正态分布的充分必要条件是$X_1, X_2, \cdots, X_n$的任意非零线性组合$l_1X_1+l_2X_2+\cdots+l_nX_n$均服从一维正态分布.

(3) 若$(X_1, X_2, \cdots, X_n)$服从n维正态分布,设$Y_1, Y_2, \cdots, Y_k$是$X_j(j=1, 2, \cdots, n)$的非零线性组合,则$(Y_1, Y_2, \cdots, Y_k)$服从k维正态分布.

(4) 设$(X_1, X_2, \cdots, X_n)$服从n维正态分布,则$X_1, X_2, \cdots, X_n$相互独立$\Leftrightarrow\rho_{ij}=0(i\neq j)$.

(5) 设$(X_1, X_2, \cdots, X_n)$服从n维正态分布,则$X_1, X_2, \cdots, X_n$相互独立$\Leftrightarrow$协方差矩阵为对角阵.

例 7　设随机变量X和Y相互独立,且$X\sim N(1, 2)$,$Y\sim N(0, 1)$,试求$Z=2X-Y+3$的概率密度.

解　$X\sim N(1, 2)$,$Y\sim N(0, 1)$,且X与Y独立,故X和Y的联合分布为正态分布,X和Y的任意线性组合是正态分布,即

$$Z\sim N(E(Z), D(Z)).$$

由　$E(Z)=2E(X)-E(Y)+3=2+3=5,$

$D(Z)=4D(X)+D(Y)=8+1=9,$

所以$Z\sim N(5, 3^2)$,故Z的概率密度是

$$f_Z(z)=\frac{1}{3\sqrt{2\pi}}\mathrm{e}^{-\frac{(z-5)^2}{18}},\quad -\infty<z<+\infty.$$

习题 4-3

1. 已知离散型随机变量(X, Y)的概率分布见表 4-19. 求 $\mathrm{Cov}(X, Y)$，ρ_{XY}.

表 4-19

$X\backslash Y$	-1	0	2
0	0.1	0.2	0
1	0.3	0.1	0.1
2	0.1	0	0.1

*2. 设 θ 服从$[-\pi, \pi]$上的均匀分布，$X=\sin\theta$，$Y=\cos\theta$，判断 X 与 Y 是否不相关，是否独立.

3. 已知 $X\sim N(1, 3^2)$，$Y\sim N(0, 4^2)$，且 X 与 Y 的相关系数 $\rho_{XY}=-\dfrac{1}{2}$. 设 $Z=\dfrac{X}{3}-\dfrac{Y}{2}$，求 $D(Z)$ 及 ρ_{XZ}.

*4. 假设 $G=\{(x, y)\mid 0\leqslant x\leqslant 2, 0\leqslant y\leqslant 1\}$ 是一矩形，随机变量 X 和 Y 的联合分布是区域 G 上的均匀分布. 考虑随机变量

$$U=\begin{cases}0, & X\leqslant Y,\\ 1, & X>Y;\end{cases}\quad V=\begin{cases}0, & X\leqslant 2Y,\\ 1, & X>2Y.\end{cases}$$

求(1) X 和 Y 的相关系数 ρ；(2) U 和 V 的相关系数 r.

5. 假设随机变量(X, Y)在以点$(0, 1)$，$(1, 0)$，$(1, 1)$为顶点的三角形区域上服从均匀分布. 试求(1) $\mathrm{Cov}(x, y)$；(2) 随机变量 $Z=X+Y$ 的方差.

6. 设连续型随机变量(X, Y)的密度函数为

$$f(x, y)=\begin{cases}8xy, & 0\leqslant x\leqslant y\leqslant 1,\\ 0, & \text{其他}.\end{cases}$$

求 $\mathrm{Cov}(X, Y)$，$D(X+Y)$和 ρ_{XY}.

7. 设(X, Y)的分布律见表 4-20. 试验证 X 和 Y 是不相关的，且 X 和 Y 不相互独立.

表 4-20

$Y\backslash X$	-2	-1	1	2	$P\{Y=y_j\}$
1	0	$\frac{1}{4}$	$\frac{1}{4}$	0	$\frac{1}{2}$
4	$\frac{1}{4}$	0	0	$\frac{1}{4}$	$\frac{1}{2}$
$P\{X=x_i\}$	$\frac{1}{4}$	$\frac{1}{4}$	$\frac{1}{4}$	$\frac{1}{4}$	1

8. 设二维随机变量服从圆域 $G: x^2+y^2\leqslant R^2$ 上的均匀分布.

(1) 证明：X，Y 不独立；(2) 求 $\mathrm{Cov}(X, Y)$.

4.4 大数定律与中心极限定理

大数定律和中心极限定理的研究，在概率论的发展中占重要地位，是概率论成为一门成

熟的数学学科的重要标志之一，而且仍然是现代概率论的重要研究方向之一.

许多情形下，或者掌握不了随机变量的精确分布，或者因精确分布比较繁杂而不便于具体使用. 在类似的情形下人们成功地应用了极限分布. 在第 2 章中已经接触到一个极限定理——泊松定理：当参数 n 充分大而 p 充分小时，参数为 (n, p) 的二项分布的极限分布是泊松分布. 历史上，泊松分布最初就是作为二项分布的极限分布导出的.

大数定律有重要的理论意义，是频率稳定性和大量观测结果平均水平稳定性的数学定理；中心极限定理，是在一定条件下关于“大量随机变量之和的极限分布是正态分布”的一系列定理的总称. 我们只准备介绍实际中最常用的极限定理，其中大数定律包括切比雪夫大数定律、伯努利大数定律和辛钦大数定律；中心极限定理包括林德伯格-勒维定理和棣莫佛-拉普拉斯定理.

4.4.1 依概率收敛

与微积分学中的收敛性的概念类似，在概率论中，也要考虑随机变量序列的收敛性.

定义 1 设 $X_1, X_2, \cdots, X_n, \cdots$ 是一个随机变量序列，a 为一个常数，若对于任意给定的正数 ε，有 $\lim\limits_{n\to\infty}P\{|X_n-a|<\varepsilon\}=1$，则称序列 $X_1, X_2, \cdots, X_n, \cdots$ **依概率收敛**于 a，记为

$$X_n \xrightarrow{P} a \quad (n\to\infty).$$

定理 1 设 $X_n \xrightarrow{P} a$，$Y_n \xrightarrow{P} b$，又设函数 $g(x, y)$ 在点 (a, b) 处连续，则

$$g(X_n, Y_n) \xrightarrow{P} g(a, b).$$

数学家
切比雪夫介绍

4.4.2 切比雪夫不等式

定理 2 设随机变量 X 有期望 $E(X)=\mu$ 和方差 $D(X)=\sigma^2$，则对于任意 $\varepsilon>0$，有

$$P\{|X-\mu|\geqslant\varepsilon\}\leqslant\frac{\sigma^2}{\varepsilon^2}. \tag{4.4.1}$$

上述不等式称为切比雪夫不等式.

证明 这里只证明 X 为连续型随机变量的情形. 设 X 的概率密度为 $f(x)$，则

$$P\{|X-\mu|\geqslant\varepsilon\}=\int_{|x-\mu|\geqslant\varepsilon}f(x)\mathrm{d}x\leqslant\int_{|x-\mu|\geqslant\varepsilon}\frac{|x-\mu|^2}{\varepsilon^2}f(x)\mathrm{d}x$$
$$\leqslant\frac{1}{\varepsilon^2}\int_{-\infty}^{+\infty}(x-\mu)^2f(x)\mathrm{d}x=\frac{\sigma^2}{\varepsilon^2}.$$

注 (1) 切比雪夫不等式也可以写成

$$P\{|X-\mu|<\varepsilon\}\geqslant1-\frac{\sigma^2}{\varepsilon^2}. \tag{4.4.2}$$

(2) 由切比雪夫不等式可以看出，若 σ^2 越小，则事件 $\{|X-E(X)|<\varepsilon\}$ 的概率越大，即随机变量 X 集中在期望附近的可能性越大. 由此可见，方差刻画了随机变量取值的离散程度.

(3) 当方差已知时,切比雪夫不等式给出了 X 与它的期望偏差不小于 ε 的概率的估计式. 如取 $\varepsilon=3\sigma$, 则

$$P\{|X-E(X)|\geqslant 3\sigma\}\leqslant\frac{\sigma^2}{9\sigma^2}\approx 0.111. \tag{4.4.3}$$

故对任意的分布,只要期望和方差 σ^2 存在, 则随机变量 X 取值偏离 $E(X)$ 超过 3σ 的概率小于 0.111.

例 1 已知某城市男性的平均身高为 173 cm,均方差是 7 cm. 利用切比雪夫不等式估计此城市男性身高在 152~194 cm 的概率.

解 设某城市某男性的身高为 X, 依题意有, $\mu=173$, $\sigma^2=7^2$,所求概率为

$$\begin{aligned}P\{152\leqslant X\leqslant 194\}&=P\{152-173\leqslant X-173\leqslant 194-173\}\\&=P\{-21\leqslant X-\mu\leqslant 21\}=P\{|X-\mu|\leqslant 21\}.\end{aligned}$$

由切比雪夫不等式知

$$P\{|X-\mu|\leqslant 21\}\geqslant 1-\frac{\sigma^2}{(21)^2}=1-\left(\frac{7}{21}\right)^2=1-\frac{1}{9}=\frac{8}{9},$$

即此城市男性身高在 152~194 cm 的概率不小于 $\frac{8}{9}$.

4.4.3 大数定律

1. 切比雪夫大数定律

定理 3(切比雪夫大数定律) 设 $X_1, X_2, \cdots, X_n, \cdots$ 是两两不相关的随机变量序列, 它们的数学期望和方差均存在, 且方差有共同的上界, 即 $D(X_i)\leqslant K\ (i=1, 2, \cdots)$,则对任意 $\varepsilon>0$,有

$$\lim_{n\to\infty}P\left\{\left|\frac{1}{n}\sum_{i=1}^{n}X_i-\frac{1}{n}\sum_{i=1}^{n}E(X_i)\right|<\varepsilon\right\}=1. \tag{4.4.4}$$

定理 3′(切比雪夫大数定律的特殊情形) 设随机变量 $X_1, X_2, \cdots, X_n, \cdots$ 相互独立, 且具有相同的数学期望和方差: $E(X_i)=\mu$, $D(X_i)=\sigma^2\ (i=1, 2, \cdots)$. 作前 n 个随机变量的算术平均 $\bar{X}=\frac{1}{n}\sum_{i=1}^{n}X_i$,则对任意的正数 ε,有

$$\lim_{n\to\infty}P\{|\bar{X}-\mu|<\varepsilon\}=\lim_{n\to\infty}P\left\{\left|\frac{1}{n}\sum_{n=1}^{n}X_i-\mu\right|<\varepsilon\right\}=1$$

或

$$\lim_{n\to\infty}P\{|\bar{X}-\mu|\geqslant\varepsilon\}=\lim_{n\to\infty}P\left\{\left|\frac{1}{n}\sum_{n=1}^{n}X_i-\mu\right|\geqslant\varepsilon\right\}=0. \tag{4.4.5}$$

证明 $E(\bar{X})=\frac{1}{n}\sum_{i=1}^{n}E(X_i)=\mu$, $D(\bar{X})=\frac{1}{n^2}\sum_{i=1}^{n}D(X_i)=\frac{\sigma^2}{n}$.

由切比雪夫不等式,得

$$P\{|\bar{X}-\mu|<\varepsilon\}\geqslant 1-\frac{\sigma^2}{n\varepsilon^2}.$$

令 $n\to\infty$，再注意到概率不可能大于 1，即可证得.

注　上述定理表明，当 n 很大时，随机变量序列 $\{X_n\}$ 的算术平均值 $\frac{1}{n}\sum_{i=1}^{n}X_i$ 依概率收敛于其数学期望 $\frac{1}{n}\sum_{i=1}^{n}E(X_i)$.

2. 伯努利大数定律

定理 4(伯努利大数定律)　设 n_A 是 n 重伯努利试验中事件 A 发生的次数，p 是事件 A 在每次试验中发生的概率，则对任意的 $\varepsilon>0$，有

$$\lim_{n\to\infty}P\left\{\left|\frac{n_A}{n}-p\right|<\varepsilon\right\}=1 \quad \text{或} \quad \lim_{n\to\infty}P\left\{\left|\frac{n_A}{n}-p\right|\geqslant\varepsilon\right\}=0. \tag{4.4.6}$$

证明　因为 $n_A\sim b(n,\ p)$，所以

$$n_A=X_1+X_2+\cdots+X_n,$$

其中，$X_1,\ X_2,\ \cdots,\ X_n$ 相互独立，且都服从以 p 为参数的 0—1 分布. 因而

$$E(X_i)=p,\quad D(X_i)=p(1-p),\quad i=1,\ 2,\ \cdots,\ n.$$

注意到 $\frac{1}{n}\sum_{i=1}^{n}X_i=\frac{n_A}{n}$，由切比雪夫大数定律即可证得.

注　(1) 伯努利大数定律是最早的一个大数定律. 它表明：当重复试验次数 n 充分大时，事件 A 发生的频率 $\frac{n_A}{n}$ 依概率收敛于事件 A 发生的概率 p. 定理以严格的数学形式表达了频率的稳定性. 在实际应用中，当试验次数很大时，便可以用事件发生的频率来近似代替事件的概率.

(2) 如果事件 A 的概率很小，则由伯努利大数定律知，事件 A 发生的频率也是很小的，或者说事件 A 很少发生. 即“概率很小的随机事件在个别试验中几乎不会发生”，这一原理称为小概率原理，它的实际应用很广泛. 但应注意到，小概率事件与不可能事件是有区别的. 在多次试验中，小概率事件也可能发生.

3. 辛钦大数定律

数学家
辛钦介绍

定理 5(辛钦大数定律)　设随机变量 $X_1,\ X_2,\ \cdots,\ X_n,\ \cdots$ 相互独立，服从同一分布，且具有相同的数学期望 $E(X_i)=\mu(i=1,\ 2,\ \cdots)$. 作前 n 个随机变量的算术平均 $\bar{X}=\frac{1}{n}\sum_{i=1}^{n}X_i$，则对任意的正数 ε，有

$$\lim_{n\to\infty}P\{|\bar{X}-\mu|<\varepsilon\}=\lim_{n\to\infty}P\left\{\left|\frac{1}{n}\sum_{i=1}^{n}X_i-\mu\right|<\varepsilon\right\}=1$$

或

$$\lim_{n\to\infty}P\{|\bar{X}-\mu|\geqslant\varepsilon\}=\lim_{n\to\infty}P\left\{\left|\frac{1}{n}\sum_{i=1}^{n}X_i-\mu\right|\geqslant\varepsilon\right\}=0. \tag{4.4.7}$$

注　(1) 定理不要求随机变量的方差存在.

(2) 伯努利大数定律是辛钦大数定律的特殊情况.

(3) 辛钦大数定律为寻找随机变量的期望值提供了一条实际可行的途径. 例如，要估计某地区的平均亩产量，可收割某些有代表性的地块，如 n 块,计算其平均亩产量，则当 n 较大时,可用它作为整个地区平均亩产量的一个估计. 此类做法在实际应用中具有重要意义.

4.4.4 中心极限定理

在实际问题中，许多随机现象是由大量相互独立的随机因素综合影响所形成，其中每一个因素在总的影响中所起的作用是微小的. 这类随机变量一般都服从或近似服从正态分布. 以一门大炮的射程为例，影响大炮的射程的随机因素包括：大炮炮身结构的制造导致的误差,炮弹及炮弹内炸药在质量上的误差，瞄准时的误差，受风速、风向的干扰而造成的误差等. 其中每一种误差造成的影响在总的影响中所起的作用是微小的，并且可以看成是相互独立的，但人们关心的是众多误差因素对大炮射程所造成的总影响. 因此需要讨论大量独立随机变量和的问题.

中心极限定理回答了大量独立随机变量和的近似分布问题，其结论表明：当一个量受许多随机因素(主导因素除外) 的共同影响而随机取值时，它的分布就近似服从正态分布.

1. 林德伯格-勒维定理

定理 6(林德伯格-勒维定理) 设随机变量 $X_1, X_2, \cdots, X_n, \cdots$相互独立,服从同一分布,且具有相同的数学期望和方差 $E(X_i)=\mu$, $D(X_i)=\sigma^2>0(i=1, 2, \cdots)$,则前 n 个随机变量的和 $\sum\limits_{i=1}^{n}X_i$ 的标准化变量

$$Y_n=\frac{\sum\limits_{i=1}^{n}X_i-E\left(\sum\limits_{i=1}^{n}X_i\right)}{\sqrt{D\left(\sum\limits_{i=1}^{n}X_i\right)}}=\frac{\sum\limits_{i=1}^{n}X_i-n\mu}{\sqrt{n}\sigma}$$

的分布函数 $F_n(x)$,对于任意的 x 满足

$$\lim_{n\to\infty}F_n(x)=\lim_{n\to\infty}P\left\{\frac{\sum\limits_{i=1}^{n}X_i-n\mu}{\sigma\sqrt{n}}\leqslant x\right\}=\int_{-\infty}^{x}\frac{1}{\sqrt{2\pi}}e^{-\frac{t^2}{2}}dt=\Phi(x). \qquad (4.4.8)$$

注 定理 6 表明,当 n 充分大时，n 个具有期望和方差的独立同分布的随机变量之和近似服从正态分布. 虽然在一般情况下,很难求出 $X_1+X_2+\cdots+X_n$ 的分布的确切形式,但当 n 很大时,可求出其近似分布. 由定理结论有

$$\frac{\sum\limits_{i=1}^{n}X_i-n\mu}{\sigma\sqrt{n}}\overset{\text{近似}}{\sim}N(0,1)\Rightarrow\frac{\frac{1}{n}\sum\limits_{i=1}^{n}X_i-\mu}{\frac{\sigma}{\sqrt{n}}}\overset{\text{近似}}{\sim}N(0,1)$$

$$\Rightarrow\bar{X}\sim N\left(\mu,\frac{\sigma^2}{\sqrt{n}}\right),$$

其中，$\bar{X}=\frac{1}{n}\sum\limits_{i=1}^{n}X_i$.

故定理又可表述为：均值为 μ，方差为 $\sigma^2>0$ 的独立同分布的随机变量 $X_1, X_2, \cdots, X_n, \cdots$ 的算术平均值 $\overline{X}$，当 n 充分大时近似地服从均值为 μ，方差为 $\frac{\sigma^2}{n}$ 的正态分布. 这一结果是数理统计中大样本统计推断的理论基础.

例 2　一批大米共有 100 袋，已知每袋大米的质量是一个随机变量，期望值是 100 kg，标准差是 10 kg. 求该批大米的总重量超过 10 200 kg 的概率.

解　设 X_i 为第 i 袋大米的重量，$i=1, 2, \cdots, 100$，且它们之间独立同分布，于是该批大米的总重量为 $X=\sum_{i=1}^{100} X_i$，且由 $\mu=E(X_i)=100$，$\sigma=\sqrt{D(X_i)}=10$，$n=100$，知 $E(X)=100\times E(X_i)=10\,000$，$\sqrt{D(X)}=100$.

由林德伯格-勒维定理有

$$\begin{aligned}
P\{X>10\,200\}&=P\left\{\frac{\sum_{i=1}^{n} X_i-n\mu}{\sigma\sqrt{n}}>\frac{10\,200-n\mu}{\sigma\sqrt{n}}\right\}\\
&=p\left\{\frac{X-10\,000}{100}>\frac{10\,200-10\,000}{100}\right\}=P\left\{\frac{X-10\,000}{100}>2\right\}\\
&=1-P\left\{\frac{X-10\,000}{100}\leqslant 2\right\}\approx 1-\Phi(2)\\
&=1-0.977\,2=0.022\,8.
\end{aligned}$$

例 3　一台信息接受终端同时收到 20 个噪声电压 $V_k(k=1, 2, \cdots, 20)$，设它们是相互独立的随机变量，且都在区间 $[0, 10]$ 上服从均匀分布. 记 $V=\sum_{k=1}^{20} V_k$，求 $P\{V>105\}$ 的近似值.

解　易知 $E(V_k)=5$，$D(V_k)=\frac{100}{12}(k=1, 2, \cdots, 20)$，由林德伯格-勒维定理，有随机变量

$$Z=\frac{\sum_{k=1}^{20} V_k-20\times 5}{\sqrt{\frac{100}{12}}\times\sqrt{20}}=\frac{V-100}{\sqrt{\frac{100}{12}}\times\sqrt{20}}$$

近似地服从 $N(0, 1)$，于是

$$\begin{aligned}
P\{V>105\}&=P\left\{\frac{V-20\times 5}{\sqrt{\frac{100}{12}}\times\sqrt{20}}>\frac{105-20\times 5}{\sqrt{\frac{100}{12}}\times\sqrt{20}}\right\}=1-P\left\{\frac{V-20\times 5}{\sqrt{\frac{100}{12}}\times\sqrt{20}}\leqslant 0.387\right\}\\
&\approx 1-\Phi(0.387)=0.348.
\end{aligned}$$

2. 棣莫佛-拉普拉斯定理

定理 7（棣莫佛-拉普拉斯定理）　设随机变量 Y_n 服从参数 n，$p(0<p<1)$ 的二项分布，则对任意 x，有

数学家棣莫佛和拉普拉斯介绍

$$\lim_{n\to\infty}P\left\{\frac{Y_n-np}{\sqrt{np(1-p)}}\leqslant x\right\}=\int_{-\infty}^{x}\frac{1}{\sqrt{2\pi}}\mathrm{e}^{-\frac{t^2}{2}}\mathrm{d}t=\Phi(x). \tag{4.4.9}$$

注 定理 7 表明,当 $n\to\infty$时,参数为$(n,\ p)$的二项分布的极限分布是正态分布.换句话说,如果随机变量 Y_n 服从参数为$(n,\ p)$的二项分布,则对于任意 $p(0<p<1)$,当 n 充分大时近似地有 $Y_n\sim N(np,\ np(1-p))$或

$$\frac{Y_n-np}{\sqrt{np(1-p)}}\sim N(0,\ 1).$$

易见,棣莫佛-拉普拉斯定理就是林德伯格-勒维定理的一个特殊情况.

例 4 根据有关观测资料,异性双胞胎占双胞胎总数的 36%,试求在 1 000 例双胞胎中异性双胞胎数量 X 介于 300 例和 400 例之间的概率.

解 在 1 000 例双胞胎中异性双胞胎数量 X 服从参数为$(n,\ p)$的二项分布,其中,$n=1\,000,\ p=0.36$; $E(X)=np=360,\ D(X)=np(1-p)=230.4,\ \sigma=\sqrt{D(X)}=15.18$.根据棣莫佛-拉普拉斯定理,有

$$\begin{aligned}P\{300\leqslant X\leqslant 400\}&\approx P\left\{\frac{300-360}{15.18}\leqslant\frac{X-np}{\sqrt{np(1-p)}}\leqslant\frac{400-360}{15.18}\right\}\\&=P\left\{-3.95\leqslant\frac{X-np}{\sqrt{np(1-p)}}\leqslant 2.635\right\}\\&\approx\Phi(2.635)-\Phi(-3.95)\\&=\Phi(2.635)+\Phi(3.95)-1\\&\approx\Phi(2.635)=0.995\,8.\end{aligned}$$

例 5 某出租车公司有 500 辆出租车参加保险,在一年里出事故的概率为 0.006,参加保险的出租车每年交 800 元的保险费.若出事故,保险公司最多赔偿 50 000 元,试利用中心极限定理,计算保险公司一年营利不小于 200 000 元的概率.

解 设 X 表示 500 辆出租车中出事故的车辆数,则 X 服从 $n=500,\ p=0.006$ 的二项分布,这时

$$np=500\times0.006=3,\quad npq=500\times0.006\times0.994=2.982.$$

保险公司一年营利不小于 200 000 元的事件为

$$\{500\times800\geqslant500\times800-50\,000X\geqslant200\,000\}.$$

即事件$\{0\leqslant X\leqslant 4\}$,从而有

$$\begin{aligned}&P\{500\times800\geqslant500\times800-50\,000X\geqslant200\,000\}\\&=P\{0\leqslant X\leqslant4\}\\&=P\left\{\frac{0-3}{\sqrt{2.982}}\leqslant\frac{X-3}{\sqrt{2.982}}\leqslant\frac{4-3}{\sqrt{2.982}}\right\}\approx\Phi\left(\frac{1}{\sqrt{2.982}}\right)-\Phi\left(\frac{-3}{\sqrt{2.982}}\right)\\&=\Phi(0.579)-\Phi(-1.737)=0.719\,0+0.959\,1-1=0.678\,1.\end{aligned}$$

例 6　对于一个学校而言，来参加家长会的家长人数是一个随机变量，设一名学生无家长，1 名家长，2 名家长来参加会议的概率分别为 0.05，0.8，0.15. 若学校共有 400 名学生，设各学生参加会议的家长数相互独立，且服从同一分布. 求

(1) 参加会议的家长数 X 超过 450 的概率；

(2) 有 1 名家长来参加家长会的学生数不多于 340 的概率.

解　(1) 以 $X_k(k=1,2,\cdots,400)$记第 k 个学生来参加会议的家长数，则 X_k 的分布律见表 4-21.

表 4-21

X_k	0	1	2
p_k	0.05	0.8	0.15

易知 $E(X_k)=1.1$，$D(X_k)=0.19$，$k=1,2,\cdots,400$，而 $X=\sum\limits_{k=1}^{400}X_k$，由林德伯格-勒维定理，随机变量

$$\frac{\sum\limits_{k=1}^{400}X_k-400\times1.1}{\sqrt{400}\times\sqrt{0.19}}=\frac{X-400\times1.1}{\sqrt{400}\times\sqrt{0.19}}\overset{\text{近似}}{\sim}N(0,1),$$

故

$$\begin{aligned}P\{X>450\}&=P\left\{\frac{X-400\times1.1}{\sqrt{400}\times\sqrt{0.19}}>\frac{450-400\times1.1}{\sqrt{400}\times\sqrt{0.19}}\right\}\\&=1-P\left\{\frac{X-400\times1.1}{\sqrt{400}\times\sqrt{0.19}}\leqslant1.147\right\}\\&\approx1-\Phi(1.147)=0.1257.\end{aligned}$$

(2) 以 Y 记有 1 名家长来参加家长会的学生数，则 $Y\sim b(400,0.8)$，由棣莫佛-拉普拉斯定理得到

$$\begin{aligned}P\{Y\leqslant340\}&=P\left\{\frac{Y-400\times0.8}{\sqrt{400\times0.8\times0.2}}\leqslant\frac{340-400\times0.8}{\sqrt{400\times0.8\times0.2}}\right\}\\&=P\left\{\frac{Y-400\times0.8}{\sqrt{400\times0.8\times0.2}}\leqslant2.5\right\}\approx\Phi(2.5)\\&=0.9938.\end{aligned}$$

习题 4-4

1. 若在每次试验中，A 发生的概率为 0.5，进行 1 000 次独立试验，利用切比雪夫不等式估计 A 发生在 400～600 次之间的概率.

2. 计算机在进行数学计算时，遵从四舍五入原则. 为简单计，现在对小数点后面第一位进行舍入运算，则误差 X 可以认为服从区间$[-0.5,0.5]$上的均匀分布. 若在一项计算中进行了 100 次数字计算，求平均误差落在区间$\left[-\frac{\sqrt{3}}{20},\frac{\sqrt{3}}{20}\right]$上的概率.

3. 某公司有 200 名员工参加某资格证书考试.按往年经验考试通过率为 0.8,试计算这 200 名员工中至少有 150 人通过考试的概率.

4. 设有 1 000 人独立行动，每个人能够按时进入掩蔽体的概率为 0.9. 以 95%概率估计，在一次行动中，至少有多少人能进入掩蔽体?

5. 某市保险公司开办一年人身保险业务，被保险人每年需交付保险费 160 元,若一年内发生重大人身事故，其本人或家属可获 2 万元赔金. 已知该市人员一年内发生重大人身事故的概率为 0.005,现有 5 000 人参加此项保险,问保险公司一年内从此项业务所得到的总收益在 20 万～40 万元之间的概率是多少?

6. 设船舶在某海区航行,已知每遭受一次波浪的冲击,纵摇角度大于 6°的概率为 $p=\frac{1}{3}$,若船舶遭受了 90 000 次波浪冲击,问其中有 29 500～30 500 次纵摇角度大于 6°的概率是多少?

7. 现有一批良种率为 0.6 的种子,从中任意抽出 1 000 粒,试问在这 1 000 粒种子中,良种所占的比例在$\frac{2}{5}$至$\frac{4}{5}$之间的概率是多少?

8. 独立地多次测量一个物理量,每次测量产生的随机误差都服从(−1, 1)内的均匀分布.

(1) 若取 n 次测量的算术平均值作为测量结果,求它与真值的差小于正数 ε 的概率;

(2) 计算当 $n=36$, $\varepsilon=\frac{1}{6}$ 时概率的近似值;

(3) 要使上述概率不小于 $\alpha=0.95$,应进行多少次测量?

9. 一个食品店有三种蛋糕出售,由于售出哪一种蛋糕是随机的,因而售出一只蛋糕的价格是一个随机变量,它取 1 元、1.2 元、1.5 元各个值的概率分别为 0.3, 0.2, 0.5. 若某天售出 300 只蛋糕.

求(1) 这天的收入至少 400 元的概率;

(2) 这天售出价格为 1.2 元的蛋糕多于 60 只的概率.

总习题 4

一、选择题(每小题 2 分)

1. 设随机变量 X 服从参数为 2 的泊松分布,则下列结论中正确的是(　　).

A. $E(X)=0.5$, $D(X)=0.5$　　B. $E(X)=0.5$, $D(X)=0.25$

C. $E(X)=2$, $D(X)=4$　　D. $E(X)=2$, $D(X)=2$

2. 设随机变量 X 与 Y 相互独立,且 $X\sim N(1,4)$, $Y\sim N(0,1)$,令 $Z=X-Y$,则 $D(Z)=$(　　).

A. 1　　B. 3　　C. 5　　D. 6

3. 已知 $D(X)=4$, $D(Y)=25$, $\mathrm{Cov}(X, Y)=4$,则 $\rho_{XY}=$(　　).

A. 0.004　　B. 0.04　　C. 0.4　　D. 4

4. 设 X, Y 是任意随机变量, C 为常数,则下列各式中正确的是(　　).

A. $D(X+Y)=D(X)+D(Y)$　　B. $D(X+C)=D(X)+C$

C. $D(X-Y)=D(X)-D(Y)$　　D. $D(X-C)=D(X)$

5. 设随机变量 X 的分布函数为

$$F(x)=\begin{cases}0, & x<2,\\ \frac{x}{2}-1, & 2\leqslant x<4,\\ 1, & x\geqslant 4,\end{cases}$$

则 $E(X)=(\quad)$.

A. $\frac{1}{3}$　　B. $\frac{1}{2}$　　C. $\frac{3}{2}$　　D. 3

6. 设随机变量 X 与 Y 相互独立,且 $X\sim B\left(36,\frac{1}{6}\right)$, $Y\sim B\left(12,\frac{1}{3}\right)$,则 $D(X-Y+1)=(\quad)$.

A. $\frac{4}{3}$　　B. $\frac{7}{3}$　　C. $\frac{23}{3}$　　D. $\frac{26}{3}$

7. 设随机变量 X 服从参数为 3 的泊松分布, $Y\sim B\left(8,\frac{1}{3}\right)$, X 与 Y 相互独立,则 $D(X-3Y-4)=(\quad)$.

A. -13　　B. 15　　C. 19　　D. 23

8. 已知 $D(X)=1$, $D(Y)=25$, $\rho_{XY}=0.4$,则 $D(X-Y)=(\quad)$.

A. 6　　B. 22　　C. 30　　D. 46

9. 设 $X\sim B\left(10,\frac{1}{3}\right)$,则 $E(X)=(\quad)$.

A. $\frac{1}{3}$　　B. 1　　C. $\frac{10}{3}$　　D. 10

10. 设 $X\sim N(1,3^2)$,则下列选项中,不成立的是(　　).

A. $E(X)=1$　　B. $D(X)=3$

C. $P\{X=1\}=0$　　D. $P\{X<1\}=0.5$

11. 设 $E(X)$, $E(Y)$, $D(X)$, $D(Y)$ 及 $\mathrm{Cov}(X,Y)$ 均存在,则 $D(X-Y)=(\quad)$.

A. $D(X)+D(Y)$　　B. $D(X)-D(Y)$

C. $D(X)+D(Y)-2\mathrm{Cov}(X,Y)$　　D. $D(X)+D(Y)+2\mathrm{Cov}(X,Y)$

12. 设随机变量 $X\sim B\left(10,\frac{1}{2}\right)$, $Y\sim N(2,10)$,又 $E(XY)=14$,则 X 与 Y 的相关系数 $\rho_{XY}=(\quad)$.

A. -0.8　　B. -0.16　　C. 0.16　　D. 0.8

13. 已知随机变量 X 的分布律为

X	-2	1	x
p_i	0.25	p	0.25

且 $E(X)=1$,则常数 $x=(\quad)$.

A. 2　　B. 4　　C. 6　　D. 8

14. 设随机变量 X 服从参数为 2 的指数分布,则随机变量 X 的数学期望是(　　).

A. -0.5　　B. 0　　C. 0.5　　D. 2

15. 已知随机变量 X 的分布函数为

$$F(x)=\begin{cases}1-\mathrm{e}^{-2x}, & x>0,\\ 0, & \text{其他},\end{cases}$$

则 X 的均值和方差分别为(　　).

A. $E(X)=2$, $D(X)=4$　　B. $E(X)=4$, $D(X)=2$

C. $E(X)=\frac{1}{4}$, $D(X)=\frac{1}{2}$　　D. $E(X)=\frac{1}{2}$, $D(X)=\frac{1}{4}$

16. 设二维随机变量 (X, Y) 的分布律为

$X\backslash Y$	0	1
0	$\frac{1}{3}$	$\frac{1}{3}$
1	$\frac{1}{3}$	0

则 $E(XY)=($ $)$.

A. $-\frac{1}{9}$ B. 0 C. $\frac{1}{9}$ D. $\frac{1}{3}$

17. 已知随机变量 X 服从参数为 2 的泊松分布，则随机变量 X 的方差为( ).

A. -2 B. 0 C. 0.5 D. 2

18. 设随机变量 X 与 Y 相互独立，X 服从参数为 2 的指数分布，$Y\sim B(6, 0.5)$，则 $E(X-Y)=($ $)$.

A. -2.5 B. 0.5 C. 2 D. 5

19. 设二维随机变量 (X, Y) 的协方差 $\mathrm{Cov}(X, Y)=\frac{1}{6}$，且 $D(X)=4$，$D(Y)=9$，则 X 与 Y 的相关系数 ρ_{XY} 为( ).

A. $\frac{1}{216}$ B. $\frac{1}{36}$ C. $\frac{1}{6}$ D. 1

20. 设随机变量 X 与 Y 相互独立，且 $X\sim N(0, 9)$，$Y\sim N(0, 1)$，令 $Z=X-2Y$，则 $D(Z)=($ $)$.

A. 5 B. 7 C. 11 D. 13

21. 设 (X, Y) 为二维随机变量，且 $D(X)>0$，$D(Y)>0$，则下列等式成立的是( ).

A. $E(XY)=E(X)E(Y)$ B. $\mathrm{Cov}(X, Y)=\rho_{XY}\cdot\sqrt{D(X)}\sqrt{D(Y)}$

C. $D(X+Y)=D(X)+D(Y)$ D. $\mathrm{Cov}(2X, 2Y)=2\mathrm{Cov}(X, Y)$

22. 设 $X_1, X_2, \cdots, X_n$ 是来自总体 $N(\mu, \sigma^2)$ 的样本，对任意的 $\varepsilon>0$，样本均值 $\bar{X}$ 所满足的切比雪夫不等式为( ).

A. $P\{|\bar{X}-n\mu|<\varepsilon\}\geqslant\frac{n\sigma^2}{\varepsilon^2}$ B. $P\{|\bar{X}-\mu|<\varepsilon\}\geqslant 1-\frac{\sigma^2}{n\varepsilon^2}$

C. $P\{|\bar{X}-\mu|\geqslant\varepsilon\}\leqslant 1-\frac{n\sigma^2}{\varepsilon^2}$ D. $P\{|\bar{X}-n\mu|\geqslant\varepsilon\}\leqslant\frac{n\sigma^2}{\varepsilon^2}$

23. 设随机变量 X 的 $E(X)=\mu$，$D(X)=\sigma^2$，用切比雪夫不等式估计 $P\{|X-E(X)|<3\sigma\}\geqslant($ $)$.

A. $\frac{1}{9}$ B. $\frac{1}{3}$ C. $\frac{8}{9}$ D. 1

24. 设随机变量 X 服从参数为 0.5 的指数分布，用切比雪夫不等式估计 $P\{|X-2|\geqslant 3\}\leqslant($ $)$.

A. $\frac{1}{9}$ B. $\frac{1}{3}$ C. $\frac{4}{9}$ D. $\frac{1}{2}$

25. 已知随机变量 $X\sim N(0, 1)$，则随机变量 $Y=2X-1$ 的方差为( ).

A. 1 B. 2 C. 3 D. 4

二、填空题(每小题 2 分)

1. 设 $X\sim B\left(4, \frac{1}{2}\right)$，则 $E(X^2)=$________.

2. 设 $E(X)=2$, $E(Y)=3$, $E(XY)=7$,则 $\mathrm{Cov}(X, Y)=$ ________.

3. 已知随机变量 X 满足 $E(X)=-1$, $E(X^2)=2$,则 $D(X)=$ ________.

4. 设随机变量 X, Y 的分布律分别为

X	1	2	3
p_i	$\frac{1}{3}$	$\frac{1}{6}$	$\frac{1}{2}$

Y	-1	0	1
p_i	$\frac{1}{2}$	$\frac{1}{4}$	$\frac{1}{4}$

且 X, Y 相互独立,则 $E(XY)=$ ________.

5. 随机变量 X 的所有可能取值为 0 和 x,且 $P\{X=0\}=0.3$, $E(X)=1$,则 $x=$ ________.

6. 设随机变量 X 的分布律为

X	-1	0	1	2
p_i	0.1	0.2	0.3	0.4

则 $D(X)=$ ________.

7. 设随机变量 X 服从参数为 3 的指数分布,则 $D(2X+1)=$ ________.

8. 设二维随机变量 $(X, Y)\sim N(\mu_1, \mu_2; \sigma_1^2, \sigma_2^2; \rho)$,且 X 与 Y 相互独立,则 $\rho=$ ________.

9. 设随机变量序列 $X_1, X_2, \cdots, X_n, \cdots$ 独立同分布,且 $E(X_i)=\mu$, $D(X_i)=\sigma^2>0$, $i=1, 2, \cdots$,

则对任意实数 x, $\lim\limits_{n\to\infty}P\left\{\dfrac{\sum\limits_{i=1}^{n}X_i-n\mu}{\sigma\sqrt{n}}>x\right\}=$ ________.

10. 设随机变量 X 具有分布 $P\{X=k\}=\dfrac{1}{5}$, $k=1, 2, 3, 4, 5$,则 $E(X)=$ ________.

11. 设随机变量 X 在区间$(0, 1)$上服从均匀分布 $Y=3X-2$, 则 $E(Y)=$ ________.

12. 已知随机变量 X 的分布律为

X	-1	0	5
p_i	0.5	0.3	0.2

则 $P\{X<E(X)\}=$ ________.

13. 已知 $E(X)=-1$, $D(X)=3$,则 $E(3X^2-2)=$ ________.

14. 设 X_1, X_2, Y 均为随机变量,已知 $\mathrm{Cov}(X_1, Y)=-1$, $\mathrm{Cov}(X_2, Y)=3$,则 $\mathrm{Cov}(X_1+2X_2, Y)=$ ________.

15. 设 $X\sim N(0, 1)$, $Y\sim B\left(16, \dfrac{1}{2}\right)$,且 X, Y 相互独立,则 $D(2X+Y)=$ ________.

16. 将一枚均匀硬币连掷 100 次,则利用中心极限定理可知,正面出现的次数大于 60 的概率近似为 ________. [$\Phi(2)=0.9772$]

17. 设随机变量 $X\sim B(100, 0.2)$,应用中心极限定理计算 $P\{16\leqslant X\leqslant 24\}=$ ________. [$\Phi(1)=0.8413$]

18. 设随机变量 X, Y 的期望和方差分别为 $E(X)=0.5$, $E(Y)=-0.5$, $D(X)=D(Y)=0.75$, $E(XY)=0$,则 X, Y 的相关系数 $\rho_{XY}=$ ________.

19. 设随机变量 X 的期望 $E(X)=2$,方差 $D(X)=4$,随机变量 Y 的期望 $E(Y)=4$, $D(Y)=9$,又 $E(XY)=10$,则 X, Y 的相关系数 $\rho_{XY}=$ ________.

20. 设随机变量 X 服从二项分布 $B\left(3, \frac{1}{3}\right)$，则 $E(X^2) =$ ________.

三、计算题(每小题 10 分)

设 (X, Y) 的密度函数为

$$f(x, y) = \begin{cases} 2-x-y, & 0<x<1, 0<y<1, \\ 0, & \text{其他}. \end{cases}$$

求 $E(X)$，$E(Y)$，$D(X)$，$D(Y)$，$\mathrm{Cov}(X, Y)$，$P(X, Y)$.

第 5 章

数理统计的基础知识

本书前四章讲述了概率论的基本内容，即在已知随机变量服从某种分布的条件下，来研究随机变量的性质、数字特征及其应用. 从本章开始，我们将讨论另一主题：数理统计. 数理统计是研究统计工作中的一般原理和方法的数学学科，它以概率论为基础，研究如何合理地获取数据资料，并根据试验和观察得到的数据，对随机现象的客观规律性作出合理的推断.

本章介绍数理统计的基本概念，包括总体、样本、统计量与抽样分布，并着重介绍三种常用的统计分布：χ^2 分布、t 分布和 F 分布.

5.1 数理统计的基本概念

5.1.1 总体与总体分布

在数理统计中，我们把所研究对象的全体称为**总体**，总体中的每个元素称为**个体**. 例如，研究某班学生的身高时，该班全体学生构成总体，其中每个学生都是一个个体；又如，考察某兵工厂生产炮弹的射程，该厂生产的所有炮弹构成总体，其中每发炮弹就是一个个体.

在具体问题的讨论中，我们关心的往往是研究对象的某一数量指标(例如学生的身高)，它是一个随机变量，因此，总体又是指刻画研究对象某一数量指标的随机变量 X. 当研究的指标不止一个时，需将其分成几个总体来研究. 今后，提到总体就是指某一个随机变量. 这样随机变量的分布情况，如总体的分布函数、分布律、概率密度，统称为**总体分布**.

总体中所包含个体的总数称为**总体容量**. 如果总体的容量是有限的，则称为**有限总体**；否则，称为**无限总体**. 实际应用中，往往把容量很大的有限总体当作是无限总体来研究.

5.1.2 样本

在数理统计中，总体 X 的分布通常是未知的，或者在形式上是已知的(如服从正态分布)但含有未知参数. 那么，为了获得总体的分布信息，需要对总体 X 中的所有个体进行观察测试，但这往往是难做到的. 例如，由于测试炮弹的射程试验具有破坏性，一旦我们获得每个炮弹的射程数据，这批炮弹也就全部报废了. 所以，我们不可能对所有个体逐一加以观察测试，而是从总体 X 中随机抽取若干个个体进行观察测试. 从总体中抽取若干个个体的过程称为**抽样**. 显然，抽样所得的每个个体由抽样的随机性导致观测结果是随机的，这样就可将每一个个体的观测结果看成是一个随机变量，于是我们可记从总体 X 中的第 i 次抽取的个体指标为 X_i，X_i 是一个随机变量；用 x_i 记为个体指标为 X_i 的具体观察值($i=1, 2, \cdots, n$). 我们称 $X_1, X_2, \cdots, X_n$ 为总体 X 的**样本**；称样本观察值 $x_1, x_2, \cdots, x_n$ 为**样本值**，样本中所含个体的数量 n 称为样本容量.

抽取样本是为了研究总体,样本应能很好地反映总体的信息,故对样本的容量、抽样方式有一定的要求.最常用的一种抽样方式称为简单随机抽样,这时抽取的样本满足以下两个条件:

(1) 代表性:$X_1, X_2, \cdots, X_n$ 能代表总体,与总体 X 有相同的分布情况,总体中的每一个个体都有同等机会被选入样本.

(2) 独立性:每次抽取是相互独立的,即 $X_1, X_2, \cdots, X_n$ 是相互独立的随机变量.样本中每一个个体的取值不受其他个体取值的影响.

由此得到的样本称为简单随机样本,简称样本,不加说明的情况下,本书后面所提及的样本都为简单随机样本。

5.1.3 样本分布

若总体 X 的分布函数为 $F(x)$, $X_1, X_2, \cdots, X_n$ 是总体 X 的容量为 n 的样本,则由样本的独立性知,$X_1, X_2, \cdots, X_n$ 的联合分布函数为

$$F^*(x_1, x_2, \cdots, x_n)=\prod_{i=1}^{n} F(x_i). \tag{5.1.1}$$

称式(5.1.1)为样本 $X_1, X_2, \cdots, X_n$ 的联合分布,简称样本分布.

若总体 X 是离散型随机变量,其分布律为 $p_i=P\{X=x_i\}(i=1, 2, \cdots)$,则 $X_1, X_2, \cdots, X_n$ 的联合分布律为

$$P\{X_1=x_1, X_2=x_2, \cdots, X_n=x_n\}=\prod_{i=1}^{n} P(X_i=x_i)=\prod_{i=1}^{n} p_i. \tag{5.1.2}$$

若总体 X 是连续型随机变量,其概率密度为 $f(x)$,则 $X_1, X_2, \cdots, X_n$ 的联合概率密度为

$$f^*(x_1, x_2, \cdots, x_n)=\prod_{i=1}^{n} f(x_i). \tag{5.1.3}$$

例 1 设总体 X 服从正态分布 $N(\mu, \sigma^2)$,其概率密度为

$$f(x)=\frac{1}{\sqrt{2\pi}\,\sigma}\mathrm{e}^{-\frac{(x-\mu)^2}{2\sigma^2}}, \quad -\infty<x<+\infty,$$

则样本 $X_1, X_2, \cdots, X_n$ 的联合概率密度为

$$\begin{aligned} f^*(x_1, x_2, \cdots, x_n)&=\prod_{i=1}^{n} \frac{1}{\sigma\sqrt{2\pi}}\exp\left\{-\frac{1}{2}\left(\frac{x_i-\mu}{\sigma}\right)^2\right\} \\ &=\left(\frac{1}{\sigma\sqrt{2\pi}}\right)^n \exp\left\{-\frac{1}{2\sigma^2}\sum_{i=1}^{n}(x_i-\mu)^2\right\}, \\ &\quad -\infty<x_i<+\infty;\ i=1, 2, \cdots, n. \end{aligned}$$

例 2 设总体 $X \sim B(N, p)$, $X_1, X_2, \cdots, X_n$ 为来自总体 X 的样本,求 $X_1, X_2, \cdots,$

X_n 的联合分布律.

解　$X_1, X_2, \cdots, X_n$ 相互独立,且 $X_i \sim B(N, p)$, $i=1, 2, \cdots, n$.

因此,X_i 的分布律为

$$P\{X_i=x_i\}=C_N^{x_i} p^{x_i}(1-p)^{N-x_i}, \quad x_i=0, 1, 2, \cdots, N; i=1, 2, \cdots, n.$$

所以 $X_1, X_2, \cdots, X_n$ 的联合分布律为

$$\begin{aligned} & P\{X_1=x_1, X_2=x_2, \cdots, X_n=x_n\} \\ = & \prod_{i=1}^{n} P\{X_i=x_i\} \\ = & \left(\prod_{i=1}^{n} C_N^{x_i}\right) p^{\sum\limits_{i=1}^{n} x_i}(1-p)^{nN-\sum\limits_{i=1}^{n} x_i}, \quad x_i=0, 1, 2, \cdots, N; i=1, 2, \cdots, n. \end{aligned}$$

5.1.4　经验分布函数

设总体 X 的分布函数为 $F(x)$,从总体 X 中抽取容量为 n 的样本 $X_1, X_2, \cdots, X_n$,样本值为 $x_1, x_2, \cdots, x_n$.假设样本值 $x_1, x_2, \cdots, x_n$ 中有 k 个不相同的值,按由小到大的顺序依次记作

$$x_{(1)} \leqslant x_{(2)} \leqslant \cdots \leqslant x_{(n)},$$

并假设 $x_{(i)}$ 出现的频数为 n_i,那么 $x_{(i)}$ 出现的频率为

$$f_i=\frac{n_i}{n}, \quad i=1, 2, \cdots, k; k \leqslant n,$$

显然有

$$\sum_{i=1}^{k} n_i=n, \quad \sum_{i=1}^{k} f_i=1.$$

函数

$$F_n(x)=\begin{cases} 0, & x<x_{(1)}, \\ \sum\limits_{j=1}^{i} f_j, & x_{(i)} \leqslant x<x_{(i+1)}, \\ & i=1, 2, \cdots, k-1, \\ 1, & x \geqslant x_{(k)}, \end{cases} \tag{5.1.4}$$

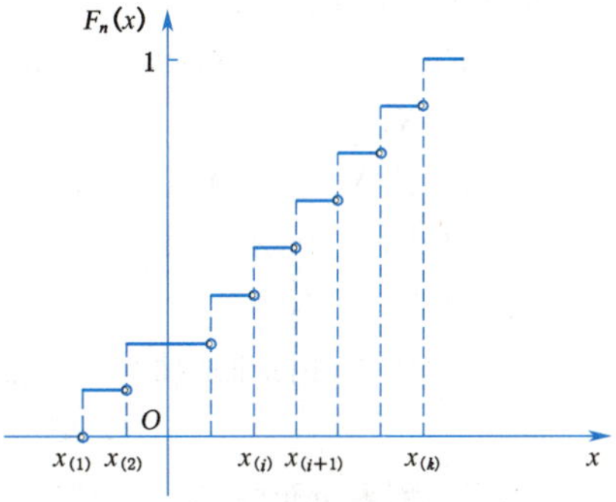

图 5-1　总体 X 的经验分布函数

称为总体 X 的**经验(样本)分布函数**,其图形为阶梯形曲线,如图 5-1 所示.

例 3　随机观察总体 X,得到一个容量为 10 的样本值:

$$3.2, \quad 2.5, \quad -2, \quad 2.5, \quad 0, \quad 3, \quad 2, \quad 2.5, \quad 2, \quad 4$$

求 X 经验分布函数.

解　把样本值按从小到大的顺序排列为

$$x_{(1)}=-2<x_{(2)}=0<x_{(3)}=2<x_{(4)}=2.5<x_{(5)}=3<x_{(6)}=3.2<x_{(7)}=4,$$

即　$$-2<0<2=2<2.5=2.5=2.5<3<3.2<4.$$

计算得 $f_1=\frac{1}{10}$, $f_2=\frac{1}{10}$, $f_3=\frac{2}{10}$, $f_4=\frac{3}{10}$, $f_5=\frac{1}{10}$, $f_6=\frac{1}{10}$, $f_7=\frac{1}{10}$.

于是得经验分布函数为

$$F_{10}(x)=\begin{cases}0, & x<-2,\\ 0.1, & -2\leqslant x<0,\\ 0.2, & 0\leqslant x<2,\\ 0.4, & 2\leqslant x<2.5,\\ 0.7, & 2.5\leqslant x<3,\\ 0.8, & 3\leqslant x<3.2,\\ 0.9, & 3.2\leqslant x<4,\\ 1, & 4\leqslant x.\end{cases}$$

其中,如当 $2\leqslant x<2.5$ 时,因事件 $\{X\leqslant x\}$ 包含的样本值个数 $k=4$,故事件 $\{X\leqslant x\}$ 发生的频率为 $\frac{4}{10}$,从而 $F_{10}(x)=\frac{4}{10}$.

习题 5-1

1. 设总体 X 服从均值为 $\frac{1}{2}$ 的指数分布,X_1, X_2, X_3, X_4 是来自总体的容量为 4 的样本,求

(1) X_1, X_2, X_3, X_4 的联合概率密度;

(2) $P\{0.5<X_1<1, 0.7<X_2<1.2\}$;

(3) $E(\overline{X})$, $D(\overline{X})$;

(4) $E(X_1X_2)$, $E[X_1(X_2-0.5)^2]$;

(5) $D(X_1X_2)$.

2. 设总体 $X\sim P(5)$, X_1, X_2, X_3 是来自 X 的容量为 3 的样本,求

(1) $P\{X_1=1, X_2=2, X_3=3\}$;

(2) $P\{X_1+X_2=1\}$.

3. 从总体 X 中随机地抽取容量为 8 的样本进行观测,得到如下数据:

3, 2.5, 2.5, 3.5, 3, 2.7, 2.5, 2

求 X 的经验分布函数.

5.2 常用统计量

在实际应用中,人们对总体 X 的分布情况是毫无所知的. 借助于总体 X 的样本 X_1, X_2, …, X_n,对总体 X 的分布情况进行合理的推断,这类问题统称为统计推断问题.

在利用样本对总体进行推断时,常常借助于样本的适当函数. 利用这些函数所反映的总体分布的信息来对总体分布的所属类型,或者对总体分布中所含的未知参数作出统计推断. 通常把这样的函数称为统计量.

5.2.1 统计量的定义

定义 1 设 $X_1, X_2, \cdots, X_n$ 是来自总体 X 的一个样本，$x_1, x_2, \cdots, x_n$ 是样本值，$g(X_1, X_2, \cdots, X_n)$ 是 $X_1, X_2, \cdots, X_n$ 的函数. 如果 $g(X_1, X_2, \cdots, X_n)$ 中不含总体 X 的未知参数，则称 $g(X_1, X_2, \cdots, X_n)$ 为**统计量**，而 $g(x_1, x_2, \cdots, x_n)$ 称为**统计量的观测值**.

例 1 设总体 $X \sim B(1, p)$，$P\{X=1\}=p$，$P\{X=0\}=1-p$，其中，$p>0$ 为未知参数，$X_1, X_2, \cdots, X_n$ 为来自总体 X 的一个样本，指出下列函数哪些是统计量，哪些不是统计量：

$$① X_1+X_2;\quad ②\max_{1\leqslant i\leqslant n}\{X_i\};\quad ③ X_n+p;\quad ④(X_n-X_1)^2.$$

解 根据统计量定义，统计量必须满足两个条件：(1) 它是样本 $X_1, X_2, \cdots, X_n$ 的函数；(2)它不含未知参数.

在 ①②③④ 中，它们都是样本 $X_1, X_2, \cdots, X_n$ 的函数，但 ③ 含未知参数 p，所以 ①②④ 中的函数都是统计量，③ 中的函数不是统计量.

5.2.2 常用统计量

下面介绍几种常用的统计量，设 $X_1, X_2, \cdots, X_n$ 是来自总体 X 的一个样本，$x_1, x_2, \cdots, x_n$ 是相应的样本值.

1. 样本均值

称
$$\overline{X}=\frac{1}{n}\sum_{i=1}^{n}X_i \tag{5.2.1}$$
为**样本均值**，它的观测值为 $\bar{x}=\frac{1}{n}\sum_{i=1}^{n}x_i$.

若总体 X 具有均值 $E(X)=\mu$ 和方差 $D(X)=\sigma^2>0$，则有
$$E(X_i)=\mu,\ D(X_i)=\sigma^2>0,\quad i=1, 2, \cdots, n.$$

由第 4 章知识可知，$E(\overline{X})=\mu$，$D(\overline{X})=\frac{\sigma^2}{n}$. 即样本均值的数学期望等于总体的均值，样本均值的方差等于总体方差的 $\frac{1}{n}$ 倍.

2. 样本方差

称
$$S_0^2=\frac{1}{n}\sum_{i=1}^{n}(X_i-\overline{X})^2 \tag{5.2.2}$$
为未修正样本方差，而称
$$S^2=\frac{n}{n-1}S_0^2=\frac{1}{n-1}\sum_{i=1}^{n}(X_i-\overline{X})^2 \tag{5.2.3}$$
为修正样本方差，经计算可得 $S^2=\frac{1}{n-1}\left(\sum_{i=1}^{n}X_i^2-n\overline{X}^2\right)$.

它们的观测值分别为

$$s_0^2=\frac{1}{n}\sum_{i=1}^{n}(x_i-\bar{x})^2,$$

$$s^2=\frac{1}{n-1}\sum_{i=1}^{n}(x_i-\bar{x})^2=\frac{1}{n-1}\left(\sum_{i=1}^{n}x_i^2-n\bar{x}^2\right).$$

若总体 X 具有数学期望$E(X)=\mu$ 和方差$D(X)=\sigma^2>0$,则 $E(S^2)=\sigma^2$,而 $E(S_0^2)\neq\sigma^2$,即修正样本方差的数学期望等于总体方差,而未修正样本方差的数学期望不等于总体的方差. 因此,在数理统计中主要使用修正样本方差,并简称其为样本方差.

3. 样本标准差

称
$$S=\sqrt{S^2}=\sqrt{\frac{1}{n-1}\sum_{i=1}^{n}(X_i-\bar{X})^2}\tag{5.2.4}$$
为样本标准差,其观测值为

$$s=\sqrt{s^2}=\sqrt{\frac{1}{n-1}\sum_{i=1}^{n}(x_i-\bar{x})^2}.$$

例 2 有如下三个样本:

样本 A:3,4,5,6,7;

样本 B:1,3,5,7,9;

样本 C:1,5,9.

试将它们画在数轴上,观察它们的“分散”程度,并计算它们各自的样本均值和样本方差.

解 图略,可观察到样本 A 在这三个样本中比较密集,而样本 C 比较分散. 这三个样本的均值$\bar{x}_A=\bar{x}_B=\bar{x}_C=5$,而样本容量 $n_A=5$,$n_B=5$,$n_C=3$,从而它们的样本方差分别为

$$s_A^2=\frac{1}{5-1}[(3-5)^2+(4-5)^2+(5-5)^2+(6-5)^2+(7-5)^2]=\frac{10}{4}=2.5,$$

$$s_B^2=\frac{1}{5-1}[(1-5)^2+(3-5)^2+(5-5)^2+(7-5)^2+(9-5)^2]=\frac{40}{4}=10,$$

$$s_C^2=\frac{1}{3-1}[(1-5)^2+(5-5)^2+(9-5)^2]=\frac{32}{2}=16.$$

注 由此可见 $s_C^2>s_B^2>s_A^2$,这与直觉是一致的.

由于样本方差的量纲与样本的量纲不一致,故常用样本标准差表示分散程度,易求出 $s_A=1.58$,$s_B=3.16$,$s_C=4$,同样有 $s_C>s_B>s_A$.

由于样本方差(或样本标准差)很好地反映了总体方差(或标准差)的信息,因此若当方差 σ^2 未知时,常用 S^2 去估计,而总体标准差 σ 常用样本标准差 S 去估计.

4. 样本 k 阶原点矩

称
$$A_k=\frac{1}{n}\sum_{i=1}^{n}X_i^k,\quad k=1,2,\cdots \tag{5.2.5}$$
为**样本 k 阶原点矩**,其观测值为
$$a_k=\frac{1}{n}\sum_{i=1}^{n}x_i^k,\quad k=1,2,\cdots.$$
显然,样本一阶原点矩就是样本均值,即 $A_1=\overline{X}$.

5. 样本 k 阶中心矩

称
$$B_k=\frac{1}{n}\sum_{i=1}^{n}(X_i-\overline{X})^k,\quad k=2,3,\cdots \tag{5.2.6}$$
为**样本 k 阶中心矩**,其观测值为
$$b_k=\frac{1}{n}\sum_{i=1}^{n}(x_i-\bar{x})^k,\quad k=2,3,\cdots.$$
显然,样本二阶中心矩就是未修正的样本方差,即 $B_2=S_0^2$.

注 上述五种统计量可统称为矩统计量,简称为样本矩,它们都是样本的显函数,它们的观察值仍分别称为样本均值、样本方差、样本标准差、样本(k 阶)原点矩、样本(k 阶)中心矩.

6. 顺序统计量

设 $x_1,x_2,\cdots,x_n$ 是样本 $X_1,X_2,\cdots,X_n$ 的一组观测值,将它们从小到大重新排序为
$$x_{(1)}\leqslant x_{(2)}\leqslant\cdots\leqslant x_{(n)}.$$

记 $X_{(k)}$ 是对应于 $x_{(k)}$ 的随机变量,这样得到的 $X_{(1)},X_{(2)},\cdots,X_{(n)}$ 称为总体 X 的一组顺序统计量,称 $X_{(k)}$ 为第 k 位顺序统计量,称 $X_{(1)}=\min\{X_1,X_2,\cdots,X_n\}$ 和 $X_{(n)}=\max\{X_1,X_2,\cdots,X_n\}$ 分别为**样本最小值**和**样本最大值**.

设总体 X 的分布函数为 $F(x)$,记 $X_{(1)}$ 和 $X_{(n)}$ 的分布函数分别为 $F_{\min}(x)$ 和 $F_{\max}(x)$,则
$$\begin{aligned}F_{\max}(x)&=P\{\max\{X_1,X_2,\cdots,X_n\}\leqslant x\}\\&=P\{X_1\leqslant x,X_2\leqslant x,\cdots,X_n\leqslant x\}\\&=P\{X_1\leqslant x\}P\{X_2\leqslant x\}\cdots P\{X_n\leqslant x\}\\&=[F(x)]^n.\end{aligned}$$
$$\begin{aligned}F_{\min}(x)&=P\{\min\{X_1,X_2,\cdots,X_n\}\leqslant x\}\\&=1-P\{\min\{X_1,X_2,\cdots,X_n\}>x\}\\&=1-P\{X_1>x\}P\{X_2>x\}\cdots P\{X_n>x\}\\&=1-[1-F(x)]^n.\end{aligned}$$

习题 5-2

某厂实行计件工资制，为及时了解情况，随机抽取 30 名工人，调查各自在一周内加工的零件数，然后

按规定算出每名工人的周工资如下（单位：元）：

156， 134， 160， 141， 159， 141， 161， 157， 171， 155，
149， 144， 169， 138， 168， 147， 153， 156， 125， 156，
135， 156， 151， 155， 146， 155， 157， 198， 161， 151

这便是一个容量为 30 的样本观察值，它反映了该厂工人周工资的一般水平. 试计算其样本均值、样本方差与样本标准差.

5.3 常用统计分布

数理统计研究的对象，大部分问题与正态分布有关. 从本节开始我们介绍在数理统计中常用的来自正态总体的统计量.

取得总体的样本后，通常是借助样本的统计量对未知的总体分布进行推断，为此需进一步确定相应的统计量所服从的分布，除在概率论中所提到的常用分布外，本节还要介绍几个在统计学中常用的统计分布：χ^2 分布，t 分布，F 分布.

5.3.1 分位数

设随机变量 X 的分布函数为 $F(x)$，对给定的实数 $\alpha(0<\alpha<1)$，若实数 F_α 满足不等式

$$P\{X>F_\alpha\}=\alpha,$$

则称 F_α 为随机变量 X 分布的水平 α 的**上侧分位数**.

若实数 T_α 满足不等式

$$P\{|X|>T_\alpha\}=\alpha,$$

则称 T_α 为随机变量 X 分布的水平 α 的**双侧分位数**.

5.3.2 χ^2 分布

1. χ^2 分布的定义

定义 1 设 $X_1, X_2, \cdots, X_n$ 是取自标准正态总体 $N(0, 1)$ 的样本，则称统计量

$$\chi^2=X_1^2+X_2^2+\cdots+X_n^2 \tag{5.3.1}$$

服从**自由度为 n 的 χ^2 分布**，记为 $\chi^2\sim\chi^2(n)$.

可以证明，若 $\chi^2\sim\chi^2(n)$，则 χ^2 的概率密度为

$$f(x)=\begin{cases}\dfrac{1}{2^{\frac{n}{2}}\Gamma\left(\dfrac{n}{2}\right)}x^{\frac{n}{2}-1}\mathrm{e}^{-\frac{1}{2}x}, & x>0,\\ 0, & x\leqslant 0.\end{cases} \tag{5.3.2}$$

其中，$\Gamma\left(\dfrac{n}{2}\right)$ 是 $\Gamma(x)=\displaystyle\int_0^{+\infty}t^{x-1}\mathrm{e}^{-t}\mathrm{d}t$ 在 $x=\dfrac{n}{2}$ 处的值.

$\chi^2(n)$ 分布的概率密度 $f(x)$ 的图形如图5-2 所示.

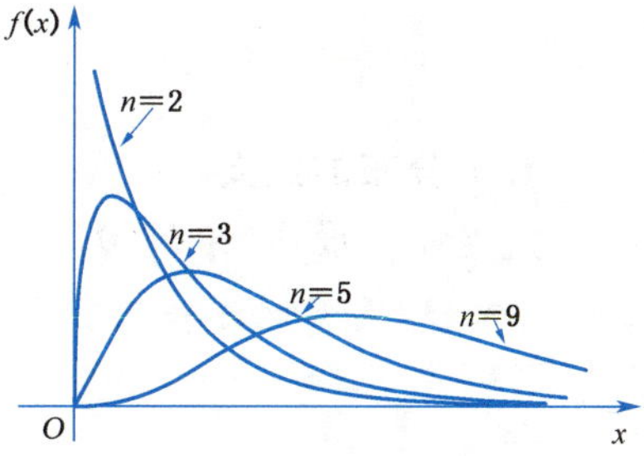

图 5-2　$\chi^2(n)$分布的概率密度

2. χ^2 分布的性质

χ^2 分布具有以下性质:

(1) χ^2 分布的数学期望与方差:若 $\chi^2 \sim \chi^2(n)$,则 $E(\chi^2)=n$, $D(\chi^2)=2n$.

(2) χ^2 分布的可加性:若 $\chi_1^2 \sim \chi^2(m)$, $\chi_2^2 \sim \chi^2(n)$,且 χ_1^2, χ_2^2 相互独立,则

$$\chi_1^2+\chi_2^2 \sim \chi^2(m+n). \tag{5.3.3}$$

3. χ^2 分布的分位数

定义 2　设 $\chi^2 \sim \chi^2(n)$,对给定的实数 $\alpha(0<\alpha<1)$,称满足条件

$$P\{\chi^2>\chi_\alpha^2(n)\}=\int_{\chi_\alpha^2(n)}^{+\infty} f(x)\mathrm{d}x=\alpha \tag{5.3.4}$$

的点 $\chi_\alpha^2(n)$ 为 **$\chi^2(n)$ 分布水平 α 的上侧分位数**,简称**上侧 α 分位数**(图 5-3).

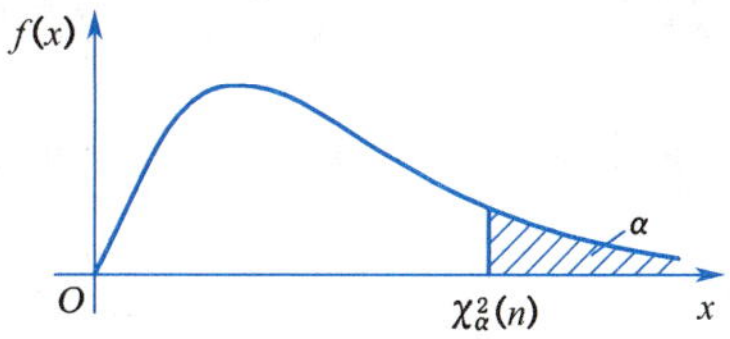

图 5-3　$\chi^2(n)$ 分布水平 α 的上侧分位数

在本书末附表 5 中,对于确定的 α 与 n,给出了对应 $\chi_\alpha^2(n)$ 的数据. 例如 $\alpha=0.01$, $n=10$,查表得 $\chi_{0.01}^2(10)=23.209$.

例 1　设 X_1, X_2, X_3, X_4 是来自总体 $X \sim N(0, 4)$ 的一个样本,问当 a, b 为何值时,$Y=a(X_1-2X_2)^2+b(3X_3-4X_4)^2 \sim \chi^2(n)$? 并确定 n的值.

解　由于 X_1, X_2, X_3, X_4 独立同分布于 $N(0, 4)$,所以

$$E(X_1-2X_2)=0,\quad E(3X_3-4X_4)=0,$$

$$D(X_1-2X_2)=D(X_1)+(-2)^2D(X_2)=20,$$

$$D(3X_3-4X_4)=3^2D(X_3)+(-4)^2D(X_4)=100,$$

于是

$$\frac{X_1-2X_2}{\sqrt{20}} \sim N(0, 1),\quad \frac{3X_3-4X_4}{10} \sim N(0, 1),$$

而且 X_1-2X_2 与 $3X_3-4X_4$ 相互独立,所以

$$\left(\frac{X_1-2X_2}{\sqrt{20}}\right)^2+\left(\frac{3X_3-4X_4}{10}\right)^2 \sim \chi^2(2),$$

从而

$$a=\frac{1}{20},\quad b=\frac{1}{100},\quad n=2.$$

5.3.3 t 分布

1. t 分布的定义

定义 3 设 $X \sim N(0, 1)$，$Y \sim \chi^2(n)$，且 X 与 Y 相互独立，则称

$$T = \frac{X}{\sqrt{\frac{Y}{n}}} \tag{5.3.5}$$

服从**自由度为 n 的 t 分布**，记为 $T \sim t(n)$.

可以证明，$t(n)$分布的概率密度

$$f(x) = \frac{\Gamma\left[\frac{(n+1)}{2}\right]}{\sqrt{\pi n}\,\Gamma\left(\frac{n}{2}\right)}\left(1+\frac{x^2}{n}\right)^{-\frac{n+1}{2}}, \quad -\infty < x < +\infty, \tag{5.3.6}$$

并且当 $n \to \infty$ 时，$t(n)$ 分布的概率密度趋于标准正态分布的概率密度，即

$$\lim_{x\to\infty} f(x) = \frac{1}{\sqrt{2\pi}} e^{-\frac{x^2}{2}}, \quad -\infty < x < +\infty.$$

$f(x)$的图形如图 5-4 所示，可以看出，$f(x)$的图形关于纵轴对称，并且 $f(x)$ 曲线的峰顶比标准正态曲线峰顶要低，两端较标准正态曲线要高.

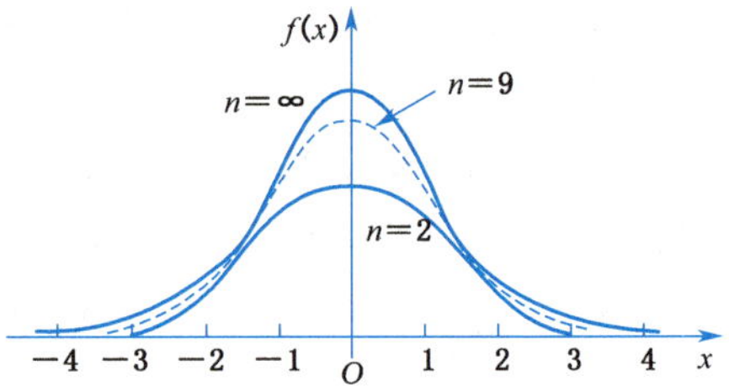

图 5-4 $t(n)$分布的概率密度

此外，可以证明：

$$\text{当 } n > 1 \text{ 时}, E(T) = 0;$$
$$\text{当 } n > 2 \text{ 时}, D(T) = \frac{n}{n-2}. \tag{5.3.7}$$

例 2 设总体 X 和 Y 相互独立且都服从 $N(0, 3^2)$ 分布，而样本 $X_1, X_2, \cdots, X_9$ 和 $Y_1, Y_2, \cdots, Y_9$ 分别来自 X 和 Y，求统计量

$$T = \frac{X_1 + X_2 + \cdots + X_9}{\sqrt{Y_1^2 + Y_2^2 + \cdots + Y_9^2}}$$

的分布.

解 由于 $\overline{X} = \frac{1}{9}(X_1 + X_2 + \cdots + X_9) \sim N(0, 1)$，

$$\frac{Y_i}{3} \sim N(0, 1), \quad i = 1, 2, \cdots, 9,$$

$$Y = \sum_{i=1}^{9}\left(\frac{Y_i}{3}\right)^2 = \frac{1}{9}\sum_{i=1}^{9} Y_i^2 \sim \chi^2(9),$$

并且 X 和 Y 相互独立，由 t 分布的定义知

$$T=\frac{\overline{X}}{\sqrt{\frac{1}{9}Y}}=\frac{X_1+X_2+\cdots+X_9}{\sqrt{Y_1^2+Y_2^2+\cdots+Y_9^2}}\sim t(9).$$

2. t 分布的分位数

定义 4　设 $T\sim t(n)$，对给定的实数 $\alpha(0<\alpha<1)$，称满足条件

$$P\{T>t_\alpha(n)\}=\int_{t_\alpha(n)}^{+\infty}f(x)\mathrm{d}x=\alpha \tag{5.3.8}$$

的点 $t_\alpha(n)$ 为 **$t(n)$ 分布水平 α 的上侧分位数**.

图 5-5 给出了 $t(n)$ 分布水平 α 的上侧分位数 $t_\alpha(n)$，由 t 分布图形的对称性可知

$$t_{1-\alpha}(n)=-t_\alpha(n). \tag{5.3.9}$$

在本书末附表 4 中给出了 $t(n)$ 分布上 α 分位点 $t_\alpha(n)$ 的数值表，例如 $t_{0.025}(8)=2.3060$.

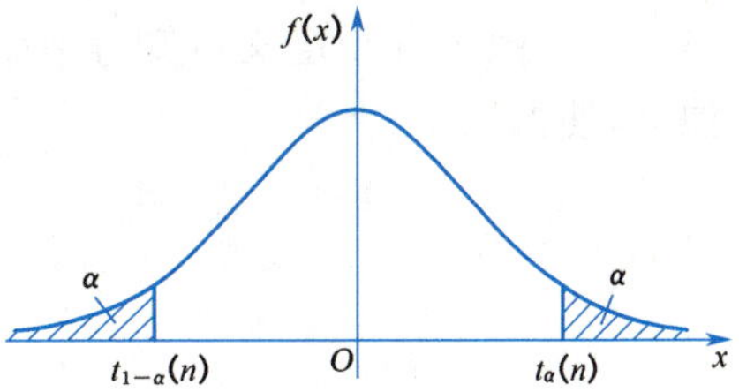

图 5-5　$t(n)$分布水平 α 的上侧分位数

类似地，可以给出 t 分布的双侧分位数

$$P\{|T|>t_{\frac{\alpha}{2}}(n)\}=\int_{-\infty}^{-t_{\frac{\alpha}{2}}(n)}f(x)\mathrm{d}x+\int_{t_{\frac{\alpha}{2}}(n)}^{+\infty}f(x)\mathrm{d}x=\alpha,$$

显然有

$$P\{T>t_{\frac{\alpha}{2}}(n)\}=\frac{\alpha}{2},\quad P\{T<-t_{\frac{\alpha}{2}}(n)\}=\frac{\alpha}{2}.$$

当 $\alpha=0.02$，$n=12$，t 分布的双侧分位数可查附表 4 得 $t_{\frac{\alpha}{2}}(12)=2.6810$.

注　当 n 较大(通常 $n>45$) 时，$t_\alpha(n)$ 可以由标准正态分布的上 α 分位点 u_α 来近似代替.

5.3.4 F 分布

1. F 分布的概念

定义 5　设 $X\sim\chi^2(m)$，$Y\sim\chi^2(n)$，且 X 与 Y 相互独立，则称

$$F=\frac{\frac{X}{m}}{\frac{Y}{n}}=\frac{nX}{mY}$$

服从**自由度为 (m,n) 的 F 分布**，记为 $F\sim F(m,n)$.

可以证明，$F(m,n)$ 分布的概率密度

$$f(x)=\begin{cases}\dfrac{\Gamma\left[\dfrac{(m+n)}{2}\right]}{\Gamma\left(\dfrac{m}{2}\right)\Gamma\left(\dfrac{n}{2}\right)}\left(\dfrac{m}{n}\right)\left(\dfrac{m}{n}x\right)^{\frac{m}{2}-1}\left(1+\dfrac{m}{n}x\right)^{-\frac{1}{2}(m+n)}, & x>0,\\ 0, & x\leqslant 0.\end{cases} \tag{5.3.10}$$

其图形如图 5-6 所示.

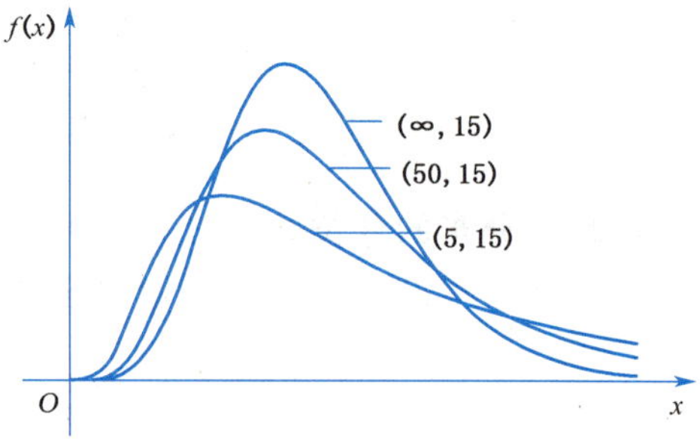

图 5-6 $F(m, n)$分布的概率密度

此外,可以证明,若 $F \sim F(m, n)$,则

当 $n > 2$ 时,$E(F) = \dfrac{n}{n-2}$; (5.3.11)

当 $n > 4$ 时,$D(F) = \dfrac{n^2(2n+2n-4)}{m(n-2)^2(n-4)}$. (5.3.12)

例 3 已知 $t \sim t(n)$,求 t^2 的分布.

解 由 t 分布定义可知,随机变量 U 与 V 相互独立,使得

$$t = \frac{U}{\sqrt{\dfrac{V}{n}}}.$$

其中,$U \sim N(0, 1)$, $V \sim \chi^2(n)$. 而

$$t^2 = \frac{U^2}{\dfrac{V}{n}} = \frac{\dfrac{U^2}{1}}{\dfrac{V}{n}},$$

且 $U^2 \sim \chi^2(1)$, 所以由 F 分布的定义知

$$t^2 = \frac{U^2}{\dfrac{V}{n}} \sim F(1, n),$$

即 t^2 服从自由度为$(1, n)$的 F 分布.

2. *F* 分布的性质

F 分布具有以下性质:

(1) 若 $X \sim t(n)$,则 $X^2 \sim F(1, n)$;

(2) 若 $F \sim F(m, n)$, 则$\dfrac{1}{F} \sim F(n, m)$.

3. *F* 分布的分位数

定义 6 设 $F \sim F_\alpha(n, m)$,对于给定的正数 $\alpha(0 < \alpha < 1)$,称满足条件

$$P\{F > F_\alpha(n, m)\} = \int_{F_\alpha(n, m)}^{+\infty} f(x)\mathrm{d}x = \alpha \tag{5.3.13}$$

的点 $F_\alpha(n, m)$ 为 **$F(n, m)$ 分布水平 α 的上侧分位数**.

图 5-7 给出了 $F(n, m)$ 分布水平 α 的分位点 $F_\alpha(n, m)$.

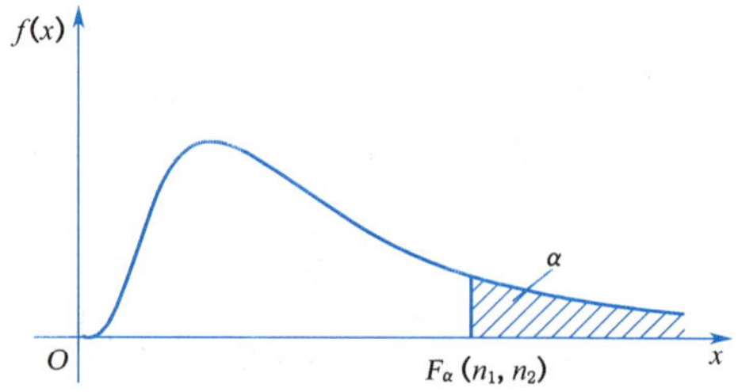

图 5-7 F 分布水平 α 的上侧分位数

若 $F \sim F(m, n)$，则由 F 分布的定义知 $\frac{1}{F} \sim F(n, m)$，从而有

$$F_{1-\alpha}(m, n) = \frac{1}{F_{\alpha}(n, m)}. \tag{5.3.14}$$

例如，$F_{0.05}(8, 9) = 3.23$，$F_{0.95}(15, 12) = \frac{1}{F_{0.05}(12, 15)} = \frac{1}{2.48} = 0.403$.

习题 5-3

1. 查附表 5 求下列各式中的 λ 值.

(1) $P\{\chi^2(9) > \lambda\} = 0.95$；　(2) $P\{\chi^2(9) < \lambda\} = 0.01$；

(3) $P\{\chi^2(15) > \lambda\} = 0.025$；　(4) $P\{\chi^2(15) < \lambda\} = 0.025$.

2. 查附表 4 求下列各式中的 λ 值.

(1) $P\{|t(10)| > \lambda\} = 0.05$；　(2) $P\{|t(10)| < \lambda\} = 0.90$；

(3) $P\{t(10) > \lambda\} = 0.05$；　(4) $P\{t(10) < \lambda\} = 0.01$；

(5) $P\{t(150) > \lambda\} = 0.025$.

3. 查附表 6 求下列各式的 λ 值.

(1) $P\{F(8, 9) > \lambda\} = 0.05$；　(2) $P\{F(8, 9) < \lambda\} = 0.05$；

(3) $P\{F(10, 15) > \lambda\} = 0.95$；　(4) $P\{F(10, 15) < \lambda\} = 0.90$.

4. 设 $X_1, X_2, \cdots, X_6$ 是来自总体 $N(0, 1)$ 的样本，又设

$$Y = (X_1 + X_2 + X_3)^2 + (X_4 + X_5 + X_6)^2.$$

试求常数 C，使 CY 服从 χ^2 分布.

5. 设随机变量 $X \sim N(2, 1)$，随机变量 Y_1, Y_2, Y_3, Y_4 均服从 $N(0, 4)$，且 $X, Y_i (i = 1, 2, 3, 4)$ 都相互独立，令

$$T = \frac{4(X-2)}{\sqrt{\sum_{i=1}^{4} Y_i^2}},$$

试求 T 的分布，并确定 t_0 的值，使 $P\{|T| > t_0\} = 0.01$.

5.4　常用抽样分布

有时，总体分布的类型虽然已知，但其中含有未知参数，此时需对总体的未知参数或对总体的重要数字特征(如数学期望、方差等)进行统计推断，此类问题称为参数统计推断. 在参数统计推断问题中，常需利用总体的样本构造出合适的统计量，并使其服从或渐近地服从已知的总体分布或统计分布，统计学中泛称统计量分布为抽样分布.

常见的总体为正态总体，下面就正态总体的抽样分布进行讨论.

5.4.1　单正态总体的抽样分布

设总体 X 的均值 μ，方差为 σ^2，$X_1, X_2, \cdots, X_n$ 是取自 X 的一个样本，$\overline{X}$ 与 S^2 分别为

该样本的样本均值与样本方差，则

$$E(\overline{X})=\mu,\quad D(\overline{X})=\frac{\sigma^2}{n},$$

而 $E(S^2)=E\left[\frac{1}{n-1}\left(\sum_{i=1}^{n}X_i^2-n\overline{X}^2\right)\right]=\frac{1}{n-1}\left[\sum_{i=1}^{n}E(X_i^2)-nE(\overline{X}^2)\right]$

$$=\frac{1}{n-1}\left[\sum_{i=1}^{n}(\sigma^2+\mu^2)-n\left(\frac{\sigma^2}{n}+\mu^2\right)\right]=\sigma^2.$$

故有下列定理.

定理 1 设总体 $X\sim N(\mu,\sigma^2)$，X_1，X_2，…，X_n 是取自 X 的一个样本，$\overline{X}$ 与 S^2 分别为该样本的样本均值与样本方差，则

(1) $\overline{X}\sim N\left(\mu,\frac{\sigma^2}{n}\right)$； (5.4.1)

(2) $U=\dfrac{\overline{X}-\mu}{\frac{\sigma}{\sqrt{n}}}\sim N(0,1)$. (5.4.2)

定理 2 设总体 $X\sim N(\mu,\sigma^2)$，X_1，X_2，…，X_n 是取自 X 的一个样本，$\overline{X}$ 与 S^2 分别为该样本的样本均值与样本方差，则

(1) $\chi^2=\dfrac{n-1}{\sigma^2}S^2=\dfrac{1}{\sigma^2}\sum_{i=1}^{n}(X_i-\overline{X})^2\sim\chi^2(n-1)$； (5.4.3)

(2) $\overline{X}$ 与 S^2 相互独立.

以上两个定理的证明有很强的数学推导技巧，此处证略.

定理 3 设总体 $X\sim N(\mu,\sigma^2)$，X_1，X_2，…，X_n 是取自 X 的一个样本，$\overline{X}$ 与 S^2 分别为该样本的样本均值与样本方差，则

(1) $\chi^2=\dfrac{1}{\sigma^2}\sum_{i=1}^{n}(X_i-\mu)^2\sim\chi^2(n)$； (5.4.4)

(2) $T=\dfrac{\overline{X}-\mu}{\frac{S}{\sqrt{n}}}\sim t(n-1)$. (5.4.5)

证明 (1) 由于 X_1，X_2，…，X_n 相互独立，且都服从 $N(\mu,\sigma^2)$ 分布，所以 $\dfrac{X_1-\mu}{\sigma}$，$\dfrac{X_2-\mu}{\sigma}$，…，$\dfrac{X_n-\mu}{\sigma}$ 也相互独立且都服从 $N(0,1)$ 分布，所以

$$\frac{1}{\sigma^2}\sum_{i=1}^{n}(X_i-\mu)^2=\sum_{i=1}^{n}\left(\frac{X_i-\mu}{\sigma}\right)^2\sim\chi^2(n).$$

(2) 由定理 1 知

$$U=\frac{\overline{X}-\mu}{\frac{\sigma}{\sqrt{n}}}\sim N(0,1).$$

再由定理 2 知，$\overline{X}$ 与 S^2 相互独立，并且

$$V=\frac{n-1}{\sigma^2}S^2\sim\chi^2(n-1).$$

根据 t 分布的定义，有

$$T=\frac{U}{\sqrt{\frac{V}{n-1}}}=\frac{\frac{\sqrt{n}(\overline{X}-\mu)}{\sigma}}{\sqrt{\frac{n-1}{\sigma^2}\cdot\frac{S^2}{n-1}}}=\frac{\overline{X}-\mu}{\frac{S}{\sqrt{n}}}\sim t(n-1).$$

例 1　设总体 $X\sim N(52,\ 6.3^2)$，$X_1,\ X_2,\ \cdots,\ X_{36}$ 是来自 X 的容量为 36 的样本，求 (1) 样本均值 $\overline{X}$ 的数学期望与方差；　(2) $P\{50.8<\overline{X}<53.8\}$.

解　(1) 由于 $X\sim N(52,\ 6.3^2)$，样本容量 $n=36$，

所以，$\overline{X}\sim N\left(52,\ \frac{6.3^2}{36}\right)$，于是 $E(\overline{X})=52$，$D(\overline{X})=\frac{6.3^2}{36}\approx1.10$.

(2) 由 $\overline{X}\sim N\left(52,\ \frac{6.3^2}{36}\right)$，得 $\frac{\overline{X}-52}{\frac{6.3}{6}}\sim N(0,\ 1)$，

故 $$P\{50.8<\overline{X}<53.8\}=P\left\{\frac{50.8-52}{\frac{6.3}{6}}<\frac{\overline{X}-52}{\frac{6.3}{6}}<\frac{53.8-52}{\frac{6.3}{6}}\right\}$$

$$=\Phi\left(\frac{53.8-52}{\frac{6.3}{6}}\right)-\Phi\left(\frac{50.8-52}{\frac{6.3}{6}}\right)=\Phi(1.714\,3)-\Phi(-1.143)$$

$$\approx0.956\,4-(1-0.872\,9)=0.829\,3.$$

例 2　设总体 $X\sim N(3.4,\ 6^2)$，$X_1,\ X_2,\ \cdots,\ X_n$ 为 X 的样本，若要使 $P\{1.4<\overline{X}<5.4\}\geqslant0.95$，问样本容量 n 至少应取多大？

解　因为 $X\sim N(3.4,\ 6^2)$，所以

$$\frac{\overline{X}-3.4}{\frac{6}{\sqrt{n}}}\sim N(0,\ 1),$$

又

$$P\{1.4<\overline{X}<5.4\}=P\{|\overline{X}-3.4|<2\}=P\left\{\frac{|\overline{X}-3.4|}{\frac{6}{\sqrt{n}}}<\frac{\sqrt{n}}{3}\right\}=2\Phi\left(\frac{\sqrt{n}}{3}\right)-1,$$

所以，要使 $P\{1.4<\overline{X}<5.4\}\geqslant0.95$，只需 $2\Phi\left(\frac{\sqrt{n}}{3}\right)-1\geqslant0.95$，查正态分布表(附表 3)，

得 $\frac{\sqrt{n}}{3}\geqslant1.96$，所以 $n=35$.

例 3 设在总体 $N(\mu,\sigma^2)$ 中抽取一个容量为 16 的样本，这里 μ,σ^2 均未知，求

(1) $P\left\{\frac{S^2}{\sigma^2}\leqslant 2.0358\right\}$； (2) $D(S^2)$.

解 (1) $P\left\{\frac{S^2}{\sigma^2}\leqslant 2.0358\right\}=P\left\{\frac{15S^2}{\sigma^2}\leqslant 30.537\right\}$.

因为 $\frac{15S^2}{\sigma^2}\sim\chi^2(15)$，查 χ^2 分布表知

$$P\left\{\frac{S^2}{\sigma^2}\leqslant 2.0358\right\}=1-P\left\{\frac{15S^2}{\sigma^2}>30.537\right\}=0.99.$$

(2) $D\left(\frac{15S^2}{\sigma^2}\right)=2\times 15=30$，$\frac{225D(S^2)}{\sigma^4}=30$，故 $D(S^2)=\frac{2}{15}\sigma^4$.

5.4.2 双正态总体的抽样分布

定理 4 设 $X\sim N(\mu_1,\sigma_1^2)$ 与 $Y\sim N(\mu_2,\sigma_2^2)$ 是两个相互独立的正态总体，又设 X_1，X_2，…，X_{n_1} 是取自总体 X 的样本，$\overline{X}$ 与 S_1^2 分别为该样本的样本均值与样本方差. Y_1，Y_2，…，Y_{n_2} 是取自总体 Y 的样本，$\overline{Y}$ 与 S_2^2 分别为此样本的样本均值与样本方差. 再记 S_w^2 是 S_1^2 与 S_2^2 的加权平均，即

$$S_w^2=\frac{(n_1-1)S_1^2+(n_2-1)S_2^2}{n_1+n_2-2}. \tag{5.4.6}$$

则有(1) $U=\dfrac{(\overline{X}-\overline{Y})-(\mu_1-\mu_2)}{\sqrt{\dfrac{\sigma_1^2}{n_1}+\dfrac{\sigma_2^2}{n_2}}}\sim N(0,1)$； (5.4.7)

(2) $F=\left(\frac{\sigma_2}{\sigma_1}\right)^2\frac{S_1^2}{S_2^2}\sim F(n_1-1,n_2-1)$； (5.4.8)

(3) 当 $\sigma_1^2=\sigma_2^2=\sigma^2$ 时，$T=\dfrac{(\overline{X}-\overline{Y})-(\mu_1-\mu_2)}{S_w\sqrt{\dfrac{1}{n_1}+\dfrac{1}{n_2}}}\sim t(n_1+n_2-2)$. (5.4.9)

证明 (1) 因为 $X\sim N(\mu_1,\sigma_1^2)$，$Y\sim N(\mu_2,\sigma_2^2)$，

所以，$\overline{X}-\overline{Y}\sim N\left(\mu_1-\mu_2,\frac{\sigma_1^2}{n_1}+\frac{\sigma_2^2}{n_2}\right)$，即有

$$U=\frac{(\overline{X}-\overline{Y})-(\mu_1-\mu_2)}{\sqrt{\dfrac{\sigma_1^2}{n_1}+\dfrac{\sigma_2^2}{n_2}}}\sim N(0,1).$$

(2) 由定理 2，有

$$\frac{n_1-1}{\sigma_1^2}S_1^2\sim\chi^2(n_1-1),\quad \frac{n_2-1}{\sigma_2^2}S_2^2\sim\chi^2(n_2-1).$$

由假设 S_1^2, S_2^2 独立，则由 F 分布的定义知

$$\frac{\dfrac{(n_1-1)S_1^2}{(n_1-1)\sigma_1^2}}{\dfrac{(n_2-1)S_2^2}{(n_2-1)\sigma_2^2}} \sim F(n_1-1,\ n_2-1),$$

即 $\left(\dfrac{\sigma_2}{\sigma_1}\right)^2 \dfrac{S_1^2}{S_2^2} \sim F(n_1-1,\ n_2-1)$.

(3) 由给定条件知

$$\frac{n_1-1}{\sigma_1^2}S_1^2 \sim \chi^2(n_1-1), \quad \frac{n_2-1}{\sigma_2^2}S_2^2 \sim \chi^2(n_2-1),$$

且它们相互独立，故由 χ^2 分布的可加性知

$$V=\frac{n_1-1}{\sigma_1^2}S_1^2+\frac{n_2-1}{\sigma_2^2}S_2^2 \sim \chi^2(n_1+n_2-2).$$

可证 U 与 V 相互独立，从而按 t 分布的定义知

$$\frac{U}{\sqrt{\dfrac{V}{(n_1+n_2-2)}}}=\frac{(\overline{X}-\overline{Y})-(\mu_1-\mu_2)}{S_w\sqrt{\dfrac{1}{n_1}+\dfrac{1}{n_2}}} \sim t(n_1+n_2-2).$$

例 4 A 品牌灯泡的平均寿命为 1 400 h，标准差为 200 h. B 品牌灯泡的平均寿命为 1 200 h，标准差为 100 h，从两种品牌的灯泡中各取 250 个进行测试. 问 A 品牌灯泡的平均寿命至少大于 B 品牌灯泡寿命(1) 180 h；(2) 230 h 的概率分别是多少？

解 (1) 因为题中未给出两种品牌灯泡的寿命所服从的分布，因而不能严格地利用其分布进行计算. 题中考虑的问题主要是对 250 个灯泡进行测试，因试验的数量比较多，故可以使用中心极限定理. 按照中心极限定理，$\overline{X}$ 与 $\overline{Y}$ 近似地服从正态分布.

$\overline{X}$ 近似服从 $N\left(1\,400,\ \dfrac{200^2}{250}\right)$，$\overline{Y}$ 近似服从 $N\left(1\,200,\ \dfrac{100^2}{250}\right)$.

根据题意，$\overline{Y}$ 与 $\overline{X}$ 相互独立，故 $\overline{X}-\overline{Y}$ 近似服从 $N\left(1\,400-1\,200,\ \dfrac{200^2}{250}+\dfrac{100^2}{250}\right)$，即 $N(200,\ 200)$. 从而

$$\begin{aligned}P\{\overline{X}-\overline{Y}>180\}&=1-P\{\overline{X}-\overline{Y}\leqslant 180\}\\&=1-P\left\{\frac{(\overline{X}-\overline{Y})-200}{\sqrt{200}}\leqslant\frac{180-200}{\sqrt{200}}\right\}\\&\approx 1-\Phi\left(\frac{180-200}{\sqrt{200}}\right)=1-\Phi(-1.414\,2)\\&=1-[1-\Phi(1.414\,2)]=\Phi(1.414\,2)\approx 0.921\,3.\end{aligned}$$

注 在查表时，表中没有 1.414 2，因而需要使用 $\Phi(1.41)=0.920\,73$，$\Phi(1.42)=0.922\,20$ 进行线性插值，可得

$$\Phi(1.4142)\approx\Phi(1.41)+\frac{1.4142-1.41}{1.42-1.41}[\Phi(1.42)-\Phi(1.41)]=0.9213.$$

(2) $P\{\overline{X}-\overline{Y}>230\}=1-P\{\overline{X}-\overline{Y}\leqslant 230\}$

$$=1-P\left\{\frac{(\overline{X}-\overline{Y})-200}{\sqrt{200}}\leqslant\frac{230-200}{\sqrt{200}}\right\}$$

$$=1-\Phi\left(\frac{230-200}{\sqrt{200}}\right)=1-\Phi(2.1213)$$

$$\approx 1-0.983=0.017.$$

注 2.121 3 未在表中，但与表中的 2.12 比较接近，在对精度要求不太高的情况下，可以用 2.12 来代替 2.121 3. 如果对精度要求比较高，就需要使用(1)中使用的线性插值方法.

例 5 分别从方差为 20 和 35 的正态总体中抽取容量为 8 和 10 的两个样本，求第 1 个样本方差是第 2 个样本方差两倍以上的概率范围.

解 对于第 1 个样本，$n_1=8$，$\sigma_1^2=20$；对于第 2 个样本，$n_2=10$，$\sigma_2^2=35$.

统计量 $F=\dfrac{\dfrac{S_1^2}{\sigma_1^2}}{\dfrac{S_2^2}{\sigma_2^2}}\sim F(n_1-1, n_2-1)$， 即 $F=\dfrac{\dfrac{S_1^2}{20}}{\dfrac{S_2^2}{35}}\sim F(7, 9)$.

故
$$P\{S_1^2\geqslant 2S_2^2\}=P\left\{\frac{S_1^2}{S_2^2}\geqslant 2\right\}=P\left\{\frac{35}{20}\cdot\frac{S_1^2}{S_2^2}\geqslant\frac{35}{20}\times 2\right\}$$

$$=P\left\{\frac{\dfrac{S_1^2}{20}}{\dfrac{S_2^2}{35}}\geqslant 3.5\right\}=P\{F\geqslant 3.5\}.$$

查 F 分布表，有 $P\{F>3.29\}=0.05$，$P\{F>4.20\}=0.025$.

由
$$P\{F>3.29\}>P\{F\geqslant 3.5\}>P\{F>4.20\},$$

可得
$$0.05>P\{F\geqslant 3.5\}>0.025,$$

即
$$0.05>P\{S_1^2\geqslant 2\cdot S_2^2\}>0.025.$$

所求的概率范围为(0.025, 0.05).

习题 5-4

1. 设 $X\sim N(21, 2^2)$，$X_1, X_2, \cdots, X_{25}$ 为 X 的一个样本，求

(1) 样本均值 $\overline{X}$ 的数学期望与方差；(2) $P\{|\overline{X}-21|\leqslant 0.24\}$.

2. 设总体 $X\sim N(12, 4)$，$X_1, X_2, \cdots, X_5$ 是来自 X 的容量为 5 的样本，求样本均值与总体均值之差的绝对值大于 1 的概率.

3. 设总体 $X\sim N(80, 20^2)$，从总体 X 中抽取一个容量为 100 的样本，问样本均值与总体均值之差的

绝对值大于 3 的概率是多少?

4. 在设计导弹发射装置时，重要事情之一是研究弹着点偏离目标中心的距离的方差. 对于一类导弹发射装置，弹着点偏离目标中心的距离服从正态分布 $N(\mu, \sigma^2)$，这里 $\sigma^2 = 100\ \mathrm{m}^2$，现在进行了 25 次发射试验，用 S^2 记这 25 次试验中弹着点偏离目标中心的距离的样本方差. 试求 S^2 超过 $50\ \mathrm{m}^2$ 的概率.

5. 设总体 $X \sim N(76.4, 383)$，$X_1, X_2, \cdots, X_4$ 是来自 X 的容量为 4 的样本，S^2 是样本方差.

(1) 问 $U = \sum_{i=1}^{4} \frac{(X_i - 76.4)^2}{383}$，$W = \sum_{i=1}^{4} \frac{(X_i - \overline{X})^2}{383}$ 分别服从什么分布，并求 $D(S^2)$.

(2) 求 $P\{0.711 < U \leqslant 7.779\}$，$P\{0.352 < W \leqslant 6.251\}$.

6. 设 $X_1, X_2, \cdots, X_n, X_{n+1}$ 是来自总体 $N(\mu, \sigma^2)$ 的样本，$\overline{X} = \frac{1}{n}\sum_{i=1}^{n} X_i$，$S^{*2} = \frac{1}{n}\sum_{i=1}^{n}(X_i - \overline{X})^2$，试求统计量 $T = \frac{X_{n+1} - \overline{X}}{S^*}\sqrt{\frac{n-1}{n+1}}$ 的分布.

7. 设样本 $X_1, X_2, \cdots, X_{n_1}$ 和 $Y_1, Y_2, \cdots, Y_{n_2}$ 分别来自相互独立的总体 $N(\mu_1, \sigma_1^2)$ 和 $N(\mu_2, \sigma_2^2)$，已知 $\sigma_1 = \sigma_2$，α 和 β 是两个实数，求随机变量

$$\frac{\alpha(\overline{X} - \mu_1) + \beta(\overline{Y} - \mu_2)}{\sqrt{\frac{(n_1 - 1)S_1^2 + (n_2 - 1)S_2^2}{n_1 + n_2 - 2}\left(\frac{\alpha^2}{n_1} + \frac{\beta^2}{n_2}\right)}}$$

的分布.

8. 设两个总体 X 与 Y 都服从正态分布 $N(20, 3)$，今从总体 X 与 Y 中分别抽得容量 $n_1 = 10$，$n_2 = 15$ 的两个相互独立的样本，求 $P\{|\overline{X} - \overline{Y}| > 0.3\}$.

9. 设总体 X 和 Y 相互独立且都服从正态分布 $N(30, 3^2)$. $X_1, X_2, \cdots, X_{20}$ 和 $Y_1, Y_2, \cdots, Y_{25}$ 分别来自总体 X 和 Y 的样本. $\overline{X}$，$\overline{Y}$，S_1^2 和 S_2^2 分别是这两个样本的均值和方差. 求 $P\left\{\frac{S_1^2}{S_2^2} \leqslant 0.4\right\}$.

总习题 5

一、填空题(每小题 6 分)

1. 设总体 X 的一组样本观测值为

$$1.4,\ 2.3,\ 1.8,\ 3.4,\ 2.7$$

则样本均值 $\overline{x} =$ ____，样本方差 $s^2 =$ ____.

2. 设总体 X 服从正态分布 $N(2, 5)$，$X_1, X_2, \cdots, X_{10}$ 为其样本，则样本均值 $\overline{X}$ 的分布为____.

3. 设总体 X 服从具有 n 个自由度的 χ^2 分布，$X_1, X_2, \cdots, X_n$ 为其样本，$\overline{X}$ 为样本均值，则有 $E(\overline{X}) =$ ____，$D(\overline{X}) =$ ____.

4. 设总体 $X \sim N(m, \sigma^2)$，$X_1, X_2, \cdots, X_n$ 为其样本，$\overline{X}$，S^2 分别为样本均值和样本方差，则有 $\overline{X} \sim$ ____，$\frac{(n-1)S^2}{\sigma^2} \sim$ ____，$\frac{\overline{X} - \mu}{\frac{S}{\sqrt{n}}} \sim$ ____.

5. 设总体 $X \sim N(1, 4)$，$X_1, X_2, \cdots, X_5$ 为其样本，令

$$T = a(X_1 - X_2)^2 + b(2X_3 - X_4 - X_5)^2,$$

则当 $a=$ ____，$b=$ ____ 时，有 $T\sim\chi^2(2)$.

二、选择题（每小题 5 分）

1. 设总体 $X\sim N(\mu,1)$，其中 μ 为未知参数，若 $X_1, X_2, \cdots, X_n$ 为来自总体 X 的样本，则下列样本函数中（　　）不是统计量.

A. $\sum_{i=1}^{n}X_i$　　B. $\sum_{i=1}^{n}(X_i-\mu)^2$　　C. $X_1, X_2, \cdots, X_n$　　D. $\sum_{i=1}^{n}X_i^2$

2. 设总体 $X\sim N(2, 4)$，$X_1, X_2, \cdots, X_9$ 为其样本，$\overline{X}$ 为样本均值，则下列统计量中服从标准正态分布的是（　　）.

A. $\overline{X}$　　B. $\frac{3}{4}(\overline{X}-2)$　　C. $\frac{3}{2}(\overline{X}-2)$　　D. $\frac{9}{2}(\overline{X}-2)$

3. 设总体 $X\sim N(0, 1)$，$X_1, X_2, \cdots, X_5$ 为其样本，令 $T=\dfrac{3(X_1+X_2)^2}{2(X_3+X_4+X_5)^2}$，则 $T\sim$（　　）.

A. $t(5)$　　B. $F(1, 1)$　　C. $F(2, 3)$　　D. $F(3, 2)$

4. 设总体 $X\sim N\left(0, \frac{1}{4}\right)$，$X_1, X_2, \cdots, X_5$ 为其样本，令 $T=\dfrac{2X_1}{\sqrt{\sum_{i=2}^{5}X_i^2}}$，则 $T\sim$（　　）.

A. $t(1)$　　B. $t(2)$　　C. $t(3)$　　D. $t(4)$

5. 设总体 $X\sim N(0, 1)$，$X_1, X_2, \cdots, X_n$ 为其样本，$\overline{X}$，S^2 分别是样本均值和样本标准差，则（　　）.

A. $n\overline{X}\sim N(0, 1)$　　B. $\overline{X}\sim N(0, 1)$　　C. $\sum_{i=1}^{n}X_i^2\sim\chi^2(n)$　　D. $\frac{\overline{X}}{S}\sim t(n-1)$

6. 设随机变量 X 和 Y 都服从标准正态分布，则（　　）.

A. $X+Y$ 服从正态分布　　B. X^2+Y^2 服从 χ^2 分布

C. X^2 和 Y^2 都服从 χ^2 分布　　D. $\frac{X^2}{Y^2}$ 服从 F 分布

三、解答题（每小题 8 分）

1. 设总体 $X\sim N(2, 16)$，$X_1, X_2, \cdots, X_n$ 是总体 X 的样本，令 $A_2=\frac{1}{n}\sum_{i=1}^{n}X_i^2$，求 A_2 的数学期望 $E(A_2)$.

2. 设总体 $X\sim N(15, 9)$，$X_1, X_2, \cdots, X_9$ 是总体 X 的样本，$\overline{X}$ 是样本均值，求常数 c，使 $P(\overline{X}\leqslant c)=0.95$. [已知 $\Phi(1.645)=0.95$]

3. 设总体 $X\sim N(0, 4)$，$X_1, X_2, \cdots, X_9$ 为其样本. 求系数 a，b，c，使得

$$T=a(X_1+X_2)^2+b(X_3+X_4+X_5)^2+c(X_6+X_7+X_8+X_9)^2$$

服从 χ^2 分布，并求其自由度.

4. 设总体 $X\sim N(\mu, 4)$，$X_1, X_2, \cdots, X_{16}$ 为其样本，S^2 为样本方差，求常数 c，使 $P\{S^2\leqslant c\}=0.95$. [已知 $\chi^2_{0.05}(15)=24.996$]

5. 总体 $X\sim N(0, \sigma^2)$，$X_1, X_2, \cdots, X_9$ 是总体 X 的样本，$\overline{X}$ 和 S^2 分别是样本均值和样本方差，求常数 c，使 $P\left\{\frac{\overline{X}}{S}>c\right\}=0.01$. [已知 $t_{0.01}(8)=2.8965$]

第 6 章

参 数 估 计

第 5 章讲解了数理统计的基本概念,从本章开始将研究数理统计的重要内容之一:统计推断.

所谓统计推断,就是根据从总体中抽取得的一个简单随机样本对总体进行分析和推断.即由样本来推断总体,或者由部分推断总体——这就是数理统计学的核心内容.它的基本问题包括两大类,一类是估计理论;另一类是假设检验.估计理论主要为参数估计,参数估计又分为点估计和区间估计两种,这里主要研究参数估计.

在实际问题中,当所研究的总体分布类型已知,但分布中含有一个或多个未知参数时,如何根据样本来估计未知参数,这就是参数估计问题.

参数估计问题分为点估计问题与区间估计问题两类.所谓点估计就是用某一个函数值作为总体未知参数的估计值;区间估计就是对于未知参数给出一个范围,并且在一定的可靠度下使这个范围包含未知参数.

例如,灯泡的寿命 X 是一个总体,根据实际经验知道,X 服从 $N(\mu, \sigma^2)$,但对每一批灯泡而言,参数 μ, σ^2 是未知的,要写出具体的分布函数,就必须确定出参数.此类问题就属于参数估计问题.

6.1 点 估 计

6.1.1 点估计的概念

定义 1 设 $X_1, X_2, \cdots, X_n$ 是取自总体 X 的一个样本,$x_1, x_2, \cdots, x_n$ 是一个相应的样本值.θ 是总体分布中的未知参数,为估计未知参数 θ,需构造一个适当的统计量

$$\hat{\theta}(X_1, X_2, \cdots, X_n) \tag{6.1.1}$$

然后用其观察值

$$\hat{\theta}(x_1, x_2, \cdots, x_n) \tag{6.1.2}$$

来估计 θ 的值.

这时称 $\hat{\theta}(X_1, X_2, \cdots, X_n)$ 为 θ 的**估计量**.称 $\hat{\theta}(x_1, x_2, \cdots, x_n)$ 为 θ 的**估计值**.在不致引起混淆的情况下,估计量与估计值统称为**点估计**,简称**估计**,并简记为 $\hat{\theta}$.

注 估计量 $\hat{\theta}(X_1, X_2, \cdots, X_n)$ 是一个随机变量,是样本的函数,是一个统计量,对不同的样本值,θ 的估计值 $\hat{\theta}$ 一般是不同的.

例 1 设 X 表示某种型号的电子元件的寿命(单位:h),它服从指数分布:

$$X \sim f(x,\theta)=\begin{cases}\dfrac{1}{\theta}e^{-\frac{x}{\theta}}, & x>0,\\ 0, & x\leqslant 0.\end{cases}$$

其中，θ 为未知参数，$\theta>0$. 现得样本值为

211， 253， 169， 129， 168， 144， 175， 197， 108

试估计未知参数 θ

解 由题意知，总体 X 的均值为 θ，即 $\theta=E(X)$，因此，如用样本均值 $\overline{X}$ 作为未知参数 θ 的估计量看起来是最自然的. 对给定的样本值计算得

$$\bar{x}=\frac{211+253+\cdots+108}{9}=172.7,$$

故可得 $\hat{\theta}=\overline{X}$ 与 $\hat{\theta}=\bar{x}=172.7$ 分别为 θ 的估计量与估计值.

点估计求解方法很多，这里主要介绍矩估计法和极大似然估计法，除了这两种方法之外，还有贝叶斯方法和最小二乘法等.

6.1.2 矩估计法

矩估计法的基本思想是用样本矩估计总体矩. 例如，可用样本均值 $\overline{X}$ 作为总体均值 $E(X)$ 的估计量，一般地记：

总体 k 阶矩 $$\mu_k=E(X^k); \tag{6.1.3}$$

样本 k 阶矩 $$A_k=\frac{1}{n}\sum_{i=1}^{n}X_i^k; \tag{6.1.4}$$

总体 k 阶中心矩 $$V_k=E[X-E(X)]^k; \tag{6.1.5}$$

样本 k 阶中心矩 $$B_k=\frac{1}{n}\sum_{i=1}^{n}(X_i-\overline{X})^k. \tag{6.1.6}$$

定义 2 用相应的样本矩代替总体矩，并用之去估计未知参数的方法就称为**矩估计法**. 用矩估计法确定的估计量称为**矩估计量**. 相应的估计值称为**矩估计值**. 矩估计量与矩估计值统称为**矩估计**.

矩估计的步骤如下：

设总体 X 的分布函数 $F(x;\theta_1,\theta_2,\cdots,\theta_k)$ 中含有 k 个未知参数 $\theta_1,\theta_2,\cdots,\theta_k$，则

(1) 求总体 X 的 k 个矩 $\mu_1,\cdots,\mu_k$，一般采用阶数较低的矩与容易计算的矩，且这些总体矩是这 k 个未知参数的函数，记为

$$\mu_i=g_i(\theta_1,\theta_2,\cdots,\theta_k),\quad i=1,2,\cdots,k. \tag{6.1.7}$$

(2) 从式(6.1.7)中解得

$$\theta_j=h_j(\mu_1,\mu_2,\cdots,\mu_k),\quad j=1,2,\cdots,k. \tag{6.1.8}$$

(3) 再用与总体矩 $\mu_i(i=1,2,\cdots,k)$ 相对应的样本矩 A_i 分别代替上式中的总体矩 μ_i，即可得未知参数 $\theta_j(j=1,2,\cdots,k)$ 的矩估计量：

$$\hat{\theta}_j = h_j(A_1, A_2, \cdots, A_k), \quad j=1, 2, \cdots, k. \tag{6.1.9}$$

(4) 代入样本值到样本矩中,即可得未知参数的矩估计值.

例 2　设总体 X 的概率分布为

X	1	2	3
p_k	θ^2	$2\theta(1-\theta)$	$(1-\theta)^2$

其中,θ 为未知参数.现抽得一个样本 $x_1=1$, $x_2=2$, $x_3=1$,求 θ 的矩估计值.

解　先求总体一阶矩

$\mu_1 = E(X) = 1 \cdot \theta^2 + 2 \cdot 2\theta(1-\theta) + 3(1-\theta)^2 = 3-2\theta$,

$A_1 = 3-2\theta$,　$\hat{\theta} = \dfrac{3}{2} - \dfrac{1}{2}A_1 = \dfrac{3}{2} - \dfrac{1}{2}\bar{X}$.

样本一阶矩 $\bar{x} = \dfrac{1+2+1}{3} = \dfrac{4}{3}$,

所以 θ 的矩估计值 $\hat{\theta} = \dfrac{5}{6}$.

例 3　设总体 X 的均值 μ 及方差 σ^2 都存在,且有 $\sigma^2 > 0$,但 μ, σ^2 均未知,又设 X_1, X_2, $\cdots$, X_n 是来自 X 的样本.试求 μ, σ^2 的矩估计量.

解　$\mu_1 = E(X) = \mu$,　$\mu_2 = E(X^2) = D(X) + [E(X)]^2 = \sigma^2 + \mu^2$,

得到 $\mu = \mu_1$, $\sigma^2 = \mu_2 - \mu_1^2$.

令 $\mu = A_1$, $\sigma^2 + \mu^2 = A_2$,则 $\sigma^2 = A_2 - A_1^2$,得 μ 和 σ^2 的矩估计量分别为

$$\hat{\mu} = A_1 = \bar{X}, \quad \hat{\sigma}^2 = A_2 - A_1^2 = \frac{1}{n}\sum_{i=1}^{n} X_i^2 - \bar{X}^2 = \frac{1}{n}\sum_{i=1}^{n}(X_i - \bar{X})^2.$$

注　本例表明,总体均值与方差的矩估计量的表达式不因不同的总体分布而异.如 $X \sim N(\mu, \sigma^2)$, μ, σ^2 未知,则 μ, σ^2 的矩估计量为 $\hat{\mu} = \bar{X}$, $\hat{\sigma}^2 = \dfrac{1}{n}\sum\limits_{i=1}^{n}(X_i - \bar{X})^2$.同时,我们又注意到,总体均值是用样本均值来估计的,而总体方差(即总体的二阶中心矩)却不是用样本方差来估计的,而是用样本二阶中心矩来估计.

6.1.3　最大似然估计法

1. 最大似然估计法定义

最大似然估计法的思想基础:在已经得到试验结果的情况下,应该寻找使得这个结果出现的可能性最大的那个 θ 作为 θ 的估计量 $\hat{\theta}$.

这种思想在日常生活中人们也是这么运用的.例如,某同学与一名世界游泳冠军一起去漂流,结果发生了一次倾翻,其中一名将另外一名给救了,试猜测是谁救人的?

由于只发生了一次倾翻,而世界游泳冠军水性与体力明显比这名同学强,故一般会猜测是世界游泳冠军救了这名同学.

注　最大似然估计法首先由德国数学家高斯于 1821 年提出,英国统计学家费歇尔于 1922 年重新发现并作了进一步的研究.

下面就离散型总体与连续型总体情形分别作具体讨论.

(1) 离散型总体

设总体 X 的概率分布为

$$P\{X=x\}=p(x, \theta),$$

其中 θ 为未知参数. 如果 $X_1, X_2, \cdots, X_n$ 是取自总体 X 的样本,样本的观察值为 $x_1, x_2, \cdots, x_n$,则样本的联合分布律

$$P\{X_1=x_1, X_2=x_2, \cdots, X_n=x_n\}=\prod_{i=1}^{n} p(x_i, \theta) \tag{6.1.10}$$

对确定的样本观察值 $x_1, x_2, \cdots, x_n$,它是未知参数 θ 的函数,记为 $L(\theta)=L(x_1, x_2, \cdots, x_n, \theta)=\prod_{i=1}^{n} p(x_i, \theta)$,并称其为似然函数. 似然函数 $L(\theta)$ 的值的大小代表该样本值出现的可能性的大小.

(2) 连续型总体

设总体 X 的概率密度为 $f(x, \theta)$,其中 θ 为未知参数,$X_1, X_2, \cdots, X_n$ 是取自总体 X 的样本,样本的观察值为 $x_1, x_2, \cdots, x_n$,此时可定义似然函数

$$L(\theta)=L(x_1, x_2, \cdots, x_n, \theta)=\prod_{i=1}^{n} f(x_i, \theta). \tag{6.1.11}$$

似然函数 $L(\theta)$ 的值的大小代表该样本值出现的(密度)可能性的大小.

上面的思想即为:在已得到样本值 $x_1, x_2, \cdots, x_n$ 的情况下,就应选择使得 $L(\theta)$ 达到最大值的那个 θ 作为 θ 的估计 $\hat{\theta}$.

定义 3 若对任意给定的样本值 $x_1, x_2, \cdots, x_n$,存在

$$\hat{\theta}=\hat{\theta}(x_1, x_2, \cdots, x_n), \tag{6.1.12}$$

使得

$$L(\hat{\theta})=\max_{\theta} L(\theta), \tag{6.1.13}$$

则称 $\hat{\theta}=\hat{\theta}(x_1, x_2, \cdots, x_n)$ 为 θ 的最大似然估计值. 称相应的统计量 $\hat{\theta}(X_1, X_2, \cdots, X_n)$ 为参数 θ 的**最大似然估计量**,它们统称为 θ 的**最大似然估计**(有时简记为 MLE).

2. 求最大似然估计的一般步骤

由上面的讨论可知,求未知参数 θ 的最大似然估计问题,归结为求似然函数 $L(\theta)$ 的最大值点的问题. 当似然函数关于未知参数可微时,可利用微分学中求最值的方法求之. 其主要步骤如下:

(1) 写出似然函数 $L(\theta)=L(x_1, x_2, \cdots, x_n, \theta)$;

(2) 求 $L(\theta)$ 对 θ 的导数,令 $\dfrac{\mathrm{d}L(\theta)}{\mathrm{d}\theta}=0$ 或 $\dfrac{\mathrm{d}\ln L(\theta)}{\mathrm{d}\theta}=0$,求出驻点;

(3) 判断并求出最大值点,在最大值点的表达式中,用样本值代入就得参数的最大似然估计值.

注 (1) 函数 $\ln L$ 是 L 的单调增加函数,且函数 $\ln L(\theta)$ 与 $L(\theta)$ 有相同的极值点,当不易求得 $L(\theta)$ 的最大值时,常转化为求函数 $\ln L(\theta)$ 的最大值点.

(2) 当似然函数关于未知参数不可微时，只能按最大似然估计法的基本思想求出最大值点.

(3) 上述方法易推广至多个未知参数的情形.

例 4 设 $X \sim b(1, p)$，$X_1, X_2, \cdots, X_n$ 是取自于总体 X 的一个样本，试求参数 p 的最大似然估计.

解 设 $x_1, x_2, \cdots, x_n$ 是 $X_1, X_2, \cdots, X_n$ 的一个样本值，X 的分布律为

$$P\{X=x\}=p^x(1-p)^{1-x}, \quad x=0, 1,$$

故似然函数为 $L(p)=\prod\limits_{i=1}^{n} p^{x_i}(1-p)^{1-x_i}=p^{\sum\limits_{i=1}^{n} x_i}(1-p)^{n-\sum\limits_{i=1}^{n} x_i}$.

令 $\dfrac{\mathrm{d}}{\mathrm{d}p}\ln L(p)=\dfrac{1}{p}\sum\limits_{i=1}^{n} x_i-\dfrac{1}{1-p}\left(n-\sum\limits_{i=1}^{n} x_i\right)=0$,

解得 p 的最大似然估计值 $\hat{p}=\dfrac{1}{n}\sum\limits_{i=1}^{n} x_i=\bar{x}$. 从而 p 的最大似然估计量 $\hat{p}=\dfrac{1}{n}\sum\limits_{i=1}^{n} X_i=\bar{X}$.

例 5 设 $x_1, x_2, \cdots, x_n$ 是正态总体 $N(\mu, \sigma^2)$ 的样本观察值，其中 μ，σ^2 是未知参数，试求 μ 和 σ^2 的最大似然估计值.

解 记似然函数 $L(x_1, x_2, \cdots, x_n; \mu, \sigma^2)=f(x_1, x_2, \cdots, x_n; \mu, \sigma^2)=L(\mu, \sigma^2)$,

则 $L(\mu, \sigma^2)=\prod\limits_{i=1}^{n}\left(\dfrac{1}{\sqrt{2\pi}\,\sigma}\mathrm{e}^{-\frac{(x_i-\mu)^2}{2\sigma^2}}\right)=(\sqrt{2\pi})^{-n}(\sigma^2)^{-\frac{n}{2}}\exp\left\{-\dfrac{1}{2\sigma^2}\sum\limits_{i=1}^{n}(x_i-\mu)^2\right\}$

$$\ln L(\mu, \sigma^2)=-n\ln\sqrt{2\pi}-\frac{n}{2}\ln\sigma^2-\frac{1}{2\sigma^2}\sum_{i=1}^{n}(x_i-\mu)^2,$$

$$\frac{\partial \ln L}{\partial \mu}=\frac{1}{\sigma^2}\sum_{i=1}^{n}(x_i-\mu)=0,$$

$$\frac{\partial \ln L}{\partial \sigma^2}=\frac{1}{2\sigma^4}\sum_{i=1}^{n}(x_i-\mu)^2-\frac{n}{2\sigma^2}=0.$$

由此可得参数 μ 和 σ^2 的最大似然估计值分别为 $\hat{\mu}=\dfrac{1}{n}\sum\limits_{i=1}^{n} x_i=\bar{x}$，$\hat{\sigma}^2=\dfrac{1}{n}\sum\limits_{i=1}^{n}(x_i-\bar{x})^2$,

最大似然估计量为 $\hat{\mu}=\dfrac{1}{n}\sum\limits_{i=1}^{n} X_i=\bar{X}$，$\hat{\sigma}^2=\dfrac{1}{n}\sum\limits_{i=1}^{n}(X_i-\bar{X})^2$.

例 6 已知总体 X 在 $[\theta_1, \theta_2]$ 上服从均匀分布，$X_1, X_2, \cdots, X_n$ 是取自 X 的样本，求 θ_1，θ_2 的矩估计和极大似然估计.

解 先求矩估计：

$$\mu_1=E(X)=\frac{\theta_1+\theta_2}{2},$$

$$\mu_2=E(X^2)=\frac{(\theta_2-\theta_1)^2}{12}+\frac{(\theta_1+\theta_2)^2}{4}=\frac{\theta_1^2+\theta_1\theta_2+\theta_2^2}{3}.$$

解方程组
$$\begin{cases}\mu_1=\dfrac{\theta_1+\theta_2}{2}, \\ \mu_2=\dfrac{\theta_1^2+\theta_1\theta_2+\theta_2^2}{3},\end{cases}$$

得 $$\theta_1=\mu_1\pm\sqrt{3(\mu_2-\mu_1^2)},\quad \theta_2=\mu_1\mp\sqrt{3(\mu_2-\mu_1^2)}.$$

注意到 $\theta_1<\theta_2$，得 θ_1，θ_2 的矩估计为

$$\hat{\theta}_1=\bar{X}-\sqrt{3}S^*,\quad \hat{\theta}_2=\bar{X}+\sqrt{3}S^*.$$

其中 $S^{*2}=\frac{1}{n}\sum_{i=1}^{n}(X_i-\bar{X})^2$.

再求极大似然估计

$$L(x_1,x_2,\cdots,x_n;\theta_1,\theta_2)=\prod_{i=1}^{n}\frac{1}{\theta_2-\theta_1}=\frac{1}{(\theta_2-\theta_1)^n}\quad(\theta_1\leqslant x_1,x_2,\cdots,x_n\leqslant\theta_2).$$

由极大似然估计的定义知，θ_1，θ_2 的极大似然估计值为

$$\hat{\theta}_1=\min\{x_1,x_2,\cdots,x_n\}=x_{(1)},\quad \hat{\theta}_2=\max\{x_1,x_2,\cdots,x_n\}=x_{(n)}.$$

θ_1，θ_2 的极大似然估计量为

$$\hat{\theta}_1=\min\{X_1,X_2,\cdots,X_n\}=X_{(1)},\quad \hat{\theta}_2=\max\{X_1,X_2,\cdots,X_n\}=X_{(n)}.$$

习题 6-1

1. 对某一距离进行 5 次测量，结果如下(单位：m)：

2 781， 2 836， 2 807， 2 765， 2 858

已知测量结果服从 $N(\mu,\sigma^2)$，求参数 μ 和 σ^2 的矩估计.

2. 设 X_1，X_2，…，X_n 是来自对数级数分布

$$P\{X=k\}=-\frac{1}{\mathrm{Ln}(1-p)}\frac{p^k}{k},\quad 0<p<1;\ k=1,2,\cdots$$

的一个样本，求 p 的矩估计.

3. 设总体 X 服从参数为 N 和 p 的二项分布，X_1，X_2，…，X_n 为取自 X 的样本，试求参数 N 和 p 的矩估计.

4. 设总体 X 具有概率密度

$$f_X(x)=\begin{cases}\frac{2}{\theta^2}(\theta-x), & 0<x<\theta,\\ 0, & \text{其他},\end{cases}$$

参数 θ 未知，X_1，X_2，…，X_n 是来自 X 的样本，求 θ 的矩估计量.

5. 设总体 X 的密度函数为

$$f(x,\theta)=\begin{cases}C^{\frac{1}{\theta}}\frac{1}{\theta}x^{-\left(1+\frac{1}{\theta}\right)}, & x>C,\\ 0, & \text{其他},\end{cases}$$

其中，参数 $0<\theta<1$，C 为已知常数，且 $C>0$，从中抽得一个样本 X_1，X_2，…，X_n，求 θ 的矩估计.

6. 设总体的密度函数为

$$f(x,\alpha)=\begin{cases}(\alpha+1)x^{\alpha}, & 0<x<1,\\ 0, & \text{其他},\end{cases}$$

试用样本 $X_1, X_2, \cdots, X_n$，求参数 α 的矩估计和极大似然估计.

7. 设总体 X 服从指数分布，其概率密度函数为

$$f(x,\lambda)=\begin{cases}\lambda e^{-\lambda x}, & x>0,\\ 0, & x\leqslant 0,\end{cases}$$

其中，$\lambda>0$，是未知参数，$x_1, x_2, \cdots, x_n$ 是来自总体 X 的样本观察值，求参数 λ 的极大似然估计值.

8. 设总体的密度函数为

$$f(x,\theta)=\begin{cases}(\theta\alpha)x^{\alpha-1}e^{-\theta x^{\alpha}}, & x>0,\\ 0, & \text{其他},\end{cases}$$

其中，α 为已知，试利用样本 $x_1, x_2, \cdots, x_n$ 求参数 θ 的极大似然估计.

9. 设 $X_1, X_2, \cdots, X_n$ 是来自两个参数指数分布的一个样本.

$$f(x,\theta_1,\theta_2)=\begin{cases}\dfrac{1}{\theta_2}e^{-\frac{x-\theta_1}{\theta_2}}, & x>\theta_1,\\ 0, & \text{其他},\end{cases}$$

其中，$-\infty<\theta_1<+\infty$，$0<\theta_2<+\infty$. 求(1)参数 θ_1 和 θ_2 的极大似然估计；(2)参数 θ_1 和 θ_2 的矩估计.

10. 罐中有 N 枚硬币，其中有 θ 枚是普通硬币(掷出正面与反面的概率各为 0.5)，其余 $N-\theta$ 枚硬币两面都是正面，从罐中随机取出一枚硬币，把它连掷两次，记录结果，但不去查看它属于哪种硬币，如此重复 n 次，若掷出 0 次、1 次、2 次正面的次数分别为 n_0, n_1, n_2，利用矩估计法与极大似然估计法估计参数 θ.

6.2 估计量的评价标准

学了点估计，参数点估计在概念上相当宽松，对同一个参数，可以用不同的统计量来估计，因而得到不同的估计量，故有必要建立一些评价估计量好坏的标准.

估计量的评价标准一般有三条：①无偏性；②有效性；③相合性(一致性).

下面将一一介绍它们.

6.2.1 无偏性

估计量是随机变量，对于不同的样本值会得到不同的估计值. 因此估计值很难恰好为未知参数真值，研究者希望估计值在未知参数真值的附近，不要偏高也不要偏低. 由此引入无偏性标准.

定义 1 设 $\hat{\theta}(X_1, X_2, \cdots, X_n)$ 是未知参数 θ 的估计量，若

$$E(\hat{\theta})=\theta, \tag{6.2.1}$$

则称 $\hat{\theta}$ 为 θ 的无偏估计量.

注 无偏性是对估计量的一个初步要求。在科学技术中，称 $E(\hat{\theta})-\theta$ 为用 $\hat{\theta}$ 估计 θ 而产生的系统误差，实际意义是系统偏差. 估计量的无偏性是指估计量 $\hat{\theta}$ 与未知参数真值 θ

没有系统偏差，只有随机偏差.

例如，当用样本均值作为总体均值的估计时，虽无法说明一次估计所产生的偏差，但这种偏差是随机偏差，随机地在 0 的周围波动，对同一统计问题大量重复使用不会产生系统偏差.

对一般的总体而言，有下面的定理.

定理 1 设 $X_1, X_2, \cdots, X_n$ 为取自总体 X 的样本，总体 X 的均值为 μ，方差为 σ^2，则

(1) 样本均值 $\bar{X}$ 是 μ 的无偏估计量； (6.2.2)

(2) 样本方差 S^2 是 σ^2 的无偏估计量； (6.2.3)

(3) 样本二阶中心矩 $\dfrac{1}{n}\sum\limits_{i=1}^{n}(X_i-\bar{X})^2$ 是 σ^2 的有偏估计量. (6.2.4)

证明 (1) $E(\bar{X})=E\left(\dfrac{1}{n}\sum\limits_{i=1}^{n}X_i\right)=\dfrac{1}{n}\sum\limits_{i=1}^{n}E(X_i)=\dfrac{1}{n}n\mu=\mu$，故 $\bar{X}$ 是 μ 的无偏估计量.

(2) $S^2=\dfrac{1}{n-1}\sum\limits_{i=1}^{n}(X_i-\bar{X})^2=\dfrac{1}{n-1}\left(\sum\limits_{i=1}^{n}X_i^2-n\bar{X}^2\right)$，

$$E(S^2)=\frac{1}{n-1}\left[\sum_{i=1}^{n}E(X_i^2)-nE(\bar{X}^2)\right],$$

$$=\frac{1}{n-1}\left\{\sum_{i=1}^{n}[D(X_i)+(E(X_i))^2]-n[D(\bar{X})+(E(\bar{X}))^2]\right\}.$$

而 $D(\bar{X})=D\left(\dfrac{1}{n}\sum\limits_{i=1}^{n}X_i\right)=\dfrac{1}{n^2}\sum\limits_{i=1}^{n}D(X_i)=\dfrac{n\sigma^2}{n^2}=\dfrac{\sigma^2}{n}$，

故 $E(S^2)=\dfrac{1}{n-1}(n\sigma^2+n\mu^2-\sigma^2-n\mu^2)=\sigma^2$，

所以 S^2 是 σ^2 的无偏估计量.

(3) $E\left(\dfrac{1}{n}\sum\limits_{i=1}^{n}(X_i-\bar{X})^2\right)=E\left(\dfrac{n-1}{n}S^2\right)=\dfrac{n-1}{n}E(S^2)=\dfrac{n-1}{n}\sigma^2\neq\sigma^2$，

故 $\dfrac{1}{n}\sum\limits_{i=1}^{n}(X_i-\bar{X})^2$ 是 σ^2 的有偏估计量.

注 总体 X 无论服从什么分布，当它的 k 阶矩 $\mu_k=E(X^k)(k\geqslant 1)$ 存在时，又设 $X_1, X_2, \cdots, X_n$ 是 X 的一个样本，则 k 阶样本矩 $A_k=\dfrac{1}{n}\sum\limits_{i=1}^{n}X_i^k$ 是 k 阶总体矩 μ_k 的无偏估计. 这可由样本 $X_1, X_2, \cdots, X_n$ 与总体 X 分布相同轻易得到证明.

例 1 设总体 $X\sim N(0,\sigma^2)$，$X_1, X_2, \cdots, X_n$ 是来自这一总体的样本.

(1) 证明：$\hat{\sigma}^2=\dfrac{1}{n}\sum\limits_{i=1}^{n}x_i^2$ 是 σ^2 的无偏估计； (6.2.5)

(2) 求 $D(\hat{\sigma}^2)$.

解 (1) 因为 $E(\hat{\sigma}^2)=\dfrac{1}{n}\sum\limits_{i=1}^{n}E(X_i^2)=\dfrac{1}{n}\sum\limits_{i=1}^{n}[E(X_i^2)-E^2(X_i)]$

$$=\frac{1}{n}D(X_i)=\frac{1}{n}n\sigma^2=\sigma^2,$$

故 $\hat{\sigma}^2$ 是 σ^2 的无偏估计.

(2) 因为 $\dfrac{\sum\limits_{i=1}^{n} X_i^2}{\sigma^2}=\sum\limits_{i=1}^{n}\left(\dfrac{X_i}{\sigma}\right)^2$，而 $\dfrac{X_i}{\sigma}\sim N(0,1)(i=1,2,\cdots,n)$，且它们相互独立，故依 χ^2 分布定义知

$$\frac{\sum\limits_{i=1}^{n} X_i^2}{\sigma^2}\sim \chi^2(n),\quad D\left(\frac{\sum\limits_{i=1}^{n} X_i^2}{\sigma^2}\right)=2n.$$

由此知 $D(\hat{\sigma}^2)=D\left(\dfrac{1}{n}\sum\limits_{i=1}^{n} X_i^2\right)=\dfrac{\sigma^4}{n^2}D\left(\dfrac{\sum\limits_{i=1}^{n} X_i^2}{\sigma^2}\right)=\dfrac{1}{n^2}2n\sigma^4=\dfrac{2\sigma^4}{n}.$

6.2.2 有效性

一个参数 θ 可以构造多个无偏估计量，在这些估计量中，当然选用较好的估计量，其中一个选用标准为稳定性较好，即一个较好的估计量的方差应该较小. 由此引入评选估计量的另一标准——有效性.

定义 2 设 $\hat{\theta}_1=\hat{\theta}_1(X_1,X_2,\cdots,X_n)$ 和 $\hat{\theta}_2=\hat{\theta}_2(X_1,X_2,\cdots,X_n)$ 都是参数 θ 的无偏估计量，若

$$D(\hat{\theta}_1)<D(\hat{\theta}_2), \tag{6.2.6}$$

则称 $\hat{\theta}_1$ 较 $\hat{\theta}_2$ **有效**.

例 2 已知 X_1,X_2,X_3,X_4 是来自均值为 θ 的指数分布总体的样本，其中 θ 未知. 设有估计量

$$T_1=\frac{X_1+X_2}{6}+\frac{X_3+X_4}{3},$$
$$T_2=\frac{X_1+2X_2+3X_3+4X_4}{5},$$
$$T_3=\frac{X_1+X_2+X_3+X_4}{4}.$$

指出 T_1,T_2,T_3 中哪几个是 θ 的无偏估计量，在上述 θ 的无偏估计量中哪一个较为有效?

解 (1) 因为

$$E(T_1)=\frac{E(X_1)+E(X_2)}{6}+\frac{E(X_3)+E(X_4)}{3}=\frac{\theta+\theta}{6}+\frac{\theta+\theta}{3}=\theta,$$
$$E(T_2)=\frac{E(X_1)+2E(X_2)+3E(X_3)+4E(X_4)}{5}=2\theta,$$
$$E(T_3)=\frac{E(X_1)+E(X_2)+E(X_3)+E(X_4)}{4}=\theta,$$

所以，T_1,T_3 是 θ 的无偏估计量.

(2) 根据简单随机样本的独立同分布性质，可以计算出

$$D(T_1)=\frac{D(X_1)+D(X_2)}{36}+\frac{D(X_3)+D(X_4)}{9}=\frac{\theta^2+\theta^2}{36}+\frac{\theta^2+\theta^2}{9}=\frac{5\theta^2}{18},$$

$$D(T_3)=\frac{D(X_1)+D(X_2)+D(X_3)+D(X_4)}{16}=\frac{\theta^2}{4}<D(T_1),$$

所以，T_3 是比 T_1 更有效的无偏估计量.

6.2.3 相合性(一致性)

我们希望一个估计量不仅是无偏的，而且具有较小的方差，还希望当样本容量无限增大时，估计量能在某种意义下任意接近未知参数的真值，由此引入相合性(一致性)的评价标准.

定义 3 设 $\hat{\theta}=\hat{\theta}(X_1, X_2, \cdots, X_n)$ 为未知参数 θ 的估计量，若 $\hat{\theta}$ 依概率收敛于 θ，即对任意 $\varepsilon>0$，有

$$\lim_{n\to\infty}P\{|\hat{\theta}-\theta|<\varepsilon\}=1 \quad 或 \quad \lim_{n\to\infty}P\{|\hat{\theta}-\theta|\geqslant\varepsilon\}=0, \tag{6.2.7}$$

则称 $\hat{\theta}$ 为 θ 的(弱)相合估计量.

例 3 总体 X 无论服从什么分布，当它的 k 阶矩 $\mu_k=E(X^k)$ $(k\geqslant1)$ 存在时，又设 X_1, X_2, $\cdots$, X_n 是 X 的一个样本，则 k 阶样本矩 $A_k=\frac{1}{n}\sum_{i=1}^{n}X_i^k$ 也是 k 阶总体矩 μ_k 的相合估计量.

证明 事实上，对指定的 k，令

$$Y=X^k,\quad Y_i=X_i^k,\quad \bar{Y}=\frac{1}{n}\sum_{i=1}^{n}Y_i=\frac{1}{n}\sum_{i=1}^{n}X_i^k,$$

由大数定理知 $\lim_{n\to\infty}\bar{Y}=E(Y)=E(X^k)$，从而 $\frac{1}{n}\sum_{i=1}^{n}X_i^k$ 是 $E(X^k)$ 的相合估计量.

注 作为特例，样本均值 $\bar{X}$ 是总体均值 $E(X)$ 的相合估计量.

例 4 设总体 $X\sim N(\mu, \sigma^2)$，X_1, X_2, $\cdots$, X_n 为其样本. 试证样本方差 S^2 是 σ^2 的相合估计量.

证明 因为 $E(S^2)=\sigma^2$，$\frac{(n-1)S^2}{\sigma^2}\sim\chi^2(n-1)$，

$$D\left[\frac{(n-1)S^2}{\sigma^2}\right]=2(n-1),\qquad D(S^2)=\frac{2\sigma^4}{n-1},$$

故由切比雪夫不等式推得，对任意 $\varepsilon>0$，

$$0\leqslant P\{|S^2-E(S^2)|\geqslant\varepsilon\}=P\{|S^2-\sigma^2|\geqslant\varepsilon\}\leqslant\frac{1}{\varepsilon^2}D(S^2)=\frac{2\sigma^4}{\varepsilon^2(n-1)}.$$

当 $n\to\infty$ 时，上式左、右端均趋于 0，根据相合性定义可知 S^2 是 σ^2 的相合估计量.

注 由例 5 说明，对正态总体，样本方差 S^2 是总体方差 σ^2 的相合估计量.

习题 6-2

1. 设 $X_1, X_2, \cdots, X_n$ 是 X 的一样本，试证：估计量

$$\bar{X} = \frac{1}{n}\sum_{i=1}^{n} X_i,\quad W = \sum_{i=1}^{n} a_i X_i\left(a_i \geqslant 0 \text{ 为常数}, \sum_{i=1}^{n} a_i = 1\right)$$

都是 $E(X)$ 的无偏估计，且 $\bar{X}$ 的方差不超过 W 的方差.

2. 设 $X_1, X_2, \cdots, X_n$ 是来自参数为 λ 的泊松分布总体的样本，试证对任意的常数 k，统计量 $k\bar{X} + (1-k)S^2$ 是 λ 的无偏估计量.

3. 设 $X_1, X_2, \cdots, X_n$ 是总体 X 的一个样本，$E(X) = \mu$. 试证：$\hat{S}_0^2 = \frac{1}{n}\sum_{i=1}^{n}(X_i - \mu)^2$ 是总体方差的无偏估计量.

4. 设 $X_1, X_2, \cdots, X_n\ (n \geqslant 2)$ 为正态总体 $N(\mu, \sigma^2)$ 的一个样本，适当选择常数 c，使 $c\sum_{i=1}^{n-1}(X_{i+1} - X_i)^2$ 为 σ^2 的无偏估计.

5. 设分别自总体 $N(\mu_1, \sigma^2)$ 和 $N(\mu_2, \sigma^2)$ 中抽取容量为 n_1, n_2 的两个独立样本. 其样本方差分别为 S_1^2, S_2^2. 试证：对于任意常数 $a, b(a + b = 1)$，$Z = aS_1^2 + bS_2^2$ 都是 σ^2 的无偏估计，并确定常数 a, b 使 $D(Z)$ 达到最小.

6. 设 $X_1, X_2, \cdots, X_n$ 为来自总体 X 的样本，$\bar{X}$，$X_i (i = 1, 2, \cdots, n)$ 均为总体均值 $E(X) = \mu$ 的无偏估计量，问哪一个估计量有效？

6.3　区间估计与置信区间

前面讨论了参数的点估计，它利用统计量与样本观察值算出的一个值去估计未知参数. 即点估计值仅仅是未知参数的一个近似值，而且还没有给出这个近似值的误差范围，这在某些理论区域是不可接受的.

例如，在估计某湖泊中鱼的数量的问题中，若根据一个实际样本，利用极大似然估计法估计出鱼的数量为 50 000 条，这种估计结果使用起来把握不大. 实际上，鱼的数量的真值可能大于 50 000 条，也可能小于 50 000 条，且可能偏差较大.

若能给出一个估计区间，让我们能有较大把握地(其程度可用概率来度量)相信鱼的数量的真值被含在某个区间内，这样的估计显然更有实用价值. 这即为本节将要引入的另一类估计，即区间估计，在区间估计理论中，广泛使用的一种概念为置信区间，它由奈曼于 1934 年提出的.

6.3.1　置信区间的概念

定义 1　设 θ 为总体分布的未知参数，$X_1, X_2, \cdots, X_n$ 是取自于总体 X 的一个样本，对给定的数 $\alpha(0 < \alpha < 1)$，若存在统计量

$$\underline{\theta} = \underline{\theta}(X_1, X_2, \cdots, X_n),\quad \bar{\theta} = \bar{\theta}(X_1, X_2, \cdots, X_n),$$

使得

$$P\{\underline{\theta}<\theta<\bar{\theta}\}=1-\alpha, \tag{6.3.1}$$

则称区间$(\underline{\theta}, \bar{\theta})$为$\theta$的$1-\alpha$**双侧置信区间**，称$1-\alpha$为**置信度**，又分别称$\underline{\theta}$与$\bar{\theta}$为$\theta$的**双侧置信下限**与**双侧置信上限**.

注 (1) 置信度$1-\alpha$：对总体X，若以相同的方法对样本$X_1, X_2, \cdots, X_n$反复抽样多次，得到样本$X_1, X_2, \cdots, X_n$的多个样本值$x_1, x_2, \cdots, x_n$，对应每个样本值都能确定一个置信区间$(\underline{\theta}, \bar{\theta})$，每个这样的区间要么包含了$\theta$的真值，要么不包含$\theta$的真值. 根据伯努利大数定理，当抽样次数$n$充分大时，这些区间中包含$\theta$的真值的频率接近于置信度$1-\alpha$，即在这些区间中包含$\theta$的真值的区间约$n(1-\alpha)\%$个，不包含$\theta$的真值的区间约$n\alpha\%$个. 例如，若令$1-\alpha=0.95$，重复抽样100次，则其中约有95个区间包含$\theta$的真值，约有5个区间不包含$\theta$的真值.

(2) 置信区间$(\underline{\theta}, \bar{\theta})$也是对未知参数$\theta$的一种估计，区间的长度意味着误差(或估计精度，区间越长误差越大，估计精度越小)，故区间估计与点估计是互补的两种参数估计.

(3) 置信度与估计精度有矛盾的关系：置信度$1-\alpha$越大，置信区间$(\underline{\theta}, \bar{\theta})$包含$\theta$的真值的概率就越大，但区间$(\underline{\theta}, \bar{\theta})$的长度就越大，对未知参数$\theta$的估计精度就越差；反之，对参数$\theta$的估计精度越高，置信区间$(\underline{\theta}, \bar{\theta})$长度就越小，$(\underline{\theta}, \bar{\theta})$包含$\theta$的真值的概率就越低，置信度$1-\alpha$越小. 一般准则：在保证置信度的条件下尽可能提高估计精度.

6.3.2 寻求置信区间的步骤

寻求置信区间的基本思想：在点估计的基础上，构造合适的函数，并针对给定的置信度导出置信区间.

寻求置信区间的一般步骤：

(1) 选取包含待估参数θ的某个较优估计量$\hat{\theta}$.

(2) 围绕$\hat{\theta}$构造一个依赖于样本与参数θ的函数

$$U=U(X_1, X_2, \cdots, X_n, \theta).$$

(3) 对给定的置信度$1-\alpha$，确定λ_1与λ_2，使

$$P\{\lambda_1\leqslant U\leqslant\lambda_2\}=1-\alpha. \tag{6.3.2}$$

通常可选取满足$P\{U\leqslant\lambda_1\}=P\{U\geqslant\lambda_2\}=\frac{\alpha}{2}$的$\lambda_1$与$\lambda_2$，在常用分布情况下，可由分位数表查得.

(4) 对不等式作恒等变形，化出θ，算得$\underline{\theta}$与$\bar{\theta}$，使得

$$P\{\underline{\theta}\leqslant\theta\leqslant\bar{\theta}\}=1-\alpha, \tag{6.3.3}$$

则$(\underline{\theta}, \bar{\theta})$就是$\theta$的置信度为$1-\alpha$的双侧置信区间.

例 1 设总体$X\sim N(u, \sigma^2)$，σ^2为已知，μ为未知，$X_1, X_2, \cdots, X_n$是来自X的一个样本，求μ的置信度为$1-\alpha$的置信区间.

解　由前文知样本均值 $\overline{X}$ 是 μ 的无偏估计，且有

$$\frac{\overline{X}-\mu}{\frac{\sigma}{\sqrt{n}}} \sim N(0,\ 1),$$

而 $N(0,\ 1)$ 不依赖于任何未知参数.

根据标准正态分布的 α 分位点的定义有 $P\{|U|<u_{\frac{\alpha}{2}}\}=1-\alpha$，

即
$$P\left\{\overline{X}-\frac{\sigma}{\sqrt{n}}u_{\frac{\alpha}{2}}<\mu<\overline{X}+\frac{\sigma}{\sqrt{n}}u_{\frac{\alpha}{2}}\right\}=1-\alpha.$$

所以 μ 的置信度为 $1-\alpha$ 的置信区间为

$$\left(\overline{X}-\frac{\sigma}{\sqrt{n}}u_{\frac{\alpha}{2}},\ \overline{X}+\frac{\sigma}{\sqrt{n}}u_{\frac{\alpha}{2}}\right). \tag{6.3.4}$$

这样的置信区间常写成$\left(\overline{X}\pm\frac{\sigma}{\sqrt{n}}u_{\frac{\alpha}{2}}\right)$.

例如，当 $\alpha=0.05$ 时，$1-\alpha=0.95$，查表得 $u_{\frac{\alpha}{2}}=u_{0.025}=1.96$.

又若 $\sigma=1$，$n=16$，则得到一个置信水平 0.95 的置信区间为$\left(\overline{X}\pm\frac{1}{\sqrt{16}}\times 1.96\right)$，即$(\overline{X}\pm 0.49)$.

进一步地，若由一个样本值算得样本均值的观察值 $\bar{x}=5.40$，则得到一个置信水平 0.95 的置信区间为(5.40 ± 0.49)，即$(4.91,\ 5.89)$.

注　此时，该区间已不再是随机区间了，但可称它为置信水平 0.95 的置信区间. 若记 L 为置信区间的长度，则 $L=\frac{2\sigma}{\sqrt{n}}u_{\frac{\alpha}{2}} \Rightarrow n=\left[\frac{2\sigma}{L}u_{\frac{\alpha}{2}}\right]^2$，从中得知，$n$ 增大时，L 减小(α 给定)，由此可以确定样本容量 n，使置信区间具有预先给出的长度.

6.3.3　单侧置信区间

前面讨论的置信区间$(\underline{\theta},\ \bar{\theta})$称为双侧置信区间，但在有些实际问题中只要考虑选取满足 $P\{u\leqslant\lambda_1\}=\alpha$ 或 $P\{u\geqslant\lambda_2\}=\alpha$ 的 λ_1 与 λ_2，对不等式作恒等变形后化为

$$P\{\underline{\theta}\leqslant\theta\}=1-\alpha \quad \text{或} \quad P\{\theta\leqslant\bar{\theta}\}=1-\alpha, \tag{6.3.5}$$

从而得到形如$(\underline{\theta},\ +\infty)$或$(-\infty,\ \bar{\theta})$的置信区间.

例如，对产品设备、电子元件等来说，我们关心的是平均寿命的置信下限，而在讨论产品的废品率时，我们感兴趣的是其置信上限. 于是引入单侧置信区间.

定义 2　设 θ 为总体分布的未知参数，$X_1,\ X_2,\ \cdots,\ X_n$ 是取自总体 X 的一个样本，对给定的数 $1-\alpha(0<\alpha<1)$，若存在统计量

$$\underline{\theta}=\underline{\theta}(X_1,\ X_2,\ \cdots,\ X_n),$$

满足 $$P\{\underline{\theta}<\theta\}=1-\alpha,$$
则称 $(\underline{\theta},+\infty)$ 为 θ 的置信度为 $1-\alpha$ 的**单侧置信区间**，称 $\underline{\theta}$ 为 θ 的**单侧置信下限**.

若存在统计量

$$\bar{\theta}=\bar{\theta}(X_1, X_2, \cdots, X_n),$$

满足 $$P\{\theta<\bar{\theta}\}=1-\alpha,$$
则称 $(-\infty, \bar{\theta})$ 为 θ 的置信度为 $1-\alpha$ 的**单侧置信区间**，称 $\bar{\theta}$ 为 θ 的**单侧置信上限**.

例 2 假设总体 $X\sim N(\mu, \sigma^2)$，从总体 X 中抽取容量为10的一个样本，算得样本均值 $\bar{x}=41.3$，样本标准差 $s=1.05$，求未知参数 μ 的置信水平0.95的单侧置信区间的下限.

解 由 $T=\dfrac{\overline{X}-\mu}{\dfrac{S}{\sqrt{n}}}\sim t(n-1)$，

对于给定的置信度 $1-\alpha$，有 $P\left\{\dfrac{\overline{X}-\mu}{\dfrac{S}{\sqrt{n}}}<t_\alpha(n-1)\right\}=1-\alpha$，

即 $P\left\{\mu>\overline{X}-t_\alpha(n-1)\dfrac{S}{\sqrt{n}}\right\}=1-\alpha$，

可得 μ 的置信度为 $1-\alpha$ 的单侧置信下限为 $\overline{X}-t_\alpha(n-1)\dfrac{S}{\sqrt{n}}$.

由题设数据知 $\bar{x}=41.3$，$s=1.05$，$n=10$，$\alpha=0.05$.

查表得 $t_{0.05}(9)=1.8331$，所以 μ 的置信水平为0.95的置信下限为

$$\bar{x}-t_\alpha(n-1)\frac{s}{\sqrt{n}}=41.3-\frac{1.05}{\sqrt{10}}\times 1.8331\approx 40.7,$$

故 μ 置信水平为0.95的单侧置信区间下限约为40.7.

习题 6-3

1. 设总体 $X\sim N(\mu, 8)$，μ 为未知参数，$X_1, X_2, \cdots, X_{36}$ 是取自总体 X 的简单随机样本，如果以区间 $(\overline{X}-1, \overline{X}+1)$ 作为 μ 的置信区间，那么置信水平是多少？

2. 从一批灯泡中随机地抽取5只进行寿命试验，其寿命如下(单位：h)：

1 050， 1 100， 1 120， 1 250， 1 280

已知这批灯泡寿命 $X\sim N(\mu, \sigma^2)$，求平均寿命 μ 的置信水平为0.95的单侧置信下限.

6.4 正态总体的区间估计

下面单就正态总体，对它们的期望和方差作出区间估计，给出其置信区间.

6.4.1　单正态总体的区间估计

1. 单正态总体均值(方差已知)的置信区间

设总体 $X \sim N(\mu, \sigma^2)$，其中 σ^2 已知，而 μ 为未知参数，$X_1, X_2, \cdots, X_n$ 是取自总体 X 的一个样本. 置信度为 $1-\alpha$，由于未知参数 μ 为总体的均值，样本均值 $\overline{X}$ 是总体均值的无偏估计，且有统计量

$$U=\frac{\overline{X}-\mu}{\frac{\sigma}{\sqrt{n}}} \sim N(0,1).$$

由 6.3 节例 1 已经得到了 μ 的置信区间为

$$\left(\overline{X}-u_{\frac{\alpha}{2}}\frac{\sigma}{\sqrt{n}},\ \overline{X}+u_{\frac{\alpha}{2}}\frac{\sigma}{\sqrt{n}}\right). \tag{6.4.1}$$

例 1　某餐饮店为调查顾客的平均消费额，随机抽取了 100 名顾客的账单，得知平均消费额 $\bar{x}=80$ 元. 根据经验，已知顾客消费服从正态分布，且标准差 $\sigma=12$ 元，求该餐饮店顾客平均消费额 μ 的置信水平为 0.95 的置信区间.

解　对于给定的置信度 $1-\alpha=0.95$，$\alpha=0.05$，$\frac{\alpha}{2}=0.025$，查标准正态分布表得 $u_{\frac{\alpha}{2}}=1.96$. 将 $n=100$，$\bar{x}=80$，$\sigma=12$，$u_{\frac{\alpha}{2}}=1.96$ 代入 $\bar{x}\pm u_{\frac{\alpha}{2}}\frac{\sigma}{\sqrt{n}}$，计算得 μ 的置信水平为 0.95 的置信区间为(77.6, 82.4)，即在已知 $\sigma=12$ 的情形下，可以 95% 的置信水平认为每个顾客的平均消费额在 77.6 ～ 82.4 元之间.

2. 单正态总体均值(方差未知)的置信区间

设总体 $X \sim N(\mu, \sigma^2)$，其中 μ，σ^2 未知，$X_1, X_2, \cdots, X_n$ 是取自总体 X 的一个样本. 置信水平为 $1-\alpha$，由于未知参数 μ 为总体的均值，此时在上面统计量中可用 σ^2 的无偏估计 S^2 代替 σ^2，此时有统计量 $T=\dfrac{\overline{X}-\mu}{\frac{S}{\sqrt{n}}} \sim t(n-1)$.

由 $P\left\{-t_{\frac{\alpha}{2}}(n-1)<\dfrac{\overline{X}-\mu}{\frac{S}{\sqrt{n}}}<t_{\frac{\alpha}{2}}(n-1)\right\}=1-\alpha$，有

$$P\left\{\overline{X}-t_{\frac{\alpha}{2}}(n-1)\frac{S}{\sqrt{n}}<\mu<\overline{X}+t_{\frac{\alpha}{2}}(n-1)\frac{S}{\sqrt{n}}\right\}=1-\alpha,$$

因此，均值 μ 的 $1-\alpha$ 置信区间为

$$\left(\overline{X}-t_{\frac{\alpha}{2}}(n-1)\frac{S}{\sqrt{n}},\ \overline{X}+t_{\frac{\alpha}{2}}(n-1)\frac{S}{\sqrt{n}}\right). \tag{6.4.2}$$

例 2　某餐饮店为调查顾客的平均消费额，随机抽取了 25 名顾客的账单，得知平均消费额 $\bar{x}=80$ 元. 样本标准差 $s=12$ 元，求该餐饮店顾客平均消费额 μ 的置信水平为 0.95 的

置信区间.

解 置信水平为 0.95($\alpha=0.05$)，$t_{\frac{\alpha}{2}}(n-1)=t_{0.025}(24)=2.0639$.

将$\bar{x}=80$，$s=12$，$n=25$，$t_{0.025}(24)=2.0639$，代入计算得μ的置信水平为0.95的置信区间为(75.05，84.95)，即在σ^2未知情况下，估计每名顾客的平均消费额在75.05～84.95元之间，这个估计的可靠度是95%.

注 与例1相比，在标准差σ未知时，用样本的标准差S给出的置信区间偏差不太大.

3. 单正态总体方差的置信区间

上面给出了单正态总体均值μ的区间估计，在实际问题中有时需要考虑精度或稳定性时，需要对正态总体的方差σ^2进行区间估计.

设总体$X\sim N(\mu,\sigma^2)$，其中μ，σ^2未知，X_1，X_2，…，X_n是取自总体X的一个样本.求方差σ^2的置信度为$1-\alpha$的置信区间.σ^2的无偏估计量为S^2，从5.4节定理2知，有统计量

$$\frac{n-1}{\sigma^2}S^2\sim\chi^2(n-1),$$

对给定的置信度$1-\alpha$，由

$$P\left\{\chi^2_{1-\frac{\alpha}{2}}(n-1)<\frac{n-1}{\sigma^2}S^2<\chi^2_{\frac{\alpha}{2}}(n-1)\right\}=1-\alpha,$$

得

$$P\left\{\frac{(n-1)S^2}{\chi^2_{\frac{\alpha}{2}}(n-1)}<\sigma^2<\frac{(n-1)S^2}{\chi^2_{1-\frac{\alpha}{2}}(n-1)}\right\}=1-\alpha.$$

故方差σ^2的$1-\alpha$置信区间为

$$\left(\frac{(n-1)S^2}{\chi^2_{\frac{\alpha}{2}}(n-1)},\frac{(n-1)S^2}{\chi^2_{1-\frac{\alpha}{2}}(n-1)}\right).\tag{6.4.3}$$

而标准差σ的$1-\alpha$置信区间为

$$\left(\sqrt{\frac{(n-1)S^2}{\chi^2_{\frac{\alpha}{2}}(n-1)}},\sqrt{\frac{(n-1)S^2}{\chi^2_{1-\frac{\alpha}{2}}(n-1)}}\right).\tag{6.4.4}$$

例3 有一大批糖果，现从中随机地取16袋，称得质量(单位:g)如下：

506，508，499，503，504，510，497，512，
514，505，493，496，506，502，509，496

设袋装糖果的质量服从正态分布，试求总体标准差的置信水平为0.95的置信区间.

解 由样本数据计算得

$$\bar{x}=503.75,\quad s=6.2022,\quad \frac{\alpha}{2}=0.025,\quad 1-\frac{\alpha}{2}=0.975,\quad n-1=15.$$

查$\chi^2(n-1)$分布表可得

$$\chi^2_{0.025}(15)=27.488,\quad \chi^2_{0.975}(15)=6.262.$$

代入式(6.4.4),计算得标准差的置信区间为(4.58, 9.60).

6.4.2 双正态总体的区间估计

在实际问题中,往往要知道两个正态总体均值之间或方差之间是否有差异,从而需要研究两个正态总体的均值差或者方差比的置信区间.

1. 双正态总体均值差(方差已知)的置信区间

设总体 $N(\mu_1, \sigma_1^2)$ 有样本容量为 n_1 的样本,样本均值为 $\overline{X}$;总体 $N(\mu_2, \sigma_2^2)$ 有样本容量为 n_2 的样本,样本均值为 $\overline{Y}$,且两总体相互独立,其中 σ_1^2, σ_2^2 已知.

因 $\overline{X}$ 与 $\overline{Y}$ 分别是 μ_1 与 μ_2 的无偏估计,从5.4节定理4知,$\mu_1-\mu_2$ 在下面的统计量中出现

$$\frac{(\overline{X}-\overline{Y})-(\mu_1-\mu_2)}{\sqrt{\dfrac{\sigma_1^2}{n_1}+\dfrac{\sigma_2^2}{n_2}}} \sim N(0, 1),$$

对给定的置信度 $1-\alpha$,由

$$P\left\{\left|\frac{(\overline{X}-\overline{Y})-(\mu_1-\mu_2)}{\sqrt{\dfrac{\sigma_1^2}{n_1}+\dfrac{\sigma_2^2}{n_2}}}\right| < u_{\frac{\alpha}{2}}\right\}=1-\alpha,$$

可导出 $\mu_1-\mu_2$ 的置信度为 $1-\alpha$ 的置信区间为

$$\left(\overline{X}-\overline{Y}-u_{\frac{\alpha}{2}}\sqrt{\frac{\sigma_1^2}{n_1}+\frac{\sigma_2^2}{n_2}},\ \overline{X}-\overline{Y}+u_{\frac{\alpha}{2}}\sqrt{\frac{\sigma_1^2}{n_1}+\frac{\sigma_2^2}{n_2}}\right). \tag{6.4.5}$$

例4 某银行负责人想知道储户存入两家银行的钱数.他从两家银行各抽取了一个由25个储户组成的随机样本,样本均值如下:银行 $\bar{x}_A=4\,500$ 元,银行 $\bar{x}_B=3\,250$ 元.设已知两个总体服从方差分别为 $\sigma_A^2=2\,500$ 和 $\sigma_B^2=3\,600$ 的正态分布.试求下面两种情形下 $\mu_A-\mu_B$ 的区间估计.(1)置信水平为0.95;(2)置信水平为0.99.

解 由题意知 $X_A \sim N(\mu_A, 2\,500)$, $X_B \sim N(\mu_B, 3\,600)$,又 $\bar{x}_A=4\,500$, $\bar{x}_B=3\,250$, $n_A=n_B=25$.

(1) 当 $\alpha=5\%$ 时,$\mu_A-\mu_B$ 置信水平为0.95的置信区间为

$$(4\,500-3\,250)\pm 1.96\sqrt{\frac{2\,500}{25}+\frac{3\,600}{25}}=(1\,219.78,\ 1\,280.62).$$

(2) 当 $\alpha=1\%$ 时,$\mu_A-\mu_B$ 置信水平为0.99的置信区间为

$$(4\,500-3\,250)\pm 2.58\sqrt{\frac{2\,500}{25}+\frac{3\,600}{25}}=(1\,209.7,\ 1\,290.3).$$

注 两正态总体均值差 $\mu_1-\mu_2$ 的置信区间意义在于:若 $\mu_1-\mu_2$ 的置信区间的上限小于零,则可认为 $\mu_1<\mu_2$;若 $\mu_1-\mu_2$ 的置信区间的下限大于零,则可认为 $\mu_1>\mu_2$;例4则说

明 A 银行储户存入的平均钱数比 B 银行要高一些.

2. 双正态总体均值差(方差未知但相等)的置信区间

设总体 $N(\mu_1,\sigma_1^2)$ 有样本容量为 n_1 的样本,样本均值为 $\overline{X}$;总体 $N(\mu_2,\sigma_2^2)$ 有样本容量为 n_2 的样本,样本均值为 $\overline{Y}$,且两总体相互独立,其中 $\sigma_1^2=\sigma_2^2=\sigma^2$,但未知. 因 $\overline{X}$ 与 $\overline{Y}$ 分别是 μ_1 与 μ_2 的无偏估计,从 5.4 节定理 4 知,$\mu_1-\mu_2$ 在下面统计量中出现

$$T=\frac{(\overline{X}-\overline{Y})-(\mu_1-\mu_2)}{S_w\sqrt{\dfrac{1}{n_1}+\dfrac{1}{n_2}}}\sim t(n_1+n_2-2).$$

其中,$S_w^2=\dfrac{n_1-1}{n_1+n_2-2}S_1^2+\dfrac{n_2-1}{n_1+n_2-2}S_2^2$.

对给定的置信度 $1-\alpha$,根据 t 分布的对称性,由

$$P\{|T|<t_{\frac{\alpha}{2}}(n_1+n_2-2)\}=1-\alpha,$$

可导出 $\mu_1-\mu_2$ 的置信度 $1-\alpha$ 的置信区间为

$$\left((\overline{X}-\overline{Y})\pm t_{\frac{\alpha}{2}}(n_1+n_2-2)S_w\sqrt{\frac{1}{n_1}+\frac{1}{n_2}}\right). \tag{6.4.6}$$

例 5 为比较两名银行职员为顾客办理个人结算账目的平均时间,分别给两名职员随机安排了 10 名顾客,并记录下为每名顾客办理账单所需的时间(单位:min),相应的样本均值和方差分别为 $\bar{x}_1=22.2$,$s_1^2=16.63$,$\bar{x}_2=28.5$,$s_2^2=18.92$. 假定每名职员办理账单所需时间均服从正态分布,且方差相等. 试求两名职员办理账单的服务时间之差的 95% 的区间估计.

解 由题知

$$X_1\sim N(\mu_1,\sigma_1^2),\quad X_2\sim N(\mu_2,\sigma_2^2),$$

$$\bar{x}_1=22.2,\ s_1^2=16.63,\ \bar{x}_2=28.5,\ s_2^2=18.92,\ n_1=n_2=10,\ \sigma_1^2=\sigma_2^2=\sigma^2,$$

$$s_w=\sqrt{\frac{(n_1-1)s_1^2+(n_2-1)s_2^2}{n_1+n_2-2}}=\sqrt{\frac{(10-1)\times 16.36+(10-1)\times 18.92}{10+10-2}}=4.2.$$

查附表 4,得 $t_{0.025}(18)\approx 2.1$,所以 $\mu_1-\mu_2$ 置信水平为 95% 的置信区间为

$$\left((22.2-28.5)\pm 2.1\times 4.2\times\sqrt{\frac{1}{10}+\frac{1}{10}}\right),$$

即$(-10.2,\ -2.4)$.

3. 双正态总体方差比$\dfrac{\sigma_1^2}{\sigma_2^2}$的置信区间

设 S_1^2 是总体 $N(\mu_1,\sigma_1^2)$ 的样本方差,样本容量为 n_1;S_2^2 是总体 $N(\mu_2,\sigma_2^2)$ 的样本方差,样本容量为 n_2;其中 μ_1,σ_1^2,μ_2,σ_2^2 均未知,且两总体相互独立.

由于 S_1^2 与 S_2^2 分别是 σ_1^2 与 σ_2^2 的无偏估计，从 5.4 节定理 4 知，有统计量

$$F=\left(\frac{\sigma_2}{\sigma_1}\right)^2\frac{S_1^2}{S_2^2}\sim F(n_1-1,\ n_2-1),$$

对给定的置信度 $1-\alpha$，由

$$P\{F_{1-\frac{\alpha}{2}}(n_1-1,\ n_2-1)<F<F_{\frac{\alpha}{2}}(n_1-1,\ n_2-1)\}=1-\alpha,$$

$$P\left\{\frac{1}{F_{\frac{\alpha}{2}}(n_1-1,\ n_2-1)}\cdot\frac{S_1^2}{S_2^2}<\frac{\sigma_1^2}{\sigma_2^2}<\frac{1}{F_{1-\frac{\alpha}{2}}(n_1-1,\ n_2-1)}\cdot\frac{S_1^2}{S_2^2}\right\}=1-\alpha,$$

可导出方差比 $\frac{\sigma_1^2}{\sigma_2^2}$ 的置信度 $1-\alpha$ 的置信区间为

$$\left(\frac{1}{F_{\frac{\alpha}{2}}(n_1-1,\ n_2-1)}\cdot\frac{S_1^2}{S_2^2},\ \frac{1}{F_{1-\frac{\alpha}{2}}(n_1-1,\ n_2-1)}\cdot\frac{S_1^2}{S_2^2}\right).\tag{6.4.7}$$

例 6　从两正态总体 X，Y 中分别抽取容量为 16 和 10 的两个样本，求得 $\sum_{i=1}^{16}(x_i-\bar{x})^2=380$，$\sum_{i=1}^{10}(y_i-\bar{y})^2=180$. 试求方差比 $\frac{\sigma_x^2}{\sigma_y^2}$ 的置信水平 95% 的置信区间.

解　已知 $n_1=16$，$n_2=10$，$\sum_{i=1}^{16}(x_i-\bar{x})^2=380$，$\sum_{i=1}^{10}(y_i-\bar{y})^2=180$，

从而 $s_1^2=\frac{1}{16-1}\sum_{i=1}^{16}(x_i-\bar{x})^2=25.33$，$s_2^2=\frac{1}{10-1}\sum_{i=1}^{10}(y_i-\bar{y})^2=20$.

又 $\alpha=0.05$，查 F 分布上侧分位数表(附表 6)，得

$$F_{0.025}(15,\ 9)=3.77,\quad F_{0.025}(9,\ 15)=3.12.$$

代入方差比的置信区间

$$\left(\frac{1}{F_{\frac{\alpha}{2}}(n_1-1,\ n_2-1)}\cdot\frac{S_1^2}{S_2^2},\ F_{\frac{\alpha}{2}}(n_2-1,\ n_1-1)\cdot\frac{S_1^2}{S_2^2}\right),$$

得方差比 $\frac{\sigma_x^2}{\sigma_y^2}$ 的置信水平 95% 的置信区间为

$$\left(\frac{1}{3.77}\times\frac{25.33}{20},\ 3.12\times\frac{25.33}{20}\right)=(0.34,\ 3.95).$$

注　两正态总体方差比 $\frac{\sigma_1^2}{\sigma_2^2}$ 的置信区间意义在于：若 $\frac{\sigma_1^2}{\sigma_2^2}$ 的置信区间的上限小于 1，则可认为总体 1 比总体 2 稳定；若 $\frac{\sigma_1^2}{\sigma_2^2}$ 的置信区间的下限大于 1，则可认为总体 2 比总体 1 稳定.

在本章末尾分别总结了有关单正态总体参数和双正态总体参数的置信区间(表 6-1，表 6-2)，以方便查用.

表 6-1　单正态总体参数的置信区间

待估参数	条件	统计量	分布	双侧置信区间	单侧置信下、上限
均值 μ	σ^2 已知	$\dfrac{\overline{X}-\mu}{\frac{\sigma}{\sqrt{n}}}$	$N(0, 1)$	$\left(\overline{X}-u_{\frac{\alpha}{2}}\dfrac{\sigma}{\sqrt{n}}, \overline{X}+u_{\frac{\alpha}{2}}\dfrac{\sigma}{\sqrt{n}}\right)$	$\overline{X}-u_{\alpha}\dfrac{\sigma}{\sqrt{n}}$ $\overline{X}+u_{\alpha}\dfrac{\sigma}{\sqrt{n}}$
均值 μ	σ^2 未知	$\dfrac{\overline{X}-\mu}{\frac{s}{\sqrt{n}}}$	$t(n-1)$	$\left(\overline{X}-t_{\frac{\alpha}{2}}(n-1)\dfrac{S}{\sqrt{n}},\right.$ $\left.\overline{X}+t_{\frac{\alpha}{2}}(n-1)\dfrac{S}{\sqrt{n}}\right)$	$\overline{X}-t_{\alpha}(n-1)\dfrac{S}{\sqrt{n}}$ $\overline{X}+t_{\alpha}(n-1)\dfrac{S}{\sqrt{n}}$
方差 σ^2	μ 已知	$\dfrac{\sum\limits_{i=1}^{n}(X_i-\mu)^2}{\sigma^2}$	$\chi^2(n)$	$\left(\dfrac{\sum\limits_{i=1}^{n}(X_i-\mu)^2}{\chi^2_{\frac{\alpha}{2}}(n)}, \dfrac{\sum\limits_{i=1}^{n}(X_i-\mu)^2}{\chi^2_{1-\frac{\alpha}{2}}(n)}\right)$	$\dfrac{\sum\limits_{i=1}^{n}(X_i-\mu)^2}{\chi^2_{\alpha}(n)}$ $\dfrac{\sum\limits_{i=1}^{n}(X_i-\mu)^2}{\chi^2_{1-\alpha}(n)}$
方差 σ^2	μ 未知	$\dfrac{(n-1)S^2}{\sigma^2}$	$\chi^2(n-1)$	$\left(\dfrac{(n-1)S^2}{X^2_{\frac{\alpha}{2}}(n-1)}, \dfrac{(n-1)S^2}{X^2_{1-\frac{\alpha}{2}}(n-1)}\right)$	$\dfrac{(n-1)S^2}{\chi^2_{\alpha}(n-1)}$ $\dfrac{(n-1)S^2}{\chi^2_{1-\alpha}(n-1)}$

表 6-2　双正态总体参数的置信区间

待估参数	条件	统计量	分布	双侧置信区间	单侧置信下、上限
均值差 $\mu_1-\mu_2$	σ_1^2，σ_2^2 均已知	$\dfrac{(\overline{X}-\overline{Y})-(\mu_1-\mu_2)}{\sqrt{\frac{\sigma_1^2}{n_1}+\frac{\sigma_2^2}{n_2}}}$	$N(0, 1)$	$\left((\overline{X}-\overline{Y})-u_{\frac{\alpha}{2}}\sqrt{\dfrac{\sigma_1^2}{n_1}+\dfrac{\sigma_2^2}{n_2}},\right.$ $\left.(\overline{X}-\overline{Y})+u_{\frac{\alpha}{2}}\sqrt{\dfrac{\sigma_1^2}{n_1}+\dfrac{\sigma_2^2}{n_2}}\right)$	$(\overline{X}-\overline{Y})-$ $u_{\alpha}\sqrt{\dfrac{\sigma_1^2}{n_1}+\dfrac{\sigma_2^2}{n_2}}$ $(\overline{X}-\overline{Y})+$ $u_{\alpha}\sqrt{\dfrac{\sigma_1^2}{n_1}+\dfrac{\sigma_2^2}{n_2}}$
均值差 $\mu_1-\mu_2$	σ_1^2，σ_2^2 均未知但 $\sigma_1^2=\sigma_2^2$	$\dfrac{(\overline{X}-\overline{Y})-(\mu_1-\mu_2)}{S_w\sqrt{\frac{1}{n_1}+\frac{1}{n_2}}}$ 其中 S_w^2 为 $\dfrac{(n_1-1)S_1^2+(n_2-1)S_2^2}{n_1+n_2-2}$	$t(n_1+n_2-2)$	$\left((\overline{X}-\overline{Y})-\right.$ $t_{\frac{\alpha}{2}}(n_1+n_2-2)$ $S_w\sqrt{\dfrac{1}{n_1}+\dfrac{1}{n_2}},$ $(\overline{X}-\overline{Y})+t_{\frac{\alpha}{2}}(n_1+n_2-2)$ $\left.S_w\sqrt{\dfrac{1}{n_1}+\dfrac{1}{n_2}}\right)$	$(\overline{X}-\overline{Y})-$ $t_{\alpha}(n_1+n_2-2)$ $S_w\sqrt{\dfrac{1}{n_1}+\dfrac{1}{n_2}}$ $(\overline{X}-\overline{Y})+$ $t_{\alpha}(n_1+n_2-2)$ $S_w\sqrt{\dfrac{1}{n_1}+\dfrac{1}{n_2}}$

续表

待估参数	条件	统计量	分布	双侧置信区间	单侧置信下、上限
方差比 $\frac{\sigma_1^2}{\sigma_2^2}$	μ_1，μ_2 均未知	$\dfrac{\frac{S_1^2}{\sigma_1^2}}{\frac{S_2^2}{\sigma_2^2}}$	$F(n_1-1, n_2-1)$	$\left(\dfrac{1}{F_{\frac{\alpha}{2}}(n_1-1, n_2-1)}\cdot\dfrac{S_1^2}{S_2^2}, F_{\frac{\alpha}{2}}(n_2-1, n_1-1)\cdot\dfrac{S_1^2}{S_2^2}\right)$	$\dfrac{1}{F_\alpha(n_1-1, n_2-1)}\cdot\dfrac{S_1^2}{S_2^2}$；$F_\alpha(n_2-1, n_1-1)\cdot\dfrac{S_1^2}{S_2^2}$

习题 6-4

1. 在一批螺丝钉中，随机抽取 16 个，测其长度(单位：cm)为

2.23， 2.21， 2.20， 2.24， 2.22， 2.25， 2.21， 2.24，
2.25， 2.23， 2.25， 2.21， 2.24， 2.23， 2.25， 2.22

设螺丝钉的长度服从正态分布，试求总体均值 μ 的置信水平 90% 的置信区间.

(1) 已知 $\sigma=0.01$；(2)σ 未知.

2. 生产一个零件所需时间(单位：s)$X\sim N(\mu, \sigma^2)$，观察25个零件的生产时间，得 $\bar{x}=5.5$，$s=1.73$，试以置信水平 0.95 的可靠性求 μ 和 σ^2 的置信区间.

3. 设正态总体的方差 σ^2 为已知，问抽取的样本容量 n 应为多大，才能使总体均值 μ 的置信水平为 0.95 的置信区间长不大于 L？

4. 在测量反应时间中，一位心理学家估计的标准差是 0.05 s，为了以 0.95 的置信水平使他的平均反应时间的估计误差不超过 0.01 s，应取容量为多大的测量样本？

5. 对某机器生产的滚珠轴承随机抽取 196 个样本，测得直径的均值为 0.826 cm，样本标准差为 0.042 cm，求滚珠轴承均值的置信水平 95%与 99%的置信区间.

6. 在一批铜丝中，随机抽取 9 根，测得其抗拉强度为

578， 582， 574， 568， 596， 572， 570， 584， 578

设抗拉强度服从正态分布，求 σ^2 的置信水平为 0.95 的置信区间.

7. 为比较 A 牌与 B 牌灯泡的寿命，随机抽取 A 牌灯泡 10 只，测得平均寿命 $\bar{x}_A=1\,400$ h，样本标准差 $s_A=52$ h；随机抽取 B 牌灯泡 8 只，测得平均寿命 $\bar{x}_B=1\,250$ h，样本标准差 $s_B=64$ h，设总体都服从正态分布，且方差相等，求两总体均值 $\mu_A-\mu_B$ 的置信水平 95% 的置信区间.

8. 对某农作物两个品种计算了 8 个地区的单位面积产量如下：

品种 A：86，87，56，93，84，93，75，79；

品种 B：80，79，58，91，77，82，74，66.

假定两个品种的单位面积产量，分别服从正态分布，且方差相等，试求平均单位面积产量之差在置信水平为 0.95 的置信区间.

9. 某钢铁公司的管理人员为比较新旧两个电炉的温度状况，他们抽取了新电炉的31个温度数据及旧电炉的 25 个温度数据，并计算得样本方差分别为 $s_1^2=75$ 及 $s_2^2=100$. 设新电炉的温度 $X\sim N(\mu_1, \sigma_1^2)$，旧电炉的温度 $Y\sim N(\mu_2, \sigma_2^2)$. 试求 $\dfrac{\sigma_1^2}{\sigma_2^2}$ 的置信水平 95% 的置信区间.

10. 设 A 和 B 两批导线是用不同工艺生产的，今随机地从每批导线中抽取 5 根测量电阻，算得 $s_1^2=$

$s_A^2=1.07\times10^{-7}$，$s_2^2=s_B^2=5.3\times10^{-6}$，若 A 批导线的电阻服从 $N(\mu_1,\sigma_2^2)$ 分布，B 批导线的电阻服从 $N(\mu_2,\sigma_2^2)$，求$\dfrac{\sigma_1^2}{\sigma_2^2}$ 的置信水平为 0.90 的置信区间.

11. 在某一地区中，随机对 100 名成年居民作民意测验，有 80%的居民支持粮食调价，求在该地区的所有居民中，支持粮食调价的比率的置信水平为 0.95 与 0.99 的置信区间.

12. 从一台机床加工的轴中随机地取 200 根测量其椭圆度，由测量值(单位:mm)计算得平均值 $\bar{x}=0.081$，标准差 $s=0.025$，求此机床加工的轴之平均椭圆度的置信水平为 0.95 的置信区间.

总习题 6

一、填空题(每小题 3 分)

1. 设总体 $X\sim B(4,p)$，$X_1,X_2,\cdots,X_n$ 为其样本，则未知参数 p 的矩估计量为 $\hat{p}=$______.

2. 设总体 $X\sim U[0,2\theta]$，$X_1,X_2,\cdots,X_n$ 为其样本，则未知参数 θ 的矩估计量为 $\hat{\theta}=$______.

3. 设总体 $X\sim e(\lambda)$，$x_1,x_2,\cdots,x_n$ 为其样本观测值，则参数 λ 的极大似然估计为 $\hat{\lambda}=$______.

4. 设总体 X 有方差 $D(X)=\sigma^2$，B_2 为二阶样本中心矩，则 $E(B_2)=$______.

5. 若随机区间 (θ_1,θ_2) 是未知参数 θ 的置信水平为 $1-\alpha$ 的置信区间，则表明对于任意给定的 $\alpha(0<\alpha<1)$，有 $P\{\theta_1<\theta<\theta_2\}=$______.

二、选择题(每小题 3 分)

1. 设总体 X 有方差 $D(X)=\sigma^2$，$X_1,X_2,\cdots,X_n$ 为来自总体 X 的样本，令 $T=\dfrac{1}{n}\sum\limits_{i=1}^{n}(X_i-\bar{X})^2$，则 $E(T)=($　　$)$.

A. σ^2　　B. $\dfrac{\sigma^2}{n}$　　C. $\dfrac{n}{n-1}\sigma^2$　　D. $\dfrac{n-1}{n}\sigma^2$

2. 设总体 X 的期望为 $E(X)=\mu$，X_1,X_2 为来自总体 X 的样本，则下列统计量中(　　)不是未知参数 μ 的无偏估计.

A. $\dfrac{X_1}{3}+\dfrac{2X_2}{3}$　　B. $\dfrac{3X_1}{4}+\dfrac{X_2}{4}$　　C. X_2　　D. $X_1+\dfrac{X_2}{2}$

3. 设总体 $X\sim N(\mu,\sigma^2$，其中 μ，σ^2 均未知，$X_1,X_2,\cdots,X_n$ 为其样本，则 μ 的置信度 $1-\alpha$ 的置信区间为(　　).

A. $\left(\bar{X}-\dfrac{S}{\sqrt{n}}t_{\frac{\alpha}{2}}(n),\ \bar{X}+\dfrac{S}{\sqrt{n}}t_{\frac{\alpha}{2}}(n)\right)$　　B. $\left(\bar{X}-\dfrac{S}{\sqrt{n}}t_{\alpha}(n-1),\ \bar{X}+\dfrac{S}{\sqrt{n}}t_{\alpha}(n-1)\right)$

C. $\left(\bar{X}-\dfrac{S}{\sqrt{n}}t_{\frac{\alpha}{2}}(n-1),\ \bar{X}+\dfrac{S}{\sqrt{n}}t_{\frac{\alpha}{2}}(n-1)\right)$　　D. $\left(\bar{X}-\dfrac{\sigma}{\sqrt{n}}t_{\frac{\alpha}{2}}(n-1),\ \bar{X}+\dfrac{\sigma}{\sqrt{n}}t_{\frac{\alpha}{2}}(n-1)\right)$

4. 已知某总体的未知参数 θ 的置信度 $1-\alpha$ 的置信区间为 $(\hat{\theta}_1,\hat{\theta}_2)$，则(　　).

A. $\theta\in(\hat{\theta}_1,\hat{\theta}_2)$

B. θ 落入随机区间 $(\hat{\theta}_1,\hat{\theta}_2)$ 的概率为 $1-\alpha$

C. 随机区间 $(\hat{\theta}_1,\hat{\theta}_2)$ 包含 θ 的概率为 $1-\alpha$

D. 对于 $\hat{\theta}_1$，$\hat{\theta}_2$ 的任意一组观测值 θ_1^0，θ_2^0 均成立 $\theta\in(\theta_1^0,\theta_2^0)$

5. 设总体 X 服从正态分布 $N(\mu,\sigma^2)$(σ^2 已知)，若使未知参数 μ 的置信度 $1-\alpha$ 的置信区间的长度不超过 k，则样本容量 n 应不小于(　　).

A. $\dfrac{2\sigma^2u_{\alpha}}{k^2}$　　B. $\dfrac{4\sigma^2u_{\alpha}^2}{k^2}$　　C. $\dfrac{4\sigma^2u_{\frac{\alpha}{2}}^2}{k^2}$　　D. $\dfrac{2\sigma u_{\frac{\alpha}{2}}}{k}$

三、解答题(每小题10分)

1. 设 $X_1, X_2, \cdots, X_n$ 为来自总体 X 的样本，X 的密度函数为

$$p(x, \theta)=\begin{cases}\dfrac{2}{\theta^2}(\theta-x), & 0<x<\theta, \\ 0, & \text{其他},\end{cases}$$

其中 $\theta(>0)$ 是未知参数,求 θ 的矩估计量.

2. 设总体 X 的密度函数为

$$p(x, \theta)=\begin{cases}\theta x^{\theta-1}, & 0<x<1, \\ 0, & \text{其他}.\end{cases}$$

(1) $X_1, X_2, \cdots, X_n$ 为来自总体 X 的样本,求总体参数 θ 的矩估计量;

(2) 若总体 X 的一组观测值为 0.6, 0.8, 0.9, 0.5, 0.7, 0.6, 0.8, 0.7,求总体参数 θ 的矩估计值.

3. 设总体 X 的分布密度为

$$p(x, \theta)=\begin{cases}(\theta+1)x^{\theta}, & 0<x<1, \\ 0, & \text{其他},\end{cases}$$

其中,$\theta>-1$ 是未知参数, $X_1, X_2, \cdots, X_n$ 是总体 X 的样本,求参数 θ 的矩估计和极大似然估计.

4. 设总体 $X \sim N(\mu_1, \sigma^2)$, 总体 $Y \sim N(\mu_2, \sigma^2)$, 从两个总体中分别抽取容量为 n_1 和 n_2 的两个独立样本,其样本方差分别为 S_1^2 和 S_2^2.

(1) 证明:对于任意 a 和 $b(a+b=1)$, $Z=aS_1^2+bS_2^2$ 都是 σ^2 的无偏估计量;

*(2) 试确定常数 a 和 $b(a+b=1)$, 使 $D(Z)$ 达到最小.

5. 投资的回收利润率常用来衡量投资的风险. 随机地调查 26 个样本的年回收利润率(%),得样本标准差 $s=15(\%)$. 设回收利润率服从正态分布,求它的均方差的置信水平为 0.95 的置信区间.(已知 $\chi_{0.025}^2(25)=40.646$, $\chi_{0.975}(25)=13.12$)

6. 通常某个群体的考试成绩均近似地服从正态分布,现抽样得到某高校 16 名学生某次英语四级考试成绩如下:

75, 63, 82, 91, 54, 77, 68, 84, 95, 49, 76, 69, 72, 80, 71, 88

(1) 设已知该校英语四级考试成绩的标准差 $\sigma=15$, 试求考试平均成绩 μ 的置信水平为 0.95 的置信区间;(已知 $u_{\frac{\alpha}{2}}=u_{0.025}=1.96$)

(2) 若标准差未知,求该校考试平均成绩 μ 的置信水平为 0.95 的置信区间;(已知 $t_{\frac{\alpha}{2}}(15)=t_{0.025}(15)=2.1314$)

7. 设总体 $X \sim N(\mu_0, \sigma^2)$($\mu_0$ 为已知数), $X_1, X_2, \cdots, X_n$ 为其样本,试导出未知参数 σ^2 的置信度 $1-\alpha$ 的置信区间.

第 7 章

假 设 检 验

参数估计是统计推断的一个方面，统计推断的另一方面就是假设检验. 这两种推断方法都是研究总体参数的情况，但假设检验是研究如何运用样本得到的统计量来检验事先对总体参数所做的假设是否正确. 本章在讨论假设检验基本问题的基础上，着重研究正态总体数学期望及方差的假设检验.

7.1 假设检验的基本思想

7.1.1 假设检验的基本思想

假设检验是从对总体参数所做的一个假设开始，然后搜集样本数据，计算出样本统计量，进而运用这些数据测定假设的总体参数在多大程度上是可靠的，并作出承认还是拒绝该假设的判断的过程.

例 1 有一包装机包装 25 kg 装的大米，包装机装包质量服从正态分布，标准差 $\sigma = 0.5$ kg，某日开工后随机地抽取了 10 包，称得质量(单位：kg)分别为

$$25.1,\quad 24.1,\quad 24.8,\quad 24.7,\quad 24.5,\quad 24.9,\quad 24.7,\quad 24.3,\quad 25.2,\quad 24.5$$

试确定包装机工作是否正常.

事实上，设 ξ 为包装质量，则 $\xi \sim N(\mu, 0.5^2)$，且抽取的 10 包质量 $(x_1, x_2, \cdots, x_{10})$ 恰为总体 ξ 的样本 $(\xi_1, \xi_2, \cdots, \xi_{10})$ 的一组观测值，因此我们关心的问题实际上就是"μ 是否等于 $\mu_0 = 25$"，亦就是根据样本观测值来检验统计假设

$$零假设\ H_0: \mu = \mu_0 = 25, \qquad 备择假设\ H_1: \mu \neq \mu_0 = 25 \tag{7.1.1}$$

哪一个成立.

对上述例 1，若从样本观测值出发，通过合适的统计量证实假设 H_0 在一定程度上成立，我们接受假设 H_0，即 $\mu = \mu_0 = 25$，包装机工作正常；否则，接受备择假设 $H_1: \mu \neq \mu_0 = 25$，即认为包装机工作异常，需要调整.

例 2 有一短线资金欲投资于两个基金 A 与 B，下面是两个基金连续 5 个月来的收益情况：

A：0.011，0.008，−0.010，0.003，0.007；

B：0.008，−0.007，0.005，0.012，0.003.

假定这两个基金的每月收益服从正态分布，试问这一短线资金投资于哪一基金更有利.

注意到两基金收益分别服从正态分布 $N(\mu_1, \sigma_1^2)$ 及 $N(\mu_2, \sigma_2^2)$，若设它们的总体分别为 ξ 与 η，则上面数据可视为两总体 ξ 与 η 的两组相互独立的样本观测值，从直观上看二者差异不明显，为了令人信服，其中之一就需比较这两总体的数学期望大小，即需根据样本观测值来推断统计假设 $H_0: \mu_1 \geqslant \mu_2$（备择假设 $H_1: \mu_1 < \mu_2$）是否成立.

对上述例 2，若从样本观测值出发，通过合适的统计量证实假设 H_0 在一定程度上成立，我们接受假设 H_0，即 $\mu_1 \geqslant \mu_2$，投资于基金 A 有利；否则 H_0 不成立，拒绝假设 H_0，否定我们的先验看法 $\mu_1 \geqslant \mu_2$，转而接受备择假设 $H_1: \mu_1 < \mu_2$，即投资于基金 B 有利.

下面来介绍之所以能这样做的思想来源：小概率原理.

小概率原理：概率很小的事件在一次试验中不应该发生.

什么是小概率？在具体问题中一般选取概率 $\alpha \leqslant 0.01$ 或 $\alpha \leqslant 0.05$ 或 $\alpha \leqslant 0.10$ 为小概率，亦称其为检验水平或显著水平.

这样的推断在日常生活中经常应用. 例如，某厂商声称其产品的合格品率很高，可以达到 99%，那么从一批产品（如 100 件）中随机抽取一件恰恰是次品的概率就非常小，只有 1%. 故先假设厂商的宣传是真的，随机抽取一件是次品的情况几乎是不可能发生的. 但如果这种情况居然发生了，就有理由怀疑原来的假设，即产品中只有 1%的次品的假设不成立，可以作出厂商的宣传是虚假的推断.

7.1.2 假设检验的两类错误

假如上例中这 100 件产品中确实只有 1 件是次品，恰好在一次抽取中被抽到了，犯错误的概率是 1%，也就是说，我们在冒 1%的风险作出厂商宣传是虚假的推断. 推断过程中是以小概率事件发生与否来拒绝或接受零假设，认定小概率事件发生是一种不合理的现象，可是这种不合理现象不是形式逻辑中的矛盾现象，这种推断方法不同于一般意义上的反证法. **因为小概率事件毕竟是可能发生的，所以依据小概率原理推断可能会犯错误.**

假设检验依据样本提供的信息对总体进行推断时，可能犯的两种类型错误：

第一类错误（弃真错误）：零假设 H_0 本来为真，却错误地否定了.

第二类错误（取伪错误）：零假设 H_0 非真，但作出接受 H_0 的选择.

犯两种错误的概率：在假设检验中，犯第一类错误的概率记为 α，α 也称为显著性水平（表 7-1）.

犯第一类错误的概率恰好就是“小概率事件”发生的概率 α，即

$$P\{\text{拒绝 } H_0 \mid H_0 \text{ 为真}\} = \alpha.$$

犯第二类错误的概率记为 β，即

$$P\{\text{接受 } H_0 \mid H_0 \text{ 不真}\} = \beta.$$

表 7-1

	对假设 H_0 采取的行动	H_0 是真的	H_1 是真的
你的态度	接受 H_0	你是正确的	你犯的是 **第二类错误 β**
	拒绝 H_0	你犯的是 **第一类错误 α**	你是正确的

人们自然希望犯这两类错误的概率越小越好.但对于一定的样本容量 n，两类错误有相反的关系，减小 α 会引起 β 增大，减小 β 会引起 α 增大.

假设检验中，遵循的原则是首先控制犯第一类错误的概率.

原因：零假设 H_0 常常是明确的，而替换假设 H_1 常常是模糊的.所以，人们常把我们最关心的问题作为零假设提出，将较严重的错误放到了 α，这就能够在假设检验中对 α 错误实施有效控制.

7.1.3 双侧检验和单侧检验

对总体均值的假设检验可分为两种类型，即双侧检验和单侧检验.

1. 双侧检验

零假设是 μ 等于某一数值 μ_0，只要 $\mu > \mu_0$ 或 $\mu < \mu_0$ 二者中有一个成立，就否定零假设.

即此类零假设和备择假设应为 $H_0: \mu = \mu_0$，$H_1: \mu \neq \mu_0$. (7.1.2)

双侧检验的目的：观察在规定的显著性水平下所抽取的样本统计量是否显著高于或低于假设的总体参数.

显著性水平 α 也就固定了接受区域和拒绝区域的分界线.换句话说，分布曲线下两个尾部面积各占 $\frac{\alpha}{2}$，这样就有了两个拒绝区域.如果计算得样本统计量落在任一拒绝区域，就拒绝零假设.

例如，某灯泡厂需要生产平均使用寿命 $\mu = 1\,000$ h 的灯泡，如果灯泡的使用寿命比它短，企业就会丧失竞争能力；如果灯泡的使用寿命比它长，灯丝就要加粗，企业要提高产品成本.为了观察生产工艺过程是否正常，从一批产品中抽取 150 只进行检验，得到平均使用寿命为 980 h，能否断定这个厂生产的灯泡平均使用寿命为 1 000 h？为什么？

这个例题里由于灯泡厂不希望在 1 000 h 任何一边超越太多，于是可以假设：

$$H_0: \mu = 1\,000 \quad (\text{平均使用寿命为 } 1\,000),$$

$$H_1: \mu \neq 1\,000 \quad (\text{平均使用寿命不是 } 1\,000).$$

我们在这里提出的零假设是 $\mu = 1\,000$，所以只要 $\mu > 1\,000$ 或 $\mu < 1\,000$ 二者中有一个成立就可以否定零假设(平均使用寿命为 1 000).双侧检验接受区域与拒绝区域如图 7-1 所示.

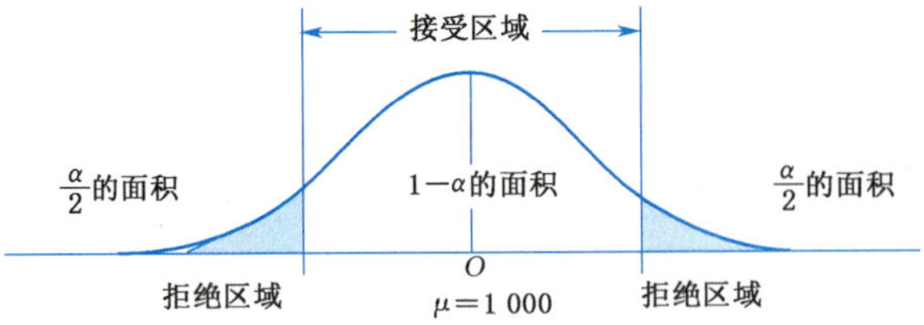

图 7-1 双侧检验接受区域与拒绝区域

2. 单侧检验

单侧检验：主要关心带方向性的检验问题.分两种情况：一种是考察的数值越大越好，如购买灯泡的使用寿命，轮胎的行驶里程数等；另一种是数值越小越好，如废品率、生产成本等.单侧检验可分为左侧检验和右侧检验，它们都只有一个拒绝区域.

(1) 左侧检验

此类零假设和备择假设应为 $H_0: \mu \geqslant \mu_0, H_1: \mu < \mu_0$，就使用左侧检验. 拒绝区域在临界值左端. 左侧检验如图 7-2 所示.

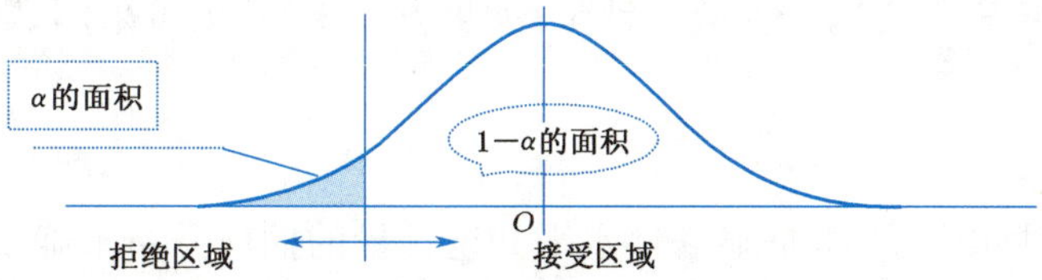

图 7-2　单侧检验(左侧检验)接受区域与拒绝区域

左侧检验适用于担心样本统计量会显著低于假设的总体参数的情况.

例如，某政府机构从某企业购买灯泡. 假定购买的数量很大，该批货到达时，就抽取一个样本以便决定是否接受这批货. 只有当该机构觉得灯泡平均寿命在 1 000 h 以下时，它才会拒绝这批货. 如果灯泡平均使用寿命在 1 000 h 以上，该机构当然不会拒绝这批货. 因为灯泡寿命增加，不会给这个机构增加额外的费用. 因此，这个机构的假设是 $H_0: \mu \geqslant 1\,000$ h，$H_1: \mu < 1\,000$ h. 只有当所抽取的灯泡的平均寿命低于 1 000 h 很多时，它才会拒绝 H_0.

(2) 右侧检验

此类零假设和备择假设应为 $H_0: \mu \leqslant \mu_0$，$H_1: \mu > \mu_0$. 只要样本平均数显著超过假设的总体参数，就拒绝零假设 H_0. 拒绝区域是在临界值的右侧. 右侧检验如图 7-3 所示.

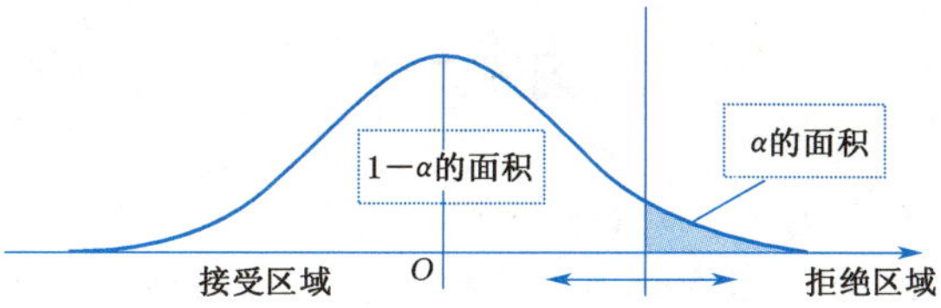

图 7-3　单侧检验(右侧检验)接受区域与拒绝区域

例如，某公司经理希望他的推销员注意差旅费的限额，要求推销员每日平均费用保持在 60 元. 执行这个规定的 1 个月之后，得到每日费用的 1 个样本. 经理利用这个样本来考虑费用是否在规定的限额之内.

在这个例子中，经理希望推销员的日平均费用在 60 元以内，于是可以假设：

$H_0: \mu \leqslant 60$，即推销员的日平均费用在 60 元内，

$H_1: \mu > 60$，即推销员的日平均费用超过 60 元.

当样本平均数显著地超过 60 元时，即将落在右端的拒绝区域时，才拒绝零假设.

7.1.4　假设检验的一般步骤

(1) 确定适当的零假设和备择假设. 根据研究问题的需要提出假设，包括零假设 H_0 和与其对立的备择假设 H_1. 零假设必须包括等号在内，而备择假设则视问题的性质在"≠"">""<"三者之中选其一.

(2) 选择检验的统计量及其分布. 假设确立后，要决定接受还是拒绝，都是根据某一统计

量的数值.从概率意义上来判断的.这个统计量服从什么样的分布,是由许多因素决定的,如统计量是样本平均数、样本比例或样本方差等,还要看是大样本还是小样本,是否知道总体方差等.

例如,在总体平均数的假设检验中,如果总体服从或近似服从正态分布,总体方差已知,如例1则可采用$U=\dfrac{\overline{X}-\mu}{\frac{\sigma}{\sqrt{n}}}$这个检验统计量;如果方差未知,则可采用$T=\dfrac{\overline{X}-\mu}{\frac{S}{\sqrt{n}}}$这个检验统计量.

(3) 规定显著性水平α,根据显著性水平和统计量的抽样分布来确定统计量的临界值,从而确定拒绝域.

例1中显著性水平$\alpha=0.05$时,此检验是双侧检验,查标准正态分布表,U的$\frac{\alpha}{2}$的临界值为± 1.96.拒绝域为大于1.96或小于-1.96.

(4) 将样本观测值代入样本统计量得出样本统计量观测值,用此值与临界值比较看是否落入拒绝域,作出判断.

如果统计量的值落在拒绝区域内(包括临界值),说明零假设与样本描述的情况有显著差异,应该拒绝零假设;如果落在接受区域内,说明样本和零假设描述的情况的差异是不显著的,应该接受零假设.将例1中的样本均值$\bar{x}=0.32$代入检验统计量U,得样本统计量观测值$u=-1.98$,小于-1.96,所以拒绝零假设H_0,接受备择假设H_1:$\mu\neq\mu_0=25$,即认为包装机工作异常,需要调整.

习题 7-1

请给出下列检验问题的零假设H_0与备择假设H_1.

(1) 已知某面粉厂自动装袋机包装面粉,每袋面粉质量X(kg)服从正态分布$N(25,\ 0.02^2)$,长期实践表明方差比较稳定,从某日所生产的一批袋装面粉中随机抽取10袋,测量其质量分别为

24.9, 25.0, 25.1, 25.2, 25.2, 25.1, 25.0, 24.9, 24.8, 25.1

试在显著性水平$\alpha=0.05$下,检验这批包装面粉的平均质量μ是否显著合乎标准.

(2) 已知某厂排放工业废水中某种有害物质的含量X‰服从正态分布$N(\mu,\ 0.02^2)$,环境保护条例规定排放工业废水中该种有害物质的含量不得超过0.50‰,现从该厂排放的工业废水中随机抽取了5份水样,测量得该有害物质含量分别为

0.53‰, 0.54‰, 0.51‰, 0.49‰, 0.53‰

试在显著性水平$\alpha=0.05$下,检验该厂排放的污水中该有害物质的平均含量μ显著超过排放标准是否成立.

(3) 已知某果园每株梨树的产量X(kg)服从$N(240,\ 200)$,今年雨水偏少,收获时在此果园中随机抽取了6株,测得其平均产量为220 kg,方差为662.4 kg^2,试在显著性水平$\alpha=0.05$下,检验今年果园梨树平均产量μ显著减少是否成立.

7.2 正态总体数学期望的假设检验

正态总体数学期望的假设检验是应用最为广泛的假设检验之一,本节重点是通过实例

说明如何用合适的统计量对 4 类不同正态总体的数学期望进行检验.

7.2.1　单个正态总体数学期望的假设检验

1. 方差 $\sigma^2=\sigma_0^2$ 已知——U 检验

对方差已知的正态总体,当样本容量为 n 时,需构造的检验统计量为

$$U=\frac{\bar{X}-\mu}{\frac{\sigma}{\sqrt{n}}}\sim N(0,1). \tag{7.2.1}$$

由第 6 章知 U 统计量服从标准正态分布,下面举例说明这种假设检验的方法和运用过程.

例 1　设我国出口凤尾鱼罐头,标准规格是每罐净重 250 g,根据以往经验,标准差是 3 g. 现在某食品工厂生产一批供出口用的这种罐头,从中抽取 100 罐检验,其平均净重是 251 g. 假定罐头质量服从正态分布,按规定显著性水平 $\alpha=0.05$,问这批罐头是否合乎标准,即净重确为 250 g?

解　(1) 提出零假设和备择假设:规定的净重为 250 g,考虑到买卖双方的合理经济利益,当净重远远超过 250 g 时,工厂生产成本增加,卖方吃亏;当净重远远低于 250 g 时,买方如果接受了这批罐头就会吃亏. 所以要求罐头应不偏重也不偏轻,也就是检验样本均值是否为 250 g. 从而提出假设为

$$H_0: \mu=250\text{ g},\qquad H_1: \mu\neq 250\text{ g}.$$

(2) 构造统计量并确定其分布.

$$U=\frac{\bar{X}-\mu}{\frac{\sigma}{\sqrt{n}}}\sim N(0,1).$$

(3) 确定显著性水平为规定的 $\alpha=0.05$,此题为双侧检验,根据显著性水平找出 U 统计量分布的临界值为 $\pm u_{\frac{\alpha}{2}}=\pm 1.96$,拒绝域为 $u>u_{\frac{\alpha}{2}}$ 或 $u<-u_{\frac{\alpha}{2}}$,所以只要统计量观测值 $u>u_{\frac{\alpha}{2}}$ 或 $u<-u_{\frac{\alpha}{2}}$ 就否定零假设.

(4) 计算样本均值 $\bar{x}=251$,代入统计量得统计量观测值为

$$u=\frac{\bar{x}-\mu}{\sigma}\sqrt{n}=\frac{251-250}{\frac{3}{\sqrt{100}}}=3.33>1.96.$$

故否定零假设 H_0,接受 H_1. 因为 $\bar{x}=251>\mu$,即认为罐头的净重偏高.

注　双侧检验与区间估计有一定联系,可以通过求 μ 的置信度 $1-\alpha$ 的置信区间来检验该假设. 如果求出的区间包含 μ,就不否定零假设 H_0. 例 1 中 μ 的置信水平 0.95 的置信区间为

$$\left(\bar{x}-\frac{1.96\sigma}{\sqrt{n}},\ \bar{x}+\frac{1.96\sigma}{\sqrt{n}}\right),\quad 即 (250.422, 251.588).$$

由于 $\mu=250$ 未包含在该区间内，所以否定零假设 H_0，结果与上述结论一致.

例 2 一家食品加工公司的质量管理部门规定，某种包装食品净重不得少于 20 kg. 经验表明，质量近似服从标准差为 1.5 kg 的正态分布. 假定从一个由 30 包食品构成的随机样本中得到平均质量为 19.5 kg，问有无充分证据说明这些包装食品的平均质量减少了？

解 把平均质量保持不变或增加作为零假设的内容，只要能否定零假设，就能说明样本数据提供了充分证据证明平均质量减少了，于是有零假设与备择假设：

$$H_0: \mu \geqslant 20 \text{ kg}, \quad H_1: \mu < 20 \text{ kg}.$$

由于食品净重近似服从正态分布 $N(20,\ 1.5^2)$，标准差已知，故需构造样本统计量

$$U=\frac{\bar{X}-\mu}{\dfrac{\sigma}{\sqrt{n}}} \sim N(0,\ 1).$$

令 $\alpha=0.05$，由题意知是左单侧检验，查正态分布表得拒绝域的临界值为 $u_\alpha=-1.645$，当 $u<u_\alpha=-1.645$ 时就拒绝 H_0，把 $\bar{x}=19.5$ 代入 U，计算得样本统计量观测值为

$$u=\frac{\bar{x}-\mu}{\sigma}\sqrt{n}=\frac{19.5-20}{1.5}\sqrt{30}=-1.826.$$

由于 $u<u_\alpha=-1.645$，所以拒绝零假设 $H_0: \mu \geqslant 20$，而接受备择假设 $H_1: \mu<20$，即可认为这些包装食品的平均质量减少了.

2. 方差 σ^2 未知——T 检验

总体为正态分布，但方差未知，且抽取样本为小样本（样本容量 $n<30$）时，适当的检验统计量为

$$T=\frac{\bar{X}-\mu_0}{S}\sqrt{n} \sim t(n-1). \tag{7.2.2}$$

由第 6 章知，T 统计量服从自由度为 $n-1$ 的 t 分布，下面举例说明这种假设检验的方法和运用过程.

注 这里除了构造的检验统计量有所不同外，其他与 U 检验的假设检验方法完全一样.

例 3 已知多名实习生相互独立地测量同一块土地的面积，这些实习生得到的测量数据 $X(\mathrm{m}^2)$ 服从正态分布 $N(\mu,\ \sigma^2)$，从这些测量数据中随机地抽取了 7 个，分别为

$$127,\quad 124,\quad 121,\quad 128,\quad 123,\quad 124,\quad 128$$

试在显著性水平 $\alpha=0.1$ 下，检验这块土地的面积 μ 显著为 124 m^2.

解 这是检验这块土地面积即测量数据构成的正态总体数学期望 μ 是否为 124，故可给出零假设与备择假设：

$$H_0: \mu=124, \quad H_1: \mu \neq 124.$$

由于样本容量 $n=7<30$，且总体方差未知，故可构造统计量为

$$T=\frac{\bar{X}-\mu_0}{S}\sqrt{n} \sim t(6).$$

$\alpha=0.1$，本题是双侧检验，查 t 分布表得 $t_{\frac{0.1}{2}}(6)=1.943$，当 $t<-1.943$ 或 $t>1.943$ 时就拒绝零假设 H_0，把 $\bar{x}=125$，$s^2=2.71^2$ 代入 T，计算得样本统计量 T 的观测值为

$$t=\frac{\bar{x}-\mu}{s}\sqrt{n}=\frac{125-124}{2.71}\times\sqrt{7}=0.976.$$

由于 $t=0.976\in(-1.943,\ 1.943)$，不在拒绝域中，所以接受零假设 H_0: $\mu=124$，即可认为这块土地的面积 μ 显著为 124 m^2.

例 4 市场管理部门意欲对某厂生产的大瓶碳酸饮料进行检查，以确定是否符合其标签上注明的“容量至少是 3 L”的说法. 现抽取 20 瓶组成随机样本，样本平均值为 2.896 5，样本标准差为 0.148 440 135，假定该饮料包装重量近似服从正态分布，市场管理部门能否由此断定该厂生产的大瓶碳酸饮料包装重量不足，并对其提出投诉？（$\alpha=0.05$）

解 把平均容量不少于 3 L 作为零假设的内容，只要能否定零假设，就能说明样本数据提供了充分证据证明平均容量不符合标签上的注明，于是有零假设与备择假设：

$$H_0: \mu\geqslant 3\text{ L},\quad H_1: \mu<3\text{ L}.$$

由于样本容量 $n=20<30$，且总体方差未知，故可构造统计量为

$$T=\frac{\bar{X}-\mu_0}{S}\sqrt{n}\sim t(n-1).$$

$n=20$，本题是左单侧检验，查自由度为 19 的 t 分布表得 $t_{0.05}(19)=1.729\,1$，从而拒绝域为 $|t|>1.729\,1$，由于是左单侧检验，所以拒绝域为 $t<-1.729\,1$. 当 $t<-1.729\,1$ 时就拒绝 H_0，把 $\bar{x}=2.896\,5$，$s=0.148\,440\,135$ 代入 T，计算得样本统计量观测值为

$$t=\frac{\bar{x}-\mu}{s}\sqrt{n}=\frac{2.896\,5-3}{0.148\,440\,135}\sqrt{20}=-3.118.$$

由于 $t=-3.118<-1.729\,1$，所以拒绝零假设 $H_0: \mu\geqslant 3$，而接受备择假设 $H_1: \mu<3$，即可认为这些大瓶碳酸饮料包装容量不够标签上的注明量，可以对其提出投诉.

7.2.2 两个正态总体数学期望的假设检验

1. 方差已知——U 检验

两个正态总体，方差已知，通过它们各自的样本（样本容量分别为 n_1 与 n_2）检验这两个总体的数学期望的大小关系. 此时可分两种情况：

(1) 若检验两总体的数学期望是否相等，提出的假设应为 $H_0: \mu_1=\mu_2$，$H_1: \mu_1\neq\mu_2$，进行的将是双侧检验.

(2) 若检验两总体的数学期望是否有 $\mu_1\leqslant\mu_2$ 或 $\mu_1\geqslant\mu_2$ 时，提出的假设应为 H_0: $\mu_1\leqslant\mu_2$，$H_1: \mu_1>\mu_2$ 或 $H_0: \mu_1\geqslant\mu_2$，$H_1: \mu_1<\mu_2$，进行的将是单侧检验.

需构造的检验统计量均为 U 变量：

$$U=\frac{\overline{X_1}-\overline{X_2}-(\mu_1-\mu_2)}{\sqrt{\dfrac{\sigma_1^2}{n_1}+\dfrac{\sigma_2^2}{n_2}}}\sim N(0,\ 1).\tag{7.2.3}$$

统计量U服从标准正态分布，其中第一种情况由于零假设$\mu_1=\mu_2$，故统计量U可简化为

$$U=\frac{\overline{X_1}-\overline{X_2}}{\sqrt{\frac{\sigma_1^2}{n_1}+\frac{\sigma_2^2}{n_2}}}\sim N(0,\ 1).$$

下面仅对第一种情况进行举例说明.

例 5 有两种方法可用于制造两种以抗拉强度为重要特征的产品，经验表明，用这两种方法生产出的产品的抗拉强度都近似服从正态分布. 方法 1 给出的标准差$\sigma_1=6$ kg，方法 2 给出的标准差$\sigma_2=8$ kg. 从方法 1 生产的产品中抽取样本容量为 12 的一个样本，得到样本均值为 40 kg. 从方法 2 生产的产品中抽取样本容量为 16 的一个样本，得到样本均值为 34 kg. 管理部门想知道这两种方法所生产出来的产品的平均抗拉强度是否相同？（设显著性水平$\alpha=0.05$）

解 建立假设

$$H_0: \mu_1=\mu_2, \quad H_1: \mu_1\neq\mu_2.$$

由于这两种方法生产出来的抗拉强度都近似服从正态分布，且两总体方差都已知，故其检验统计量可构造为

$$U=\frac{\overline{X_1}-\overline{X_2}}{\sqrt{\frac{\sigma_1^2}{n_1}+\frac{\sigma_2^2}{n_2}}}\sim N(0,\ 1).$$

进行的将是双侧检验，查正态分布表得$\alpha=0.05$的双侧分位数为$u_{\frac{\alpha}{2}}=\pm1.96$，将已知的$\bar{x}_1=40$，$\bar{x}_2=34$，$\sigma_1=6$，$\sigma_2=8$，$n_1=12$，$n_2=16$代入，得$U$统计量观测值：

$$u=\frac{40-34}{\sqrt{\frac{36}{12}+\frac{64}{16}}}\approx2.27.$$

由于$u=2.27>u_{\frac{\alpha}{2}}=1.96$，故可否定零假设$H_0$，即在这两个总体各自样本的基础上，得到两个总体均值不相同的结论，亦就是这两种方法所生产出来的产品的平均抗拉强度不相同.

2. 方差未知但有$\sigma_1^2=\sigma_2^2$——T'检验

两个正态总体它们方差未知但有$\sigma_1^2=\sigma_2^2$，检验这两个正态总体的期望相等的零假设与备择假设分别为

$$H_0: \mu_1=\mu_2, \quad H_1: \mu_1\neq\mu_2.$$

检验统计量可取为

$$T'=\frac{\overline{X_1}-\overline{X_2}}{\sqrt{\frac{S_w^2}{n_1}+\frac{S_w^2}{n_2}}}\sim t(n_1+n_2-2). \tag{7.2.4}$$

其中，n_1 与 n_2 为两总体的样本容量，$S_w^2=\dfrac{(n_1-1)S_1^2+(n_2-1)S_2^2}{n_1+n_2-2}$，且统计量 T' 服从自由度为 n_1+n_2-2 的 t 分布.

例 6　某地区高考负责人想知道某年来自城市中学考生的平均成绩比来自农村的中学考生的平均成绩是否相同. 已知总体服从正态分布且方差大致相同，由抽样获得以下资料：

城市中学考生：$\bar{x}_1=520$，$n_1=17$，$s_1=50$；
农村中学考生：$\bar{x}_2=495$，$n_2=15$，$s_2=55$.

解　零假设与备择假设分别为

$$H_0: \mu_1=\mu_2,\quad H_1: \mu_1\neq\mu_2.$$

这两个总体都服从正态分布且方差相等，适当的检验统计量为

$$T'=\frac{\overline{X_1}-\overline{X_2}}{\sqrt{\dfrac{S_w^2}{n_1}+\dfrac{S_w^2}{n_2}}}\sim t(n_1+n_2-2).$$

此统计量服从自由度为 $n_1+n_2-2=30$ 的 t 分布，代入数值，得

$$s_w^2=\frac{(17-1)\times 50^2+(15-1)\times 55^2}{17+15-2}=2\,745,$$

$$t=\frac{520-495}{\sqrt{\dfrac{2\,745}{17}+\dfrac{2\,745}{15}}}\approx 1.35.$$

取显著性水平 $\alpha=0.05$，本例为双侧检验. $t_{\frac{\alpha}{2}}(30)=2.042\,3$，由于 $t=1.35<t_{\frac{\alpha}{2}}(30)=2.042\,3$，故接受 H_0，即这一地区高考负责人能说某年来自城市中学考生的平均成绩与来自农村中学的平均成绩近似相同.

习题 7-2

1. 已知某面粉厂自动装袋机包装面粉，每袋面粉质量 X(kg)服从正态分布 $N(25,\ 0.02^2)$，长期实践表明方差比较稳定，从某日所生产的一批袋装面粉中随机抽取 10 袋，测量其质量分别为

24.9，　25.0，　25.1，　25.2，　25.2，　25.1，　25.0，　24.9，　24.8，　25.1

试在显著性水平 $\alpha=0.05$ 下，检验这批包装面粉的平均质量 μ 是否显著合乎标准. 给出期望检验过程.

2. 已知某厂排放工业废水中某种有害物质的含量 X(‰)服从正态分布 $N(\mu,\ 0.02^2)$，环境保护条例规定排放工业废水中该种有害物质的含量不得超过 0.50‰，现从该厂排放的工业废水中随机抽取了 5 份水样，测量得该有害物质含量(‰)分别为

0.53，　0.54，　0.51，　0.49，　0.53

试在显著性水平 $\alpha=0.05$ 下，检验该厂排放的污水中该有害物质的平均含量 μ 显著超过排放标准是否成立. 给出期望检验过程.

3. 已知某炼铁厂以往的铁水含碳量在正常情况下服从正态分布 $N(4.55,\ 0.108^2)$，现为检验炼铁质量是否有变化，随机测了 5 炉铁水，其含碳量分别为

$$4.28,\quad 4.40,\quad 4.42,\quad 4.35,\quad 4.37$$

设总体标准差 σ 没有变化，试在显著性水平 $\alpha=0.05$ 下，检验该厂现在的生产是否正常. 给出期望检验过程.

4. 已知某摩托车厂生产的某型号摩托车寿命 X(万 km)服从正态分布 $N(\mu, 0.2^2)$，采用新材料前，其平均寿命为 10 万 km，采用新材料后估计其寿命方差没有改变，现从一批新摩托车中随机抽取了 5 辆，测得其平均寿命为 10.1 万 km，试在显著性水平 $\alpha=0.05$ 下，检验这批新摩托车的平均寿命 μ 有显著提高是否成立. 给出期望检验过程.

5. 已知某果园每株梨树的产量 X(kg)服从 $N(240,\ 200)$，今年雨水偏少，收获时在此果园中随机抽取了 6 株，测得其平均产量为 220 kg，方差为 662.4 kg^2，试在显著性水平 $\alpha=0.05$ 下，检验今年果园梨树平均产量 μ 显著减少是否成立. 给出期望检验过程.

6. 已知某市 7 月份气温 X(℃)服从正态分布 $N(\mu,\ \sigma^2)$，现从 7 月中随机抽取了 7 天，测得平均气温 30.5℃，标准差为 0.9℃，试在显著性水平 $\alpha=0.10$ 下，检验该市 7 月份的平均气温 μ 有显著高于 30℃ 是否成立. 给出期望检验过程.

7. 设在两台机床 A 与 B 上分别生产同一种零件，已知它们零件加工精度标准差分别为 $\sigma_1=0.03$ mm 与 $\sigma_2=0.02$ mm，今让这两台机床各生产了 10 个零件，测得长度(单位:mm)分别为

A：5.64，5.58，5.61，5.63，5.62，5.65，5.64，5.66，5.59，5.57；

B：5.62，5.59，5.57，5.62，5.59，5.61，5.58，5.60，5.58，5.63.

试在显著性水平 $\alpha=0.10$ 下，检验这两台机床生产的零件平均长度 μ_1 与 μ_2 是否相同. 给出期望检验过程.

8. 有两种安眠药 A，B，已知一片安眠药 A，B 使得患者延长睡眠时间 X(h) 与 Y(h) 分别服从正态分布 $N(\mu_1,\ \sigma_1^2)$ 与 $N(\mu_2,\ \sigma_2^2)$，且 $\sigma_1^2=\sigma_2^2$，现从服 A 种药的患者中随机调查了 10 名，得到其平均延长睡眠时间为 3.3 h，标准差为 0.9 h；从服 B 种药的患者中随机调查了 12 名，得到其平均延长睡眠时间为 3.6 h，标准差为 1.4 h；试在显著性水平 $\alpha=0.10$ 下，分别检验一片 A，B 两种安眠药使得患者平均延长的睡眠时间 μ_1 与 μ_2 有显著差异是否成立.

9. 为检验两架光测高温计所确定的温度读数之间有无显著差异，设计了一个试验：用两架仪器同时观察一组 10 只热炽灯丝，所得数据见表 7-2.

表 7-2

编号	1	2	3	4	5	6	7	8	9	10
X/℃	1 050	825	918	1 183	1 200	980	1 258	1 308	1 420	1 550
Y/℃	1 072	820	936	1 185	1 211	1 002	1 254	1 330	1 425	1 545

其中 X 和 Y 分别表示第一架高温计和第二架高温计观察的结果. 假设 X 和 Y 都服从正态分布，且方差相等. 试根据这些数据来确定两架高温计之间的读数是否有差异？($\alpha=0.05$)

7.3 正态总体方差的假设检验

正态总体方差的假设检验是另一个应用最为广泛的假设检验之一，本节重点是通过实例说明如何对单个正态总体方差的 χ^2 检验与对两个正态总体方差的 F 检验.

7.3.1 单个正态总体方差的假设检验

未知正态总体 X 的数学期望 μ，对方差 σ^2 作检验的假设有三种情况：

(1) $H_0: \sigma^2 = \sigma_0^2, H_1: \sigma^2 \neq \sigma_0^2$(双侧检验)； (7.3.1)

(2) $H_0: \sigma^2 \leqslant \sigma_0^2, H_1: \sigma^2 > \sigma_0^2$(右侧检验)； (7.3.2)

(3) $H_0: \sigma^2 \geqslant \sigma_0^2, H_1: \sigma^2 < \sigma_0^2$(左侧检验). (7.3.3)

由第 6 章对重要抽样分布的讨论知：由样本方差 S^2 构造的统计量 χ^2 变量服从自由度为 $n-1$ 的 χ^2 分布，所以可构造检验统计量

$$\chi^2 = \frac{(n-1)S^2}{{\sigma_0}^2} \sim \chi^2(n-1). \tag{7.3.4}$$

其中，$S^2 = \dfrac{1}{n-1}\sum\limits_{i=1}^{n}(X_i - \bar{X})^2$ 为样本方差，当零假设为真时，应检验统计量服从自由度为 $n-1$ 的 χ^2 分布，在确定显著性水平 α（一般取 0.01 或 0.05)后，关键在于如何确定拒绝域.

对双侧检验，拒绝区域在分布的两侧(图 7-4)，当 $\chi^2 \geqslant \chi^2_{\frac{\alpha}{2}}(n-1)$ 或 $\chi^2 \leqslant \chi^2_{1-\frac{\alpha}{2}}(n-1)$ 时，拒绝零假设；反之，当 $\chi^2_{1-\frac{\alpha}{2}}(n-1) < \chi^2 < \chi^2_{\frac{\alpha}{2}}(n-1)$ 时，接受零假设 H_0.

若是单侧检验，拒绝域分布在一侧，具体在左侧还是在右侧，要根据备择假设 H_1 而定. 若备择假设为 $H_1: \sigma^2 > \sigma_0^2$ 时是右侧检验，拒绝区域为 $\chi^2 \geqslant \chi^2_{\alpha}(n-1)$；若备择假设为 $H_1: \sigma^2 < \sigma_0^2$ 时是左侧检验，拒绝区域为 $\chi^2 \leqslant \chi^2_{1-\alpha}(n-1)$，如图 7-4 所示.

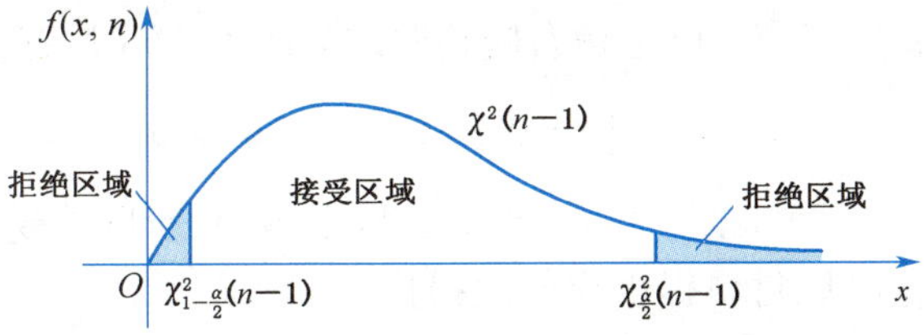

图 7-4 单个正态总体方差双侧检验的接受区域和拒绝区域

此时需查的附表为 χ^2 分布上侧分位数表(附表 5)，在竖栏中找到对应的自由度，在横栏中找到对应的概率值，它们的交叉处即为所找的临界值. 下面以实例说明.

例 1 一个池塘里养一种鱼，按往常鱼身长度服从方差 $\sigma^2 = 15\ \text{cm}^2$ 的正态分布，今年雨水偏少，不知鱼身长度方差有没有变化，现随机从池塘里捞出了 21 条，经测量发现鱼身长度方差为 $10\ \text{cm}^2$，试以 $\alpha = 0.05$ 为显著性水平推断池塘中的鱼身长度方差是否有显著的变化.

解 建立假设

$$H_0: \sigma^2 = 15, \quad H_1: \sigma^2 \neq 15.$$

由于总体服从正态分布，期望未知，现检验方差，故构造检验统计量为

$$\chi^2 = \frac{(n-1)S^2}{\sigma_0^2} \sim \chi^2(n-1).$$

其中，s^2 是样本方差，本题 $s^2=10$，σ_0^2 是假设的方差，本题 $\sigma^2=15$，这个统计量服从自由度为 $n-1$ 的 χ^2 分布. 在显著性水平 $\alpha=0.05$ 下，查自由度 $n-1=20$ 的 χ^2 分布. 由于这是双侧检验，故其临界值为

$$\chi^2_{1-\frac{\alpha}{2}}(n-1)=\chi^2_{0.975}(20)=9.591,$$

$$\chi^2_{\frac{\alpha}{2}}(n-1)=\chi^2_{0.025}(20)=34.170,$$

代入样本方差和假设方差，得检验统计量的观测值为

$$\chi^2=\frac{(n-1)S^2}{\sigma_0^2}=\frac{(21-1)\times 10}{15}=13.33.$$

由于 $9.951<13.333<34.170$，检验统计量的观测值在接受域里，故不能否定零假设 H_0，即鱼身长度方差没有显著变化.

例 2 一家制造厂仅当原材料的抗拉强度的方差为 5 时接受，今从一批新到的原材料中抽取 25 个样品作随机样本，经测量得出方差为 7，试问这个数据能否为制造厂拒绝这批原材料提供充分的根据？设 $\alpha=0.05$，并假设原材料的抗拉强度近似服从正态分布.

解 建立假设

$$H_0: \sigma^2\leqslant 5,\quad H_1: \sigma^2>5.$$

构造检验统计量，代入样本方差，计算其观测值，得

$$\chi^2=\frac{(n-1)S^2}{\sigma_0^2}=\frac{(25-1)\times 7}{5}=33.6.$$

备择假设为 $H_1:\sigma^2>5$，所以这是右侧检验. 当 $\alpha=0.05$ 时，有

$$\chi^2_\alpha(n-1)=\chi^2_{0.05}(24)=36.415.$$

由于 $\chi^2<\chi^2_{0.05}(24)$，即 $33.6<36.415$，在接受域内，所以接受 H_0，也就是说，这个数据不能为制造厂拒绝这批原材料提供充分的根据.

7.3.2 两个正态总体方差的假设检验

考虑两个相互独立的正态总体 X，Y，其中正态总体 $X\sim N(\mu_1, \sigma_1^2)$，$X_1$，$X_2$，…，$X_{n_1}$ 是正态总体 X 的一个样本，n_1 为样本容量，$\overline{X}$ 为样本均值，S_1^2 为样本方差；正态总体 $Y\sim N(\mu_2, \sigma_2^2)$，$Y_1$，$Y_2$，…，$Y_{n_2}$ 是正态总体 Y 的一个样本，n_2 为样本容量，$\overline{Y}$ 为样本均值，S_2^2 为样本方差，检验水平为 α，对两个正态总体 σ_1^2 与 σ_2^2 是否相等作出检验. 由第 6 章知对这样的总体需构造检验统计量：

$$F=\frac{\dfrac{S_1^2}{\sigma_1^2}}{\dfrac{S_2^2}{\sigma_2^2}}\sim F(n_1-1, n_2-1). \tag{7.3.5}$$

F 服从分子自由度为 n_1-1、分母自由度为 n_2-1 的 F 分布.

假定零假设 $H_0:\sigma_1^2=\sigma_2^2$ 这一假设是真实的，此时

$$F=\frac{\frac{S_1^2}{\sigma_1^2}}{\frac{S_2^2}{\sigma_2^2}}=\frac{S_1^2}{S_2^2}\sim F(n_1-1,\ n_2-1).$$

此式仍服从分子自由度为 n_1-1、分母自由度为 n_2-1 的 F 分布.

在双侧检验($H_0: \sigma_1^2=\sigma_2^2,\ H_1: \sigma_1^2\neq\sigma_2^2$)的情况下,拒绝域在两侧.

若 $F\leqslant F_{1-\frac{\alpha}{2}}(n_1-1,\ n_2-1)$ 或 $F\geqslant F_{\frac{\alpha}{2}}(n_1-1,\ n_2-1)$ 时,则拒绝 H_0;

若 $F_{1-\frac{\alpha}{2}}(n_1-1,\ n_2-1)<F<F_{\frac{\alpha}{2}}(n_1-1,\ n_2-1)$ 时,则接受零假设 H_0.

其图形如图 7-5 所示.

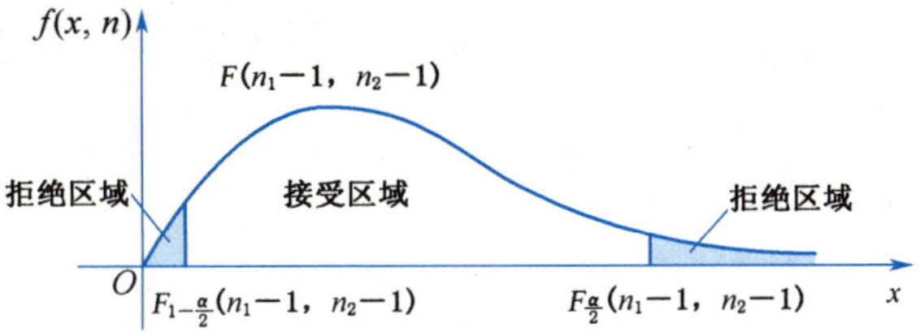

图 7-5　两个正态总体方差是否相等双侧检验的接受区域和拒绝区域

F 单侧检验统计量仍为 $F=\frac{S_1^2}{S_2^2}$,若是右侧检验($H_0: \sigma_1^2\leqslant\sigma_2^2,\ H_1: \sigma_1^2>\sigma_2^2$),当 $F\geqslant F_\alpha(n_1-1,\ n_2-1)$ 时,就拒绝 H_0;若是左侧检验($H_0: \sigma_1^2\geqslant\sigma_2^2,\ H_1: \sigma_1^2<\sigma_2^2$),当 $F\leqslant F_{1-\alpha}(n_1-1,\ n_2-1)$ 时,就拒绝 H_0.

注　(1) 对两个方差进行比较时,为了方便,可以将较大的样本方差作为分子. 这样样本方差之比将大于 1.

(2) $F_{1-\frac{\alpha}{2}}(n_1-1,\ n_2-1)=\frac{1}{F_{\frac{\alpha}{2}}}(n_1-1,\ n_2-1)$.

例 3　有两种药物能使从事紧张工作的职员在一定程度上消除精神紧张,在一项旨在比较这两种药物效果的研究中,医疗小组使两个小组的职员分别服用这两种药物,两个月后收集了这两组受试验者紧张水平的数据,由样本数据得出方差 $s_1^2=4\ 624$, $s_2^2=2\ 916$,每个小组均有 8 名受试者. 试问:在 $\alpha=0.05$ 的显著性水平下,这些数据是否提供了充分的证据,支持关于这些样本所代表的两个总体的紧张水平的方差有差别的看法?

解　建立假设

$$H_0: \sigma_1^2=\sigma_2^2,\quad H_1: \sigma_1^2\neq\sigma_2^2.$$

构造检验统计量 F, $F=\frac{S_1^2}{S_2^2}\sim F(7,\ 7)$,代入样本方差 $s_1^2=4\ 624$, $s_2^2=2\ 916$,计算其观测值得

$$F=\frac{4\ 624}{2\ 916}=1.586.$$

当 $\alpha=0.05$ 时,

$$F_{\frac{\alpha}{2}}(7,\ 7)=F_{\frac{0.05}{2}}(7,\ 7)=4.99,$$

$$F_{1-\frac{\alpha}{2}}(7,7)=\frac{1}{F_{\frac{\alpha}{2}}(7,7)}=\frac{1}{4.99}\approx 0.20.$$

由于 $F_{1-\frac{\alpha}{2}}(7,7)<F<F_{\frac{\alpha}{2}}(7,7)$，即 $0.20<1.586<4.99$，F 落入接受区域，所以接受零假设 H_0，说明这两个总体方差无显著差别.

从上面讨论中发现，对正态总体的期望与方差进行假设检验中，总体个数不同、对总体参数已知程度不同、和检验的实际问题不同时，构造的检验统计量不同，统计量服从的分布也不同，拒绝区域的选择也不同.

在本章末尾，总结了正态总体期望与方差的检验方法(表 7-3)，以方便查用.

表 7-3　　正态总体期望与方差检验法(显著水平 α)

总体情况	零假设 H_0	检验统计量	服从分布	备择假设 H_1	拒绝域
单正态 σ^2 已知	$\mu=\mu_0$	$U=\frac{\overline{X}-\mu}{\sigma}\sqrt{n}$ 样本容量为 n	$N(0,1)$	$\mu\neq\mu_0$	$\lvert u\rvert>u_{\frac{\alpha}{2}}$
	$\mu\leqslant\mu_0$			$\mu>\mu_0$	$u>u_\alpha$
	$\mu\geqslant\mu_0$			$\mu<\mu_0$	$u<-u_\alpha$
单正态 σ^2 未知	$\mu=\mu_0$	$T=\frac{\overline{X}-\mu}{S}\sqrt{n}$	$t(n-1)$	$\mu\neq\mu_0$	$\lvert t\rvert>t_{\frac{\alpha}{2}}(n-1)$
	$\mu\leqslant\mu_0$			$\mu>\mu_0$	$t>t_\alpha(n-1)$
	$\mu\geqslant\mu_0$			$\mu<\mu_0$	$t<-t_\alpha(n-1)$
双正态 σ_1^2，σ_2^2 已知	$\mu_1=\mu_2$	$U=\frac{\overline{X}_1-\overline{X}_2}{\sqrt{\frac{\sigma_1^2}{n_1}+\frac{\sigma_2^2}{n_2}}}$	$N(0,1)$	$\mu_1\neq\mu_2$	$\lvert u\rvert>u_{\frac{\alpha}{2}}$
	$\mu_1\leqslant\mu_2$			$\mu_1>\mu_2$	$u>u_\alpha$
	$\mu_1\geqslant\mu_2$			$\mu_1<\mu_2$	$u<-u_\alpha$
双正态 $\sigma_1^2=\sigma_2^2=\sigma^2$ 未知	$\mu_1=\mu_2$	$T'=\frac{\overline{X}_1-\overline{X}_2}{\sqrt{\frac{S_w^2}{n_1}+\frac{S_w^2}{n_2}}}$ $S_w^2=\frac{(n_1-1)S_1^2+(n_2-1)S_2^2}{n_1+n_2-2}$	$t(n_1+n_2-2)$	$\mu_1\neq\mu_2$	$\lvert t\rvert>t_{\frac{\alpha}{2}}(n_1+n_2-1)$
	$\mu_2\leqslant\mu_2$			$\mu_1>\mu_2$	$t>t_\alpha(n_1+n_2-1)$
	$\mu_1\geqslant\mu_2$			$\mu_1<\mu_2$	$t<-t_\alpha(n_1+n_2-1)$
单正态 μ 未知	$\sigma^2=\sigma_0^2$	$\chi^2=\frac{(n-1)S^2}{\sigma_0^2}$	$\chi^2(n-1)$	$\sigma^2\neq\sigma_0^2$	$\chi^2>\chi^2_{\frac{\alpha}{2}}(n-1)$ 或 $\chi^2<\chi^2_{1-\frac{\alpha}{2}}(n-1)$
	$\sigma^2\leqslant\sigma_0^2$			$\sigma^2>\sigma_0^2$	$\chi^2>\chi^2_\alpha(n-1)$
	$\sigma^2\geqslant\sigma_0^2$			$\sigma^2<\sigma_0^2$	$\chi^2<\chi^2_{1-\alpha}(n-1)$
双正态 μ_1，μ_2 未知	$\sigma_1^2=\sigma_1^2$	$F=\frac{S_1^2}{S_2^2}$	$F(n_1-1,n_2-1)$	$\sigma_1^2\neq\sigma_2^2$	$F>F_{\frac{\alpha}{2}}(n_1-1,n_2-1)$ 或 $F<F_{1-\frac{\alpha}{2}}(n_1-1,n_2-1)$
	$\sigma_1^2\leqslant\sigma_2^2$			$\sigma_1^2>\sigma_2^2$	$F>F_\alpha(n_1-1,n_2-1)$
	$\sigma_1^2\geqslant\sigma_2^2$			$\sigma_1^2<\sigma_2^2$	$F<F_{1-\alpha}(n_1-1,n_2-1)$

习题 7-3

1. 已知某自动车床加工零件长度偏差 X(mm)服从正态分布 $N(\mu, 3)$，从某日加工的一批零件中随机抽取了 10 件，测量得长度偏差分别为

$$2,\ 1,\ -2,\ 3,\ 2,\ 4,\ -2,\ 5,\ 3,\ 4$$

试在显著性水平 $\alpha = 0.10$ 下，检验这批零件长度偏差的方差 σ^2 无显著改变是否成立？

2. 已知某种型号柴油发动机燃烧 1 L 柴油运转时间 X(min)服从正态分布 $N(30, 4)$，现从一批这种型号柴油发动机中随机抽取了 7 台，测得其燃烧 1 L 柴油运转时间分别为

$$28,\ 27,\ 31,\ 29,\ 30,\ 27,\ 31$$

试在显著性水平 $\alpha = 0.05$ 下检验：

(1) 这批柴油发动机燃烧 1 L 柴油的平均运转时间 μ 无显著改变是否成立？

(2) 这批柴油发动机燃烧 1 L 柴油的运转时间方差 σ^2 无显著改变是否成立？

3. 已知甲学校学生体重 X(kg)服从正态分布 $N(\mu_1, \sigma_1^2)$，乙学校学生体重 Y(kg)服从正态分布 $N(\mu_2, \sigma_2^2)$，现从甲、乙两校学生中各随机抽查了 16 名，测算得其体重标准差分别为 10 kg 与 19 kg，试在显著性水平 $\alpha = 0.05$ 下，检验甲、乙两校学生体重方差 σ_1^2 与 σ_2^2 无显著差异是否成立？

4. 某一超市在某地有两个分店，第一与第二分店一天的销售额 X 万元，Y 万元分别服从正态分布 $N(\mu_1, \sigma_1^2)$ 与 $N(\mu_2, \sigma_2^2)$，从 11 月份中随机抽取了 7 天，调查得到其平均一天销售额分别为 5.4 万元与 7.2万元，一天销售额方差分别为 1.4 万元^2 与 2.9 万元^2，试在显著性水平 $\alpha = 0.05$ 下检验：

(1) 两个分店在 11 月份平均一天销售额 μ_1 与 μ_2 无显著差异是否成立？

(2) 两个分店在 11 月份一天销售额方差 σ_1^2 与 σ_2^2 无显著差异是否成立？

总习题 7

一、填空题(每小题 5 分)

1. 假设检验可能犯两类错误：第一类错误是________，第二类错误是________.

2. 假设检验的显著性水平 α 是指检验犯________错误的概率的上限.

3. 设总体 $X \sim N(\mu, 4)$，$x_1, x_2, \cdots, x_n$ 为其一组样本观测值，则检验问题

$$H_0: \mu = 30, \quad H_1: \mu \neq 30$$

的检验统计量为________；若显著性水平 $\alpha = 0.01$，则此检验的拒绝域为________.

4. 设总体 $X \sim N(\mu, \sigma^2)$，$x_1, x_2, \cdots, x_9$ 为其一组样本观测值，则检验问题

$$H_0: \sigma^2 \geqslant 2, \quad H_1: \sigma^2 < 2$$

的检验统计量为________；若显著性水平 α=0.1，则此检验的拒绝域为 $W = \{\chi^2 \leqslant 3.490\}$；若据样本观测值已算得样本方差 $s^2 = 1.4$，则应________ H_0.

二、选择题(每小题 4 分)

1. 在假设检验中 H_0，H_1 分别表示原假设与备择假设，通常所称的“犯第二类错误”是指(　　).

A. H_0 真而接受 H_1　　B. H_1 不真而接受 H_1

C. H_1 真而接受 H_0　　D. H_0 不真而接受 H_1

2. 设 $X_1, X_2, \cdots, X_n$ 是来自正态分布 $N(\mu, \sigma^2)$ 的样本，其中参数 μ 和 σ 未知，记

$$\overline{X} = \frac{1}{n}\sum_{i=1}^{n} X_i, \quad T^2 = \sum_{i=1}^{n}(X_i - \overline{X})^2,$$

则对假设 $H_0:\mu=0$ 作检验所使用的检验统计量为(　　).

A. $\dfrac{\sqrt{n}\,\overline{X}}{T}$　　B. $\dfrac{\sqrt{n-1}\,\overline{X}}{T}$　　C. $\dfrac{\sqrt{n(n-1)}\,\overline{X}}{T^2}$　　D. $\dfrac{\sqrt{n(n-1)}\,\overline{X}}{T}$

3. 假设检验中,当原假设 H_0 在显著性水平 0.05 下被接受时,若将显著性水平变更为 0.01,则(　　).

A. H_0 必定仍被接受　　B. H_0 必定被拒绝

C. H_0 可能被接受亦可能被拒绝　　D. 无法判定 H_0 是否被接受

4. 设总体 $X\sim N(\mu,\sigma^2)$(μ, σ^2 均未知), X_1, X_2, …, X_n 为其样本,则检验问题

$$H_0:\mu\leqslant 10,\quad H_1:\mu>10$$

的检验统计量是(　　).

A. $\dfrac{\overline{X}-10}{\dfrac{S}{\sqrt{n}}}$　　B. $\dfrac{\overline{X}-\mu}{\dfrac{S}{\sqrt{n}}}$　　C. $\dfrac{\overline{X}-10}{\dfrac{\sigma}{\sqrt{n}}}$　　D. $\dfrac{\overline{X}-\mu}{\dfrac{\sigma}{\sqrt{n}}}$

5. 设总体 $X\sim N(\mu,\sigma^2)$(μ, σ^2 均未知), X_1, X_2, …, X_n 为其样本,则检验问题

$$H_0:\sigma^2\geqslant\sigma_0^2,\quad H_1:\sigma^2<\sigma_0^2$$

的检验统计量为 $\chi^2=\dfrac{(n-1)S^2}{\sigma_0^2}$,若取显著性水平为 0.1,则检验的拒绝域为(　　).

A. $\{\chi^2\leqslant\chi^2_{0.9}(n)\}$　　B. $\{\chi^2\leqslant\chi^2_{0.9}(n-1)\}$

C. $\{\chi^2\leqslant\chi^2_{0.1}(n)\}$　　D. $\{\chi^2\leqslant\chi^2_{0.1}(n-1)\}$

三、解答题(每小题 15 分)

1. 设某味精厂生产的味精在手工包装时的每袋质量 $X\sim N(15,0.05)$. 技术革新后,改用机器包装,现抽查 8 个样品测得质量(单位:g)为

14.7,　15.1,　14.8,　15,　15.3,　14.9,　15.2,　14.6

已知方差不变,问机器包装的味精每袋平均质量是否仍为 15?($\alpha=0.05$,已知 $u_{\frac{\alpha}{2}}=u_{0.025}=1.96$)

2. 已知某厂生产的灯泡的使用寿命(单位:h) $X\sim N(\mu,200^2)$,根据经验,原来灯泡的平均使用寿命不超过 1 500 h. 现测试了 25 只采用新工艺生产的灯泡的使用寿命,得其平均值为 1 575 h. 问新工艺是否提高了灯泡的使用寿命?($\alpha=0.05$,已知 $u_\alpha=u_{0.05}=1.645$)

3. 某超市为了增加销售额,对营销方式、管理人员等进行了一系列调整,调整后随机抽查了 9 天的日销售额(单位:万元),结果如下:

56.4,　54.2,　50.6,　53.7,　55.9,　48.3,　57.4,　58.7,　55.3

根据统计,调整前的日平均销售额为 51.2 万元. 假定日销售额服从正态分布,试问调整措施的效果是否显著?[$\alpha=0.05$,已知 $t_\alpha(8)=t_{0.05}(8)=1.859\,5$]

4. 电工器材厂生产一批熔断丝,取 10 根测得其熔化时间(单位:min)为

42,　65,　75,　78,　59,　57,　68,　54,　55,　71

问是否可以认为整批熔断丝的熔化时间的方差小于等于 80?[$\alpha=0.05$,熔化时间为正态变量,已知 $\chi_\alpha(n-1)=\chi^2_{0.05}(9)=16.919$]

第 8 章

概率统计之 MATLAB

本章介绍 MATLAB 在概率统计中的若干命令和使用格式.

8.1 随机变量的概率密度计算

8.1.1 通用函数计算概率密度函数值

命令 通用函数计算概率密度函数值

函数 pdf

格式 Y=pdf(name, K, A)

Y=pdf(name, K, A, B)

Y=pdf(name, K, A, B, C)

说明 返回在 X=K 处、参数为 A, B, C 的概率密度值,对于不同的分布,参数个数不同;name 为分布函数名,其取值见表 8-1.

表 8-1 常见分布函数

name 的取值			函数说明
'beta'	或	'Beta'	Beta 分布
'bino'	或	'Binomial'	二项分布
'chi2'	或	'Chisquare'	卡方分布
'exp'	或	'Exponential'	指数分布
'f'	或	'F'	F 分布
'gam'	或	'Gamma'	Gamma 分布
'geo'	或	'Geometric'	几何分布
'hyge'	或	'Hypergeometric'	超几何分布
'logn'	或	'Lognormal'	对数正态分布
'nbin'	或	'Negative Binomial'	负二项式分布
'ncf'	或	'Noncentral F'	非中心 F 分布
'nct'	或	'Noncentral t'	非中心 t 分布
'ncx2'	或	'Noncentral Chi-square'	非中心卡方分布
'norm'	或	'Normal'	正态分布
'poiss'	或	'Poisson'	泊松分布
'rayl'	或	'Rayleigh'	瑞利分布
't'	或	'T'	T 分布

续表

name 的取值			函数说明
'unif'	或	'Uniform'	均匀分布
'unid'	或	'Discrete Uniform'	离散均匀分布
'weib'	或	'Weibull'	威布尔分布

例如，二项分布：设一次试验，事件 A 发生的概率为 p，那么，在 n 次独立重复试验中，事件 A 恰好发生 K 次的概率 P_K 为 P_K=P{X=K}=pdf('bino', K, n, p).

例 1 计算正态分布 $N(0, 1)$ 的随机变量 X 在点 0.657 8 处的密度函数值.

解 在 MATLAB 命令窗口输入

```
>> pdf('norm',0.6578,0,1)
ans =
    0.3213
```

例 2 自由度为 8 的卡方分布，在点 2.18 处的密度函数值.

解 在 MATLAB 命令窗口输入

```
>> pdf('chi2',2.18,8)
ans =
    0.0363
```

8.1.2 专用函数计算概率密度函数值

命令 二项分布的概率值

函数 binopdf

格式 `binopdf (k, n, p)` %等同于 pdf('bino'k,n,p)，其中，p 为每次试验事件 A 发生的概率；k 为事件 A 发生次数；n 为试验总次数

命令 泊松分布的概率值

函数 poisspdf

格式 `poisspdf(k, Lambda)` %等同于 pdf('poiss',k,Lambda)

命令 正态分布的概率值

函数 normpdf

格式 `normpdf(k,mu,sigma)` %计算参数为 μ=mu，σ=sigma 的正态分布密度函数在点 k 处的值

计算概率密度函数的专用函数见表 8-2.

表 8-2　　专用函数

函数名	调用形式	注　释
Unifpdf	unifpdf (x, a, b)	在区间 $[a,b]$ 上均匀分布(连续)概率密度在点 $X=x$ 处的函数值
unidpdf	Unidpdf(x,n)	均匀分布(离散)概率密度函数值
Exppdf	exppdf(x, Lambda)	参数为 Lambda 的指数分布概率密度函数值
normpdf	normpdf(x, mu, sigma)	参数为 mu，sigma 的正态分布概率密度函数值
chi2pdf	chi2pdf(x, n)	自由度为 n 的卡方分布概率密度函数值

续表

函数名	调用形式	注　释
Tpdf	tpdf(x，n)	自由度为 n 的 t 分布概率密度函数值
Fpdf	fpdf(x，n_1，n_2)	第一自由度为 n_1，第二自由度为 n_2 的 F 分布概率密度函数值
gampdf	gampdf(x，a，b)	参数为 a，b 的 γ 分布概率密度函数值
betapdf	betapdf(x，a，b)	参数为 a，b 的 β 分布概率密度函数值
lognpdf	lognpdf(x，mu，sigma)	参数为 mu，sigma 的对数正态分布概率密度函数值
nbinpdf	nbinpdf(x，R，P)	参数为 R，P 的负二项式分布概率密度函数值
Ncfpdf	ncfpdf(x，n_1，n_2，delta)	参数为 n_1，n_2，delta 的非中心 F 分布概率密度函数值
Nctpdf	nctpdf(x，n，delta)	参数为 n，delta 的非中心 t 分布概率密度函数值
ncx2pdf	ncx2pdf(x，n，delta)	参数为 n，delta 的非中心卡方分布概率密度函数值
raylpdf	raylpdf(x，b)	参数为 b 的瑞利分布概率密度函数值
weibpdf	weibpdf(x，a，b)	参数为 a，b 的韦伯分布概率密度函数值
binopdf	binopdf(x,n,p)	参数为 n，p 的二项分布的概率密度函数值
geopdf	geopdf(x,p)	参数为 p 的几何分布的概率密度函数值
hygepdf	hygepdf(x,M,K,N)	参数为 M，K，N 的超几何分布的概率密度函数值
poisspdf	poisspdf(x,Lambda)	参数为 Lambda 的泊松分布的概率密度函数值

例 3　绘制卡方分布密度函数在自由度分别为 1，5，15 的图形.

解　在 MATLAB 命令窗口输入

```
>> x=0:0.1:30;
>> y1=chi2pdf(x,1); plot(x,y1,':')
>> hold on
>> y2=chi2pdf(x,5);plot(x,y2,'+')
>> y3=chi2pdf(x,15);plot(x,y3,'o')
>> axis([0,30,0,0.2])      %指定显示的图形区域
```

运行结果如图 8-1 所示.

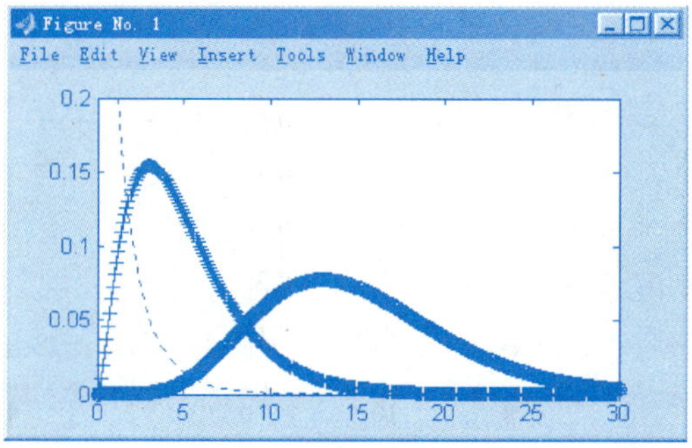

图 8-1

8.1.3　常见分布的密度函数作图

1. 二项分布

```
>>x = 0:10;
```

```
>>y = binopdf(x,10,0.5);
>>plot(x,y,'+')
```

运行结果如图 8-2 所示.

2. 卡方分布

```
>>x = 0:0.2:15;
>>y = chi2pdf(x,4);
>>plot(x,y)
```

运行结果如图 8-3 所示.

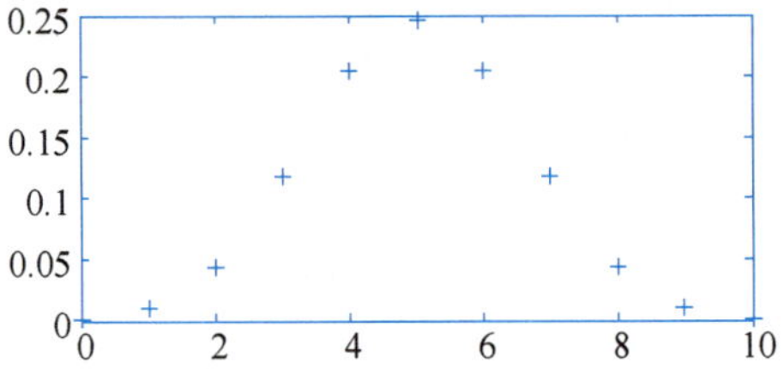

图 8-2

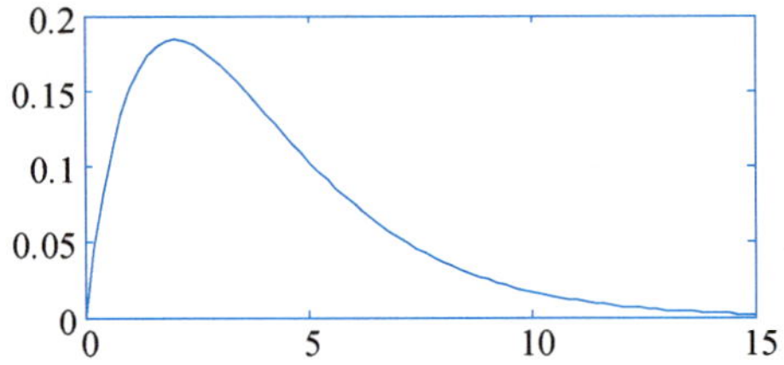

图 8-3

3. 非中心卡方分布

```
>>x = (0:0.1:10)';
>>p1 = ncx2pdf(x,4,2);
>>p = chi2pdf(x,4);
>>plot(x,p,'--',x,p1,'-')
```

运行结果如图 8-4 所示.

4. 指数分布

```
>>x = 0:0.1:10;
>>y = exppdf(x,2);
>>plot(x,y)
```

运行结果如图 8-5 所示.

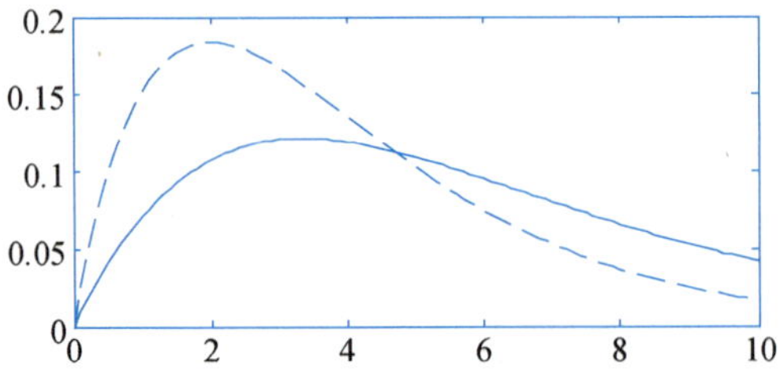

图 8-4

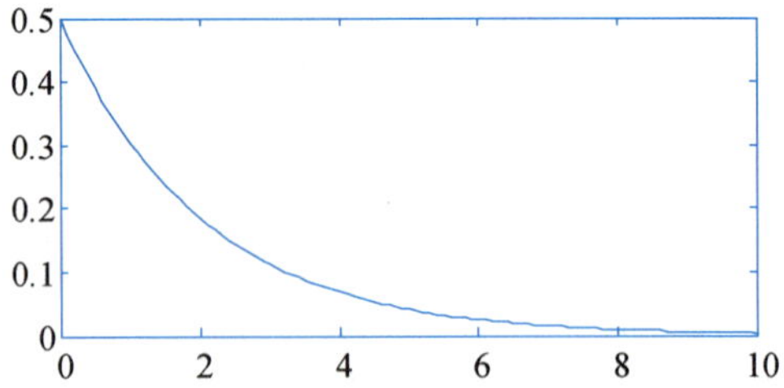

图 8-5

5. *F* 分布

```
>>x = 0:0.01:10;
>>y = fpdf(x,5,3);
>>plot(x,y)
```

运行结果如图 8-6 所示.

6. 非中心 *F* 分布

```
>>x = (0.01:0.1:10.01)';
>>p1 = ncfpdf(x,5,20,10);
>>p = fpdf(x,5,20);
>>plot(x,p,'--',x,p1,'-')
```

运行结果如图 8-7 所示.

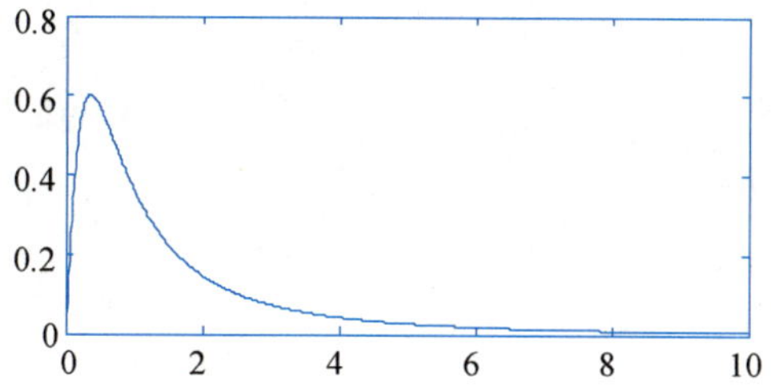

图 8-6

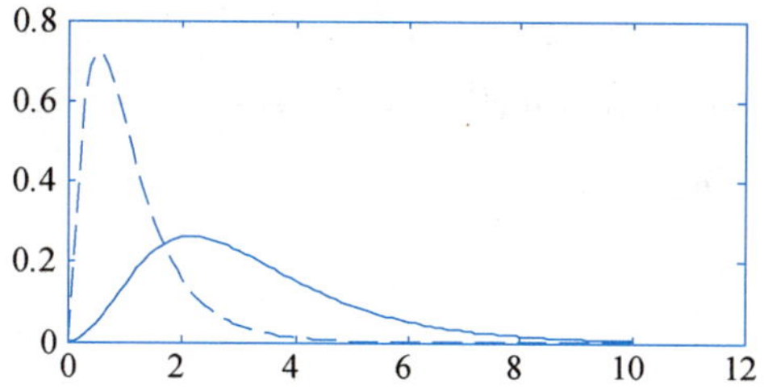

图 8-7

7. Γ 分布

```
>>x = gaminv((0.005:0.01:0.995),100,10);
>>y = gampdf(x,100,10);
>>y1 = normpdf(x,1000,100);
>>plot(x,y,'-',x,y1,'-.')
```

运行结果如图 8-8 所示.

8. 对数正态分布

```
>>x = (10:1000:125010)';
>>y = lognpdf(x,log(20000),1.0);
>>plot(x,y)
>>set(gca,'xtick',[0 30000 60000 90000 120000])
>>set(gca,'xticklabel',str2mat('0','$30,000','$60,000',...
                                 '$90,000','$120,000'))
```

运行结果如图 8-9 所示.

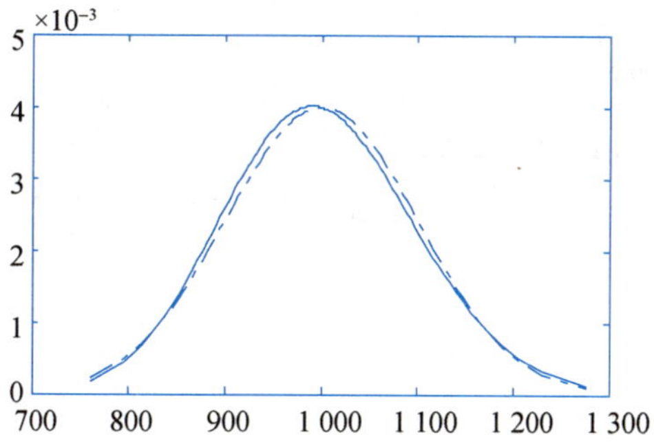

图 8-8

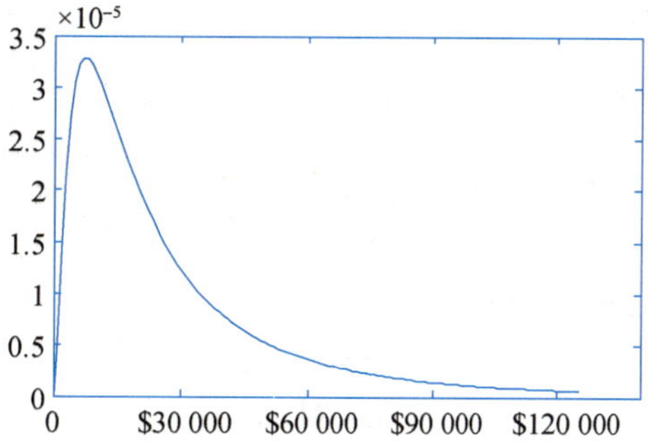

图 8-9

9. 负二项分布

```
>>x = (0：10)；
>>y = nbinpdf(x,3,0.5)；
>>plot(x,y,'+')
```

运行结果如图 8-10 所示.

10. 正态分布

```
>>x=－3：0.2：3；
>>y=normpdf(x,0,1)；
>>plot(x,y)
```

运行结果如图 8-11 所示.

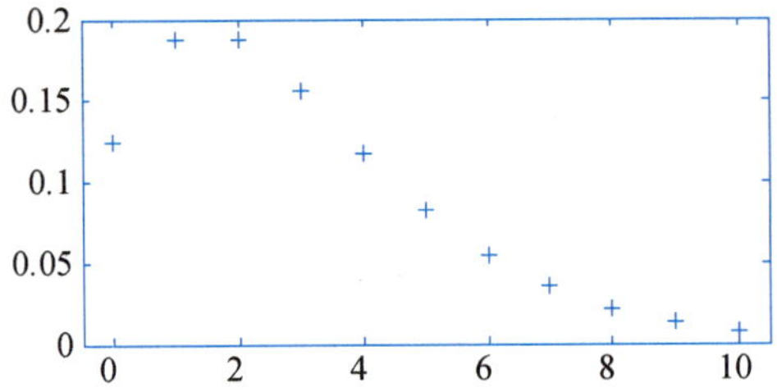

图 8-10

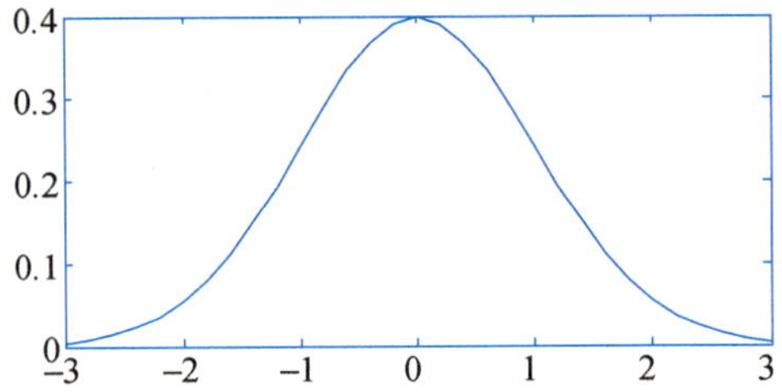

图 8-11

11. 泊松分布

```
>>x = 0：15；
>>y = poisspdf(x,5)；
>>plot(x,y,'+')
```

运行结果如图 8-12 所示.

12. 瑞利分布

```
>>x = [0：0.01：2]；
>>p = raylpdf(x,0.5)；
>>plot(x,p)
```

运行结果如图 8-13 所示.

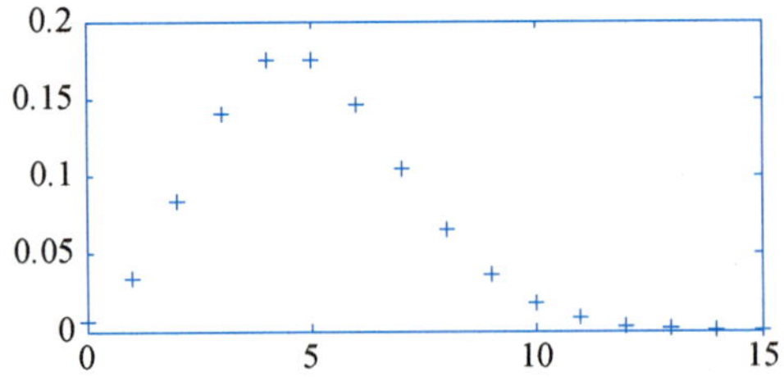

图 8-12

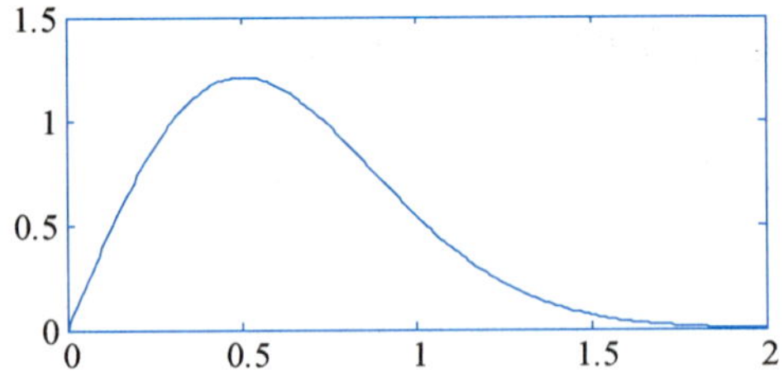

图 8-13

13. *T* 分布

```
>>x = －5：0.1：5；
>>y = tpdf(x,5)；
>>z = normpdf(x,0,1)；
```

```
>>plot(x,y,'-',x,z,'-.')
```

运行结果如图 8-14 所示.

14. 威布尔分布

```
>> t=0:0.1:3;
>> y=weibpdf(t,2,2);
>> plot(y)
```

运行结果如图 8-15 所示.

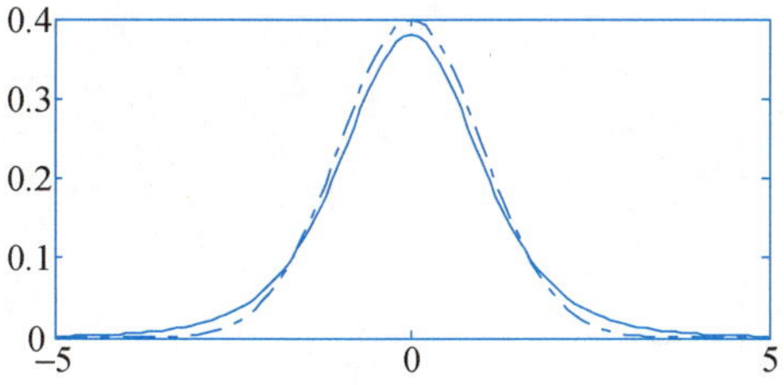

图 8-14

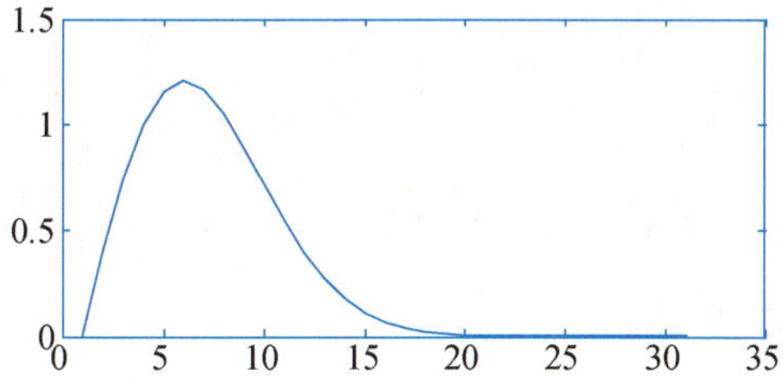

图 8-15

8.2 随机变量的数字特征

8.2.1 期望

命令 计算样本均值

函数 mean

格式 mean(X) %***X*** 为向量,返回 ***X*** 中各元素的平均值

mean(A) %***A*** 为矩阵,返回 ***A*** 中各列元素的平均值构成的向量

mean(A,dim) %在给出的维数内的平均值

例 1 随机抽取 6 个滚珠测得直径(单位:mm)如下:

14.70, 15.21, 14.90, 14.91, 15.32, 15.32

试求样本平均值.

解 在 MATLAB 命令窗口输入

```
>>X=[14.70  15.21  14.90  14.91  15.32  15.32];
>>mean(X)   %计算样本均值
```

运行结果如下:

```
ans =
    15.0600
```

命令 由分布律计算均值

函数 sum

例 2 设随机变量 X 的分布律为

X	-2	-1	0	1	2
p	0.3	0.1	0.2	0.1	0.3

求 $E(X)$， $E(X^2-1)$

解 在 MATLAB 编辑器中建立 M 文件如下：

```
X=[-2 -1 0 1 2];
p=[0.3 0.1 0.2 0.1 0.3];
EX=sum(X.*p)
Y=X.^2-1
EY=sum(Y.*p)
```

运行结果如下：

```
EX =
      0
Y =
     3     0    -1     0     3
EY =
     1.6000
```

8.2.2 方差

命令 求样本方差

函数 var

格式 D=var(X)　　%$\mathrm{Var}(\boldsymbol{X})=s^2=\frac{1}{n-1}\sum_{i=1}^{n}(x_i-\overline{X})^2$，若 $\boldsymbol{X}$ 为向量，则返回向量的样本方差

D=var(A)　　%$\boldsymbol{A}$ 为矩阵，则 $\boldsymbol{D}$ 为 $\boldsymbol{A}$ 的列向量的样本方差构成的行向量

D=var(X, 1)　　%返回向量(矩阵) $\boldsymbol{X}$ 的简单方差(即置前因子为 $\frac{1}{n}$ 的方差)

D=var(X, w)　　%返回向量(矩阵) $\boldsymbol{X}$ 的以 w 为权重的方差

命令 求标准差

函数 std

格式 std(X)　　%返回向量(矩阵) $\boldsymbol{X}$ 的样本标准差$\left(置前因子为 \frac{1}{n-1}\right)$，即

$$\mathrm{std}=\sqrt{\frac{1}{n-1}\sum_{i=1}^{n}(x_i-\overline{X})^2}$$

std(X,1)　　%返回向量(矩阵) $\boldsymbol{X}$ 的标准差$\left(置前因子为\frac{1}{n}\right)$

std(X, 0)　　　　%与 std(**X**)相同

std(X, flag, dim)　%返回向量(矩阵)中维数为 dim 的标准差值,其中 flag=0 时,置前因子为 $\frac{1}{n-1}$; 否则,置前因子为 $\frac{1}{n}$

例 3　求下列样本的样本方差和样本标准差,方差和标准差.

$$14.70,\quad 15.21,\quad 14.90,\quad 15.32,\quad 15.32$$

解　在 MATLAB 命令窗口输入

```
>>X=[14.7 15.21 14.9 14.91 15.32 15.32];
>>DX=var(X,1)          %方差
  DX =
      0.0559
>>sigma=std(X,1)       %标准差
sigma =
    0.2364
>>DX1=var(X)           %样本方差
DX1 =
    0.0671
>>sigma1=std(X)        %样本标准差
  sigma1 =
    0.2590
```

8.2.3　协方差与相关系数

命令　协方差

函数　cov

格式　cov(X)　　　%求向量 **X** 的协方差

cov(A)　　　%求矩阵 **A** 的协方差矩阵,该协方差矩阵的对角线元素是 **A** 的各列的方差,即 Var (**A**) =diag(Cov (**A**))

cov(X,Y)　　% **X**,**Y** 为等长列向量,等同于 Cov([X　Y])

协方差程序如下:

```
>> X=[0 -1 1]';Y=[1 2 2]';
>> C1=cov(X)          % X 的协方差
C1 =
        1
>> C2=cov(X,Y)        %列向量 X, Y 的协方差矩阵,对角线元素为各列向量
                        的方差
C2 =
      1.0000         0
           0    0.3333
```

```
>> A=[1 2 3;4 0 -1;1 7 3]
A =
     1     2     3
     4     0    -1
     1     7     3
>> C1=cov(A)              %求矩阵A的协方差矩阵
C1 =
    3.0000   -4.5000   -4.0000
   -4.5000   13.0000    6.0000
   -4.0000    6.0000    5.3333
>> C2=var(A(:,1))         %求A的第1列向量的方差
C2 =
     3
>> C3=var(A(:,2))         %求A的第2列向量的方差
C3 =
    13
>> C4=var(A(:,3))
C4 =
    5.3333
```

命令 相关系数

函数 corrcoef

格式 corrcoef(X,Y)　　%返回列向量 ***X***,***Y*** 的相关系数,等同于 Corrcoef([X　Y])

corrcoef(A)　　%返回矩阵 ***A*** 的列向量的相关系数矩阵

相关系数程序如下:

```
>> A=[1 2 3;4 0 -1;1 3 9]
A =
     1     2     3
     4     0    -1
     1     3     9
>> C1=corrcoef(A)                      %求矩阵A的相关系数矩阵
C1 =
    1.0000   -0.9449   -0.8030
   -0.9449    1.0000    0.9538
   -0.8030    0.9538    1.0000
>> C1=corrcoef(A(:,2),A(:,3))          %求A的第2列与第3列列向量的相
                                        关系数矩阵
C1 =
    1.0000    0.9538
    0.9538    1.0000
```

8.3 参数估计

8.3.1 常见分布的参数估计

命令　β分布的参数 a 和 b 的最大似然估计值和置信区间

函数　betafit

格式　PHAT = betafit(X)

　　[PHAT,PCI] = betafit(X,ALPHA)

说明　PHAT 为样本 X 的β分布的参数 a 和 b 的估计量；PCI 为样本 X 的β分布参数 a 和 b 的置信区间，是一个 2×2 矩阵，其第 1 列为参数 a 的置信下界和上界，第 2 列为 b 的置信下界和上界；ALPHA 为显著性水平，$(1-\alpha)\times 100\%$ 为置信水平.

例 1　随机产生 100 个β分布数据，相应的分布参数真值为 4 和 3，求 4 和 3 的最大似然估计值和置信水平为 99%的置信区间.

解　在 MATLAB 命令窗口输入

```
>>X = betarnd (4,3,100,1);          %产生 100 个β分布的随机数
>>[PHAT,PCI] = betafit(X,0.01)      %求置信水平为 99%的置信区间和参
                                     数 a,b 的估计值
```

运行结果如下：

```
PHAT =

       3.9010      2.6193

PCI =

       2.5244      1.7488
       5.2776      3.4898
```

说明　估计值 3.9010 的置信区间是[2.5244, 5.2776]，估计值 2.6193 的置信区间是[1.7488, 3.4898].

命令　正态分布的参数估计

函数　normfit

格式　[muhat,sigmahat,muci,sigmaci] = normfit(X)

　　[muhat,sigmahat,muci,sigmaci] = normfit(X,alpha)

说明　muhat，sigmahat 分别为正态分布的参数 μ 和 σ 的估计值；muci，sigmaci 分别为置信区间，其置信水平为 $(1-\alpha)\times 100\%$；alpha 给出显著性水平 α，缺省时默认为 0.05，即置信水平为 95%.

例 2　有两组(每组 100 个元素)正态随机数据，其均值为 10，均方差为 2，求 95%的置信区间和参数估计值.

解　在 MATLAB 命令窗口输入

```
>>r = normrnd (10,2,100,2);       %产生两列正态随机数据
>>[mu,sigma,muci,sigmaci] = normfit(r)
```

运行结果如下：

```
mu =
     10.1455    10.0527          %各列的均值的估计值
sigma =
     1.9072     2.1256           %各列的均方差的估计值
muci =
     9.7652     9.6288
    10.5258    10.4766
sigmaci =
     1.6745     1.8663
     2.2155     2.4693
```

说明 muci，sigmaci 中各列分别为原随机数据各列估计值的置信区间，置信水平为 95%.

例 3 分别使用金球和铂球测定引力常数，结果如下：

（1）用金球测定观察值为 6.683，6.681，6.676，6.678，6.679，6.672；

（2）用铂球测定观察值为 6.661，6.661，6.667，6.667，6.664.

设测定值总体为 $N(\mu, \sigma^2)$，μ 和 σ 为未知. 对以上两种情况分别求 μ 和 σ 的置信度为 0.9 的置信区间.

解 建立 M 文件：LX0833. m

```
X=[6.683  6.681  6.676  6.678  6.679  6.672];
Y=[6.661  6.661  6.667  6.667  6.664];
[mu,sigma,muci,sigmaci]=normfit(X,0.1)        %金球测定的估计
[MU,SIGMA,MUCI,SIGMACI]=normfit(Y,0.1)        %铂球测定的估计
```

运行结果如下：

```
mu =
      6.6782
sigma =
        0.0039
muci =
         6.6750
         6.6813
sigmaci =
         0.0026
         0.0081
MU =
         6.6640
SIGMA =
         0.0030
MUCI =
```

```
        6.6611
        6.6669
SIGMACI =
          0.0019
          0.0071
```

由上可知，金球测定的 μ 估计值为 6.678 2，置信区间为[6.675 0，6.681 3]；σ 的估计值为 0.003 9，置信区间为[0.002 6，0.008 1]。

泊球测定的 μ 估计值为 6.664 0，置信区间为[6.661 1，6.666 9]；σ 的估计值为 0.003 0，置信区间为[0.001 9，0.007 1]。

命令 利用 mle 函数进行参数估计

函数 mle

格式
```
phat=mle('dist', X)                      %返回用 dist 指定分布的最大似然估计值
[phat, pci]=mle('dist', X)               %置信水平为 95%
[phat, pci]=mle('dist', X, alpha)        %置信水平由 alpha 确定
[phat, pci]=mle('dist', X, alpha, pl)    %仅用于二项分布，pl 为试验次数
```

说明 dist 为分布函数名，例如，beta（β 分布），bino（二项分布）等，X 为数据样本，alpha 为显著性水平 α，$(1-\alpha)\times 100\%$ 为置信水平。

利用 mle 函数进行参数估计程序如下：

```
>> X=binornd(20,0.75)                    %产生二项分布的随机数
X =
    16
>> [p,pci]=mle('bino',X,0.05,20)         %求概率的估计值和置信区间，置信水平为 95%

p =
    0.8000
pci =
    0.5634
    0.9427
```

常用分布的参数估计函数见表 8-3。

表 8-3　参数估计函数

函数名	调用形式	函数说明
binofit	PHAT= binofit(X, N) [PHAT, PCI] = binofit(X,N) [PHAT, PCI]= binofit (X, N, ALPHA)	二项分布的概率的极大似然估计 置信水平为 95%的参数估计和置信区间 返回水平 α 的参数估计和置信区间
poissfit	Lambdahat=poissfit(X) [Lambdahat, Lambdaci] = poissfit(X) [Lambdahat, Lambdaci]= poissfit (X, ALPHA)	泊松分布的参数的极大似然估计 置信水平为 95%的参数估计和置信区间 返回水平 α 的 λ 参数和置信区间

续表

函数名	调用形式	函数说明
normfit	[muhat,sigmahat,muci,sigmaci] = normfit(X) [muhat, sigmahat, muci, sigmaci] = normfit(X, ALPHA)	正态分布的极大似然估计,置信水平为 95% 返回水平 α 的期望、方差值和置信区间
betafit	PHAT =betafit (X) [PHAT, PCI]= betafit (X, ALPHA)	返回 β 分布参数 a 和 b 的极大似然估计 返回极大似然估计值和水平 α 的置信区间
unifit	[ahat,bhat] = unifit(X) [ahat,bhat,ACI,BCI] = unifit(X) [ahat,bhat,ACI,BCI]=unifit(X, ALPHA)	均匀分布参数的极大似然估计 置信水平为 95%的参数估计和置信区间 返回水平 α 的参数估计和置信区间
expfit	muhat =expfit(X) [muhat,muci] = expfit(X) [muhat,muci] = expfit(X,alpha)	指数分布参数的极大似然估计 置信水平为 95%的参数估计和置信区间 返回水平 α 的参数估计和置信区间
gamfit	phat =gamfit(X) [phat,pci] = gamfit(X) [phat,pci] = gamfit(X,alpha)	γ 分布参数的最大似然估计 置信水平为 95%的参数估计和置信区间 返回极大似然估计值和水平 α 的置信区间
weibfit	phat = weibfit(X) [phat,pci] = weibfit(X) [phat,pci] = weibfit(X,alpha)	韦伯分布参数的极大似然估计 置信水平为 95%的参数估计和置信区间 返回水平 α 的参数估计及其区间估计
Mle	phat = mle('dist',data) [phat,pci] = mle('dist',data) [phat,pci] = mle('dist',data,alpha) [phat,pci] = mle('dist',data,alpha,p1)	分布函数名为 dist 的极大似然估计 置信水平为 95%的参数估计和置信区间 返回水平 α 的极大似然估计值和置信区间 仅用于二项分布,pl 为试验总次数

说明 各函数返回已给数据向量 $\boldsymbol{X}$ 的参数最大似然估计值和置信水平为 $(1-\alpha)\times 100\%$ 的置信区间. α 的默认值为 0.05,即置信水平为 95%.

8.4 假设检验

8.4.1 σ^2 已知,单个正态总体的均值 μ 的假设检验(U 检验法)

函数 ztest

格式

```
h = ztest(x,m,sigma)        % x为正态总体的样本,m为均值μ0,sigma为标准差,显著性水平为0.05(默认值)
h = ztest(x,m,sigma,alpha)  %显著性水平为alpha
[h,sig,ci,zval] = ztest(x,m,sigma,alpha,tail)
                            %sig为观察值的概率,当sig为小概率时则对原假设提出质疑,ci为真正均值μ的1-alpha置信区间,zval为统计量的值
```

说明 若 h=0,表示在显著性水平 alpha 下,不能拒绝原假设;

若 h=1,表示在显著性水平 alpha 下,可以拒绝原假设.

原假设：$H_0: \mu = \mu_0 = m$.

若 tail=0，表示备择假设：$H_1: \mu \neq \mu_0 = m$（默认，双边检验）；

tail=1，表示备择假设：$H_1: \mu > \mu_0 = m$（单边检验）；

tail=−1，表示备择假设：$H_1: \mu < \mu_0 = m$（单边检验）.

例 1 某车间用一台包装机包装葡萄糖，包得的袋装糖重是一个随机变量，它服从正态分布. 当机器正常时，其均值为 0.5 kg，标准差为 0.015. 某日开工后检验包装机是否正常，随机地抽取所包装的糖 9 袋，称得净重(单位:kg)为

0.497， 0.506， 0.518， 0.524， 0.498， 0.511， 0.52， 0.515， 0.512

问机器是否正常?

解 总体 μ 和 σ 均已知，该问题是当 σ^2 为已知时，在显著性水平 $\alpha = 0.05$ 下，根据样本值判断 $\mu = 0.5$ 还是 $\mu \neq 0.5$. 为此提出假设：

原假设：$H_0: \mu = \mu_0 = 0.5$；备择假设：$H_1: \mu \neq 0.5$.

在 MATLAB 命令窗口输入

```
>> X=[0.497,0.506,0.518,0.524,0.498,0.511,0.52,0.515,0.512];
>> [h,sig,ci,zval]=ztest(X,0.5,0.015,0.05,0)
```

运行结果如下：

```
h =
      1
sig =
    0.0248                    %样本观察值的概率
ci =
    0.5014    0.5210          %置信区间，均值 0.5 在此区间之外
zval =
    2.2444                    %统计量的值
```

结果表明：$h = 1$，说明在显著性水平 $\alpha = 0.05$ 下，可拒绝原假设，即认为包装机工作不正常.

8.4.2 σ^2 未知，单个正态总体的均值 μ 的假设检验(t 检验法)

函数 ttest

格式

```
h = ttest(x,m)                %x 为正态总体的样本，m 为均值 μ0，显著性水平
                               为 0.05
h = ttest(x,m,alpha)          %alpha 为给定显著性水平
[h,sig,ci] = ttest(x,m,alpha,tail)
                              %sig 为观察值的概率，当 sig 为小概率时则对原假
                               设提出质疑，ci 为真正均值 μ 的 1−alpha 置信
                               区间
```

说明 若 h=0，表示在显著性水平 alpha 下，不能拒绝原假设；

若 h=1，表示在显著性水平 alpha 下，可以拒绝原假设.

原假设：$H_0: \mu = \mu_0 = m$.

若 tail=0,表示备择假设：$H_1: \mu \neq \mu_0 = m$（默认,双边检验）；

tail=1,表示备择假设：$H_1: \mu > \mu_0 = m$（单边检验）；

tail=−1,表示备择假设：$H_1: \mu < \mu_0 = m$（单边检验）.

例 2 某种电子元件的寿命 X（以 h 计）服从正态分布，μ，σ^2 均未知. 现测得 16 只元件的寿命如下：

159， 280， 101， 212， 224， 379， 179， 264， 222， 362， 168， 250， 149， 260， 485， 170

问是否有理由认为元件的平均寿命大于 225 h?

解 σ^2 未知，在显著性水平 $\alpha = 0.05$ 下检验假设：$H_0: \mu < \mu_0 = 225$，$H_1: \mu > 225$. 在 MATLAB 命令窗口输入

```
>> X=[159 280 101 212 224 379 179 264 222 362 168 250 149 260 485 170];
>> [h,sig,ci]=ttest(X,225,0.05,1)
```

运行结果如下：

```
h =
        0
sig =
      0.2570
ci =
    198.2321          Inf          %均值 225 在该置信区间内
```

结果表明：$H=0$ 表示在显著性水平 $\alpha=0.05$ 下接受原假设 H_0，即认为元件的平均寿命不大于 225 h.

8.4.3 两个正态总体均值差的检验（t 检验法）

两个正态总体方差未知但等方差时，比较两正态总体样本均值的假设检验.

函数 ttest2

格式

```
[h,sig,ci]=ttest2(X,Y)                %X,Y 为两个正态总体的样本,显著性水平为 0.05
[h,sig,ci]=ttest2(X,Y,alpha)          %alpha 为显著性水平
[h,sig,ci]=ttest2(X,Y,alpha,tail)
                                      %sig 为当原假设为真时得到观察值的概率,当 sig 为小概率时则对原假设提出质疑,ci 为真正均值 μ 的 1−alpha 置信区间
```

说明 若 h=0,表示在显著性水平 alpha 下,不能拒绝原假设；

若 h=1,表示在显著性水平 alpha 下,可以拒绝原假设.

原假设：$H_0: \mu_1 = \mu_2$（μ_1 为 X 的期望值，μ_2 为 Y 的期望值）.

若 tail=0,表示备择假设：$H_1: \mu_1 \neq \mu_2$（默认,双边检验）；

tail=1,表示备择假设：$H_1: \mu_1 > \mu_2$（单边检验）；

tail=−1,表示备择假设：$H_1: \mu_1 < \mu_2$(单边检验).

例 3　在平炉上进行一项试验以确定改变操作方法的建议是否会增加钢的产率,试验是在同一只平炉上进行的.每炼一炉钢时除操作方法外,其他条件都尽可能做到相同.先用标准方法炼一炉,然后用建议的新方法炼一炉,以后交替进行,各炼 10 炉,其产率分别为

(1) 标准方法:78.1, 72.4, 76.2, 74.3, 77.4, 78.4, 76.0, 75.5, 76.7, 77.3;

(2) 新方法： 79.1, 81.0, 77.3, 79.1, 80.0, 79.1, 79.1, 77.3, 80.2, 82.1.

设这两个样本相互独立,且分别来自正态总体 $N(\mu_1, \sigma^2)$ 和 $N(\mu_2, \sigma^2)$, μ_1, μ_2, σ^2 均未知.问建议的新操作方法能否提高产率?($\alpha=0.05$)

解　两个总体方差不变时,在显著性水平 $\alpha=0.05$ 下检验假设：$H_0: \mu_1=\mu_2$, $H_1: \mu_1<\mu_2$.

在 MATLAB 命令窗口输入

```
>> X=[78.1  72.4  76.2  74.3  77.4  78.4  76.0  75.5  76.7  77.3];
>>Y=[79.1  81.0  77.3  79.1  80.0  79.1  79.1  77.3  80.2  82.1];
>> [h,sig,ci]=ttest2(X,Y,0.05,-1)
```

运行结果如下：

```
h =
      1
sig =
  2.1759e-004        %说明两个总体均值相等的概率很小
ci =
      -Inf    -1.9083
```

结果表明：$H=1$ 表示在显著性水平 $\alpha=0.05$ 下,拒绝原假设,即认为建议的新操作方法提高了产率,因此,比原方法好.

习题答案

习题 1-1

1. (1) $\Omega_1=\{0, 1, 2, 3\}$； (2) $\Omega_2=\{2, 3, \cdots, 12\}$； (3) $\Omega_3=\{10, 11, \cdots\}$；
(4) $\Omega_4=\{d \mid 0 \leqslant d<2\}$； (5) $\Omega_5=\{0, 1, 2, \cdots\}$.

2. (1) $\overline{A}$； (2) $A\overline{B}$； (3) $AB\overline{C}$；
(4) $A\overline{B}\,\overline{C} \cup \overline{A}B\overline{C} \cup \overline{A}\,\overline{B}C$； (5) $A \cup B \cup C$ 或$\overline{\overline{A}\,\overline{B}\,\overline{C}}$； (6) $\overline{A} \cup \overline{B} \cup \overline{C}$ 或$\overline{ABC}$；
(7) $AB\overline{C} \cup A\overline{B}C \cup \overline{A}BC$； (8) $AB \cup AC \cup BC$； (9) $\overline{A}\,\overline{B}\,\overline{C}$；
(10) $A\overline{B}\,\overline{C} \cup \overline{A}B\overline{C} \cup \overline{A}\,\overline{B}C \cup \overline{A}\,\overline{B}\,\overline{C}$； (11) $\overline{ABC}$ 或$\overline{A} \cup \overline{B} \cup \overline{C}$.

3. (1) 成立. $(A\bar{B}) \cup B=(A \cup B) \cap(\bar{B} \cup B)$(分配律) $=(A \cup B) \cap S=A \cup B$.
(2) 不成立. 若 A 发生，则必有 $A \cup B$ 发生，A 发生，必有 $\overline{A}$ 不发生，从而 $\overline{A}B$ 不发生，故 $\overline{A}B=A \cup B$不成立.
(3) 不成立. 若$\overline{A \cup B} \cap C$ 发生，即 C 发生且 $\overline{A \cup B}$ 发生，即必然有 C 发生. 由于 C 发生，故 $\overline{C}$ 必然不发生，从而 $\overline{A}\,\overline{B}\,\overline{C}$ 不发生，故(3) 不成立.
(4) 成立. $(AB)(A\bar{B})=(AB)(\bar{B}A)=A(B\bar{B})A=(A\varnothing)A=\varnothing A=\varnothing$.

4. (1) $\overline{A}$：“掷两枚硬币，至少有一正面”； (2) $\overline{B}$：“生产三件产品，皆为次品”；
(3) $\overline{C}$：“投篮三次，至少有一次未投中”.

5. (1) $\overline{A}$； (2) $\overline{AB}$. **6.** $\overline{AB}-\overline{\overline{A}B}=\overline{AB} \cap \overline{A}B=(\overline{A} \cup \overline{B}) \cap(\overline{A}B)=\overline{A}B=B-A$.

习题 1-2

1. $P(\overline{B})=0.8$. **2.** (1) 0.2；(2) 0.3；(3) 0.7；(4) 0.3. **3.** $1-p$. **4.** $\dfrac{5}{8}$.

习题 1-3

1. (1) $\dfrac{3}{8}$；(2) $\dfrac{7}{8}$. **2.** (1) 0.562 5；(2) 0.625；(3) 0.437 5. **3.** $\dfrac{10! \times \mathrm{C}_{11}^4 \times 4!}{14!}=\dfrac{30}{91}$.

4. (1) $\dfrac{\mathrm{C}_5^4 \times 2^4}{\mathrm{C}_{10}^4}=\dfrac{8}{21}$；(2) $\dfrac{\mathrm{C}_5^1 \times \mathrm{C}_4^2 \times \mathrm{C}_2^1 \times \mathrm{C}_2^1}{\mathrm{C}_{10}^4}=\dfrac{4}{7}$；(3) $\dfrac{\mathrm{C}_5^2}{\mathrm{C}_{10}^4}=\dfrac{1}{21}$. **5.** $\dfrac{1-\mathrm{C}_6^2}{\mathrm{C}_{10}^2}=\dfrac{2}{3}$.

6. $\dfrac{\mathrm{C}_4^1 \times \mathrm{C}_{13}^1 \times \mathrm{C}_3^1 \times \mathrm{C}_{13}^1 \times \mathrm{C}_2^1 \times \mathrm{C}_{13}^1 \times \mathrm{C}_1^1 \times \mathrm{C}_{13}^1}{52 \times 51 \times 50 \times 49}=\dfrac{13\ 182}{124\ 950} \approx 0.105\ 5$. **7.** (1) $1-\dfrac{\mathrm{C}_8^1}{\mathrm{C}_{10}^3}=\dfrac{14}{15}$；(2) $\dfrac{\mathrm{C}_8^3}{\mathrm{C}_{10}^3}=\dfrac{7}{15}$.

8. $\dfrac{2 \times 10 \times 8!}{10!}=\dfrac{2}{9}$. **9.** (1) $\dfrac{\mathrm{C}_{400}^{90} \times \mathrm{C}_{1\,100}^{110}}{\mathrm{C}_{1\,500}^{200}}$；(2) $1-\dfrac{\mathrm{C}_{1\,100}^{200}}{\mathrm{C}_{1\,500}^{200}}-\dfrac{\mathrm{C}_{400}^1 \times \mathrm{C}_{1\,100}^{199}}{\mathrm{C}_{1\,500}^{200}}-\dfrac{\mathrm{C}_{400}^2 \times \mathrm{C}_{1\,100}^{198}}{\mathrm{C}_{1\,500}^{200}}-\dfrac{\mathrm{C}_{400}^3 \times \mathrm{C}_{1\,100}^{197}}{\mathrm{C}_{1\,500}^{200}}$.

习题 1-4

1. $\dfrac{4}{5}, \dfrac{1}{5}, \dfrac{3}{20}, \dfrac{3}{5}, \dfrac{3}{25}, \dfrac{2}{5}, \dfrac{2}{5}, \dfrac{3}{20}, \dfrac{8}{25}$. **2.** (1) 0.35；(2) 0.914 3. **3.** $\dfrac{1}{3}$.

4. 将外形相同的 n 个标签让 n 个人依次抽取，事先将足球票放在某标签中，记 $A_i=\{$第 i 个人抽到足球票$\}(i=1, 2, \cdots, n)$，则 $A_i=\overline{A}_1 \cdots \overline{A}_{i-1} A_i$，由

$$P(A_i)=P(\overline{A}_1\cdots\overline{A}_{i-1}A_i)=P(\overline{A}_1)P(\overline{A}_2\mid\overline{A}_1)\cdots P(\overline{A}_{i-1}\mid\overline{A}_1\cdots\overline{A}_{i-2})P(A_i\mid\overline{A}_1\cdots\overline{A}_{i-1})$$
$$=\frac{n-1}{n}\cdot\frac{n-2}{n-1}\cdot\cdots\cdot\frac{n-i+1}{n-i+2}\cdot\frac{1}{n-i+1}=\frac{1}{n}.$$

5. $\frac{10}{100}\times\frac{9}{99}\times\frac{90}{98}\approx 0.0083$.

6. $\frac{C_3^3}{C_{12}^3}\cdot\frac{C_9^3}{C_{12}^3}+\frac{C_9^1C_3^2}{C_{12}^3}\cdot\frac{C_8^3}{C_{12}^3}+\frac{C_9^2C_3^1}{C_{12}^3}\cdot\frac{C_7^3}{C_{12}^3}+\frac{C_9^3}{C_{12}^3}\cdot\frac{C_6^3}{C_{12}^3}\approx 0.1458$.　**7.** 0.93.　**8.** $\frac{2}{9}$.

9. 0.97.　**10.** $\dfrac{\frac{1}{6}\times\frac{C_5^3}{C_{15}^3}}{\frac{1}{6}\times\frac{C_5^1}{C_{15}^1}+\frac{1}{6}\times\frac{C_5^2}{C_{15}^2}+\frac{1}{6}\times\frac{C_5^3}{C_{15}^3}+\frac{1}{6}\times\frac{C_5^4}{C_{15}^4}+\frac{1}{6}\times\frac{C_5^5}{C_{15}^5}+\frac{1}{6}\times 0}\approx 0.04835$.

习题 1-5

1. B.　**2.** B.　**3.** (1) 不相互独立；(2) 相互独立.　**4.** (1) 0.56；(2) 0.24；(3) 0.14.

5. $P(A)=P(B)=P(C)=\frac{1}{2}$，$P(AB)=P(AC)=P(BC)=P(ABC)=\frac{1}{4}$，从而有 $P(AB)=\frac{1}{4}=P(A)P(B)$，$P(AC)=\frac{1}{4}=P(A)P(C)$，$P(BC)=\frac{1}{4}=P(B)P(C)$，但 $P(ABC)=\frac{1}{4}\neq P(A)P(B)P(C)=\frac{1}{8}$，所以，$A$，$B$，$C$ 两两独立但不相互独立.

6. 0.63.　**7.** 12.4%.　**8.** 0.458.

9. (1) 0.1402；(2) 有一个部件不是优质品的概率最大.　**10.** 0.104.

总习题 1

一、选择题

1. B.　**2.** D.　**3.** A.　**4.** A.　**5.** A.　**6.** D.　**7.** B.　**8.** A.　**9.** D.　**10.** A.　**11.** C.　**12.** C.
13. D.　**14.** C.　**15.** D.　**16.** A.　**17.** C.　**18.** D.　**19.** C.　**20.** D.

二、填空题

1. 0.52.　**2.** $\frac{2}{5}$.　**3.** $\frac{1}{6}$.　**4.** $\frac{1}{12}$.　**5.** 0.12.　**6.** 0.3.　**7.** 0.8.　**8.** 0.7.　**9.** $\frac{12}{55}$.　**10.** 7%.
11. 0.5.　**12.** $\frac{18}{35}$.　**13.** 0.7.　**14.** 0.9.　**15.** $\frac{1}{32}$.　**16.** $\frac{19}{27}$.　**17.** $\frac{1}{3}$.　**18.** $\frac{1}{3}$.　**19.** 0.3.
20. 0.58.

三、计算题

解　设 $A_1=\{$甲厂生产的$\}$，$A_2=\{$乙厂生产的$\}$，$A_3=\{$丙厂生产的$\}$，$B=\{$不合格品$\}$，则 A_1，A_2，A_3 为完备事件组.

$$P(A_1)=0.6,\quad P(A_2)=0.25,\quad P(A_3)=0.15,$$
$$P(B\mid A_1)=0.1,\quad P(B\mid A_2)=0.4,\quad P(B\mid A_3)=0.2,$$

由全概率公式得

$$P(B)=P(A_1)P(B\mid A_1)+P(A_2)P(B\mid A_2)+P(A_3)P(B\mid A_3)$$
$$=0.6\times0.1+0.25\times0.4+0.15\times0.2=0.06+0.1+0.03=0.19.$$

由贝叶斯公式得

$$P(A_1\mid B)=\frac{P(A_1)\times P(B\mid A_1)}{P\qquad(B)}=\frac{0.6\times0.1}{0.19}=\frac{6}{19}.$$

（过程不全的，无全概率公式，无贝叶斯公式的一律不给分）

习题 2-1

1. (1)

ω	HHH	HHT	HTH	THH	HTT	THT	TTH	TTT
X	3	2	2	2	1	1	1	0

；(2) $\frac{3}{8}$，$\frac{4}{8}$.

2. 分别用 w_1，w_2，w_3 表示试验的三个结果“大于 2”“等于 2”“小于 2”，则 $\Omega=\{w_1, w_2, w_3\}$ 定义随机变量 X 如下：$X=X(w)=\begin{cases}0, & w=w_1,\\ 1, & w=w_2,\\ 2, & w=w_3,\end{cases}$ 则 $P\{X=0\}=\frac{1}{8}$，$P\{X=1\}=\frac{3}{8}$，$P\{X=2\}=\frac{4}{8}=\frac{1}{2}$.

3. $\{X\leqslant 666\}$.

习题 2-2

1.

X	1	2	3	4	5	6
p_i	$\frac{1}{36}$	$\frac{1}{12}$	$\frac{5}{36}$	$\frac{7}{36}$	$\frac{1}{4}$	$\frac{11}{36}$

2.

X	0	1	2	3
p_i	$\frac{1}{2}$	$\frac{1}{4}$	$\frac{1}{8}$	$\frac{1}{8}$

3. $\frac{1}{2}$.

4.

X	0	1	2
p_i	0.01	0.18	0.81

5. $P\{X=k\}=\left(\frac{3}{10}\right)^{k-1}\frac{7}{10}(k=1, 2, \cdots)$.

6. (1) $\frac{1}{5}$；(2) $\frac{2}{5}$；(3) $\frac{3}{5}$.

7. (1) $C_{10}^{3}\times 0.7^{3}\times 0.3^{7}\approx 0.009$；(2) $1-C_{10}^{0}\times 0.7^{0}\times 0.3^{10}-C_{10}^{1}\times 0.7^{1}\times 0.3^{9}-C_{10}^{2}\times 0.7^{2}\times 0.3^{8}\approx 0.998$；(3) $[(n+1)p]=[(10+1)\times 0.7]=[7.7]=7$.

8. 第二种方法中发生故障而不能及时维修的概率小，且维修工人减少 1 人.

9. $1-\frac{0.7^{0}}{0!}e^{-0.7}-\frac{0.7^{1}}{1!}e^{-0.7}-\frac{0.7^{2}}{2!}e^{-0.7}\approx 0.034\,1$.

10. $0.995^{800}+C_{800}^{1}\times 0.005\times 0.995^{799}+C_{800}^{2}\times 0.005^{2}\times 0.995^{798}\approx\frac{4^{0}}{0!}e^{-4}+\frac{4^{1}}{1!}e^{-4}+\frac{4^{2}}{2!}e^{-4}\approx 0.238\,1$.

习题 2-3

1. (1)(3)都是分布函数，(2) 不是分布函数. 2. (1) $A=\frac{1}{2}$，$B=\frac{1}{\pi}$；(2) $\frac{1}{2}$；(3) $\frac{1}{2}$.

3. (1) $F(x)=\begin{cases}0, & x<-1,\\ \frac{1}{4}, & -1\leqslant x<2,\\ \frac{3}{4}, & 2\leqslant x<4,\\ 1, & x\geqslant 2;\end{cases}$ (2) $\frac{1}{4}$，$\frac{1}{2}$，$\frac{1}{2}$. 4. (1) 0.6；(2) 0.75；(3) 0.

习题 2-4

1. (1) $k=\frac{1}{6}$；(2) $F(x)=\begin{cases}0, & x<0,\\ \frac{x^2}{12}, & 0\leqslant x<3,\\ -3+2x-\frac{x^2}{4}, & 3\leqslant x<4,\\ 1, & x\geqslant 4;\end{cases}$ (3) $\frac{41}{48}$.

2. (1) 0.4; (2) $f(x)=\begin{cases}2x, & 0<x<1,\\ 0, & \text{其他}.\end{cases}$ **3.** (1) $3e^{-2}$; (2) $3e^{-2}-4e^{-3}$. **4.** $\frac{1}{3}$.

5. $1-e^{-3}$. **6.** (1) e^{-1}; (2) $1-(1-e^{-1})^{10}$. **7.** 0.977 2, 0.309 4, 0.682 6.

8. 0.257 8. **9.** 0.954 4. **10.** 此人能被录取. **11.** (1) 0.064 2; (2) 0.009.

习题 2-5

1.

Y	0	1	4	9
p_i	$\frac{1}{5}$	$\frac{7}{30}$	$\frac{1}{5}$	$\frac{11}{30}$

2.

Y	0	1	4
p_i	0.1	0.7	0.2

3. $f_Y(y)=\begin{cases}\frac{1}{y^2}, & \frac{1}{2}<y<1,\\ 0, & \text{其他}.\end{cases}$

4. $f_Y(y)=\begin{cases}\frac{1}{\sqrt{2\pi}y}e^{-\frac{(\ln y)^2}{2}}, & y>0,\\ 0, & y\leqslant 0.\end{cases}$ **5.** $f_Y(y)=\begin{cases}\frac{1}{2\sqrt{\pi(y-1)}}e^{-\frac{y-1}{4}}, & y>1,\\ 0, & y\leqslant 1.\end{cases}$

6. $f_Y(y)=\begin{cases}\left(\frac{y-3}{2}\right)^3 e^{-\left(\frac{y-3}{2}\right)^2}, & y\geqslant 3,\\ 0, & y<3.\end{cases}$ **7.** $f_X(x)=\begin{cases}\frac{1}{\sqrt{2\pi}\sigma x}e^{-\frac{(\ln x-\mu)^2}{2\sigma^2}}, & x>0,\\ 0, & x\leqslant 0.\end{cases}$

8. $F_Y(y)=\begin{cases}0, & y<1,\\ 1-(1-\sqrt{y-1})^2, & 1\leqslant y<2,\\ 1, & y\geqslant 2;\end{cases}$ $f_Y(y)=\begin{cases}\frac{1}{\sqrt{y-1}}-1, & 1<y<2,\\ 0, & \text{其他}.\end{cases}$

总习题 2

一、选择题

1. C. **2.** B. **3.** A. **4.** C. **5.** D. **6.** C. **7.** D. **8.** A. **9.** B. **10.** C. **11.** B. **12.** A. **13.** C. **14.** D. **15.** C. **16.** A. **17.** C. **18.** B. **19.** C. **20.** A. **21.** D. **22.** C. **23.** D. **24.** A. **25.** B.

二、填空题

1. 0.158 7. **2.** $3e^{-3x}$. **3.** 5. **4.** 1. **5.** 3. **6.** $\frac{31}{32}$. **7.** $\frac{3}{5}$. **8.** 1. **9.** $C_4^i\times 0.7^i\times 0.3^{4-i}$.

10. 0.818 5. **11.** $\frac{1}{81}$. **12.** $f(x)=\begin{cases}\frac{1}{12}, & -6\leqslant x\leqslant 6,\\ 0, & \text{其他}.\end{cases}$ **13.** $\frac{9}{16}$. **14.** 0.6.

15. $1-e^{-12}$. **16.** 0.5. **17.** $\frac{65}{81}$. **18.** 0.5. **19.** $\frac{1}{3}$. **20.** $\frac{1}{2}$.

三、计算题

解 (1) $P\{X>9\}=\int_9^{+\infty}f(x)dx=\int_9^{+\infty}\frac{1}{3}e^{-\frac{1}{3}x}dx=-\int_9^{+\infty}e^{-\frac{1}{3}}d\left(-\frac{1}{3}x\right)=-e^{-\frac{1}{3}x}\Big|_9^{+\infty}=e^{-3}$. (2分)

(2) 以 Y 表示他未等到服务而离开窗口的次数，即事件 $\{X>9\}$ 在 5 次中发生的次数，则 Y 服从 $b(5, e^{-3})$，

$$P\{Y=k\}=C_5^i(e^{-3})(1-e^{-3})^{5-k}(k=0,1,2,3,4,5), \quad (3\text{分})$$

$$P\{Y=0\}=C_5^0(e^{-3})(1-e^{-3})^5=(1-e^{-3})^5. \quad (5\text{分})$$

习题 3-1

1. 不是. **2.** (1) $a=\frac{2}{9}$；(2) X，Y 的边缘分布为

$X\backslash Y$	1	2	3	$P\{X=x_i\}$
1	$\frac{1}{6}$	$\frac{1}{9}$	$\frac{1}{18}$	$\frac{1}{3}$
2	$\frac{1}{3}$	$\frac{2}{9}$	$\frac{1}{9}$	$\frac{2}{3}$
$P\{Y=y_i\}$	$\frac{1}{2}$	$\frac{1}{3}$	$\frac{1}{6}$	1

(3) $\frac{5}{18}$.

3. (1) $\frac{5}{16}$；(2) $\frac{1}{4}$；(3) $\frac{9}{16}$. **4.** (1) 0.05；(2) 0.4；(3) 0.4.

5. 将(X, Y)的分布律与(X, Y)的边缘分布律写在同一张表上为

$X\backslash Y$	1	2	3	p_i
1	$\frac{1}{3}$	0	0	$\frac{1}{3}$
2	$\frac{1}{6}$	$\frac{1}{6}$	0	$\frac{1}{3}$
3	$\frac{1}{9}$	$\frac{1}{9}$	$\frac{1}{9}$	$\frac{1}{3}$
p_j	$\frac{11}{18}$	$\frac{5}{18}$	$\frac{1}{9}$	1

6. 0.05，0.3，0.45，0.3，0.5.

7. (X, Y)的概率分布及(X, Y)关于 X，Y 的边缘分布为

$X\backslash Y$	1	3	$P\{X=x_i\}$
0	0	$\frac{1}{8}$	$\frac{1}{8}$
1	$\frac{3}{8}$	0	$\frac{3}{8}$
2	$\frac{3}{8}$	0	$\frac{3}{8}$
3	0	$\frac{1}{8}$	$\frac{1}{8}$
$P\{Y=y_i\}$	$\frac{6}{8}$	$\frac{2}{8}$	1

X 的边缘分布为

X	0	1	2	3
p_i	$\frac{1}{8}$	$\frac{3}{8}$	$\frac{3}{8}$	$\frac{1}{8}$

Y 的边缘分布为

Y	1	3
p_i	$\frac{3}{4}$	$\frac{1}{4}$

8. (X, Y) 的联合分布律为

$X\backslash Y$	0	1	2
0	$\frac{1}{9}$	$\frac{2}{9}$	$\frac{1}{9}$
1	$\frac{2}{9}$	$\frac{2}{9}$	0
2	$\frac{1}{9}$	0	0

9. X 和 Y 的联合概率分布为

$X\backslash Y$	-1	0	1
0	$\frac{1}{4}$	0	$\frac{1}{4}$
1	0	$\frac{1}{2}$	0

10. (1) $F(x, y)=\begin{cases}0, & x<0 \text{ 或 } y<0, \\ x^2 y^2, & 0 \leqslant x, y \leqslant 1, \\ x^2, & 0 \leqslant x \leqslant 1, y \geqslant 1, \\ y^2, & x \geqslant 1, 0 \leqslant y \leqslant 1, \\ 1, & x, y>1;\end{cases}$

(2) $F_X(x)=\begin{cases}0, & x<0, \\ x^2, & 0 \leqslant x \leqslant 1, \\ 1, & x>1;\end{cases} \quad F_Y(y)=\begin{cases}0, & y<0, \\ y^2, & 0 \leqslant y \leqslant 1, \\ 1, & y>1.\end{cases}$

11. (1) $F(x, y)=\begin{cases}(1-\mathrm{e}^{-2x})(1-\mathrm{e}^{-y}), & x>0, y>0, \\ 0, & \text{其他};\end{cases}$ (2) $\frac{1}{3}$.

12. $f_X(x)=\begin{cases}\frac{\ln x}{x^2}, & x \geqslant 1, \\ 0, & x<1;\end{cases} \quad f_Y(y)=\begin{cases}0, & y \leqslant 0, \\ \frac{1}{2}, & 0<y \leqslant 1, \\ \frac{1}{2y^2}, & y>1.\end{cases}$

13. (1) $\frac{24}{5}$.

(2) $f_X(x)=\begin{cases}\frac{12}{5} x^2(2-x), & 0 \leqslant x \leqslant 1, \\ 0, & \text{其他};\end{cases} \quad f_Y(y)=\begin{cases}\frac{24}{5} y\left(\frac{3}{2}-2y+\frac{y^2}{2}\right), & 0 \leqslant y \leqslant 1, \\ 0, & \text{其他}.\end{cases}$

14. $f_X(x)=\begin{cases}2.4(2-x)(1-x^2), & 0 \leqslant x \leqslant 1, \\ 0, & \text{其他};\end{cases} \quad f_Y(y)=\begin{cases}2.4 y^2(4-y), & 0 \leqslant y \leqslant 1, \\ 0, & \text{其他}.\end{cases}$

15. $f_X(x)=\begin{cases}\int_0^x \mathrm{d}y=x, & 0 \leqslant x \leqslant 1, \\ \int_{x-1}^1 \mathrm{d}y=2-x, & 1 \leqslant x \leqslant 2, \\ 0, & \text{其他};\end{cases} \quad f_Y(y)=\begin{cases}\int_y^{y+1} \mathrm{d}x=1, & 0 \leqslant y \leqslant 1, \\ 0, & \text{其他}.\end{cases}$

16. $f_X(x)=\begin{cases}\dfrac{2}{\pi}\sqrt{1-x^2}, & -1\leqslant x\leqslant 1,\\ 0, & 其他;\end{cases}$ $f_Y(y)=\begin{cases}\dfrac{2}{\pi}\sqrt{1-y^2}, & -1\leqslant y\leqslant 1,\\ 0, & 其他.\end{cases}$

习题 3-2

1. (1) $\alpha=\dfrac{2}{9}$, $\beta=\dfrac{1}{9}$;

(2) 二维随机变量 (X, Y) 联合分布律及关于 X 和关于 Y 的边缘分布律为

$X\backslash Y$	1	2	3	$P\{X=x_i\}$
1	$\frac{1}{6}$	$\frac{1}{9}$	$\frac{1}{18}$	$\frac{1}{3}$
2	$\frac{1}{3}$	$\frac{2}{9}$	$\frac{1}{9}$	$\frac{2}{3}$
$P\{Y=y_j\}$	$\frac{1}{2}$	$\frac{1}{3}$	$\frac{1}{6}$	1

X 的边缘分布律为

X	1	2
p_i	$\frac{1}{3}$	$\frac{2}{3}$

Y 的边缘分布律为

Y	1	2	3
p_j	$\frac{1}{2}$	$\frac{1}{3}$	$\frac{1}{6}$

(3) $\dfrac{1}{3}$, $\dfrac{1}{6}$.

2. (1) $P\{X=0\mid Y=2\}=0$, $P\{X=1\mid Y=2\}=0.5$, $P\{X=2\mid Y=2\}=0.5$;

(2) $P\{Y=-1\mid X=2\}=0.6$, $P\{Y=0\mid X=2\}=0$, $P\{Y=2\mid X=2\}=0.4$;

(3) 不独立.

X 的边缘分布律为

X	0	1	2
p_i	0.3	0.45	0.25

Y 的边缘分布律为

Y	-1	0	2
p_j	0.55	0.25	0.2

3.

$X\backslash Y$	y_1	y_2	y_3	$P\{X=x_i\}=p_i$
x_1	$\frac{1}{24}$	$\frac{1}{8}$	$\frac{1}{12}$	$\frac{1}{4}$
x_2	$\frac{1}{8}$	$\frac{3}{8}$	$\frac{1}{4}$	$\frac{3}{4}$
$P\{y=y_j\}=p_j$	$\frac{1}{6}$	$\frac{1}{2}$	$\frac{1}{3}$	1

4. (1) $P\{X=m, Y=n\}=p^2(1-p)^{n-2}$, $n=2, 3, \cdots$; $m=1, 2, \cdots, n-1$.

(2) $P\{X=m\mid Y=n\}=\dfrac{1}{n-1}$, $m=1, 2, \cdots, n-1$.

$P\{Y=n\mid X=m\}=p(1-p)^{n-m-1}$, $n=m+1, m+2, \cdots$.

5. (1) 独立；(2) 不独立． **6.** $f(x,y)=\begin{cases}\mathrm{e}^{-2y}, & -1\leqslant x\leqslant 1,\ y>0,\\ 0, & \text{其他}.\end{cases}$

7. (1) $f(x,y)=\begin{cases}\dfrac{1}{\pi r^2}, & (x,y)\in G,\\ 0, & (x,y)\notin G;\end{cases}$

(2) $f_X(x)=\begin{cases}\dfrac{2}{\pi r^2}\sqrt{r^2-x^2}, & |x|\leqslant r,\\ 0, & |x|>r;\end{cases}$ $f_Y(y)=\begin{cases}\dfrac{2}{\pi r^2}\sqrt{r^2-y^2}, & |y|\leqslant r,\\ 0, & |y|>r.\end{cases}$

(3) $f_{Y|X}(y\mid x)=\begin{cases}\dfrac{1}{2\sqrt{r^2-x^2}}, & |y|\leqslant\sqrt{r^2-x^2},\\ 0, & |y|>\sqrt{r^2-x^2}.\end{cases}$

8. $f_X(x)=\begin{cases}4x^3, & 0\leqslant x\leqslant 1,\\ 0, & \text{其他};\end{cases}$ $f_Y(y)=\begin{cases}4y-4y^3, & 0\leqslant y\leqslant 1,\\ 0, & \text{其他}.\end{cases}$ 不相互独立．

9. $\dfrac{2b}{a\pi}$.

10. (1) $c=12$; (2) $f_X(x)=\begin{cases}3\mathrm{e}^{-3x}, & x>0,\\ 0. & x\leqslant 0;\end{cases}$ $f_Y(y)=\begin{cases}4\mathrm{e}^{-4y}, & y>0,\\ 0. & y\leqslant 0;\end{cases}$

(3) $f_{Y|X}(y\mid x)=\begin{cases}4\mathrm{e}^{-4y}, & y>0,\\ 0, & y\leqslant 0;\end{cases}$ $f_{X|Y}(x\mid y)=\begin{cases}3\mathrm{e}^{-3x}, & x>0,\\ 0, & x\leqslant 0.\end{cases}$

11. $\dfrac{1}{6}$, $\dfrac{1}{2}$.

12. $f(x,y)=\begin{cases}\dfrac{1}{1-x}, & 0<x<y<1,\\ 0, & \text{其他};\end{cases}$ $f_Y(y)=\begin{cases}-\ln(1-y), & 0<y<1,\\ 0, & \text{其他}.\end{cases}$

习题 3-3

1. (1) $Z=X+Y$ 的分布律为

$Z=X+Y$	-2	-1	0	1	2	3	4
p_i	0.2	0.15	0.1	0.4	0	0.1	0.05

(2) $Z=\max\{X,Y\}$ 的分布律为

$Z=\max\{X,Y\}$	-1	0	1	2
p_i	0.2	0.15	0.1	0.55

(3) $Z=\min\{X,Y\}$ 的分布律为

$Z=\min\{X,Y\}$	-1	0	1	2
p_i	0.85	0	0.1	0.05

2. 由条件知 $p\{X=i\}=\dfrac{\lambda_1^i}{i!}\mathrm{e}^{-\lambda 1}$, $p\{Y=j\}=\dfrac{\lambda_i^j}{j!}\mathrm{e}^{-\lambda 2}$.

对于任意自然数 n，有 $p\{X+Y=n\}=\sum_{i=0}^{n}p\{X=i\}\cdot p\{Y=n-i\}=\sum_{i=0}^{n}\frac{\lambda_1^i\lambda_2^{n-i}}{i!(n-i)!}e^{-(\lambda_1+\lambda_2)}=\frac{1}{n!}e^{-(\lambda_1+\lambda_2)}\cdot\sum_{i=0}^{n}C_n^i\lambda_1^i\lambda_2^{n-i}=\frac{(\lambda_1+\lambda_2)^n}{n!}e^{-(\lambda_1+\lambda_2)}$，从而 $X+Y$ 服从参数为 $\lambda_1+\lambda_2$ 的泊松分布.

3. 随机变量 U 和 V 的联合分布为

$U\backslash V$	0	1
0	p^3+q^3	pq
1	pq	pq

4. $f_Z(z)=\begin{cases}\frac{z^3}{6}e^{-z}, & z>0,\\ 0, & 其他.\end{cases}$ **5.** $f_Z(z)=\begin{cases}z^2, & 0<z\leqslant 1,\\ 2z-z^2, & 1<z\leqslant 2,\\ 0, & 其他.\end{cases}$

6. $f_R(z)=\begin{cases}\frac{600z-60z^2+z^3}{15\,000}, & 0\leqslant z<10,\\ \frac{(20-z)^3}{15\,000}, & 10\leqslant z\leqslant 20,\\ 0, & 其他.\end{cases}$ **7.** $f_Z(z)=\begin{cases}0, & z\leqslant 0,\\ 1-e^{-z}, & 0<z\leqslant 1,\\ e^{-z+1}-e^{-z}, & z>1.\end{cases}$

8. (1) 不相互独立；(2) $f_Z(z)=\begin{cases}\frac{1}{2}z^2e^{-z}, & z>0,\\ 0, & z\leqslant 0.\end{cases}$ **9.** $pq^{n-1}(2-q^n-q^{n-1})$.

总习题 3

一、选择题

1. C. **2.** A. **3.** D. **4.** A. **5.** D. **6.** C. **7.** D. **8.** B. **9.** D. **10.** B. **11.** D. **12.** B. **13.** B. **14.** C. **15.** D. **16.** B. **17.** D. **18.** C. **19.** A. **20.** C. **21.** A. **22.** C. **23.** A. **24.** B.

解 由 $Z=X+Y\sim N(1,2)$，其分布密度关于 1 对称，故 $P\{X+Y\leqslant 1\}=\frac{1}{2}$.

25. A

二、填空题

1. $\frac{1}{\sqrt{2\pi}}e^{-\frac{x^2}{2}}$. **2.** 4. **3.** 0.3. **4.** $\frac{1}{2}$. **5.** $\begin{cases}e^{-y}, & y>0,\\ 0, & 其他.\end{cases}$ **6.** $\frac{1}{10}$. **7.** $N(0,13)$.

8. $\frac{2}{9}$. **9.** $\begin{cases}2x, & 0\leqslant x\leqslant 1,\\ 0, & 其他.\end{cases}$ **10.** $\begin{cases}2, & (x,y)\in D,\\ 0, & 其他.\end{cases}$ **11.** $\frac{1}{4}$. **12.** $\frac{1}{4}$.

13. $\frac{3}{4}$. **14.** $\begin{cases}e^{-x}, & x>0,\\ 0, & 其他.\end{cases}$ **15.** $\begin{cases}\frac{1}{2}, & 0<x<1,0<y<2,\\ 0, & 其他.\end{cases}$ **16.** $\frac{1}{4}$.

17. $N(0,1)$. **18.** $\frac{19}{27}$. **19.** $\begin{cases}(1-e^{-0.5x}), & x\geqslant 0,\\ 0, & 其他.\end{cases}$ **20.** $\frac{1}{3}$. **21.** $\frac{1}{10}$.

三、计算题

解 (1) $f_X(x)=\int_{-\infty}^{+\infty}f(x,y)dy=\begin{cases}\int_0^{+\infty}2e^{-(2x+y)}dy=2e^{-2x}, & x>0,\\ 0, & x\leqslant 0.\end{cases}$

$$F_X(x)=P\{X\leqslant x\}=\int_{-\infty}^{x} f_X(x)\mathrm{d}x=\begin{cases}1-\mathrm{e}^{-2x}, & x>0,\\ 0, & x\leqslant 0.\end{cases}$$

$$f_Y(y)=\int_{-\infty}^{+\infty} f(x, y)\mathrm{d}x=\begin{cases}\int_0^{+\infty} 2\mathrm{e}^{-(2x+y)}\mathrm{d}x=\mathrm{e}^{-y}, & y>0,\\ 0, & y\leqslant 0.\end{cases}$$

$$F_Y(y)=P\{Y\leqslant y\}=\int_{-\infty}^{y} f_Y(y)\mathrm{d}y=\begin{cases}1-\mathrm{e}^{-y}, & y>0,\\ 0, & y\leqslant 0.\end{cases}$$

(2) $$P\{X+Y<2\}=\iint_{x+y<2} f(x, y)\mathrm{d}x\mathrm{d}y=\iint_{\substack{x+y<2\\ x>0,\ y>0}} 2\mathrm{e}^{-(2x+y)}\mathrm{d}x\mathrm{d}y=\int_0^2\mathrm{d}x\int_0^{2-x} 2\mathrm{e}^{-(2x+y)}\mathrm{d}y$$

$$=2\int_0^2 \mathrm{e}^{-2x}\mathrm{d}x\int_0^{2-x}\mathrm{e}^{-y}\mathrm{d}y=2\int_0^2(\mathrm{e}^{-2x}-\mathrm{e}^{-2-x})\mathrm{d}x=1+\mathrm{e}^{-1}-2\mathrm{e}^{-2}=(1-\mathrm{e}^{-2})^2.$$

(3) $$f_Y(y)=\int_{-\infty}^{+\infty} f(x, y)\mathrm{d}x=\begin{cases}\int_0^{+\infty} 2\mathrm{e}^{-(2x+y)}\mathrm{d}x=\mathrm{e}^{-y}, & y>0,\\ 0, & y\leqslant 0.\end{cases}$$

$$P\{X<2\mid Y<1\}=\frac{P\{X<2, Y<1\}}{P\{Y<1\}}=\frac{\int_0^2\mathrm{d}x\int_0^1 2\mathrm{e}^{-(2x+y)}\mathrm{d}y}{\int_0^1\mathrm{e}^{-y}\mathrm{d}y}=1-\mathrm{e}^{-4}.$$

习题 4-1

1. 1.4. **2.** 120 000. **3.** $-\frac{1}{3}, \frac{13}{6}, 9\frac{1}{3}$. **4.** (1) 0.001 411; (2) 9.61(元). **5.** 2.

6. $\frac{1}{3}ka^2$. **7.** $\frac{\theta}{2}$. **8.** (1) 2.0, 0; (2) $-\frac{1}{15}$; (3) 5. **9.** $\frac{1}{3}, \frac{1}{6}$. **10.** 3 500.

11. $\frac{4}{3}, \frac{5}{8}, \frac{5}{6}, \frac{37}{15}$.

12. $f_x(x)=\begin{cases}\frac{1}{2}, & -1<x<1,\\ 0, & \text{其他};\end{cases}$ $f_Y(y)=\begin{cases}\frac{1}{2}, & -1<y<1,\\ 0, & \text{其他}.\end{cases}$ $E(X)=0, E(Y)=0, E(XY)=0$.

习题 4-2

1. (1) $-\frac{1}{3}, \frac{5}{9}$; (2) $\frac{5}{3}, \frac{2}{9}$. **2.** 1, $\frac{1}{6}$. **3.** $p=\frac{1}{2}, \sigma(X)=5$. **4.** $\frac{1}{p}, \frac{1-p}{p^2}$.

5. (1) $\frac{n+1}{2}, \frac{n^2-1}{12}$; (2) $n, n(n-1)$. **6.** (1) $\lambda=1$; (2) $E(X)=1, D(X)=1$.

7. $E(Y)=7, D(Y)=37.25$. **8.** 2, 4.

9. 依题意 $f(x)=E(X-x)^2=E(x^2)-2xE(x)+x^2$,两边对 x 求导数有

$$\frac{\mathrm{d}f(x)}{\mathrm{d}x}=2x-2E(x).$$

显然,当 $x=E(X)$ 时,$\frac{\mathrm{d}f(x)}{\mathrm{d}x}=0$, 又因$\frac{\mathrm{d}^2 f(x)}{\mathrm{d}x^2}=2>0$,所以当 $x<E(X)$ 时,$f(x)$ 达到最小值.最小值为 $f(E(X))=E(X-E(X))^2=D(X)$.

10. 因为 X 与 Y 独立, 所以 $E(XY)=E(X)E(Y)$, $E(X^2Y^2)=E(X^2)E(Y^2)$ 于是有

$$D(XY)=E(X^2)E(Y^2)-[E(X)]^2[E(Y)]^2.$$

又因为 $D(X)=E(X^2)-[E(X)]^2$, $D(Y^2)=E(Y^2)-E(Y)^2$.

所以 $E(X^2)=D(X)+[E(X)]^2$, $E(Y^2)=D(Y)+[E(Y)]^2$.

从而 $D(XY)=\{D(X)+[E(x)^2]\}\{D(Y)+[E(Y)^2]\}-[E(X)]^2[E(Y)]^2$

$=D(X)D(Y)+[E(X)]^2D(Y)+[E(Y)]^2D(X)$.

习题 4-3

1. 0.19, 0.24. **2.** 不相关,不独立. **3.** 7, $\frac{2\sqrt{7}}{7}$. **4.** (1) 0; (2) $\frac{1}{\sqrt{3}}$. **5.** $-\frac{1}{36}$, $\frac{1}{18}$.

6. $\frac{4}{225}$, $\frac{1}{9}$, $\frac{4}{\sqrt{66}}$. **7.** 略. **8.** (1) 略; (2) 0.

习题 4-4

1. $\frac{39}{40}$. **2.** 0.997 3. **3.** 0.96. **4.** 884. **5.** 0.682 6. **6.** 0.999 6. **7.** 1.

8. (1) $2\Phi(\varepsilon\sqrt{3n})-1$; (2) 0.92; (3) 46. **9.** (1) 0.000 3; (2)0.5.

总习题 4

一、选择题

1. D. **2.** C. **3.** C. **4.** D. **5.** D. **6.** C. **7.** C. **8.** B. **9.** C. **10.** B. **11.** C. **12.** D.
13. B. **14.** C. **15.** D. **16.** B. **17.** D. **18.** A. **19.** B. **20.** D. **21.** B. **22.** B. **23.** C.
24. C. **25.** D.

二、填空题

1. 5. **2.** 1. **3.** 1. **4.** $-\frac{13}{24}$. **5.** $\frac{10}{7}$. **6.** 1. **7.** $\frac{4}{9}$. **8.** 0. **9.** $1-\Phi(x)$. **10.** 3.

11. −0.5. **12.** 0.8. **13.** 10. **14.** 5. **15.** 8. **16.** 0.022 8. **17.** 0.682 6. **18.** $\frac{1}{3}$.

19. $\frac{1}{3}$. **20.** $\frac{5}{3}$.

三、计算题

解 $E(X)=\int_0^1 dx\int_0^1 x(2-x-y)dy=\frac{5}{12}$, $E(Y)=\int_0^1 dx\int_0^1 y(2-x-y)dy=\frac{5}{12}$,

$E(XY)=\int_0^1 dx\int_0^1 xy(2-x-y)dy=\frac{1}{6}$, $E(X^2)=\int_0^1 dx\int_0^1 x^2(2-x-y)dy=\frac{3}{12}$,

$E(Y^2)=\int_0^1 dx\int_0^1 y^2(2-x-y)dy=\frac{3}{12}$,

$D(X)=E(X^2)-[E(X)]^2=\frac{3}{12}-\left(\frac{5}{12}\right)^2=\frac{11}{144}$,

$D(Y)=E(Y^2)-[E(Y)]^2=\frac{3}{12}-\left(\frac{5}{12}\right)^2=\frac{11}{144}$,

$\mathrm{Cov}(X,Y)=E(XY)-E(X)E(Y)=\frac{1}{6}-\frac{5}{12}\times\frac{5}{12}=-\frac{1}{144}$,

$$\rho(X,Y)=\frac{\mathrm{Cov}(X,Y)}{\sqrt{D(X)}\sqrt{D(Y)}}=\frac{-\frac{1}{144}}{\sqrt{\frac{1}{144}}\sqrt{\frac{11}{144}}}=-\frac{1}{11}.$$

习题 5-1

1. (1) $16e^{-2(x_1+x_2+x_3+x_4)}(x_1, x_2, x_3, x_4>0)$; (2) $(e^{-1}-e^{-2})(e^{-1.4}-e^{-2.4})$; (3) $\frac{1}{2}$, $\frac{1}{16}$; (4) $\frac{1}{4}$, $\frac{1}{8}$; (5) $\frac{3}{16}$.

2. (1) $\frac{15\,625}{12}e^{-15}=0.000\,398$; (2) $10e^{-10}$.

3. $$F_8(x)=\begin{cases}0, & x<2,\\ \frac{1}{8}, & 2\leqslant x<2.5,\\ \frac{4}{8}, & 2.5\leqslant x<2.7,\\ \frac{5}{8}, & 2.7\leqslant x<3,\\ \frac{7}{8}, & 3\leqslant x<3.5,\\ 1, & x\geqslant 3.5.\end{cases}$$

习题 5-2

153.5, 182.327 8, 13.50.

习题 5-3

1. (1) 3.325; (2) 2.088; (3) 27.488; (4) 6.262.

2. (1) 2.228 1; (2) 1.812 5; (3) 1.812 5; (4) $-2.763\,8$; (5) 1.96.

3. (1) 3.23; (2) 0.295; (3) 0.351; (4) 2.06. **4.** $\frac{1}{3}$. **5.** $T\sim t(4)$, 4.604 1.

习题 5-4

1. (1) 21, 0.4^2; (2) 0.451 4. **2.** 0.262 8. **3.** 0.133 6. **4.** 97.5%.

5. (1) $\chi^2(4)$, $\chi^2(3)$, $\frac{293\,378}{3}$; (2) 0.85, 0.85. **6.** $t(n-1)$. **7.** $t(n_1+n_2-2)$.

8. 0.674 4. **9.** 0.025.

总习题 5

一、填空题

1. 2.32, 0.607. **2.** $N\left(2, \frac{1}{2}\right)$. **3.** n. 2 **4.** $N\left(\mu, \frac{\sigma^2}{n}\right)$, $\chi^2(n-1)$, $t(n-1)$.

5. $\frac{1}{8}$, $\frac{1}{24}$.

二、选择题

1. B. **2.** C. **3.** B. **4.** D. **5.** C. **6.** C.

三、解答题

1. **解** 因为 $X\sim N(2,16)$，所以 $X_i\sim N(2,16)$ $(i=1, 2, \cdots, n)$，则有

$$E(X_i^2)=D(X_i)+E^2(X_i)=16+4=20,$$

于是

$$E(A_2)=\frac{1}{n}\sum_{i=1}^{n}E(X_i^2)=\frac{1}{n}\times n\times 20=20.$$

2. 解 根据抽样分布定理可知

$$\overline{X}\sim N(15,\ 1),$$

又由 $P(\overline{X}\leqslant c)=0.95$ 可得

$$P(\overline{X}\leqslant c)=\Phi\left(\frac{c-15}{1}\right)=0.95,$$

查表可得 $c-15=1.645$，于是得 $c=16.645$.

3. 解 由于 $X_1,\ X_2,\ \cdots,\ X_9$ 相互独立，且来自总体 $X\sim N(0,\ 4)$，则由正态分布的线性运算性质有

$$X_1+X_2\sim N(0,\ 8),\quad X_3+X_4+X_5\sim N(0,\ 12),$$
$$X_6+X_7+X_8+X_9\sim N(0,\ 16).$$

于是，由 χ^2 分布与正态分布的关系，有

$$T=\frac{(X_1+X_2)^2}{8}+\frac{(X_3+X_4+X_5)^2}{12}+\frac{(X_6+X_7+X_8+X_9)^2}{16}$$

服从 $\chi^2(3)$ 分布，因此 $a=\frac{1}{8},\ b=\frac{1}{12},\ c=\frac{1}{16}$，自由度为 3.

4. 解 根据抽样分布定理可知

$$\frac{15S^2}{4}\sim\chi^2(15),$$

而由 $P(S^2\leqslant c)=0.95$，可得 $P\left(\frac{15}{4}S^2\leqslant\frac{15}{4}c\right)=0.95$，进而可得

$$P\left(\frac{15}{4}S^2>\frac{15}{4}c\right)=0.05.$$

查表得 $\frac{15}{4}c=\chi^2_{0.05}(15)=24.996$，于是可得 $c=\frac{4}{15}\times 24.996=6.666$.

5. 解 因 $X\sim N(0,\ \sigma^2)$，所以由抽样分布定理可知

$$\frac{\overline{X}}{\frac{S}{3}}\sim t(8),$$

又由

$$P\left\{\frac{\overline{X}}{S}>c\right\}=0.01,$$

可得

$$P\left\{\frac{\overline{X}}{S}>c\right\}=P\left\{\frac{3\overline{X}}{S}>3c\right\}=0.01,$$

查表得

$$3c=t_{0.01}(8)=2.8965,$$

于是

$$c=0.9655.$$

习题 6-1

1. $\hat{\mu}=2\,809.4,\ \hat{\sigma}^2=1\,170.6.$

2. $\hat{p}=\dfrac{\frac{1}{n}\sum\limits_{i=1}^{n}X_i^2-\bar{X}}{\frac{1}{n}\sum\limits_{i=1}^{n}X_i^2}$. **3.** $\hat{N}=\dfrac{\bar{X}}{\hat{p}}$，$\hat{p}=1-\dfrac{S^{*2}}{\bar{X}}$，其中 $S^{*2}=\dfrac{1}{n}\sum\limits_{i=1}^{n}(X_i-\bar{X})^2$.

4. $\hat{\theta}=3\bar{X}$. **5.** $\hat{\theta}=1-\dfrac{C}{\bar{X}}$.

6. α 的矩估计为 $\hat{\alpha}=\dfrac{1-2\bar{X}}{\bar{X}-1}$，$\alpha$ 的极大似然估计：$\hat{\alpha}=-\left(1+\dfrac{n}{\sum\limits_{i=1}^{n}\ln x_i}\right)$.

7. $\dfrac{1}{\bar{x}}$. **8.** $\hat{\theta}=\dfrac{n}{\sum\limits_{i=1}^{n}x_i^{\alpha}}$.

9. (1) $\hat{\theta}_1=x_{(1)}$，$\hat{\theta}_2=\bar{x}-x_{(1)}$；

(2) $\hat{\theta}_1=\bar{X}-S^*$，$\hat{\theta}_2=\sqrt{S^{*2}}=S^*$，其中 $S^{*2}=\dfrac{1}{n}\sum\limits_{i=1}^{n}(X_i-\bar{X})^2$.

10. (1) $\dfrac{N}{n}(2n_0+n_1)$；(2) $\hat{\theta}=\dfrac{4N}{3n}(n_0+n_1)$.

习题 6-2

1. $E(\bar{X})=E\left(\dfrac{1}{n}\sum\limits_{i=1}^{n}X_i\right)=\dfrac{1}{n}\sum\limits_{i=1}^{n}E(X_i)=\dfrac{1}{n}\sum\limits_{i=1}^{n}E(X)=E(X)$，

$E(W)=E(\sum\limits_{i=1}^{n}a_iX_i)=\sum\limits_{i=1}^{n}(a_iE(X_i))=E(X)\cdot\sum\limits_{i=1}^{n}a_i=E(X)$.

由于 $D(\bar{X})=D(\dfrac{1}{n}\sum\limits_{i=1}^{n}X_i)\xlongequal{X_1,\cdots,X_n\text{独立}}\dfrac{1}{n^2}\sum\limits_{i=1}^{n}D(X_i)=\dfrac{1}{n^2}\sum\limits_{i=1}^{n}D(X)=\dfrac{1}{n}D(X)$，

$$D(W)=D(\sum_{i=1}^{n}a_iX_i)=\sum_{i=1}^{n}(a_i^2D(X_i))=\sum_{i=1}^{n}(a_i^2D(X))=D(X)\sum_{i=1}^{n}(a_i^2),$$
$$\geqslant\frac{1}{n}D(X)=D(\bar{X}).$$

2. $E(k\bar{X}+(1-k)S^2)=kE(\bar{X})+(1-k)E(S^2)=k\lambda+\lambda-k\lambda=\lambda$.

3. $$E(\hat{S}_0^2)=E\left[\frac{1}{n}\sum_{i=1}^{n}(X_i-\mu)^2\right]=\frac{1}{n}\sum_{i=1}^{n}E(X_i-\mu)^2$$
$$=\frac{1}{n}\sum_{i=1}^{n}D(X_i)=\frac{1}{n}\cdot nD(X)=D(X).$$

4. $c=\dfrac{1}{2(n-1)}$.

5. $a=\dfrac{n_1-1}{n_1+n_2-2}$，$b=\dfrac{n_2-1}{n_1+n_2-2}$.

6. 由于 $E(\bar{X})=\mu,E(X_i)=\mu(i=1,2,\cdots,n)$，所以 $\bar{X},X_i(i=1,2,\cdots,n)$ 为 μ 和无偏估计量，但 $D(\bar{X})=D\left(\dfrac{1}{n}\sum\limits_{i=1}^{n}X_i\right)\dfrac{1}{n_2}\sum\limits_{i=1}^{n}D(X_i)=\dfrac{\sigma^2}{n}$，$D(X_i)=\sigma^2(i=1,2,\cdots,n)$，

故 $\bar{X}$ 较 $X_i(i=1,2,\cdots,n)$ 更有效.

习题 6-3

1. 96.6%. **2.** 1 065 h.

习题 6-4

1. (1) (2.226, 2.234); (2) (2.223, 2.237). **2.** (4.785 8, 6.214 1), (1.824 8, 5.792 2).

3. $n \geqslant 15.37 \times \frac{\sigma^2}{L^2}$. **4.** 97(应用第 3 题结论). **5.** (0.820, 0.832), (0.818, 0.834).

6. (33.76, 271.56). **7.** (92.65, 207.35). **8.** (−6.185, 17.685). **9.** (0.34, 1.61).

10. (0.003 2, 0.129 0). **11.** (0.697, 0.903). **12.** (0.077 5, 0.0845).

总习题 6

一、填空题

1. $\frac{1}{4}\overline{X}$. **2.** $\overline{X}$. **3.** $\frac{1}{\overline{x}}$. **4.** $\frac{n-1}{n}\sigma^2$. **5.** $1-\alpha$.

二、选择题

1. D. **2.** D. **3.** C. **4.** C. **5.** C.

三、解答题

1. **解** 因

$$E(X)=\int_{-\infty}^{+\infty} x \cdot p(x;\theta)\mathrm{d}x=\int_0^{\theta} x \cdot \frac{2}{\theta^2}(\theta-x)\mathrm{d}x=\frac{\theta}{3},$$

按矩估计法建立方程 $$\frac{\theta}{3}=\overline{X},$$

可解得 θ 的矩估计量为 $$\hat{\theta}=3\overline{X}.$$

2. **解** (1) 由 X 的数学期望计算公式,有

$$E(X)=\int_0^1 \theta x^{\theta-1} x\mathrm{d}x=\int_0^1 \theta x^{\theta}\mathrm{d}x=\frac{\theta}{\theta+1},$$

按矩估计法建立方程 $$\frac{\theta}{\theta+1}=\overline{X},$$

解得 θ 的矩估计为 $$\hat{\theta}=\frac{\overline{X}}{1-\overline{X}}.$$

(2) 计算样本均值的观测值,有

$$\overline{x}=\frac{0.6+0.8+0.9+0.5+0.7+0.6+0.8+0.7}{8}=0.7,$$

所以 $$\hat{\theta}=\frac{0.7}{1-0.7}=2.33.$$

3. **解** (1) X 的数学期望为

$$E(X)=\int_0^1 (\theta+1)x^{\theta+1}\mathrm{d}x=\frac{\theta+1}{\theta+2}x^{\theta+2}\Big|_0^1=\frac{\theta+1}{\theta+2},$$

按矩估计法建立方程 $$E(X)=\frac{\theta+1}{\theta+2}=\overline{X},$$

解得 θ 的矩估计为 $$\hat{\theta}=\frac{2\overline{X}-1}{1-\overline{X}}.$$

(2) 设对应的样本观察值为 $x_1, x_2, \cdots, x_n$，则似然函数为

$$L(\theta) = (\theta+1)^n (x_1 x_2 \cdots x_n)^{\theta},$$

对数似然函数为 $$\ln L(\theta) = n\ln(\theta+1) + \theta\sum_{i=1}^{n}\ln x_i,$$

求导数得到似然方程 $$\frac{\mathrm{d}\ln L(\theta)}{\mathrm{d}\theta} = \frac{n}{\theta+1} + \sum_{i=1}^{n}\ln x_i = 0,$$

解方程得 $$\theta = \frac{-n}{\sum_{i=1}^{n}\ln x_i} - 1,$$

故 θ 的极大似然估计量为 $$\hat{\theta} = \frac{-n}{\sum_{i=1}^{n}\ln X_i} - 1.$$

4. 解 (1) 因 S_1^2 和 S_2^2 分别是来自总体 X 与 Y 的样本方差，则有

$$E(S_1^2) = D(X) = \sigma^2,$$
$$E(S_2^2) = D(Y) = \sigma^2,$$

从而对于任意 a 和 b $(a+b=1)$，有

$$E(Z) = E(aS_1^2 + bS_2^2) = aE(S_1^2) + bE(S_2^2) = (a+b)\sigma^2 = \sigma^2,$$

故 $Z = aS_1^2 + bS_2^2$ 是 σ^2 的无偏估计量.

(2) 由 $a+b=1$，得 $b = 1-a$，则有

$$D(Z) = D(aS_1^2 + bS_2^2) = a^2 D(S_1^2) + (1-a)^2 D(S_2^2).$$

又因为

$$\frac{(n_1-1)}{\sigma^2}S_1^2 \sim \chi^2(n_1-1), \quad \frac{(n_2-1)}{\sigma^2}S_2^2 \sim \chi^2(n_2-1),$$

所以

$$D\left[\frac{(n_1-1)}{\sigma^2}S_1^2\right] = 2(n_1-1), \quad D\left[\frac{(n_2-1)}{\sigma^2}S_2^2\right] \sim 2(n_2-1),$$

于是

$$\begin{aligned}
D(Z) &= D(aS_1^2 + bS_2^2) = a^2 D(S_1^2) + (1-a)^2 D(S_2^2) \\
&= a^2 \frac{\sigma^4}{(n_1-1)^2} D\left[\frac{(n_1-1)}{\sigma^2}S_1^2\right] + (1-a)^2 \frac{\sigma^4}{(n_2-1)^2} D\left[\frac{(n_2-1)}{\sigma^2}S_2^2\right] \\
&= a^2 \frac{\sigma^4}{(n_1-1)^2} \cdot 2(n_1-1) + (1-a)^2 \cdot \frac{\sigma^4}{(n_2-1)^2} \cdot 2(n_2-1) \\
&= a^2 \frac{2\sigma^4}{n_1-1} + (1-a)^2 \frac{2\sigma^4}{n_2-1} \\
&= 2\sigma^4\left[\frac{a^2}{n_1-1} + \frac{(1-a)^2}{n_2-1}\right].
\end{aligned}$$

解得当 $a = \dfrac{n_1-1}{n_1+n_2-2}$ 时，$D(Z)$ 最小，此时 $b = 1-a = \dfrac{n_2-1}{n_1+n_2-2}$.

5. 解 设 σ 是总体的均方差，由 6. 3 中结论知，σ 的置信水平为 $1-\alpha$ 的置信区间为

$$\left(\frac{\sqrt{(n-1)}S}{\sqrt{\chi^2_{\frac{\alpha}{2}}(n-1)}}, \frac{\sqrt{(n-1)}S}{\sqrt{\chi^2_{1-\frac{\alpha}{2}}(n-1)}}\right).$$

此题中，$s=15$，$\alpha=0.05$，$n=26$，查表得

$$\chi^2_{0.025}(25)=40.646, \quad \chi_{0.975}(25)=13.12.$$

于是得 σ 的置信水平为 95%的置信区间为(11.76，20.71).

6. 解 (1) 计算得 $\bar{x}=74.625$，$s=\sqrt{\frac{1}{15}\sum_{i=1}^{16}(x_i-\bar{x})^2}=12.5266$.

由 $1-\alpha=0.95$，查标准正态分布表可得

$$u_{\frac{\alpha}{2}}=u_{0.025}=1.96.$$

则 μ 的 0.95 的置信区间为

$$\left(\bar{x}-u_{1-\frac{\alpha}{2}}\frac{\sigma}{\sqrt{n}}, \quad \bar{x}+u_{1-\frac{\alpha}{2}}\frac{\sigma}{\sqrt{n}}\right)=\left(74.625-1.96\times\frac{15}{\sqrt{16}}, \quad 74.625+1.96\times\frac{15}{\sqrt{16}}\right),$$

即(67.28，81.98).

(2) 总体标准差未知，查 t 分布表得

$$t_{\alpha/2}(15)=t_{0.025}(15)=2.1314,$$

所以 μ 的 0.95 的置信区间为

$$\left(\bar{x}-t_{\alpha/2}(15)\frac{s}{\sqrt{n}}, \quad \bar{x}+t_{\alpha/2}(15)\frac{s}{\sqrt{n}}\right)$$

$$=\left(74.625-2.1314\times\frac{12.5266}{4}, \quad 74.625+2.1314\times\frac{12.5266}{4}\right),$$

即(67.96，81.3).

7. 解 利用总体 X 的样本 $X_1, X_2, \cdots, X_n$，构造枢轴量

$$G=\frac{\sum_{i=1}^{n}(X_i-\mu_0)^2}{\sigma^2}.$$

由定理知 $$G\sim\chi^2(n),$$

由题意

$$P\{\chi^2_{1-\frac{\alpha}{2}}(n)<G<\chi^2_{\frac{\alpha}{2}}(n)\}=1-\alpha,$$

则 $$P\left\{\chi^2_{1-\frac{\alpha}{2}}(n)<\frac{\sum_{i=1}^{n}(X_i-\mu_0)^2}{\sigma^2}<\chi^2_{\frac{\alpha}{2}}(n)\right\}=1-\alpha,$$

即

$$P\left\{\frac{\sum_{i=1}^{n}(X_i-\mu_0)^2}{\chi^2_{\frac{\alpha}{2}}(n)}<\sigma^2<\frac{\sum_{i=1}^{n}(X_i-\mu_0)^2}{\chi^2_{1-\frac{\alpha}{2}}(n)}\right\}=1-\alpha,$$

从而 σ^2 的 $1-\alpha$ 置信区间为

$$\left(\frac{\sum_{i=1}^{n}(X_i-\mu_0)^2}{\chi^2_{\frac{\alpha}{2}}(n)},\quad \frac{\sum_{i=1}^{n}(X_i-\mu_0)^2}{\chi^2_{1-\frac{\alpha}{2}}(n)}\right).$$

习题 7-1

(1) 零假设 $H_0:\mu=\mu_0=25$；备择假设，$H_1:\mu\neq\mu_0=25$.

(2) 零假设 $H_0:\mu\leqslant\mu_0=0.50$；备择假设 $H_1:\mu>\mu_0=0.50$.

(3) 零假设 $H_0:\mu\geqslant\mu_0=240$；备择假设 $H_1:\mu<\mu_0=240$.

习题 7-2

1. 不合乎标准，这批包装面粉的平均质量偏重.

2. 该厂排放的污水中该有害物质的平均含量超过排放标准.

3. 不正常，该厂生产的钢含碳量有所降低.

4. 不能认为这批新摩托车的平均寿命 μ 有显著提高.

5. 不能认为今年果园每棵梨树的平均产量 μ 显著减少.

6. 不能认为该市 7 月份的平均气温 μ 显著高于 30℃ .

7. 可认为两台机床生产的零件平均长度为 $\mu_1>\mu_2$.

8. 可认为一片 A,B 两种安眠药使得患者平均延长的睡眠时间 μ_1 与 μ_2 没有显著差异.

9. 可认为根据这些数据来确定两架高温计之间的读数没有显著差异.

习题 7-3

1. 可认为这批零件长度偏差的方差 σ^2 显著变大.

2. (1) 可认为这批柴油发动机燃烧 1 L 柴油的平均运转时间 μ 无显著改变；

(2) 可认为这批柴油发动机燃烧 1 L 柴油的平均运转时间方差 σ^2 无显著改变.

3. 可认为甲乙两校学生体重方差 σ_1^2 与 σ_2^2 有显著差异.

4. (1) 可认为两个分店在 11 月份平均一天销售额 μ_1 与 μ_2 有显著差异.

(2) 可认为两个分店在 11 月份一天销售额方差 σ_1^2 与 σ_2^2 无显著差异.

总习题 7

一、填空题

1. 拒真错误，纳伪错误. **2.** 第一类. **3.** $U=\frac{\bar{X}-30}{\frac{2}{\sqrt{n}}}$，$W=\{|u|\geqslant 2.57\}$.

4. $\chi^2=\frac{(n-1)S^2}{2}$，接受.

二、选择题

1. C. **2.** D. **3.** A. **4.** A. **5.** B.

三、解答题

1. 解 检验的假设为 $H_0:\mu=15,\quad H_1:\mu\neq 15,$

此为双侧 U 检验，检验统计量 $$U=\frac{\overline{X}-15}{\sqrt{\frac{0.05}{8}}}.$$

查标准正态分布表，得临界值 $$u_{\frac{\alpha}{2}}=u_{0.025}=1.96,$$

故拒绝域为 $$W=\{|u|\geqslant u_{\frac{\alpha}{2}}\}=\{|u|\geqslant 1.96\}.$$

又由题设可算得 $\overline{x}=14.95$，故 $|U|$ 的样本观测值为

$$|u|=\left|\frac{14.95-15}{\sqrt{\frac{0.05}{8}}}\right|=\sqrt{0.4}<1.96.$$

所以接受 H_0，即可以认为平均质量仍为 15.

2. 解 检验的假设为

$$H_0: \mu\leqslant 1\,500,\quad H_1: \mu>1\,500.$$

此为单侧 U 检验，检验统计量为 $$U=\frac{\overline{X}-1\,500}{\frac{200}{\sqrt{25}}},$$

查标准正态分布表，得临界值 $$u_\alpha=u_{0.05}=1.645,$$

故拒绝域为 $$W=\{u>u_{0.05}\}=\{u>1.645\}.$$

又由题已知 $\overline{x}=1\,575$，故检验统计量 U 的样本观测值为

$$u=\frac{1\,575-1\,500}{\frac{200}{\sqrt{25}}}=1.875>1.645.$$

所以拒绝 H_0，即可认为新工艺提高了灯泡的使用寿命.

3. 解 此问题为为检验问题

$$H_0: \mu\leqslant 51.2,\quad H_1: \mu>51.2.$$

检验统计量为 $$T=\frac{\overline{X}-51.2}{\frac{S}{\sqrt{9}}},$$

查 t 分布表，得临界值 $$t_\alpha(8)=t_{0.05}(8)=1.859\,5,$$

故拒绝域为 $$W=\{t>u_{0.05}\}=\{t>1.859\,5\}.$$

又由计算可得 $$\overline{x}=54.5,\quad s=3.29,$$

于是可得 T 的样本观测值为

$$t=\frac{54.5-51.2}{\frac{3.29}{3}}=3>1.859\,5.$$

故拒绝 H_0，即可以判定调整措施的效果是显著的.

4. 解 要检验的假设为

$$H_0: \sigma^2 \leqslant 80; \quad H_1: \sigma^2 > 80.$$

单侧 χ^2 检验,检验统计量为

$$\chi^2 = \frac{(n-1)S^2}{80},$$

查自由度为 $n-1=9$ 的 χ^2 分布表,得临界值

$$\chi_\alpha(n-1) = \chi^2_{0.05}(9) = 16.919,$$

拒绝域为

$$W = \{\chi^2 \geqslant \chi^2_\alpha(n-1)\}.$$

又检验统计量的样本观测值为

$$\chi^2 = \frac{(10-1)\times 121.8}{80} = 13.7 < 16.919,$$

故接受 H_0,即可以认为这批熔断丝的熔化时间的方差小于等于 80.

附 表

常用分布表

附表 1 常用的概率分布

分布	参数	分布律或概率密度	数学期望	方差
0—1 分布	$0<p<1$	$p\{X=k\}=p^k(1-p)^{1-k},\ k=0,1$	p	$p(1-p)$
二项分布	$n\geqslant 1$, $0<p<1$	$P\{X=k\}=\binom{n}{k}p^k(1-p)^{n-k}$, $k=0,1,\cdots,n$	np	$np(1-p)$
负二项分布	$r\geqslant 1$, $0<p<1$	$P\{X=k\}=\binom{k-1}{r-1}p^r(1-p)^{k-r}$, $k=r,r+1,\cdots$	$\dfrac{r}{p}$	$\dfrac{r(1-p)}{p^2}$
几何分布	$0<p<1$	$P\{X=k\}=p(1-p)^{k-1}$, $k=1,2,\cdots$	$\dfrac{1}{p}$	$\dfrac{1-p}{p^2}$
超几何分布	$N, M, n(M\leqslant N, n\leqslant N)$	$P\{X=k\}=\dfrac{\binom{M}{k}\binom{N-M}{n-k}}{\binom{N}{n}}$, k 为整数, $\max\{0,n-N+M\}\leqslant k\leqslant \min\{n,M\}$	$\dfrac{nM}{N}$	$\dfrac{nM}{N}\left(1-\dfrac{M}{N}\right)\left(\dfrac{N-n}{N-1}\right)$
泊松分布	$\lambda>0$	$P\{X=k\}=\dfrac{\lambda^k e^{-\lambda}}{k!},\ k=0,1,\cdots$	λ	λ
均匀分布	$a<b$	$f(x)=\begin{cases}\dfrac{1}{b-a}, & a<x<b,\\ 0, & 其他\end{cases}$	$\dfrac{a+b}{2}$	$\dfrac{(b-a)^2}{12}$
正态分布	$\mu, \sigma>0$	$f(x)=\dfrac{1}{\sqrt{2\pi}\sigma}e^{-\frac{(x-\mu)^2}{2\sigma^2}}$	μ	σ^2
Γ 分布	$\alpha>0$, $\beta>0$	$f(x)=\begin{cases}\dfrac{1}{\beta^\alpha\Gamma(\alpha)}x^{\alpha-1}e^{\frac{-x}{\beta}}, & x>0,\\ 0, & 其他\end{cases}$	$\alpha\beta$	$\alpha\beta^2$

续表

分布	参　数	分布律或概率密度	数学期望	方　差
指数分布	$\theta>0$	$f(x)=\begin{cases}\dfrac{1}{\theta}e^{-\frac{x}{\theta}}, & x>0,\\ 0, & \text{其他}\end{cases}$	θ	θ^2
χ^2 分布	$n\geqslant 1$	$f(x)=\begin{cases}\dfrac{1}{2^{\frac{n}{2}}\Gamma\left(\frac{n}{2}\right)}x^{\frac{n}{2}-1}e^{-\frac{x}{2}}, & x>0,\\ 0, & \text{其他}\end{cases}$	n	$2n$
威布尔分布	$\eta>0$，$\beta>0$	$f(x)=\begin{cases}\dfrac{\beta}{\eta}\left(\dfrac{x}{\eta}\right)^{\beta-1}e^{-\left(\frac{x}{\eta}\right)^{\beta}}, & x>0,\\ 0, & \text{其他}\end{cases}$	$\eta\Gamma\left(\dfrac{1}{\beta}+1\right)$	$\eta^2\left\{\Gamma\left(\dfrac{2}{\beta}+1\right)-\left[\Gamma\left(\dfrac{1}{\beta}+1\right)\right]^2\right\}$
瑞利分布	$\sigma>0$	$f(x)=\begin{cases}\dfrac{x}{\sigma^2}e^{\frac{-x^2}{(2\sigma^2)}}, & x>0,\\ 0, & \text{其他}\end{cases}$	$\sqrt{\dfrac{\pi}{2}}\sigma$	$\dfrac{4-\pi}{2}\sigma^2$
β 分布	$\alpha>0$，$\beta>0$	$f(x)=\begin{cases}\dfrac{\Gamma(\alpha+\beta)}{\Gamma(\alpha)\Gamma(\beta)}x^{\alpha-1}(1-x)^{\beta-1}, & 0<x<1,\\ 0, & \text{其他}\end{cases}$	$\dfrac{\alpha}{\alpha+\beta}$	$\dfrac{\alpha\beta}{(\alpha+\beta)^2(\alpha+\beta+1)}$
对数正态分布	μ，$\sigma>0$	$f(x)=\begin{cases}\dfrac{1}{\sqrt{2\pi}\sigma x}e^{-\frac{(\ln x-\mu)^2}{2\sigma^2}}, & x>0,\\ 0, & \text{其他}\end{cases}$	$e^{\mu+\frac{\sigma^2}{2}}$	$e^{2\mu+\sigma^2}(e^{\sigma^2}-1)$
柯西分布	α，$\lambda>0$	$f(x)=\dfrac{1}{\pi}\dfrac{1}{\lambda^2+(x-\alpha)^2}$	不存在	不存在
t 分布	$n\geqslant 1$	$f(x)=\dfrac{\Gamma\left(\frac{n+1}{2}\right)}{\sqrt{n\pi}\,\Gamma\left(\frac{n}{2}\right)}\left(1+\dfrac{x^2}{n}\right)^{-\frac{n+1}{2}}$	0 $(n>1)$	$\dfrac{n}{n-2}$ $(n>2)$
F 分布	n_1，n_2	$f(x)=\begin{cases}\dfrac{\Gamma\left(\frac{n_1+n_2}{2}\right)}{\Gamma\left(\frac{n_1}{2}\right)\Gamma\left(\frac{n_2}{2}\right)}\left(\dfrac{n_1}{n_2}\right)\left(\dfrac{n_1}{n_2}x\right)^{\frac{n_1}{2}-1}, \\ \left(1+\dfrac{n_1}{n_2}x\right)^{-\frac{n_1+n_2}{2}}, \quad x>0,\\ 0, \quad \text{其他}\end{cases}$	$\dfrac{n_2}{n_2-2}$ $(n_2>2)$	$\dfrac{2n_2^2(n_1+n_2-2)}{n_1(n_2-2)^2(n_2-4)}$ $(n_2>4)$

附表 2　泊松分布概率值

$$P\{X=m\}=\frac{\lambda^m}{m!}\mathrm{e}^{-\lambda}$$

$m\backslash\lambda$	0.1	0.2	0.3	0.4	0.5	0.6	0.7	0.8
0	0.904 837	0.818 731	0.740 818	0.670 320	0.606 531	0.548 812	0.496 585	0.449 329
1	0.090 484	0.163 746	0.222 245	0.268 128	0.303 265	0.329 287	0.347 610	0.359 463
2	0.004 524	0.016 375	0.033 337	0.053 626	0.075 816	0.098 786	0.121 663	0.143 785
3	0.000 151	0.001 092	0.003 334	0.007 150	0.012 636	0.019 757	0.028 388	0.038 343
4	0.000 004	0.000 055	0.000 250	0.000 715	0.001 580	0.002 964	0.004 968	0.007 669
5		0.000 002	0.000 015	0.000 057	0.000 158	0.000 356	0.000 696	0.001 227
6			0.000 001	0.000 004	0.000 013	0.000 036	0.000 081	0.000 164
7					0.000 001	0.000 003	0.000 008	0.000 019
8							0.000 001	0.000 002
9								
10								
11								
12								
13								
14								
15								
16								
17								

$m\backslash\lambda$	0.9	1.0	1.5	2.0	2.5	3.0	3.5	4.0
0	0.406 570	0.367 879	0.223 130	0.135 335	0.082 085	0.049 787	0.030 197	0.018 316
1	0.365 913	0.367 879	0.334 695	0.270 671	0.205 212	0.149 361	0.105 691	0.073 263
2	0.164 661	0.183 940	0.251 021	0.270 671	0.256 516	0.224 042	0.184 959	0.146 525
3	0.049 398	0.061 313	0.125 511	0.180 447	0.213 763	0.224 042	0.215 785	0.195 367
4	0.011 115	0.015 328	0.047 067	0.090 224	0.133 602	0.168 031	0.188 812	0.195 367
5	0.002 001	0.003 066	0.014 120	0.036 089	0.066 801	0.100 819	0.132 169	0.156 293
6	0.000 300	0.000 511	0.003 530	0.012 030	0.027 834	0.050 409	0.077 098	0.104 196
7	0.000 039	0.000 073	0.000 756	0.003 437	0.009 941	0.021 604	0.038 549	0.059 540
8	0.000 004	0.000 009	0.000 142	0.000 859	0.003 106	0.008 102	0.016 865	0.029 770
9		0.000 001	0.000 024	0.000 191	0.000 863	0.002 701	0.006 559	0.013 231
10			0.000 004	0.000 038	0.000 216	0.000 810	0.002 296	0.005 292
11				0.000 007	0.000 049	0.000 221	0.000 730	0.001 925
12				0.000 001	0.000 010	0.000 055	0.000 213	0.000 642
13					0.000 002	0.000 013	0.000 057	0.000 197
14						0.000 003	0.000 014	0.000 056
15						0.000 001	0.000 003	0.000 015
16							0.000 001	0.000 004
17								0.000 001

续表

$m\backslash\lambda$	4.5	5.0	5.5	6.0	6.5	7.0	7.5	8.0
0	0.011 109	0.006 738	0.004 087	0.002 479	0.001 503	0.000 912	0.000 553	0.000 335
1	0.049 990	0.033 690	0.022 477	0.014 873	0.009 772	0.006 383	0.004 148	0.002 684
2	0.112 479	0.084 224	0.061 812	0.044 618	0.031 760	0.022 341	0.015 555	0.010 735
3	0.168 718	0.140 374	0.113 323	0.089 235	0.068 814	0.052 129	0.038 889	0.028 626
4	0.189 808	0.175 467	0.155 819	0.133 853	0.111 822	0.091 226	0.072 916	0.057 252
5	0.170 827	0.175 467	0.171 401	0.160 623	0.145 369	0.127 717	0.109 375	0.091 604
6	0.128 120	0.146 223	0.157 117	0.160 623	0.157 483	0.149 003	0.136 718	0.122 138
7	0.082 363	0.104 445	0.123 449	0.137 677	0.146 234	0.149 003	0.146 484	0.139 587
8	0.046 329	0.065 278	0.084 871	0.103 258	0.118 815	0.130 377	0.137 329	0.139 587
9	0.023 165	0.036 266	0.051 866	0.068 838	0.085 811	0.101 405	0.114 440	0.124 077
10	0.010 424	0.018 133	0.028 526	0.041 303	0.055 777	0.070 983	0.085 830	0.099 262
11	0.004 264	0.008 242	0.014 263	0.022 529	0.032 959	0.045 171	0.058 521	0.072 190
12	0.001 599	0.003 434	0.006 537	0.011 264	0.017 853	0.026 350	0.036 575	0.048 127
13	0.000 554	0.001 321	0.002 766	0.005 199	0.008 926	0.014 188	0.021 101	0.029 616
14	0.000 178	0.000 472	0.001 087	0.002 228	0.004 144	0.007 094	0.011 304	0.016 924
15	0.000 053	0.000 157	0.000 398	0.000 891	0.001 796	0.003 311	0.005 652	0.009 026
16	0.000 015	0.000 049	0.000 137	0.000 334	0.000 730	0.001 448	0.002 649	0.004 513
17	0.000 004	0.000 014	0.000 044	0.000 118	0.000 279	0.000 596	0.001 169	0.002 124
18	0.000 001	0.000 004	0.000 014	0.000 039	0.000 101	0.000 232	0.000 487	0.000 944
19		0.000 001	0.000 004	0.000 012	0.000 034	0.000 085	0.000 192	0.000 397
20			0.000 001	0.000 004	0.000 011	0.000 030	0.000 072	0.000 159
21				0.000 001	0.000 003	0.000 010	0.000 026	0.000 061
22					0.000 001	0.000 003	0.000 009	0.000 022
23						0.000 001	0.000 003	0.000 008
24							0.000 001	0.000 003
25								0.000 001
26								
27								
28								
29								

续表

$m\backslash\lambda$	8.5	9.0	9.5	10.0	$m\backslash\lambda$	20	$m\backslash\lambda$	30
0	0.000 203	0.000 123	0.000 075	0.000 045	5	0.000 1	12	0.000 1
1	0.001 729	0.001 111	0.000 711	0.000 454	6	0.000 2	13	0.000 2
2	0.007 350	0.004 998	0.003 378	0.002 270	7	0.000 5	14	0.000 5
3	0.020 826	0.014 994	0.010 696	0.007 567	8	0.001 3	15	0.001 0
4	0.044 255	0.033 737	0.025 403	0.018 917	9	0.002 9	16	0.001 9
5	0.075 233	0.060 727	0.048 266	0.037 833	10	0.005 8	17	0.003 4
6	0.106 581	0.091 090	0.076 421	0.063 055	11	0.010 6	18	0.005 7
7	0.129 419	0.117 116	0.103 714	0.090 079	12	0.017 6	19	0.008 9
8	0.137 508	0.131 756	0.123 160	0.112 599	13	0.027 1	20	0.013 4
9	0.129 869	0.131 756	0.130 003	0.125 110	14	0.038 7	21	0.019 2
10	0.110 388	0.118 580	0.123 502	0.125 110	15	0.051 6	22	0.026 1
11	0.085 300	0.097 020	0.106 661	0.113 736	16	0.064 6	23	0.034 1
12	0.060 421	0.072 765	0.084 440	0.094 780	17	0.076 0	24	0.042 6
13	0.039 506	0.050 376	0.061 706	0.072 908	18	0.084 4	25	0.051 1
14	0.023 986	0.032 384	0.041 872	0.052 077	19	0.088 8	26	0.059 0
15	0.013 592	0.019 431	0.026 519	0.034 718	20	0.088 8	27	0.065 5
16	0.007 221	0.010 930	0.015 746	0.021 699	21	0.084 6	28	0.070 2
17	0.003 610	0.005 786	0.008 799	0.012 764	22	0.076 9	29	0.072 6
18	0.001 705	0.002 893	0.004 644	0.007 091	23	0.066 9	30	0.072 6
19	0.000 763	0.001 370	0.002 322	0.003 732	24	0.055 7	31	0.070 3
20	0.000 324	0.000 617	0.001 103	0.001 866	25	0.044 6	32	0.065 9
21	0.000 131	0.000 264	0.000 499	0.000 889	26	0.034 3	33	0.059 9
22	0.000 051	0.000 108	0.000 215	0.000 404	27	0.025 4	34	0.052 9
23	0.000 019	0.000 042	0.000 089	0.000 176	28	0.018 1	35	0.045 3
24	0.000 007	0.000 016	0.000 035	0.000 073	29	0.012 5	36	0.037 8
25	0.000 002	0.000 006	0.000 013	0.000 029	30	0.008 3	37	0.030 6
26	0.000 001	0.000 002	0.000 005	0.000 011	31	0.005 4	38	0.024 2
27		0.000 001	0.000 002	0.000 004	32	0.003 4	39	0.018 6
28			0.000 001	0.000 001	33	0.002 0	40	0.013 9
29				0.000 001	34	0.001 2	41	0.010 2
							42	0.007 3
							43	0.005 1
					35	0.000 7	44	0.003 5
					36	0.000 4	45	0.002 3
					37	0.000 2	46	0.001 5
					38	0.000 1	47	0.001 0
					39	0.000 1	48	0.000 6

附表 3　标准正态分布

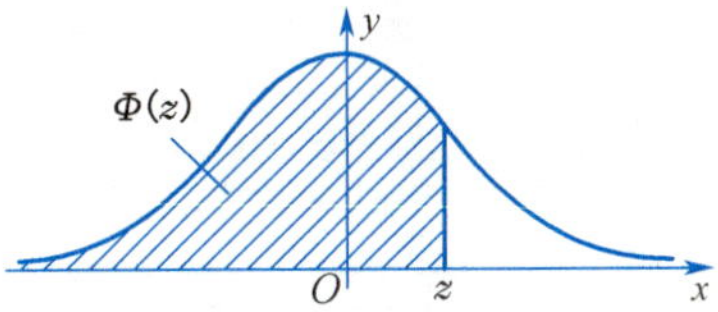

$$\Phi(z)=\int_{-\infty}^{z}\frac{1}{\sqrt{2\pi}}e^{-\frac{u^2}{2}}du=P\{Z\leqslant z\}$$

z	0	1	2	3	4	5	6	7	8	9
0.0	0.500 0	0.504 0	0.508 0	0.512 0	0.516 0	0.519 9	0.523 9	0.527 9	0.531 9	0.535 9
0.1	0.539 8	0.543 8	0.547 8	0.551 7	0.555 7	0.559 6	0.563 6	0.567 5	0.571 4	0.575 3
0.2	0.579 3	0.583 2	0.587 1	0.591 0	0.594 8	0.598 7	0.602 6	0.606 4	0.610 3	0.614 1
0.3	0.617 9	0.621 7	0.625 5	0.629 3	0.633 1	0.636 8	0.640 6	0.644 3	0.648 0	0.651 7
0.4	0.655 4	0.659 1	0.662 8	0.666 4	0.670 0	0.673 6	0.677 2	0.680 8	0.684 4	0.687 9
0.5	0.691 5	0.695 0	0.698 5	0.701 9	0.705 4	0.708 8	0.712 3	0.715 7	0.719 0	0.722 4
0.6	0.725 7	0.729 1	0.732 4	0.735 7	0.738 9	0.742 2	0.745 4	0.748 6	0.751 7	0.754 9
0.7	0.758 0	0.761 1	0.764 2	0.767 3	0.770 4	0.773 4	0.776 4	0.779 4	0.782 3	0.785 2
0.8	0.788 1	0.791 0	0.793 9	0.796 7	0.799 5	0.802 3	0.805 1	0.807 8	0.810 6	0.813 3
0.9	0.815 9	0.818 6	0.821 2	0.823 8	0.826 4	0.828 9	0.831 5	0.834 0	0.836 5	0.838 9
1.0	0.841 3	0.843 8	0.846 1	0.848 5	0.850 8	0.853 1	0.855 4	0.857 7	0.859 9	0.862 1
1.1	0.864 3	0.866 5	0.868 6	0.870 8	0.872 9	0.874 9	0.877 0	0.879 0	0.881 0	0.883 0
1.2	0.884 9	0.886 9	0.888 8	0.890 7	0.892 5	0.894 4	0.896 2	0.898 0	0.899 7	0.901 5
1.3	0.903 2	0.904 9	0.906 6	0.908 2	0.909 9	0.911 5	0.913 1	0.914 7	0.916 2	0.917 7
1.4	0.919 2	0.920 7	0.922 2	0.923 6	0.925 1	0.926 5	0.927 9	0.929 2	0.930 6	0.931 9
1.5	0.933 2	0.934 5	0.935 7	0.937 0	0.938 2	0.939 4	0.940 6	0.941 8	0.942 9	0.944 1
1.6	0.945 2	0.946 3	0.947 4	0.948 4	0.949 5	0.950 5	0.951 5	0.952 5	0.953 5	0.954 5
1.7	0.955 4	0.956 4	0.957 3	0.958 2	0.959 1	0.959 9	0.960 8	0.961 6	0.962 5	0.963 3
1.8	0.964 1	0.964 9	0.965 6	0.966 4	0.967 1	0.967 8	0.968 6	0.969 3	0.969 9	0.970 6
1.9	0.971 3	0.971 9	0.972 6	0.973 2	0.973 8	0.974 4	0.975 0	0.975 6	0.976 2	0.976 7
2.0	0.977 2	0.977 8	0.978 3	0.978 8	0.979 3	0.979 8	0.980 3	0.980 8	0.981 2	0.981 7
2.1	0.982 1	0.982 6	0.983 0	0.983 4	0.983 8	0.984 2	0.984 6	0.985 0	0.985 4	0.985 7
2.2	0.986 1	0.986 4	0.986 8	0.987 1	0.987 5	0.987 8	0.988 1	0.988 4	0.988 7	0.989 0
2.3	0.989 3	0.989 6	0.989 8	0.990 1	0.990 4	0.990 6	0.990 9	0.991 1	0.991 3	0.991 6
2.4	0.991 8	0.992 0	0.992 2	0.992 5	0.992 7	0.992 9	0.993 1	0.993 2	0.993 4	0.993 6
2.5	0.993 8	0.994 0	0.994 1	0.994 3	0.994 5	0.994 6	0.994 8	0.994 9	0.995 1	0.995 2
2.6	0.995 3	0.995 5	0.995 6	0.995 7	0.995 9	0.996 0	0.996 1	0.996 2	0.996 3	0.996 4
2.7	0.996 5	0.996 6	0.996 7	0.996 8	0.996 9	0.997 0	0.997 1	0.997 2	0.997 3	0.997 4
2.8	0.997 4	0.997 5	0.997 6	0.997 7	0.997 7	0.997 8	0.997 9	0.997 9	0.998 0	0.998 1
2.9	0.998 1	0.998 2	0.998 2	0.998 3	0.998 4	0.998 4	0.998 5	0.998 5	0.998 6	0.998 6
3.0	0.998 7	0.999 0	0.999 3	0.999 5	0.999 7	0.999 8	0.999 8	0.999 9	0.999 9	1.000 0

注：表中末行为函数值 $\Phi(3.0)$，$\Phi(3.1)$，…，$\Phi(3.9)$.

附表4　t 分布

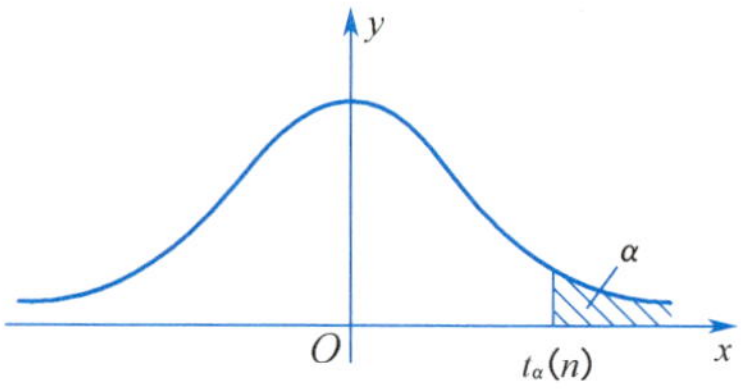

$P\{t(n) > t_\alpha(n)\} = \alpha$

n	α=0.25	0.10	0.05	0.025	0.01	0.005
1	1.000 0	3.077 7	6.313 8	12.706 2	31.820 5	63.657 1
2	0.816 5	0.885 6	2.920 0	4.302 7	6.964 6	9.924 8
3	0.764 9	1.637 7	2.353 4	3.182 4	4.540 7	5.840 9
4	0.740 7	1.533 2	2.131 8	2.776 4	3.746 9	4.604 1
5	0.726 7	1.475 9	2.015 0	2.570 6	3.364 9	4.032 1
6	0.717 6	1.439 8	1.943 2	2.446 9	3.142 7	3.707 4
7	0.711 1	1.414 9	1.894 6	2.364 6	2.998 0	3.499 5
8	0.706 4	1.396 8	1.859 5	2.306 0	2.896 5	3.355 4
9	0.702 7	1.383 0	1.833 1	2.262 2	2.821 4	3.249 8
10	0.699 8	1.372 2	1.812 5	2.228 1	2.763 8	3.169 3
11	0.697 4	1.363 4	1.795 9	2.201 0	2.718 1	3.105 8
12	0.695 5	1.356 2	1.782 3	2.178 8	2.681 0	3.054 5
13	0.693 8	1.350 2	1.770 9	2.160 4	2.650 3	3.012 3
14	0.692 4	1.345 0	1.761 3	2.144 8	2.624 5	2.976 8
15	0.691 2	1.340 6	1.753 1	2.131 4	2.602 5	2.946 7
16	0.690 1	1.336 8	1.745 9	2.119 9	2.583 5	2.920 8
17	0.689 2	1.333 4	1.739 6	2.109 8	2.566 9	2.898 2
18	0.688 4	1.330 4	1.734 1	2.100 9	2.552 4	2.878 4
19	0.687 6	1.327 7	1.729 1	2.093 0	2.539 5	2.860 9
20	0.687 0	1.325 3	1.724 7	2.086 0	2.528 0	2.845 3
21	0.686 4	1.323 2	1.720 7	2.079 6	2.517 6	2.831 4
22	0.685 8	1.321 2	1.717 1	2.073 9	2.508 3	2.818 8
23	0.685 3	1.319 5	1.713 9	2.068 7	2.499 9	2.807 3
24	0.684 8	1.317 8	1.710 9	2.063 9	2.492 2	2.796 9
25	0.684 4	1.316 3	1.708 1	2.059 5	2.485 1	2.787 4
26	0.684 0	1.315 0	1.705 6	2.055 5	2.478 6	2.778 7
27	0.683 7	1.313 7	1.703 3	2.051 8	2.472 7	2.770 7
28	0.683 4	1.312 5	1.701 1	2.048 4	2.467 1	2.763 3
29	0.683 0	1.311 4	1.699 1	2.045 2	2.462 0	2.756 4
30	0.682 8	1.310 4	1.697 3	2.042 3	2.457 3	2.750 0

续表

n	$\alpha=0.25$	0.10	0.05	0.025	0.01	0.005
31	0.682 5	1.309 5	1.695 5	2.039 5	2.452 8	2.744 0
32	0.682 2	1.308 6	1.693 9	2.036 9	2.448 7	2.738 5
33	0.682 0	1.307 7	1.692 4	2.034 5	2.444 8	2.733 3
34	0.681 8	1.307 0	1.690 9	2.032 2	2.441 1	2.728 4
35	0.681 6	1.306 2	1.689 6	2.030 1	2.437 7	2.723 8
36	0.681 4	1.305 5	1.688 3	2.028 1	2.434 5	2.719 5
37	0.681 2	1.304 9	1.687 1	2.026 2	2.431 4	2.715 4
38	0.681 0	1.304 2	1.686 0	2.024 4	2.428 6	2.711 6
39	0.680 8	1.303 6	1.684 9	2.022 7	2.425 8	2.707 9
40	0.680 7	1.303 1	1.683 9	2.021 1	2.423 3	2.704 5
41	0.680 5	1.302 5	1.682 9	2.019 5	2.420 8	2.701 2
42	0.680 4	1.302 0	1.682 0	2.018 1	2.418 5	2.698 1
43	0.680 2	1.301 6	1.681 1	2.016 7	2.416 3	2.695 1
44	0.680 1	1.301 1	1.680 2	2.015 4	2.414 1	2.692 3
45	0.680 0	1.300 6	1.679 4	2.014 1	2.412 1	2.689 6

附表 5　χ^2 分布

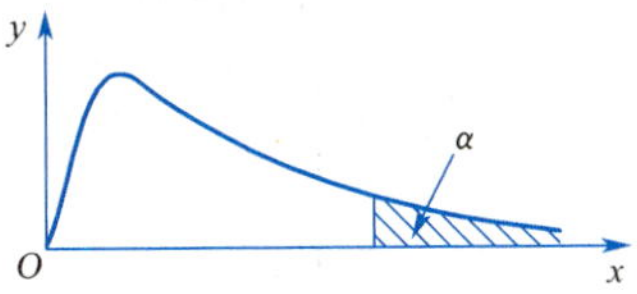

$P\{\chi^2(n)>\chi^2_\alpha(n)\}=\alpha$

n	$\alpha=0.995$	0.99	0.975	0.95	0.90	0.75
1	—	—	0.001	0.004	0.016	0.102
2	0.010	0.020	0.051	0.103	0.211	0.575
3	0.072	0.115	0.216	0.352	0.584	1.213
4	0.207	0.297	0.484	0.711	1.064	1.923
5	0.412	0.554	0.831	1.145	1.610	2.675
6	0.676	0.872	1.237	1.635	2.204	3.455
7	0.989	1.239	1.690	2.167	2.833	4.255
8	1.344	1.646	2.180	2.733	3.490	5.071
9	1.735	2.088	2.700	3.325	4.168	5.899
10	2.156	2.558	3.247	3.940	4.865	6.737
11	2.603	3.053	3.816	4.575	5.578	7.584
12	3.074	3.571	4.404	5.226	6.304	8.438
13	3.565	4.107	5.009	5.892	7.042	9.299
14	4.075	4.660	5.629	6.571	7.790	10.165
15	4.601	5.229	6.262	7.261	8.547	11.037

续表

n	$\alpha=0.995$	0.99	0.975	0.95	0.90	0.75
16	5.142	5.812	6.908	7.962	9.312	11.912
17	5.697	6.408	7.564	8.672	10.085	12.792
18	6.265	7.015	8.231	9.390	10.865	13.675
19	6.844	7.633	8.907	10.117	11.651	14.562
20	7.434	8.260	9.591	10.851	12.443	15.452
21	8.034	8.897	10.283	11.591	13.240	16.344
22	8.643	9.542	10.982	12.338	14.042	17.240
23	9.260	10.196	11.689	13.091	14.848	18.137
24	9.886	10.856	12.401	13.848	15.659	19.037
25	10.520	11.524	13.120	14.611	16.473	19.939
26	11.160	12.198	13.844	15.379	17.292	20.843
27	11.808	12.879	14.573	16.151	18.114	21.749
28	12.461	13.565	15.308	16.928	18.939	22.657
29	13.121	14.257	16.047	17.708	19.768	23.567
30	13.787	14.954	16.791	18.493	20.599	24.478
31	14.458	15.655	17.539	19.281	21.434	25.390
32	15.134	16.362	18.291	20.072	22.271	26.304
33	15.815	17.074	19.047	20.867	23.110	27.219
34	16.501	17.789	19.806	21.664	23.952	28.136
35	17.192	18.509	20.569	22.465	24.797	29.054
36	17.887	19.233	21.336	23.269	25.643	29.973
37	18.586	19.960	22.106	24.075	26.492	30.893
38	19.289	20.691	22.878	24.884	27.343	31.815
39	19.996	21.426	23.654	25.695	28.196	32.737
40	20.707	22.164	24.433	26.509	29.051	33.660
41	21.421	22.906	25.215	27.326	29.907	34.585
42	22.138	23.650	25.999	28.144	30.765	35.510
43	22.859	24.398	26.785	28.965	31.625	36.436
44	23.584	25.148	27.575	29.787	32.487	37.363
45	24.311	25.901	28.366	30.612	33.350	38.291
n	$\alpha=0.25$	0.10	0.05	0.025	0.01	0.005
1	1.323	2.706	3.841	5.024	6.635	7.879
2	2.773	4.605	5.991	7.378	9.210	10.597
3	4.108	6.251	7.815	9.348	11.345	12.838
4	5.385	7.779	9.488	11.143	13.277	14.860
5	6.626	9.236	11.071	12.833	15.086	16.750

续表

n	$\alpha=0.25$	0.10	0.05	0.025	0.01	0.005
6	7.841	10.645	12.592	14.449	16.812	18.548
7	9.037	12.017	14.067	16.013	18.475	20.278
8	10.219	13.362	15.507	17.535	20.090	21.955
9	11.389	14.684	16.919	19.023	21.666	23.589
10	12.549	15.987	18.307	20.483	23.209	25.188
11	13.701	17.275	19.675	21.920	24.725	26.757
12	14.845	18.549	21.026	23.337	26.217	28.300
13	15.984	19.812	22.362	24.736	27.688	29.819
14	17.117	21.064	23.685	26.119	29.141	31.319
15	18.245	22.307	24.996	27.488	30.578	32.801
16	19.369	23.542	26.296	28.845	32.000	34.267
17	20.489	24.769	27.587	30.191	33.409	35.718
18	21.605	25.989	28.869	31.526	34.805	37.156
19	22.718	27.204	30.144	32.852	36.191	38.582
20	23.828	28.412	31.410	34.170	37.566	39.997
21	24.935	29.615	32.671	35.479	38.932	41.401
22	26.039	30.813	33.924	36.781	40.289	42.796
23	27.141	32.007	35.172	38.076	41.638	44.181
24	28.241	33.196	36.415	39.364	42.980	45.559
25	29.339	34.382	37.652	40.646	44.314	46.928
26	30.435	35.563	38.885	41.923	45.642	48.290
27	31.528	36.741	40.113	43.194	46.963	49.645
28	32.620	37.916	41.337	44.461	48.278	50.993
29	33.711	39.087	42.557	45.722	49.588	52.336
30	34.800	40.256	43.773	46.979	50.892	53.672
31	35.887	41.422	44.985	48.232	52.191	55.003
32	36.973	42.585	46.194	49.480	53.486	56.328
33	38.058	43.745	47.400	50.725	54.776	57.648
34	39.141	44.903	48.602	51.966	56.061	58.964
35	40.223	46.059	49.802	53.203	57.342	60.275
36	41.304	47.212	50.998	54.437	58.619	61.581
37	42.383	48.363	52.192	55.668	59.892	62.883
38	43.462	49.513	53.384	56.896	61.162	64.181
39	44.539	50.660	54.572	58.120	62.428	65.476
40	45.616	51.805	55.758	59.342	63.691	66.766
41	46.692	52.949	56.942	60.561	64.950	68.053
42	47.766	54.090	58.124	61.777	66.206	69.336
43	48.840	55.230	59.304	62.990	67.459	70.616
44	49.913	56.369	60.481	64.201	68.710	71.893
45	50.985	57.505	61.656	65.410	69.957	73.166

附表 6　F 分布

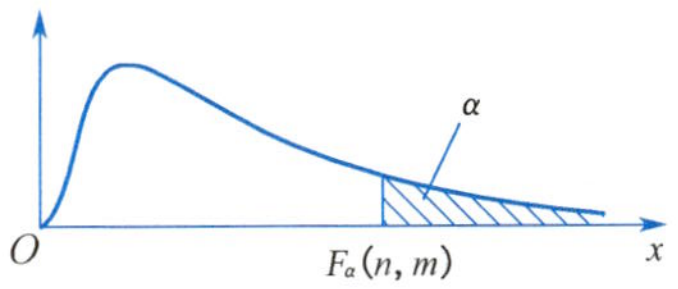

$P\{F(n_1, n_2) > F_\alpha(n_1, n_2)\} = \alpha$　　　　$\alpha = 0.10$

$n_2 \backslash n_1$	1	2	3	4	5	6	7	8	9	10	12	15	20	24	30	40	60	120	∞
1	39.86	49.50	53.59	55.83	57.24	58.20	58.91	59.44	59.86	60.19	60.71	61.22	61.74	62.00	62.26	62.53	62.79	63.06	63.33
2	8.53	9.00	9.16	9.24	9.29	9.33	9.35	9.37	9.38	9.39	9.41	9.42	9.44	9.45	9.46	9.47	9.47	9.48	9.49
3	5.54	5.46	5.39	5.34	5.31	5.28	5.27	5.25	5.24	5.23	5.22	5.20	5.18	5.18	5.17	5.16	5.15	5.14	5.13
4	4.54	4.32	4.19	4.11	4.05	4.01	3.98	3.95	3.94	3.93	3.90	3.87	3.84	3.83	3.82	3.80	3.79	3.78	3.76
5	4.06	3.76	3.62	3.52	3.45	3.40	3.37	3.34	3.32	3.30	3.27	3.24	3.21	3.19	3.17	3.16	3.14	3.12	3.10
6	3.78	3.46	3.29	3.18	3.11	3.05	3.01	2.98	2.96	2.94	2.90	2.87	2.84	2.82	2.80	2.78	2.76	2.74	2.72
7	3.59	3.26	3.07	2.96	2.88	2.83	2.78	2.75	2.72	2.70	2.67	2.63	2.59	2.58	2.56	2.54	2.51	2.49	2.47
8	3.46	3.11	2.92	2.81	2.73	2.67	2.62	2.59	2.56	2.54	2.50	2.46	2.42	2.40	2.38	2.36	2.34	2.32	2.29
9	3.36	3.01	2.81	2.69	2.61	2.55	2.51	2.47	2.44	2.42	2.38	2.34	2.30	2.28	2.25	2.23	2.21	2.18	2.16
10	3.29	2.92	2.73	2.61	2.52	2.46	2.41	2.38	2.35	2.32	2.28	2.24	2.20	2.18	2.16	2.13	2.11	2.08	2.06
11	3.23	2.86	2.66	2.54	2.45	2.39	2.34	2.30	2.27	2.25	2.21	2.17	2.12	2.10	2.08	2.05	2.03	2.00	1.97
12	3.18	2.81	2.61	2.48	2.39	2.33	2.28	2.24	2.21	2.19	2.15	2.10	2.06	2.04	2.01	1.99	1.96	1.93	1.90
13	3.14	2.76	2.56	2.43	2.35	2.28	2.23	2.20	2.16	2.14	2.10	2.05	2.01	1.98	1.96	1.93	1.90	1.88	1.85
14	3.10	2.73	2.52	2.39	2.31	2.24	2.19	2.15	2.12	2.10	2.05	2.01	1.96	1.94	1.91	1.89	1.86	1.83	1.80
15	3.07	2.70	2.49	2.36	2.27	2.21	2.16	2.12	2.09	2.06	2.02	1.97	1.92	1.90	1.87	1.85	1.82	1.79	1.76
16	3.05	2.67	2.46	2.33	2.24	2.18	2.13	2.09	2.06	2.03	1.99	1.94	1.89	1.87	1.84	1.81	1.78	1.75	1.72
17	3.03	2.64	2.44	2.31	2.22	2.15	2.10	2.06	2.03	2.00	1.96	1.91	1.86	1.84	1.81	1.78	1.75	1.72	1.69
18	3.01	2.62	2.42	2.29	2.20	2.13	2.08	2.04	2.00	1.98	1.93	1.89	1.84	1.81	1.78	1.75	1.72	1.69	1.66
19	2.99	2.61	2.40	2.27	2.18	2.11	2.06	2.02	1.98	1.96	1.91	1.86	1.81	1.79	1.76	1.73	1.70	1.67	1.63
20	2.97	2.59	2.38	2.25	2.16	2.09	2.04	2.00	1.96	1.94	1.89	1.84	1.79	1.77	1.74	1.71	1.68	1.64	1.61
21	2.96	2.57	2.36	2.23	2.14	2.08	2.02	1.98	1.95	1.92	1.87	1.83	1.78	1.75	1.72	1.69	1.66	1.62	1.59
22	2.95	2.56	2.35	2.22	2.13	2.06	2.01	1.97	1.93	1.90	1.86	1.81	1.76	1.73	1.70	1.67	1.64	1.60	1.57
23	2.94	2.55	2.34	2.21	2.11	2.05	1.99	1.95	1.92	1.89	1.84	1.80	1.74	1.72	1.69	1.66	1.62	1.59	1.55
24	2.93	2.54	2.33	2.19	2.10	2.04	1.98	1.94	1.91	1.88	1.83	1.78	1.73	1.70	1.67	1.64	1.61	1.57	1.53
25	2.92	2.53	2.32	2.18	2.09	2.02	1.97	1.93	1.89	1.87	1.82	1.77	1.72	1.69	1.66	1.63	1.59	1.56	1.52
26	2.91	2.52	2.31	2.17	2.08	2.01	1.96	1.92	1.88	1.86	1.81	1.76	1.71	1.68	1.65	1.61	1.58	1.54	1.50
27	2.90	2.51	2.30	2.17	2.07	2.00	1.95	1.91	1.87	1.85	1.80	1.75	1.70	1.67	1.64	1.60	1.57	1.53	1.49
28	2.89	2.50	2.29	2.16	2.06	2.00	1.94	1.90	1.87	1.84	1.79	1.74	1.69	1.66	1.63	1.59	1.56	1.52	1.48
29	2.89	2.50	2.28	2.15	2.06	1.99	1.93	1.89	1.86	1.83	1.78	1.73	1.68	1.65	1.62	1.58	1.55	1.51	1.47
30	2.88	2.49	2.28	2.14	2.05	1.98	1.93	1.88	1.85	1.82	1.77	1.72	1.67	1.64	1.61	1.57	1.54	1.50	1.46

续表

$\alpha=0.10$

$n_2\backslash n_1$	1	2	3	4	5	6	7	8	9	10	12	15	20	24	30	40	60	120	∞
40	2.84	2.44	2.23	2.09	2.00	1.93	1.87	1.83	1.79	1.76	1.71	1.66	1.61	1.57	1.54	1.51	1.47	1.42	1.38
60	2.79	2.39	2.18	2.04	1.95	1.87	1.82	1.77	1.74	1.71	1.66	1.60	1.54	1.51	1.48	1.44	1.40	1.35	1.29
120	2.75	2.35	2.13	1.99	1.90	1.82	1.77	1.72	1.68	1.65	1.60	1.55	1.48	1.45	1.41	1.37	1.32	1.26	1.19
∞	2.71	2.30	2.08	1.94	1.85	1.77	1.72	1.67	1.63	1.60	1.55	1.49	1.42	1.38	1.34	1.30	1.24	1.17	1.00
									$\alpha=0.05$										
1	161.4	199.5	215.7	224.6	230.2	234.0	236.8	238.9	240.5	241.9	243.9	245.9	248.0	249.1	250.1	251.1	252.2	253.3	254.3
2	18.51	19.00	19.16	19.25	19.3	19.33	19.35	19.37	19.38	19.40	19.41	19.43	19.45	19.45	19.46	19.47	19.48	19.49	19.50
3	10.13	9.55	9.28	9.12	9.01	8.94	8.89	8.85	8.81	8.79	8.74	8.70	8.66	8.64	8.62	8.59	8.57	8.55	8.53
4	7.71	6.94	6.59	6.39	6.26	6.16	6.09	6.04	6.00	5.96	5.91	5.86	5.80	5.77	5.75	5.72	5.69	5.66	5.63
5	6.61	5.79	5.41	5.19	5.05	4.95	4.88	4.82	4.77	4.74	4.68	4.62	4.56	4.53	4.50	4.46	4.43	4.40	4.36
6	5.99	5.14	4.76	4.53	4.39	4.28	4.21	4.15	4.10	4.06	4.00	3.94	3.87	3.84	3.81	3.77	3.74	3.70	3.67
7	5.59	4.74	4.35	4.12	3.97	3.87	3.79	3.73	3.68	3.64	3.57	3.51	3.44	3.41	3.38	3.34	3.30	3.27	3.23
8	5.32	4.46	4.07	3.84	3.69	3.58	3.50	3.44	3.39	3.35	3.28	3.22	3.15	3.12	3.08	3.04	3.01	2.97	2.93
9	5.12	4.26	3.86	3.63	3.48	3.37	3.29	3.23	3.18	3.14	3.07	3.01	2.94	2.90	2.86	2.83	2.79	2.75	2.71
10	4.96	4.10	3.71	3.48	3.33	3.22	3.14	3.07	3.02	2.98	2.91	2.85	2.77	2.74	2.70	2.66	2.62	2.58	2.54
11	4.84	3.98	3.59	3.36	3.20	3.09	3.01	2.95	2.90	2.85	2.79	2.72	2.65	2.61	2.57	2.53	2.49	2.45	2.40
12	4.75	3.89	3.49	3.26	3.11	3.00	2.91	2.85	2.80	2.75	2.69	2.62	2.54	2.51	2.47	2.43	2.38	2.34	2.30
13	4.67	3.81	3.41	3.18	3.03	2.92	2.83	2.77	2.71	2.67	2.60	2.53	2.46	2.42	2.38	2.34	2.30	2.25	2.21
14	4.60	3.74	3.34	3.11	2.96	2.85	2.76	2.70	2.65	2.60	2.53	2.46	2.39	2.35	2.31	2.27	2.22	2.18	2.13
15	4.54	3.68	3.29	3.06	2.90	2.79	2.71	2.64	2.59	2.54	2.48	2.40	2.33	2.29	2.25	2.20	2.16	2.11	2.07
16	4.49	3.63	3.24	3.01	2.85	2.74	2.66	2.59	2.54	2.49	2.42	2.35	2.28	2.24	2.19	2.15	2.11	2.06	2.01
17	4.45	3.59	3.20	2.96	2.81	2.70	2.61	2.55	2.49	2.45	2.38	2.31	2.23	2.19	2.15	2.10	2.06	2.01	1.96
18	4.41	3.55	3.16	2.93	2.77	2.66	2.58	2.51	2.46	2.41	2.34	2.27	2.19	2.15	2.11	2.06	2.02	1.97	1.92
19	4.38	3.52	3.13	2.90	2.74	2.63	2.54	2.48	2.42	2.38	2.31	2.23	2.16	2.11	2.07	2.03	1.98	1.93	1.88
20	4.35	3.49	3.10	2.87	2.71	2.60	2.51	2.45	2.39	2.35	2.28	2.20	2.12	2.08	2.04	1.99	1.95	1.90	1.84
21	4.32	3.47	3.07	2.84	2.68	2.57	2.49	2.42	2.37	2.32	2.25	2.18	2.10	2.05	2.01	1.96	1.92	1.87	1.81
22	4.30	3.44	3.05	2.82	2.66	2.55	2.46	2.40	2.34	2.30	2.23	2.15	2.07	2.03	1.98	1.94	1.89	1.84	1.78
23	4.28	3.42	3.03	2.80	2.64	2.53	2.44	2.37	2.32	2.27	2.20	2.13	2.05	2.01	1.96	1.91	1.86	1.81	1.76
24	4.26	3.40	3.01	2.78	2.62	2.51	2.42	2.36	2.30	2.25	2.18	2.11	2.03	1.98	1.94	1.89	1.84	1.79	1.73
25	4.24	3.39	2.99	2.76	2.60	2.49	2.40	2.34	2.28	2.24	2.16	2.09	2.01	1.96	1.92	1.87	1.82	1.77	1.71
26	4.23	3.37	2.98	2.74	2.59	2.47	2.39	2.32	2.27	2.22	2.15	2.07	1.99	1.95	1.90	1.85	1.80	1.75	1.69
27	4.21	3.35	2.96	2.73	2.57	2.46	2.37	2.31	2.25	2.20	2.13	2.06	1.97	1.93	1.88	1.84	1.79	1.73	1.67
28	4.20	3.34	2.95	2.71	2.56	2.45	2.36	2.29	2.24	2.19	2.12	2.04	1.96	1.91	1.87	1.82	1.77	1.71	1.65
29	4.18	3.33	2.93	2.70	2.55	2.43	2.35	2.28	2.22	2.18	2.10	2.03	1.94	1.90	1.85	1.81	1.75	1.70	1.64
30	4.17	3.32	2.92	2.69	2.53	2.42	2.33	2.27	2.21	2.16	2.09	2.01	1.93	1.89	1.84	1.79	1.74	1.68	1.62
40	4.08	3.23	2.84	2.61	2.45	2.34	2.25	2.18	2.12	2.08	2.00	1.92	1.84	1.79	1.74	1.69	1.64	1.58	1.51
60	4.00	3.15	2.76	2.53	2.37	2.25	2.17	2.10	2.04	1.99	1.92	1.84	1.75	1.70	1.65	1.59	1.53	1.47	1.39
120	3.92	3.07	2.68	2.45	2.29	2.18	2.09	2.02	1.96	1.91	1.83	1.75	1.66	1.61	1.55	1.50	1.43	1.35	1.25
∞	3.84	3.00	2.60	2.37	2.21	2.10	2.01	1.94	1.88	1.83	1.75	1.67	1.57	1.52	1.46	1.39	1.32	1.22	1.00

续表

$\alpha = 0.025$

$n_2 \backslash n_1$	1	2	3	4	5	6	7	8	9	10	12	15	20	24	30	40	60	120	∞
1	647.8	799.5	864.2	899.6	921.8	937.1	948.2	956.7	963.3	968.6	976.7	984.9	993.1	997.2	1001	1006	1010	1014	1018
2	38.51	39.00	39.17	39.25	39.30	39.33	39.36	39.37	39.39	39.40	39.41	39.43	39.45	39.46	39.46	39.47	39.48	39.49	39.50
3	17.44	16.04	15.44	15.10	14.88	14.73	14.62	14.54	14.47	14.42	14.34	14.25	14.17	14.12	14.08	14.04	13.99	13.95	13.90
4	12.22	10.65	9.98	9.60	9.36	9.20	9.07	8.98	8.90	8.84	8.75	8.66	8.56	8.51	8.46	8.41	8.36	8.31	8.26
5	10.01	8.43	7.76	7.39	7.15	6.98	6.85	6.76	6.68	6.62	6.52	6.43	6.33	6.28	6.23	6.18	6.12	6.07	6.02
6	8.81	7.26	6.60	6.23	5.99	5.82	5.70	5.60	5.52	5.46	5.37	5.27	5.17	5.12	5.07	5.01	4.96	4.90	4.85
7	8.07	6.54	5.89	5.52	5.29	5.12	4.99	4.90	4.82	4.76	4.67	4.57	4.47	4.41	4.36	4.31	4.25	4.20	4.14
8	7.57	6.06	5.42	5.05	4.82	4.65	4.53	4.43	4.36	4.30	4.20	4.10	4.00	3.95	3.89	3.84	3.78	3.73	3.67
9	7.21	5.71	5.08	4.72	4.48	4.32	4.20	4.10	4.03	3.96	3.87	3.77	3.67	3.61	3.56	3.51	3.45	3.39	3.33
10	6.94	5.46	4.83	4.47	4.24	4.07	3.95	3.85	3.78	3.72	3.62	3.52	3.42	3.37	3.31	3.26	3.20	3.14	3.08
11	6.72	5.26	4.63	4.28	4.04	3.88	3.76	3.66	3.59	3.53	3.43	3.33	3.23	3.17	3.12	3.06	3.00	2.94	2.88
12	6.55	5.10	4.47	4.12	3.89	3.73	3.61	3.51	3.44	3.37	3.28	3.18	3.07	3.02	2.96	2.91	2.85	2.79	2.72
13	6.41	4.86	4.35	4.00	3.77	3.60	3.48	3.39	3.31	3.25	3.15	3.05	2.95	2.89	2.84	2.78	2.72	2.66	2.60
14	6.30	4.84	4.24	3.89	3.66	3.50	3.38	3.29	3.21	3.15	3.05	2.95	2.84	2.79	2.73	2.67	2.61	2.55	2.49
15	6.20	4.77	4.15	3.80	3.58	3.41	3.29	3.20	3.12	3.06	2.96	2.86	2.76	2.70	2.64	2.59	2.52	2.46	2.40
16	6.12	4.69	4.08	3.73	3.50	3.34	3.22	3.12	3.05	2.99	2.89	2.79	2.68	2.63	2.57	2.51	2.45	2.38	2.32
17	6.04	4.62	4.01	3.66	3.44	3.28	3.16	3.06	2.98	2.92	2.82	2.72	2.62	2.56	2.50	2.44	2.38	2.32	2.25
18	5.98	4.56	3.95	3.61	3.38	3.22	3.10	3.01	2.93	2.87	2.77	2.67	2.56	2.50	2.44	2.38	2.32	2.26	2.19
19	5.92	4.51	3.90	3.56	3.33	3.17	3.05	2.96	2.88	2.82	2.72	2.62	2.51	2.45	2.39	2.33	2.27	2.20	2.13
20	5.87	4.46	3.86	3.51	3.29	3.13	3.01	2.91	2.84	2.77	2.68	2.57	2.46	2.41	2.35	2.29	2.22	2.16	2.09
21	5.83	4.42	3.82	3.48	3.25	3.09	2.97	2.87	2.80	2.73	2.64	2.53	2.42	2.37	2.31	2.25	2.18	2.11	2.04
22	5.79	4.38	3.78	3.44	3.22	3.05	2.93	2.84	2.76	2.70	2.60	2.50	2.39	2.33	2.27	2.21	2.14	2.08	2.00
23	5.75	4.35	3.75	3.41	3.18	3.02	2.90	2.81	2.73	2.67	2.57	2.47	2.36	2.30	2.24	2.18	2.11	2.04	1.97
24	5.72	4.32	3.72	3.38	3.15	2.99	2.87	2.78	2.70	2.64	2.54	2.44	2.33	2.27	2.21	2.15	2.08	2.01	1.94
25	5.69	4.29	3.69	3.35	3.13	2.97	2.85	2.75	2.68	2.61	2.51	2.41	2.30	2.24	2.18	2.12	2.05	1.98	1.91
26	5.66	4.27	3.67	3.33	3.10	2.94	2.82	2.73	2.65	2.59	2.49	2.39	2.28	2.22	2.16	2.09	2.03	1.95	1.88
27	5.63	4.24	3.65	3.31	3.08	2.92	2.80	2.71	2.63	2.57	2.47	2.36	2.25	2.19	2.13	2.07	2.00	1.93	1.85
28	5.61	4.22	3.63	3.29	3.06	2.90	2.78	2.69	2.61	2.55	2.45	2.34	2.23	2.17	2.11	2.05	1.98	1.91	1.83
29	5.59	4.20	3.61	3.27	3.04	2.88	2.76	2.67	2.59	2.53	2.43	2.32	2.21	2.15	2.09	2.03	1.96	1.89	1.81
30	5.57	4.18	3.59	3.25	3.03	2.87	2.75	2.65	2.57	2.51	2.41	2.31	2.20	2.14	2.07	2.01	1.94	1.87	1.79
40	5.42	4.05	3.46	3.13	2.90	2.74	2.62	2.53	2.45	2.39	2.29	2.18	2.07	2.01	1.94	1.88	1.80	1.72	1.64
60	5.29	3.93	3.34	3.01	2.79	2.63	2.51	2.41	2.33	2.27	2.17	2.06	1.94	1.88	1.82	1.74	1.67	1.58	1.48
120	5.15	3.80	3.23	2.89	2.67	2.52	2.39	2.30	2.22	2.16	2.05	1.94	1.82	1.76	1.69	1.61	1.53	1.43	1.31
∞	5.02	3.69	3.12	2.79	2.57	2.41	2.29	2.19	2.11	2.05	1.94	1.83	1.71	1.64	1.57	1.48	1.39	1.27	1.00

续表

$\alpha = 0.01$

$n_2 \backslash n_1$	1	2	3	4	5	6	7	8	9	10	12	15	20	24	30	40	60	120	∞
1	4052	4999.5	5403	5625	5764	5859	5928	5981	6022	6056	6106	6157	6209	6235	6261	6287	6313	6339	6366
2	98.50	99.00	99.17	99.25	99.30	99.33	99.36	99.37	99.39	99.40	99.42	99.43	99.45	99.46	99.47	99.47	99.48	99.49	99.50
3	34.12	30.82	29.46	28.71	28.24	27.91	27.67	27.49	27.35	27.23	27.05	26.87	26.69	26.60	26.50	26.41	26.32	26.22	26.13
4	21.20	18.00	16.49	15.98	15.52	15.21	14.98	14.80	14.66	14.55	14.37	14.20	14.02	13.93	13.84	13.75	13.65	13.56	13.46
5	16.26	13.27	12.06	11.39	10.97	10.67	10.46	10.29	10.16	10.05	9.89	9.72	9.55	9.47	9.38	9.29	9.20	9.11	9.02
6	13.75	10.92	9.78	9.15	8.75	8.47	8.26	8.10	7.98	7.87	7.72	7.56	7.40	7.31	7.23	7.14	7.06	6.97	6.88
7	12.25	9.55	8.45	7.85	7.46	7.19	6.99	6.84	6.72	6.62	6.47	6.31	6.16	6.07	5.99	5.91	5.82	5.74	5.65
8	11.26	8.65	7.59	7.01	6.63	6.37	6.18	6.03	5.91	5.81	5.67	5.52	5.36	5.28	5.20	5.12	5.03	4.95	4.86
9	10.56	8.02	6.99	6.42	6.06	5.80	5.61	5.47	5.35	5.26	5.11	4.96	4.81	4.73	4.65	4.57	4.48	4.40	4.31
10	10.04	7.56	6.55	5.99	5.64	5.39	5.20	5.06	4.94	4.85	4.71	4.56	4.41	4.33	4.25	4.17	4.08	4.00	3.91
11	9.65	7.21	6.22	5.67	5.32	5.07	4.89	4.74	4.63	4.54	4.40	4.25	4.10	4.02	3.94	3.86	3.78	3.69	3.60
12	9.33	6.93	5.95	5.41	5.06	4.82	4.64	4.50	4.39	4.30	4.16	4.01	3.86	3.78	3.70	3.62	3.54	3.45	3.36
13	9.07	6.70	5.74	5.21	4.86	4.62	4.44	4.30	4.19	4.10	3.96	3.82	3.66	3.59	3.51	3.43	3.34	3.25	3.17
14	8.86	6.51	5.56	5.04	4.69	4.46	4.28	4.14	4.03	3.94	3.80	3.66	3.51	3.43	3.35	3.27	3.18	3.09	3.00
15	8.68	6.36	5.42	4.89	4.56	4.32	4.14	4.00	3.89	3.80	3.67	3.52	3.37	3.29	3.21	3.13	3.05	2.96	2.87
16	8.53	6.23	5.29	4.77	4.44	4.20	4.03	3.89	3.78	3.69	3.55	3.41	3.26	3.18	3.10	3.02	2.93	2.84	2.75
17	8.40	6.11	5.18	4.67	4.34	4.10	3.93	3.79	3.68	3.59	3.46	3.31	3.16	3.08	3.00	2.92	2.83	2.75	2.65
18	8.29	6.01	5.09	4.58	4.25	4.01	3.84	3.71	3.60	3.51	3.37	3.23	3.08	3.00	2.92	2.84	2.75	2.66	2.57
19	8.18	5.93	5.01	4.50	4.17	3.94	3.77	3.63	3.52	3.43	3.30	3.15	3.00	2.92	2.84	2.76	2.67	2.58	2.49
20	8.10	5.85	4.94	4.43	4.10	3.87	3.70	3.56	3.46	3.37	3.23	3.09	2.94	2.86	2.78	2.69	2.61	2.52	2.42
21	8.02	5.78	4.87	4.37	4.04	3.81	3.64	3.51	3.40	3.31	3.17	3.03	2.88	2.80	2.72	2.64	2.55	2.46	2.36
22	7.95	5.72	4.82	4.31	3.99	3.76	3.59	3.45	3.35	3.26	3.12	2.98	2.83	2.75	2.67	2.58	2.50	2.40	2.31
23	7.88	5.66	4.76	4.26	3.94	3.71	3.54	3.41	3.30	3.21	3.07	2.93	2.78	2.70	2.62	2.54	2.45	2.35	2.26
24	7.82	5.61	4.72	4.22	3.90	3.67	3.50	3.36	3.26	3.17	3.03	2.89	2.74	2.66	2.58	2.49	2.40	2.31	2.21
25	7.77	5.57	4.68	4.18	3.85	3.63	3.46	3.32	3.22	3.13	2.99	2.85	2.70	2.62	2.54	2.45	2.36	2.27	2.17
26	7.72	5.53	4.64	4.14	3.82	3.59	3.42	3.29	3.18	3.09	2.96	2.81	2.66	2.58	2.50	2.42	2.33	2.23	2.13
27	7.68	5.49	4.60	4.11	3.78	3.56	3.39	3.26	3.15	3.06	2.93	2.78	2.63	2.55	2.47	2.38	2.29	2.20	2.10
28	7.64	5.45	4.57	4.07	3.75	3.53	3.36	3.23	3.12	3.03	2.90	2.75	2.60	2.52	2.44	2.35	2.26	2.17	2.06
29	7.60	5.42	4.54	4.04	3.73	3.50	3.33	3.20	3.09	3.00	2.87	2.73	2.57	2.49	2.41	2.33	2.23	2.14	2.03
30	7.56	5.39	4.51	4.02	3.70	3.47	3.30	3.17	3.07	2.98	2.84	2.70	2.55	2.47	2.39	2.30	2.21	2.11	2.01
40	7.31	5.18	4.31	3.83	3.51	3.29	3.12	2.99	2.89	2.80	2.66	2.52	2.37	2.29	2.20	2.11	2.02	1.92	1.80
60	7.08	4.98	4.13	3.65	3.34	3.12	2.95	2.82	2.72	2.63	2.50	2.35	2.20	2.12	2.03	1.94	1.84	1.73	1.60
120	6.85	4.79	3.95	3.48	3.17	2.96	2.79	2.66	2.56	2.47	2.34	2.19	2.03	1.95	1.86	1.76	1.66	1.53	1.38
∞	6.63	4.61	3.78	3.32	3.02	2.80	2.64	2.51	2.41	2.32	2.18	2.04	1.88	1.79	1.70	1.59	1.47	1.32	1.00

续表

$\alpha = 0.005$

$n_2 \backslash n_1$	1	2	3	4	5	6	7	8	9	10	12	15	20	24	30	40	60	120	∞
1	16211	20000	21615	22500	23056	23437	23715	23925	24091	24224	24426	24630	24836	24940	25044	25148	25253	25359	25465
2	198. 5	199. 0	199. 2	199. 2	199. 3	199. 3	199. 4	199. 4	199. 4	199. 4	199. 4	199. 4	199. 4	199. 5	199. 5	199. 5	199. 5	199. 5	199. 5
3	55. 55	49. 80	47. 47	46. 19	45. 39	44. 84	44. 43	44. 13	43. 88	43. 69	43. 39	43. 08	42. 78	42. 62	42. 47	42. 31	42. 15	41. 99	41. 83
4	31. 33	26. 28	24. 26	23. 15	22. 46	21. 97	21. 62	21. 35	21. 14	20. 97	20. 70	20. 44	20. 17	20. 03	19. 89	19. 75	19. 61	19. 47	19. 32
5	22. 78	18. 31	16. 53	15. 56	14. 94	14. 51	14. 20	13. 96	13. 77	13. 62	13. 38	13. 15	12. 90	12. 78	12. 66	12. 53	12. 40	12. 27	12. 14
6	18. 63	14. 54	12. 92	12. 03	11. 46	11. 07	10. 79	10. 57	10. 39	10. 25	10. 03	9. 81	9. 59	9. 47	9. 36	9. 24	9. 12	9. 00	8. 88
7	16. 24	12. 40	10. 88	10. 05	9. 52	9. 16	8. 89	8. 68	8. 51	8. 38	8. 18	7. 97	7. 75	7. 64	7. 53	7. 42	7. 31	7. 19	7. 08
8	14. 69	11. 04	9. 60	8. 81	8. 30	7. 95	7. 69	7. 50	7. 34	7. 21	7. 01	6. 81	6. 61	6. 50	6. 40	6. 29	6. 18	6. 06	5. 95
9	13. 61	10. 11	8. 72	7. 96	7. 47	7. 13	6. 88	6. 69	6. 54	6. 42	6. 23	6. 03	5. 83	5. 73	5. 62	5. 52	5. 41	5. 30	5. 19
10	12. 83	9. 43	8. 08	7. 34	6. 87	6. 54	6. 30	6. 12	5. 97	5. 85	5. 66	5. 47	5. 27	5. 17	5. 07	4. 97	4. 86	4. 75	4. 64
11	12. 23	8. 91	7. 60	6. 88	6. 42	6. 10	5. 86	5. 68	5. 54	5. 42	5. 24	5. 05	4. 86	4. 76	4. 65	4. 55	4. 45	4. 34	4. 23
12	11. 75	8. 51	7. 23	6. 52	6. 07	5. 76	5. 52	5. 35	5. 20	5. 09	4. 91	4. 72	4. 53	4. 43	4. 33	4. 23	4. 12	4. 01	3. 90
13	11. 37	8. 19	6. 93	6. 23	5. 79	5. 48	5. 25	5. 08	4. 94	4. 82	4. 64	4. 46	4. 27	4. 17	4. 07	3. 97	3. 87	3. 76	3. 65
14	11. 06	7. 92	6. 68	6. 00	5. 56	5. 26	5. 03	4. 86	4. 72	4. 60	4. 43	4. 25	4. 06	3. 96	3. 86	3. 76	3. 66	3. 55	3. 44
15	10. 80	7. 70	6. 48	5. 80	5. 37	5. 07	4. 85	4. 67	4. 54	4. 42	4. 25	4. 07	3. 88	3. 79	3. 69	3. 58	3. 48	3. 37	3. 26
16	10. 58	7. 51	6. 30	5. 64	5. 21	4. 91	4. 69	4. 52	4. 38	4. 27	4. 10	3. 92	3. 73	3. 64	3. 54	3. 44	3. 33	3. 22	3. 11
17	10. 38	7. 35	6. 16	5. 50	5. 07	4. 78	4. 56	4. 39	4. 25	4. 14	3. 97	3. 79	3. 61	3. 51	3. 41	3. 31	3. 21	3. 10	2. 98
18	10. 22	7. 21	6. 03	5. 37	4. 96	4. 66	4. 44	4. 28	4. 14	4. 03	3. 86	3. 68	3. 50	3. 40	3. 30	3. 20	3. 10	2. 99	2. 87
19	10. 07	7. 09	5. 92	5. 27	4. 85	4. 56	4. 34	4. 18	4. 04	3. 93	3. 76	3. 59	3. 40	3. 31	3. 21	3. 11	3. 00	2. 89	2. 78
20	9. 94	6. 99	5. 82	5. 17	4. 76	4. 47	4. 26	4. 09	3. 96	3. 85	3. 68	3. 50	3. 32	3. 22	3. 12	3. 02	2. 92	2. 81	2. 69
21	9. 83	6. 89	5. 73	5. 09	4. 68	4. 39	4. 18	4. 01	3. 88	3. 77	3. 60	3. 43	3. 24	3. 15	3. 05	2. 95	2. 84	2. 73	2. 61
22	9. 73	6. 81	5. 65	5. 02	4. 61	4. 32	4. 11	3. 94	3. 81	3. 70	3. 54	3. 36	3. 18	3. 08	2. 98	2. 88	2. 77	2. 66	2. 55
23	9. 63	6. 73	5. 58	4. 95	4. 54	4. 26	4. 05	3. 86	3. 75	3. 64	3. 47	3. 30	3. 12	3. 02	2. 92	2. 82	2. 71	2. 60	2. 48
24	9. 55	6. 66	5. 52	4. 89	4. 49	4. 20	3. 99	3. 83	3. 69	3. 59	3. 42	3. 25	3. 06	2. 97	2. 87	2. 77	2. 66	2. 55	2. 43
25	9. 48	6. 60	5. 46	4. 84	4. 43	4. 15	3. 94	3. 78	3. 64	3. 54	3. 37	3. 20	3. 01	2. 92	2. 82	2. 72	2. 61	2. 50	2. 38
26	9. 41	6. 54	5. 41	4. 79	4. 38	4. 10	3. 89	3. 73	3. 60	3. 49	3. 33	3. 15	2. 97	2. 87	2. 77	2. 67	2. 56	2. 45	2. 33
27	9. 34	6. 49	5. 36	4. 74	4. 34	4. 06	3. 85	3. 69	3. 56	3. 45	3. 28	3. 11	2. 93	2. 83	2. 73	2. 63	2. 52	2. 41	2. 29
28	9. 28	6. 44	5. 32	4. 70	4. 30	4. 02	3. 81	3. 65	3. 52	3. 41	3. 25	3. 07	2. 89	2. 79	2. 69	2. 59	2. 48	2. 37	2. 25
29	9. 23	6. 40	5. 28	4. 66	4. 26	3. 98	3. 77	3. 61	3. 48	3. 38	3. 21	3. 04	2. 86	2. 76	2. 66	2. 56	2. 45	2. 33	2. 21
30	9. 18	6. 35	5. 24	4. 62	4. 23	3. 95	3. 74	3. 58	3. 45	3. 34	3. 18	3. 01	2. 82	2. 73	2. 63	2. 52	2. 42	2. 30	2. 18
40	8. 83	6. 07	4. 98	4. 37	3. 99	3. 71	3. 51	3. 35	3. 22	3. 12	2. 95	2. 78	2. 60	2. 50	2. 40	2. 30	2. 18	2. 06	1. 93
60	8. 49	5. 79	4. 73	4. 14	3. 76	3. 49	3. 29	3. 13	3. 01	2. 90	2. 74	2. 57	2. 39	2. 29	2. 19	2. 08	1. 96	1. 83	1. 69
120	8. 18	5. 54	4. 50	3. 92	3. 55	3. 28	3. 09	2. 93	2. 81	2. 71	2. 54	2. 37	2. 19	2. 09	1. 98	1. 87	1. 75	1. 61	1. 43
∞	7. 88	5. 30	4. 28	3. 72	3. 35	3. 09	2. 90	2. 74	2. 62	2. 52	2. 36	2. 19	2. 00	1. 90	1. 79	1. 67	1. 53	1. 36	1. 00